U0181072

深远海工程装备与高技术丛书

海洋柔性管

白　勇　邵强强　著

上海科学技术出版社

图书在版编目（CIP）数据

海洋柔性管 / 白勇，邵强强著. -- 上海 : 上海科学技术出版社，2020.7
（深远海工程装备与高技术丛书）
ISBN 978-7-5478-4601-8

Ⅰ. ①海… Ⅱ. ①白… ②邵… Ⅲ. ①复合材料－柔性材料－石油管道－水下管道－研究 Ⅳ. ①TE973

中国版本图书馆CIP数据核字(2019)第198626号

海洋柔性管
白　勇　邵强强　著

上海世纪出版(集团)有限公司
上 海 科 学 技 术 出 版 社　出版、发行
(上海钦州南路 71 号　邮政编码 200235　www.sstp.cn)
上海雅昌艺术印刷有限公司印刷
开本 787×1092　1/16　印张 27
字数 580 千字
2020 年 7 月第 1 版　2020 年 7 月第 1 次印刷
ISBN 978－7－5478－4601－8/U・92
定价：220.00 元

内 容 提 要

在不同服役条件下，钢带增强柔性管、非粘结柔性管及玻纤增强柔性管都有其各自的特点及优势。本书主要分为三个篇章：第 1 篇着重介绍了钢带增强柔性管，分别研究了钢带增强柔性管抗压溃能力、抗扭转能力、抗弯曲能力、爆破压力、拉伸性能，带有扣压式接头钢带管应力集中效应，钢带增强柔性管接头密封性能、可靠性安全系数。第 2 篇主要论述了非粘结柔性管，分别介绍了非粘结柔性管受限外压稳定理论、受限压溃数值、受限压溃试验，不同水深下非粘结柔性管结构设计，不同内径下高压非粘结柔性管结构设计，非粘结柔性管拉伸性能，新型柔性管截面设计及柔性管缠管分析。第 3 篇介绍了玻纤增强柔性管，分别论述了玻纤增强柔性管抗内压强度、抗拉强度、抗外压强度、抗扭转能力、最小弯曲半径及截面设计。

本书结合严谨的理论研究和原创性的试验验证，可为管道工程师在设计、分析柔性管时提供有益参考。

学术顾问

丛书编委会

前　言

随着管道工程技术的迅速发展，复合材料柔性管在油气行业得到了广泛应用。目前许多研究人员和工程师仍然在继续研究不同类型柔性管的力学性能和截面设计方法，但尚无能够系统全面地介绍不同工况下柔性管的力学性能及截面设计方法的图书。

钢带增强柔性管作为一种特殊的非粘结柔性管，其结构更为简洁，生产工艺也更为简单，主要适用于浅海与陆地区域；传统的非粘结柔性管对海洋工程中各种环境适应能力强，可适用于深海环境；玻纤增强柔性管作为一种典型的粘结柔性管，在需要较短长度或管道安装空间有限时效用较好。在不同服役条件下，不同类型的柔性管都有其各自的特点及优势。因此本书分为三个篇章，着重介绍了不同类型柔性管的抗压溃能力、抗扭转能力、抗弯曲能力、抗内压能力、抗弯曲能力及不同类型柔性管的截面设计。作者结合严谨的理论研究和原创性的试验验证，希望可以为管道工程师在设计、分析柔性管时提供有益参考。

非常感谢白勇教授在浙江大学的研究生和博士后撰写了本书的部分初始技术内容，包括第 2、6、9 章（刘婷博士后），第 3、17、18、21 章（方攀），第 4 章（金钐博士），第 5 章（陈伟博士），第 7、8、22 章（高祎凡博士），第 10、11、12 章（原帅博士后），第 13、14、15、16 章（邵强强），第 19 章（许雨心博士），第 20 章（张霄杰博士），第 23 章（孙新宇）。

最后还要诚挚感谢柔性管制造公司 OPR 对本书出版的支持。

作　者

2019 年 7 月

目　录

第 1 篇　钢带增强柔性管

第2篇　非粘结柔性管

第3篇　玻纤增强柔性管

第 1 章　海洋柔性管概述

海洋管道系统是海洋油气开发工程设备中的关键部分，起着连接海洋平台与海底油田桥梁的作用。它们在油气资源开发中主要承担着钻井、开采、运输、注水等重要任务，被誉为“海洋油气生命线”。目前所使用的海洋管道主要包括钢管、柔性管等。

1.1 柔性管分类和特点

柔性管顺应性良好，具有可快速安装、可回收、与平台耦合较弱及设计空间大等优点[1]，既可以用于海底管线系统（包括海底跨接管）及静态卸油系统，也可作为立管以多种构型与分布形式进行应用，如 lazy-wave、lazy-S、steep-wave、steep-S、tethered wave、Chinese lantern 等，在各种环境下与浮式生产设备可很好地进行协同工作（图 1.1），以至于在某些海况条件较为恶劣的海域，柔性管成了最佳或唯一的选择。

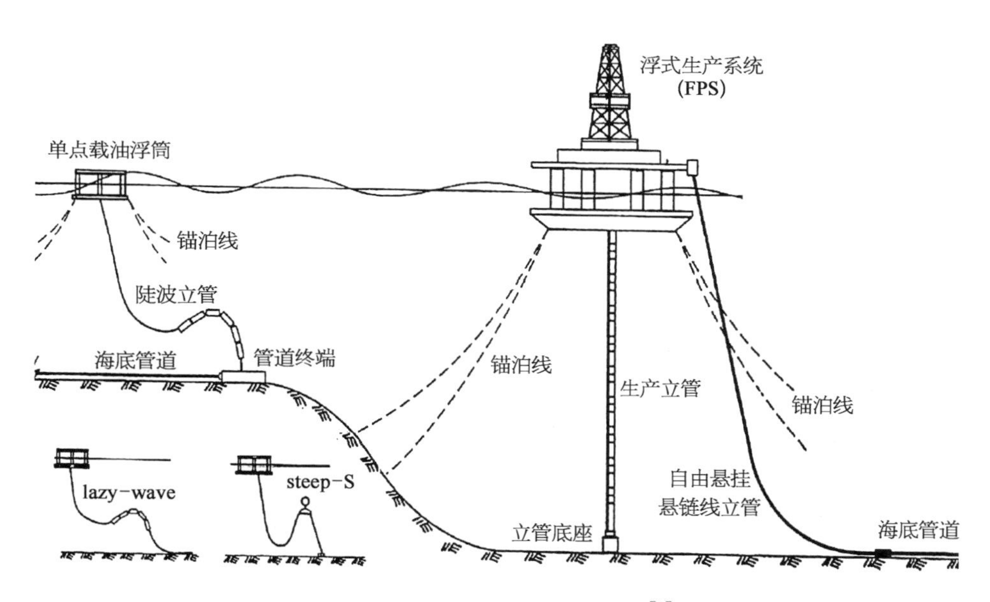

图 1.1 柔性管典型构型与应用[2]

海洋柔性管的起源可以追溯到 20 世纪 60 年代，最先开发和应用的产品是非粘结柔性管（1967 年），应用于气候环境较为温和的巴西 Garoupa 油田[3]。1983 年是柔性管发展的里程碑，在气候条件很恶劣的北海 Balmoral 油田开创性地采用了柔性动态立管。随后海洋柔性管得到了工业界的广泛重视[4]。

1.2 柔性管典型结构

单质非金属管是最简单的柔性管，主要由高分子材料组成，除柔韧性好外，兼具质量轻、耐腐蚀、隔热好、运输方便等优点，不需要阴极保护设备和涂层维护，但其强度低、刚性差的问题也使得该类管很难被广泛应用，例如PE、PVC等纯塑料管道是不能满足长输管道使用要求的。为弥补单质非金属管的缺点，将高强材料采用不同的工艺方式引入非金属管，从而合成多层复合柔性管。根据各层之间是否粘结，可将复合柔性管分为粘结柔性管和非粘结柔性管。

用于海洋工程的粘结柔性管工艺复杂、结构简单，最大内径可达24 in(约61 cm)，长度一般为12～100 m，有非常优异的弯曲柔性，适用于弯曲较大的工况下，主要用于卸油及高动态环境中短距离的跨接管，一般不用于输送高压气体且不适用于高温环境。除了这种海洋工程专用的粘结柔性管，一般意义的粘结柔性管还包括各种钢丝缠绕增强塑性管(图1.2)，主要应用于陆上石油、天然气运输及浅海海洋工程等。该类管道基本包含内衬层、增强层、外保护层三个部分：内衬层主要起到防腐、防渗作用，同时为增强层提供支撑；外保护层主要起到防腐蚀、防老化、防日晒作用；增强层主要用于提供管道的抗内外压能力及一定的拉伸刚度。

图1.2 钢丝缠绕增强复合管

非粘结柔性管的各层之间不进行黏合，可以发生相对滑动。非粘结柔性管内衬层与外保护层一般由聚合物材料组成，增强层一般由金属或非金属材料组成。管道内衬层、增强层和外保护层不粘结，层与层之间允许滑移。非粘结柔性管生产工艺复杂，对生产技术要求较高，成本高昂。非粘结柔性复合管包括金属增强柔性管和非金属增强柔性管。非粘结柔性管可适用于长达几千米的远距离铺设或作为长距离输送油气的立管，亦可抵抗高温[5]，凭借自身优势在深海油气田中被广泛运用，成为油田开发与开采中最具潜力及最受青睐的输运工具。

每一种海洋柔性管都有其各自的优缺点，可以根据其各自的特性适用于不同的工况。在众多海洋柔性管中，钢带增强复合管作为一种新型金属增强复合管，其在油气领域的应用并不广泛。但相比于传统钢管，它具有重量轻、耐腐蚀、可盘卷、便于运输等特点；相比芳纶热塑性增强管(RTP)，钢带增强管具有更高的抗外压和抗内压性能。较传统非粘结柔性管，其结构更为简单且生产成本更低，但钢带增强柔性管由于缺少抗压铠装层、抗拉铠装层等结构，其适用水深范围有限。因此也需要对非粘结柔性管的典型结构及其各层的功能和力学性能做相关分析，以便做到非粘结管道在不同工况下的最优化设计。在油气开采运输领域，玻纤柔性复合管的应用也较为广泛，其兼顾了轻便耐用、防腐蚀、抗内压能力强的特点，是一种性价比较高的海洋油气管道。本部分将对下面三种管道的结构做详细描述。

1.2.1　钢带增强柔性管典型结构

管道公司为了节省成本，开发研制出一些适应不同环境下结构更为简洁、生产工艺也更为简单的非常规柔性管。本研究研发的非粘结管(钢带缠绕增强复合管，SSRTP)，如图 1.3 所示。该种管道主要用于陆地和浅海水域，并在委内瑞拉海岸成功试用。

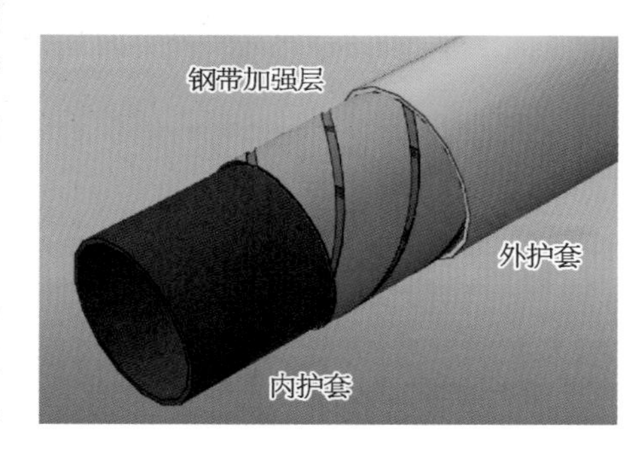

图 1.3　钢带缠绕非粘结柔性管结构

相较于其他类型的非粘结柔性复合管，SSRTP 不仅能够继承它们绝大部分的优点，比如良好的顺应性、较强的耐腐能力、灵活的布置形式、方便的储存方式、廉价的安装费用等特性，SSRTP 还具有合适的重量，能够很好地解决 RTP 中由于质量密度过小而出现海底在位不稳定的问题。SSRTP 中不包括骨架层及抗压铠装层，这种设计大大降低了其生产成本，简化了生产流程，并能够满足相应的性能要求。因此在未来的海洋油气资源开采中，SSRTP 凭借其优良的性能，将会受到管道工程师们的青睐，拥有广阔的市场空间。

一般来说，SSRTP 主要组成部分包括内、外 PE 管及钢带增强层。其中外层 PE 管主要是用来保护管道结构不受外部环境的损伤；内层 PE 管能够传输介质，防止泄露和防腐蚀；钢带增强层主要是用来提供管道抗内压能力及提供一定的拉伸刚度。SSRTP 的增强层主要包含了两种规格，一种是四层钢带加强层，另一种是六层钢带加强层，该种管道在前一种钢带加强层的基础上额外增加了最内两层抵抗内压的大角度螺旋缠绕钢带层。

SSRTP 生产时，首先将 HDPE 颗粒料加热至熔融状态，再将其通过环形出口挤出形成初始套管,熔融状态的套管通过定径环后即可确定内层 HDPE 的外径,内层 HDPE 厚度可通过调整牵引速度控制。通过定径环并冷却后的内套管由牵引机牵引继续向前移动到达缠绕工位。工位上的钢带通过旋转缠绕工艺被包覆在套管的外表面。位于钢带前方的轱轮用于抚平并压紧缠绕后表面不平整的钢带。按照所生产管道的口径区分,不同口径的管道每层增强层缠绕的钢带数量也不同。缠绕好增强层后的管道在被包覆上外层 HDPE 层之前,需要在最外层增强层上缠绕两层 PET 层。由于在每一层增强层中钢带与钢带之间存在间隙,间隙宽度与钢带宽度比为 1∶9,若此时直接将挤出的熔融状态的外层 HDPE 包覆在最外层增强层上,冷却后外层 HDPE 层收缩,则其表面会留下螺旋状的凹槽。PET 层的作用是覆盖增强层形成的不光滑表面,以便下一步工艺的实施。不缠绕 PET 与缠绕 PET 所形成的外层 HDPE 外观效果对比示意图如图 1.4 所示。

(a) 无 PET 层

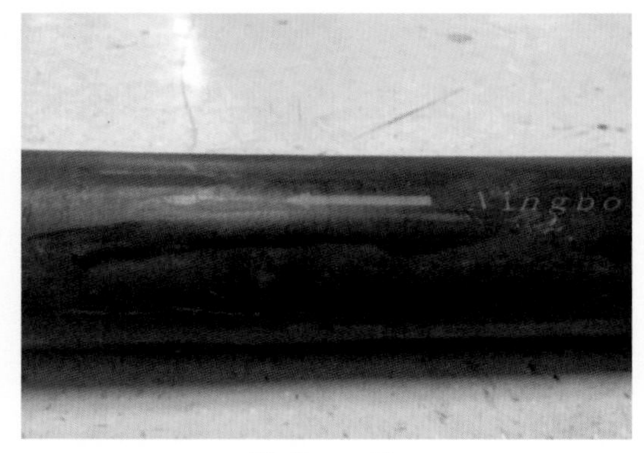

(b) 有 PET 层

图 1.4　包含/不包含 PET 层形成的外层 HDPE 外观效果示意图

为了保护在拉伸载荷作用下外层 PE 不被翘曲起来的钢带割破和防止钢带层在扭转作用下的退卷行为,一般情况下,在生产过程中会将高强度薄聚酯带大角度螺旋缠绕在钢带层的外侧。

1.2.2 非粘结管典型结构

传统非粘结柔性管对海洋工程中各种环境适应能力强，在水下系统和浮式结构的永久性连接问题上已成为一种标准解决方案，其结构形式如图1.5所示[6]。

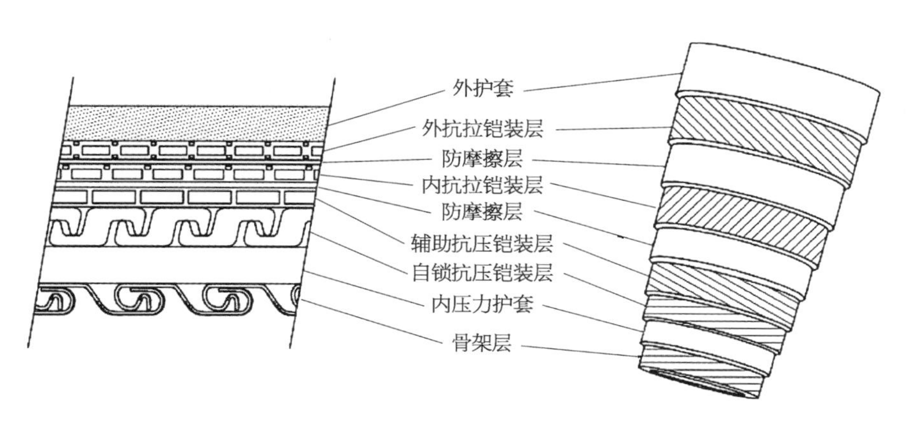

图1.5　非粘结柔性管典型结构简图[6]

非粘结柔性管各主要功能层的结构和作用说明如下：

(1) 骨架层(carcass)。由S形截面的钢带以接近90°的缠绕角度缠绕形成螺旋自锁结构，如图1.6所示，该自锁结构可与弹簧类比，保证其有足够的弯曲性能。该层主要用于抵抗外压荷载，材料为不锈钢。

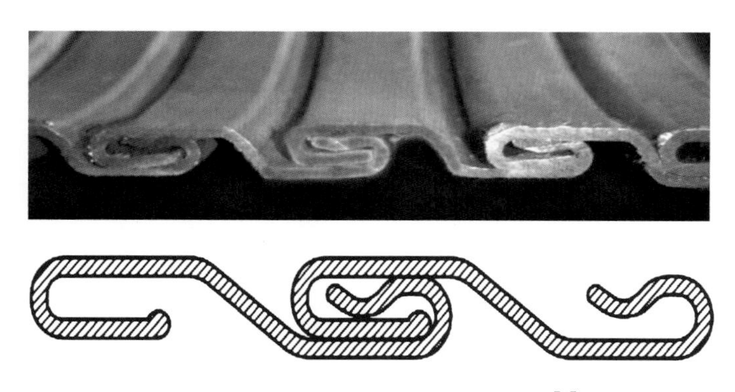

图1.6　骨架层实物截面形状与简图[6]

(2) 内压力护套(internal pressure sheath)。由聚合物材料制成的空心圆管，主要用于密封隔离腔内流体、传输油气、传递内外压力、防止内外层之间金属摩擦受损。常用的聚合物材料有聚酰胺(PA)、聚偏二氟乙烯(PVDF)、聚乙烯(PE)。

(3) 抗压铠装层(pressure armor)。与骨架层类似，该层也是由异型截面的钢带以接近90°螺旋缠绕而成的一种自锁结构，其主要截面类型如图1.8所示。该层起到支撑内护套并抵抗内压荷载的作用，同时能够协助骨架层抵抗外压。

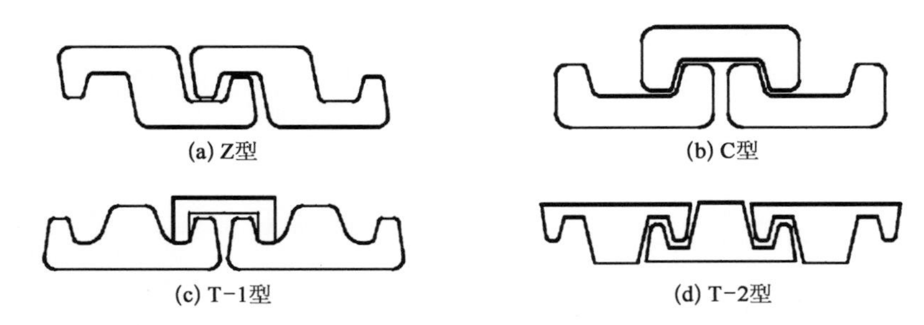

图 1.7　抗压铠装层钢带截面形式

(4) 抗拉铠装层(tensile armor)。一般是由多对矩形截面钢带以 20°～55°的缠绕角度正负相对缠绕而成，主要用来承受管道的轴向应力，提供轴向拉伸刚度。在缠绕角度较大时，也能提供一定的径向刚度。

(5) 防磨擦层(anti-wear layer)。由非金属热塑护套或胶带缠绕而成，主要用于阻止金属层的擦伤、磨损疲劳。该层一般不具备外力承载能力。

(6) 防屈曲层(anti-buckling layer)。由高强度芳纶或玻纤增强条带制成，主要用于防止抗拉铠装层的退卷行为、径向屈曲(鸟笼效应)及侧向屈曲。

(7) 外护套(outer sheath)。由高分子聚合物材料制成的空心圆管，主要用于隔离管道内部结构与外界，具有抗摩擦、防腐、绝缘、水密的作用。

上述非粘结柔性管中，各功能层的作用是相互独立的。在不同的应用环境下柔性管的结构及功能层的选取可以根据设计要求进行调整，从而在保证安全可靠的前提下最大限度地降低成本。一般来说，根据管中所包含功能层的不同，柔性管可以分成以下三个系列：

(1) 光滑内壁非粘结柔性管(smooth bore pipe)。这一类柔性管没有骨架层，一些管道公司为了使管道内壁变得光滑，避免由于骨架层内表面的不平整而引起流体发生涡旋脱落致使其流速压强受损，所以采用抗压铠装层来代替骨架层发挥其抗压溃的能力，如图 1.8a 所示。

(2) 粗糙内壁增强非粘结柔性管(rough bore reinforced pipe)。这一类柔性管既有骨架层，也有抗压铠装层，如图 1.8b 所示。该类管道抗内外压能力强，适用于深海作业环境。

(3) 粗糙内壁非粘结柔性管(rough bore pipe)。这一类柔性管没有抗压铠装层，而采用了缠绕角度为 55°的抗拉铠装层来承担轴向荷载和径向荷载作用。

1.2.3　玻纤增强柔性管典型结构

热塑性玻纤增强柔性管是一种采用玻璃纤维作为中间增强材料的柔性复合管，其结构中包覆玻璃纤维的聚乙烯增强带是互相熔接的，增强带与内衬管层及外护套层之间也

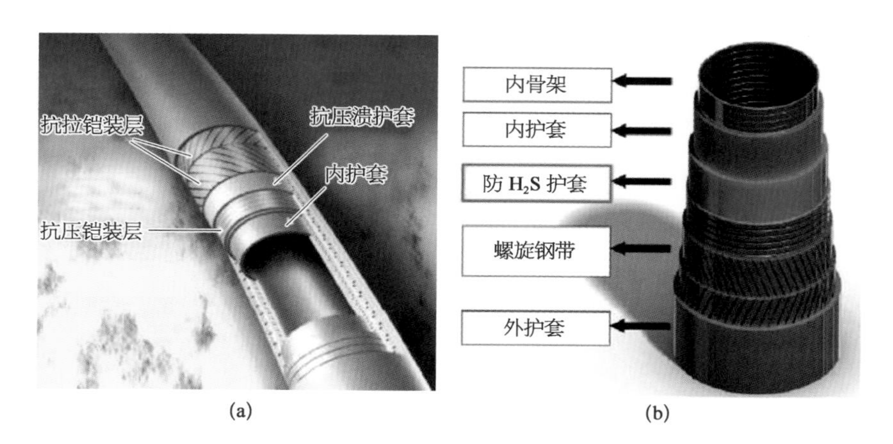

图 1.8　代表性非粘结柔性管结构示意图[7]

是互相熔接的，增强材料层间及增强层与内外层有效熔接成为一体的管壁结构，其截面形式如图 1.9 所示。该结构使管道具有较高的层间剪切强度，进而在具备高抗内压的同时具有高抗外压(抗塌陷)的性能，而且层间无间隙，可避免端面层间渗透而导致的腐蚀及耐压失效。其储存方式和生产加工方式如图 1.10 和图 1.11 所示。

图 1.9　玻纤增强柔性管截面

图 1.10　玻纤管卷盘存储

图 1.11　生产线——增强层缠绕

1.3 柔性管结构分析现状

管道极限状态是指失效与未失效之间的临界状态，此时所对应的外荷载力即为其极限承载力，该值是确定管道设计的重要基础与依据。柔性管结构分析一般是从理论模型、数值分析与试验测试三个不同的方面入手来掌握管道在材料、结构等层面上的失效机理。

柔性管的理论模型能够系统反映结构在外荷载作用下的响应机理。其主体思想是，根据管道所受的荷载情况选择管道适当的层结构，进行合理的假设和简化，并确定模型的初始状态。然后利用管端部及层间位移和接触力等条件将管各层结构组装起来，通过力学原理对其进行应力分析、位移求解等。其中非粘结柔性管由于结构复杂，在外荷载作用下各层之间可能会发生相对滑移，大量的非线性接触问题给柔性管的局部分析带来了极大的困难。理论模型虽然可以较快地得到柔性管在外荷载作用下的结构响应，但其大多是基于一定的简化和假设，无法精确给出柔性管在复杂荷载作用下各层的力学响应，存在一定的局限性。

随着计算机的快速发展和有限元理论的成熟完善，使用有限元模型模拟柔性管的力学响应，既可以弥补理论方法的不足，也可以节省时间成本。数值方法能够模拟截面复杂的几何构型、层间接触问题及非线性变形等情况，能更真实、全面地反映管道的实际情况。但由于非粘结柔性管接触面繁多，计算单元庞大，其收敛性不容易保证，计算效率也不高。目前来讲，数值分析主要用于研究一定长度模型的特殊响应。

由于柔性管理论模型存在一定的局限性，而有限元模型又存在收敛性不佳及计算时间较长的问题，为了更深刻地理解柔性管在各种荷载下的力学响应情况，试验研究是不可或缺的，其结果也可以作为其他两类研究方法的基础和有效验证。柔性管的试验要求及成本都较高，且一些工程技术均有保密性，相关非粘结柔性管的详细试验过程和结果资料都较少，这对其深入研究造成了一定的阻碍。同时在进行管道的全尺寸试验时，需要保证样管有足够的有效长度，以避免端部效应对所需测量结果的影响。

综上所述，尽管很多学者对粘结和非粘结柔性管的力学性能做了相关研究，但由于管道系统中复杂的结构层，尤其是非粘结柔性管的层间接触、摩擦等问题导致结构的力学响应极其复杂，其结构几何变形非线性及材料非线性也给工程实践中的分析带来了很大困难。所以无论是在理论还是试验方面，其研究水平至今都远落后于相应的金属结构。到目前为止，非粘结柔性管的力学性能仍然没有被完全理解。

SSRTP 作为一种新型海洋非粘结柔性复合管，其力学性能的研究更为少见、更不成熟。公开发表的杂志中很少能看到与 SSRTP 力学性能研究有关的文章。目前来说，其结构响应及评估主要是依据工厂生产经验，这将严重限制该种管道的应用范围，尤其是在复杂载荷工况时。SSRTP 的增强层是宽而薄的钢带条，其力学性能较钢丝线或钢丝束更为复杂，且管材的弹塑性、层间摩擦等也会对 SSRTP 的力学响应产生一定影响。

在柔性管的生产应用方面，国外柔性管的应用水深已超过 2 000 m，国内柔性管尚处于起步阶段，应用水深约 100 m，尤其是热塑性玻纤增强柔性管，尚处于空白阶段。目前热塑性玻纤增强软管只按照生产经验进行了试生产，对生产中出现的实际问题无法寻求科学上的指导，其力学性能并没有相应的理论研究，国内也没有针对热塑性玻纤增强软管的相应规范。因此有必要对上述几种管道的力学性能做深入研究，从而指导相应的工程实践。

参考文献

[1] 杨旭，孙丽萍，艾尚茂. 深水无粘结柔性管抗拉伸层屈曲问题研究进展[J]. 海洋工程，2013，31(1)：95－102.

[2] Bai Q, Bai Y. Subsea pipeline design, analysis and installation[M]. Oxford: Gulf Professional Publishing, 2014.

[3] Antal S, Nagy T, Grépály I. Spoolable bonded flexible pipes for gas service[C]//Offshore Technology Conference (OTC 2002): Deep into the Future. Houston: Phoenix Rubber Industrial Ltd, 2002.

[4] 闫嗣伶，杨中娜，李文晓，等. 海底柔性管道技术研究[J]. 管道技术与设备，2012(3)：9－11.

[5] Fergestad D, Løtveit S A. Handbook on design and operation of flexible pipes[Z]. NTNU, 4 Subsea and MARINTEK, 2014.

[6] API RP 17B. Recommended practice for flexible pipe[S]. Washington DC: American Petroleum Institute, 2014.

[7] O'Brien P, Thomas C. Evolution and new design challenges for flexible pipe in the offshore oil and gas industry[R]. Pipeline Industries Guild, 2012.

第1篇

钢带增强柔性管

第 2 章　钢带增强柔性管抗压溃能力

SSRTP在安装及降压检修过程中，过大的外部静水压力会导致其发生屈曲失稳而进入压溃状态，因此有必要对SSRTP极限抗外压能力做相应的力学分析，以期对其截面设计提供一定的理论基础。

本章主要采用试验和有限元法来研究SSRTP在外压作用下的力学性能，并给出估算SSRTP抗压溃能力的简化公式。该公式未考虑管道中层间摩擦力的作用，因此其估算结果可认为是SSRTP抗外压能力的下限值。同时本章也分析了管道初始缺陷、几何构型及层间摩擦系数等相关参数对其极限抗外压能力的影响。

2.1 试验研究

本节使用的试验样管的钢带增强层外侧包裹了一层薄膜聚酯带，以保护外层PE管在SSRTP受到轴向拉伸载荷等作用时不被翘曲起来的钢带割破。SSRTP样管的几何参数见表2.1。本节将会详细阐述研究钢带缠绕管在外压作用下力学响应的具体试验过程。

表2.1 SSRTP生产几何尺寸及相关参数

参 数	数 值	参 数	数 值
内半径/mm	25	每层增强层中钢带的条数	2
外半径/mm	37	钢带缠绕角度/°	54.7/−54.7
内层PE管厚度/mm	6	钢带厚度/mm	0.5
外层PE管厚度/mm	4	钢带宽度/mm	52

2.1.1 管道材料性质

SSRTP中HDPE及钢带材料的力学性能可以通过电子万能试验机的单轴拉伸试验获得。由于钢带弹性模量大，因此在拉伸试验过程中需使用非常敏锐的位移测量装置(引伸计)测量试件标距的轴向拉伸位移，如图2.1a所示，设定其轴向拉伸位移速度为0.2 mm/min。将所得结果进行处理，得到钢带应力-应变曲线如图2.2所示。钢带弹性模量E可以通过曲线拟合得到，拟合所得的E及材料比例极限应力列于表2.2。

HDPE的轴向拉伸试验如图2.1b所示。首先通过模具挤压的方式从成型的HDPE管中切割出哑铃状的PE试样，该试样的几何尺寸与规范ISO 527：2012[1]要求相一致。由于PE材料的拉伸应变大，因此不需要使用引伸计测量位移，直接从万能试验机的控制电脑上读取数据即可。本试验中，PE材料的加载速度设定为20 mm/min，得到PE材料

图 2.1　试件单轴拉伸试验

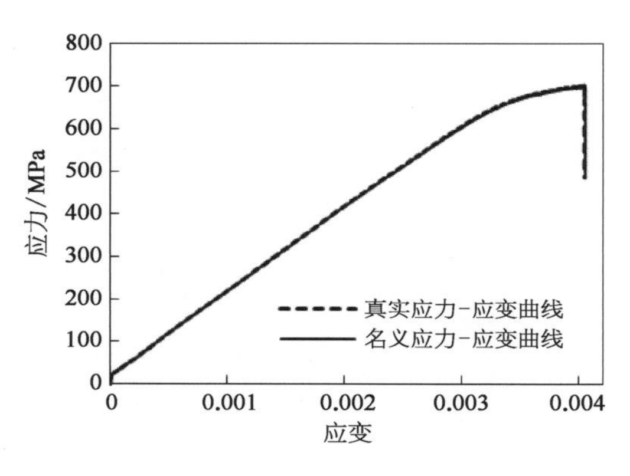

图 2.2　钢带应力-应变曲线

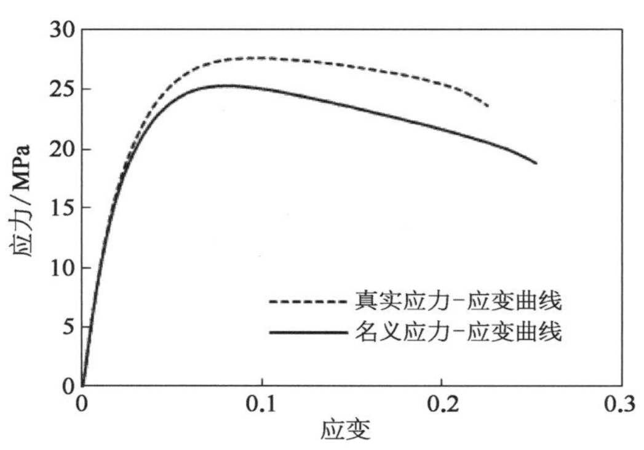

图 2.3　PE 材料应力-应变曲线

的名义及真实应力-应变曲线，如图 2.3 所示。根据规范，PE 材料的弹性模量可以通过其应变达到 0.05%和 0.25%时两点所对应的割线模量来确定，也可以采用曲线拟合的方法确定其弹性比例极限应力，得到的相关参数见表 2.2。

表 2.2　管材性质

参　数	数　值	
	钢　带	HDPE
弹性模量/MPa	199 000	1 040
比例极限/MPa	596	10.94
泊松比	0.26	0.4

2.1.2　压溃试验

SSRTP 在外压作用下的力学响应试验可以通过施加恒定外压加载速率来实现。试验设备包括压力系统、液压缸、连接电脑的自动传感器等装置。为保证加载速度持续稳定，用电脑直接控制加压系统中的压力泵。压力缸及其详细的附属结构如图 2.4 所示，从图中可以看出，压力缸的井盖上连接着两条软管，一条软管用于往液压缸中加压注水，同时接收缸内压力数据并反馈给电脑，另外一条连接着内腔注满水的 SSRTP，起着输送 SSRTP 内部水介质的作用。

图 2.4　管道压溃试验的压力缸

SSRTP 样管如图 2.5 所示，试验之前需测量样管的有效长度。ASTM D 2924 规定，为了避免端部效应对试验结果的影响，样管的有效长度至少为其外直径的 7.5 倍。本试验的三组样管所测出的有效长度均为 1 080 mm 左右，该值约为 15 倍的管道外径，因此试验结果具有一定的可靠性。

图 2.5　SSRTP 样管

在生产出厂过程中，管道不可避免地会存在一定的初始缺陷，其中管道的初始椭圆度对其极限抗外压能力有着较大影响。测量管道在不同截面位置处的最大和最小外径值

D_{max} 和 D_{min}，其截面初始椭圆度 Δ_0 可以通过下式计算获得：

$$\Delta_0 = \frac{D_{max} - D_{min}}{D_{max} + D_{min}} \tag{2.1}$$

取截面位置处的最大椭圆度作为该样管的初始椭圆度，则三根样管的测量结果见表 2.3。

表 2.3　样管的初始椭圆度

编号	椭圆度/%
SP-1	1.07
SP-2	0.65
SP-3	0.47

从图 2.5 可以看出，样管有两个接头：一端的接头完全封闭，另一端有两个小孔。将 SSRTP 放入液压缸之前，通过接头的其中一个小孔将 SSRTP 内部充满水，并通过另一个小孔排出管道内部空气。充满水之后，用胶布将接头的排气孔封闭起来，并将另一个小孔连接到通向液压缸外部的软管，以便管道在受到外压作用而产生形变时能够排出管腔内的水。把内腔充满水的样管放入液压缸，然后将液压管充满水，盖上井盖，封闭液压缸，并连接液压传感系统。通过压力传感器监测液压缸内部压力，为了便于收集数据，该压力传感器直接与电脑相连接。试验过程中，加压速度需稳定持续，本试验的加载速度设定为 0.025 MPa/s。SSRTP 的压溃破坏可以通过电脑记录的压力-时间变化曲线突然下降来判断。重复上述步骤完成剩余样管的压溃试验。

2.1.3　试验结果

三组样管的时间-压力曲线如图 2.6 所示，从图中可以看出三组试验曲线吻合较好。在加压初始阶段，曲线有微小波动，这是由于液压缸注满水封闭井盖后，缸内不可避免地会残留一部分气体。但该微小波动并不会对最终测试结果造成较大影响，经过了这个不稳定阶段，压力开始随时间以稳定的线性方式增加，直至曲线到达最高点后突然掉落下来。在整个加压过程中，电脑所记录下来的最大压力值即可看作管道的极限抗外压能力。需要说明的是，样管 SP-3 在试验即将结束时，其出水口被缠绕在外侧的塑料胶带堵住了，该胶带主要用于防止软管在输送水介质时出水口位置处漏水。幸运的是该现象发生在试验曲线出现下降段之后，因此这组

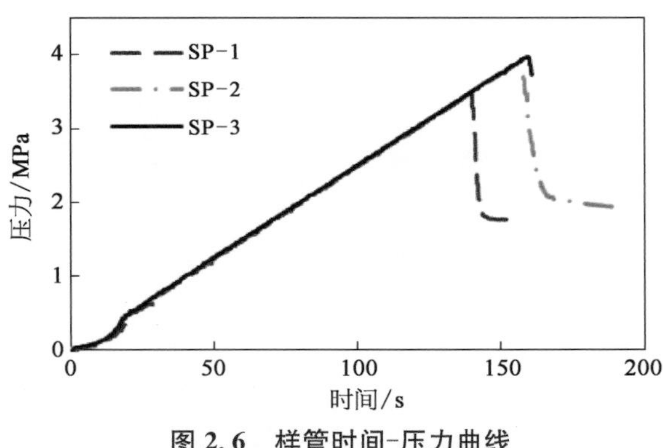

图 2.6　样管时间-压力曲线

曲线仍然是有效的。

从试验结果可以得出，这三组样管的压溃压力分别如下：SP－1 为 3.456 MPa，SP－2 为 3.901 MPa，SP－3 为 3.959 MPa。平均屈曲压力为 3.772 MPa，最大试验结果与最小结果的误差为 12.7%左右，显示出较小的变异性，说明该试验的可靠性。SSRTP 的压溃模式如图 2.7 所示，从图中可以看出，在外压载荷作用下，SSRTP 发生了扁平化破坏。

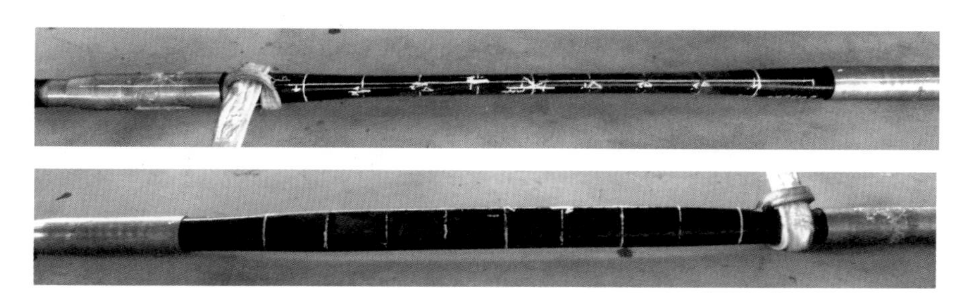

图 2.7　SSRTP 的压溃情况

2.2　有限元数值模拟

本节使用商业软件 ABAQUS[2] 有限元模型来模拟 SSRTP 在外压作用下的力学响应。假设管道的初始椭圆度沿管长方向均匀分布，则可以通过下式引入管道的初始缺陷：

$$\omega_0(\theta) = -\Delta_0 R\cos(2\theta) \tag{2.2}$$

式中　R ——管道的平均半径；

　　θ ——圆柱坐标系中截面上任意一点的角度坐标。

为节省计算时间并保证计算结果的准确性和可靠性，这里首先分析了有限元模型长度对其计算压溃压力的影响，并确定出既能保证结果精度，又能保证计算效率的模型长度。分析发现，35 mm 管长(约为螺旋钢带 1/4 螺距)的有限元模型计算出来的结果与 300 mm 管长(约为螺旋钢带 2 倍螺距)的相比，仅有 2.1%的偏差，该值在误差允许范围之内，说明 35 mm 管长已经能够满足计算精度要求。因此在下面的分析中，有限元模型的管长选取为 35 mm。

2.2.1　网格及接触面

在该模型中，内外 PE 层使用 C3D8R 单元(8 节点缩减积分单元)，该单元可以用于接触、材料塑性、大变形等线性及非线性的复杂问题中，并能得到比较高的精确性[3]。由于钢带增强层的厚度较长度和宽度而言很小，为了提高计算效率，使用 S4R 单元（四边形壳单元）来模拟钢带增强层。SSRTP 有限元模型网格划分情况如图 2.8 所示。

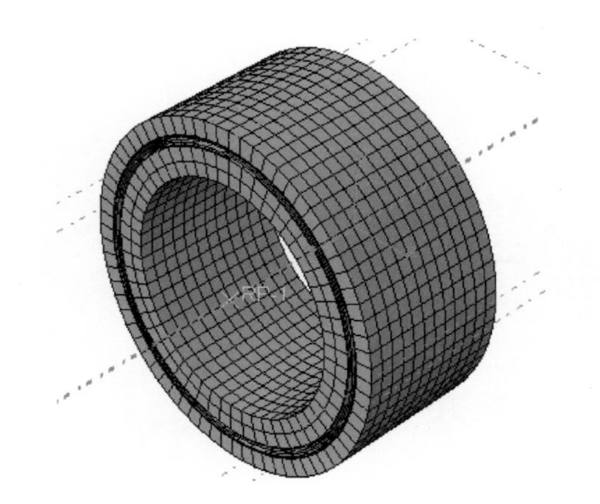

图 2.8　有限元网格划分

图 2.9　钢带与 PE 层的位置关系及接触情况

钢带与 PE 层之间、钢带与钢带之间的接触通过面-面接触来模拟。在本模型中，由于 PE 材料比钢带材料柔软很多，定义 PE 层的接触面为从面，其单元划分较主面而言需要更细密。对于非粘结复合管，接触面上法向方向的力学响应定义为“硬接触”，且“接触后允许分开”。“硬接触”可以通过压力-咬合度（$p-h$）模型来描述，其中 p 表示接触压力，h 表示接触面的重合程度。没有接触压力时，$h<0$；有正向接触时，$h=0$[4]。接触面切线方向上的摩擦方程采用罚函数法，根据钢结构规范，选取钢带与钢带之间的摩擦系数为 0.35；PE 材料与钢带之间的摩擦系数可以根据白勇研究团队之前所做试验设为 0.22。钢带与 PE 层的位置关系及接触情况如图 2.9 所示。

2.2.2　荷载及边界条件

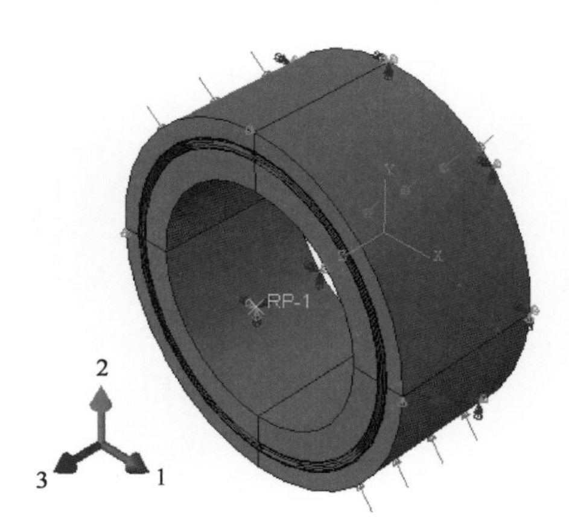

图 2.10　外压作用下 SSRTP 有限元模型的荷载及边界条件

如图 2.10 所示，管道一端施加沿长度方向（3 方向）的对称边界条件，另一端在自由度 3 方向上耦合于截面中心位置参考点 RP-1，即该截面沿管长方向的变形保持一致。为了使管道产生椭圆化变形，在模型两端截面位置处的外表面点施加额外的约束条件：截面上侧点 $U_1=0$，该约束点能发生上下方向的位移，而不能发生左右方向的位移；左右位置处点 $U_2=0$，该约束能使这些点发生左右方向的位移，而不能发生上下方向的位移。这些额外的约束条件也能在一定程度上避免整个计算过程中出现数值奇异性。最后，在模型外表面施加外压载荷，如图 2.10 所示。

在外压作用下,SSRTP 的压溃破坏表现出了较大的屈曲变形、材料非线性及其他一些几何非线性问题。为了得到 SSRTP 的压溃压力及其后屈曲力学响应情况,使用弧长法计算该模型。

2.2.3　结果讨论

通过引入初始椭圆度,模拟 SSRTP 在外部静水压力作用下的力学响应,有限元模型得出这三组样管的压溃压力见表 2.4。从表中可以看出,试验结果与有限元结果误差较小,试验所得出的管道屈曲压力稍高于有限元结果,两者的误差可能由以下因素导致:在试验加压过程中,由于端部接头的存在,会有一部分压力作用在接头面上,对试验样管产生额外的轴向压力作用,该轴向压力会稍微提升管道的压溃压力,而在有限元模拟过程中忽略了轴向压力的影响;另外,有限元模型中假设管道的初始椭圆度是均匀的,但在其实际生产过程中,不能保证该值沿长度方向上为常量;再者,管道其他方面的初始缺陷也会对计算结果造成一定影响。尽管有限元模型中做了相应假设,并忽略了试验过程中一些微小的影响因素,两套方法所得结果的一致性说明了该有限元模型的准确性和可靠性。

表 2.4　样管压溃压力有限元模拟结果与试验结果的对比

编　号	试验/MPa	有限元/MPa	误　差/%
SP-1	3.456	3.251	5.9
SP-2	3.901	3.571	8.5
SP-3	3.959	3.760	5.0

以 SP-2 管为例,有限元模型计算出来的管截面沿径向方向的位移云图如图 2.11 所示,对应的截面椭圆度随外压变化关系如图 2.12 所示。从该曲线可以看出,在外压不大的情况下,管截面的椭圆度随压力几乎按线性方式增加,在此阶段管道的变形可以看作

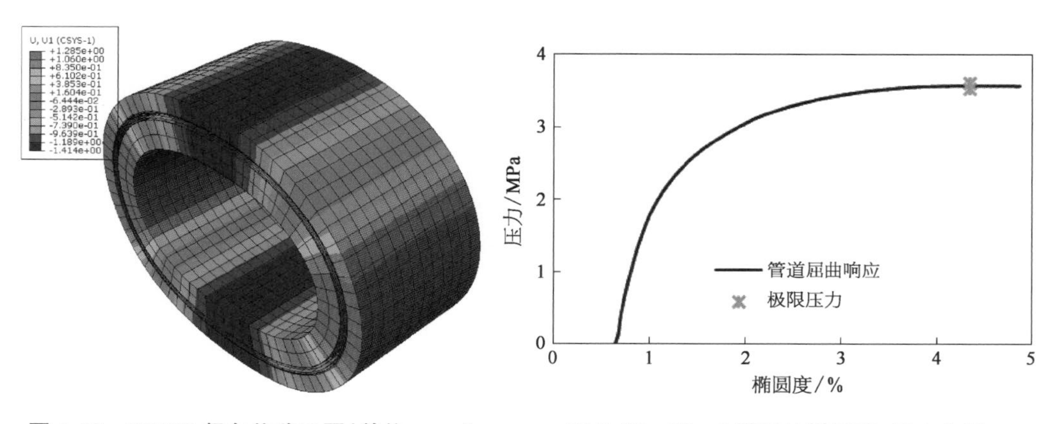

图 2.11　SSRTP 径向位移云图(单位: mm)

图 2.12　SP-2 模型的椭圆度-压力曲线

是纯弹性的。随着压力的继续增加，两者的关系呈现了一定的非线性。当压力超过某一特定值之后，微小的压力增加都会导致管截面椭圆度的显著增加。最终管道达到其极限抗外压能力 3.571 MPa，此时对应的管椭圆度为 4.4%。在此之后，即便外压不再增加，为保持平衡，管道的椭圆度还在持续增加，而后管道很快发生失稳破坏。

SSRTP 在外压作用下的应力状态是工程应用中的重点研究对象。以最内层 PE 管及最内层钢带增强层为例，在外压达到极限状态时，两者的应力云图如图 2.13 和图 2.14 所示。从这两幅云图可以看出，钢带增强层的应力远大于 PE 层，两者应力的最大值均出现在环的最大外半径和最小外半径位置处。

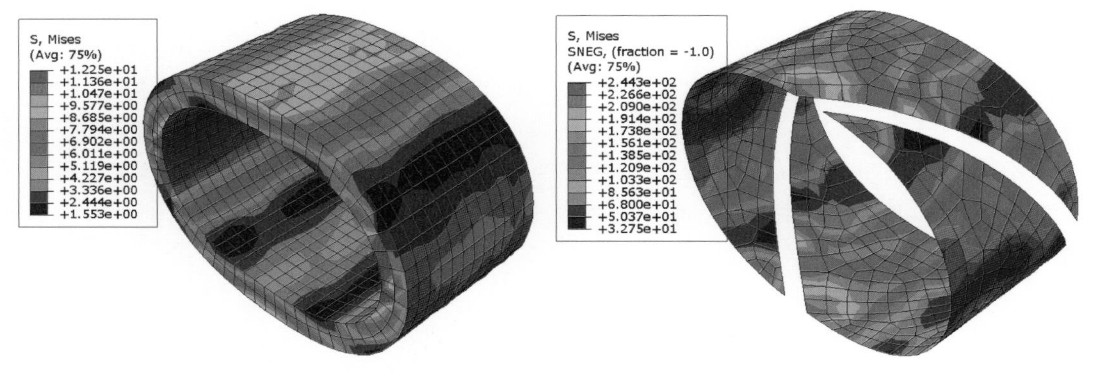

图 2.13　内层 PE 管极限状态下的应力云图(单位：MPa)

图 2.14　钢带增强层的 Mises 应力云图(单位：MPa)

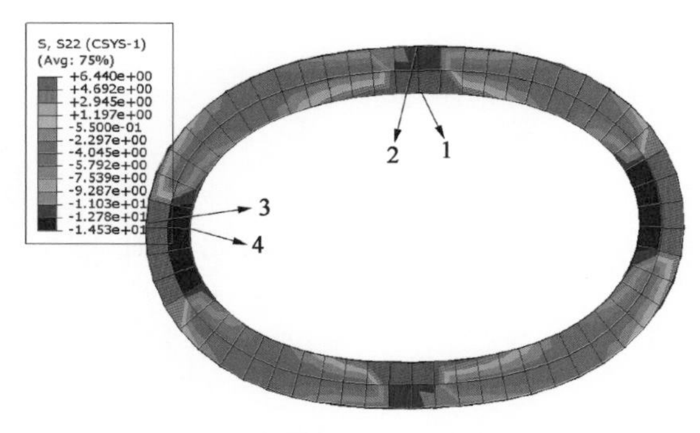

图 2.15　内层 PE 管的环向应力云图(单位：MPa)

在外压作用下，管所受到的主要应力为环向应力，因此这里对管环向方向的应力做相关分析。图 2.15 为内层 PE 管截面在圆柱坐标系下的环向应力云图，图中的四个点为整个截面中可能出现最大应力值的位置处，这四点的环向应力值随外压变化的关系曲线如图 2.16 所示。

从图 2.16 可以看出，在点 1 和点 4 位置处的单元首先受到压缩的作用，而后受到拉伸的作用，而点 2、点 3 位置处的单元一直处于压缩的状态。这可能是由于当压力不太大时，管的主要变形是沿径向方向向内挤压的变形，此时四点的环向应力都比较小；当压力超过一定值之后，管开始产生椭圆化变形。随着压力的增加，管的椭圆化变形越来越明显。

当管道快要达到其极限状态时，管的环向应力增加非常快。从图 2.16 可以看出，截面 1 - 2 和截面 3 - 4 处的应力相差很小，这说明两断面位置处的弯矩值很接近。当管道达到其屈曲外压时，对应的最大环向应力值为 14.73 MPa，该值仍然未达到 PE 材料应力-

应变明显的非线性阶段，因此在管道屈曲压力初始评估阶段，可以将 PE 管近似看作纯弹性。从 PE 层有限元数值模拟中所得到的现象与相关文献[5]中用理论方法研究粘结管 RTP 所得出的现象相一致。

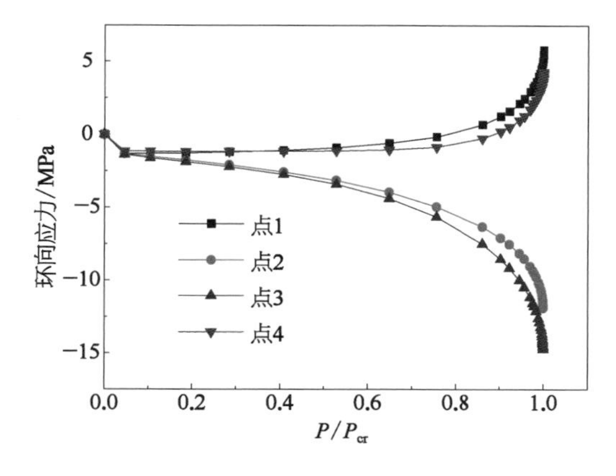

图 2.16　四点的环向应力与外压的关系曲线

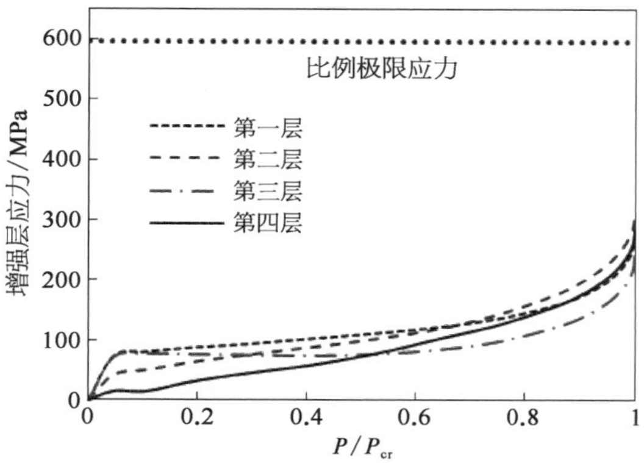

图 2.17　钢带增强层应力与外压关系曲线图

对于钢带增强层，其最大应力也倾向于出现在环的最大和最小外半径位置处，如图 2.14 所示。将不同钢带增强层中环上最大外径位置处的应力值与外压关系曲线提取出来对比，如图 2.17 所示，图中钢带增强层按照由内往外的方式排序，即最内层钢带为第一层钢带。从图中可以看出，这四层钢带的应力变化曲线没有明显差异；当所施加的外压值较小时，应力增大速度很缓慢；当外压超过约 0.8 倍的极限外压值时，应力开始快速增加。即便当外压达到了管道的极限抗外压能力，钢带增强层的最大应力值仍然远小于钢材的比例极限应力。因此在处理 SSRTP 的失稳破坏时，将钢带看作纯弹性是合理的。

从上述的有限元分析可以总结出，在 SSRTP 受外压作用而产生形变的过程中，管道的几何非线性变形占主导作用，而材料的非线性效应没有那么明显。因此在管道屈曲压力初始阶段的粗略估算中，可以将管材看作是纯弹性的。

尽管该有限元模型引入了一些假设条件，但模型计算所得结果的合理性，以及管道屈曲压力预测与试验结果的一致性，说明了该有限元模型的准确性及可靠性。

2.3　压溃压力简化估算公式

对于非粘结柔性管，如果层与层之间没有间隙，相关文献[6]提出非粘结柔性管的弹性屈曲压力可以看作是铠装层及骨架层抗外压能力的贡献之和。本节估算 SSRTP 塑性屈曲压力的总体思路与相关文献[6]中的基本一致，可以通过下式获得：

$$P_{cr}=\sum_{i=1}^{N_i}P_{cr,\ steel}^{i}+\sum_{j=1}^{N_j}P_{cr,\ PE}^{j} \tag{2.3}$$

式中　i、j——钢带增强层和 PE 层的层数编号；

N_i、N_j——两者各自的总层数。

从上节有限元分析结果可以看出，在计算 SSRTP 的屈曲压力时，可以将钢带看作纯弹性材料。因此对于钢带增强层，其等效弯曲刚度可以从相关文献[6]所给出的公式获得，即钢带增强层对整个管道的抗外压能力贡献值为

$$P_{cr,\ steel}^{i}=\frac{KnE_i bh^3}{4L_p R_i^3} \tag{2.4}$$

式中　n——每一增强层中钢带的条数；

L_p——钢带缠绕层的螺距；

E_i——钢材的弹性模量；

b、h——钢带的带宽和厚度；

K——由钢带缠绕角度及其截面惯性矩确定的一个影响因子；

R_i——第 i 层的平均半径。

对于内外层 PE 管，本节借鉴白勇团队[5]所提出的切线模量法来考虑材料的非线性发展，该公式能够较为准确地计算出 RTP 的塑性屈曲压力。该方法基于 Timoshenko 和 Gere[7]所提出的环模型或者管在外压作用下经典弹性屈曲模型，并在此模型基础上做一定的修正，以期将材料的塑性性质考虑进来。

以内层 PE 管为例详细说明内外 PE 层抗外压能力贡献值的计算方法。将假设的径向位移以增量步的形式施加到管的外表面上。当已知管外壁径向位移时，可以计算出该增量步下管的径向应变、形变之后的壁厚、平均半径等，通过 PE 材料的应力-应变关系曲线，可以得出此时 PE 材料的应力及切线模量。将管道沿径向方向的应力值累加，可得到管道在此位移增量步下的抵抗压力(假设外压)。把管道更新后的切线模量及相应的几何尺寸值代入下式中，即可得到管道在该增量步下的计算压力值：

$$P_{cr,\ PE}^{j}=\frac{3E_{j,\ t}^{f}I_j^f}{R_{j,\ f}^{3}} \tag{2.5}$$

式中　f——第 f 步增量步；

$E_{j,\ t}$——第 j 层 PE 层的切线模量；

I_j——等效惯性矩；

R_j——管道在该增量步下的平均半径。

如果在该增量步下所得出的抵抗外压值与计算外压值大小相等，则该值即为管道的塑性屈曲压力，其更直观的计算思想可以从图2.18反映。

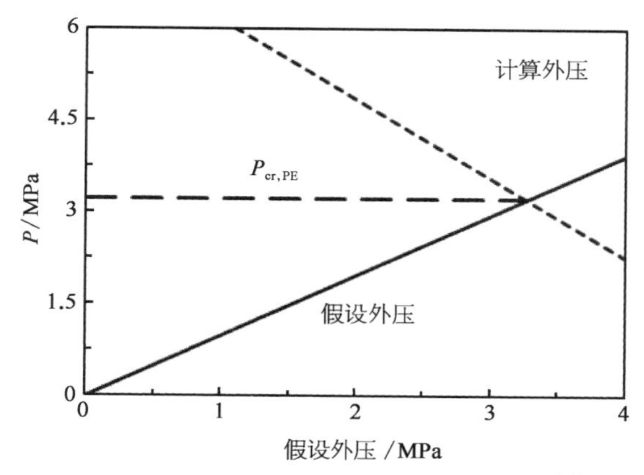

图2.18 管道的塑性屈曲压力计算过程图[5]

将内外PE层、钢带增强层对整个管抗外压能力的贡献值相累加，可以得到非粘结复合管SSRTP的压溃压力值。通过上述简化理论方法，计算得到该样管的压溃压力值为3.233 MPa，该值与有限元模拟及试验结果的误差见表2.5。

表2.5 简化理论结果与试验、有限元结果的误差对比

编　号	试验误差/%	有限元误差/%
SP-1	6.5	0.6
SP-2	17.1	9.5
SP-3	18.3	14.0

用该简化理论计算出来的管道屈曲压力值要小于试验及有限元模拟的结果，这是由于该理论忽略了管内部层与层之间摩擦力的影响。因此该简化理论所计算出来的管道压溃压力可以看作是其下限值，虽然该值偏保守，但在实际工程应用中具有一定的参考价值。由于该理论未能考虑到管道的初始缺陷、摩擦系数等因素，而这些因素对管道的抗外压能力会造成一定影响，因此下面将通过详细的参数分析来研究SSRTP在外压作用下的屈曲稳定问题。

2.4 参数分析

SSRTP的抗屈曲外压能力受很多因素的影响，比如管道的初始缺陷、几何构型、管材性质等。本节通过有限元数值模拟的方法来分析相关参数的影响。模型中如果没有特别说明，管道的几何尺寸与样管生产尺寸仍然一致，管道引入的初始椭圆度为0.5%，钢带的弹性模量为206 000 MPa。

2.4.1 初始缺陷影响

管道在生产及安装过程中不可避免地会产生初始缺陷，这些初始缺陷主要反映为管道的初始椭圆度，内层 PE 管或外层 PE 管位置的偏心而造成管道壁厚的不均匀性等。内外 PE 层的位置偏心可以通过厚度偏心率 E_0 来反映，其计算公式如下所示：

$$E_0 = \frac{t_{max} - t_{min}}{t_{max} + t_{min}} \tag{2.6}$$

式中 t_{max}、t_{min}——最大壁厚值和最小壁厚值。

考虑到外部压力是直接作用在外层 PE 管上的，这里仅分析了外层 PE 管位置偏心的影响。假设管道有一个初始椭圆度，外层管的偏心可能发生在截面不同方向上。选取椭圆的两个主轴(长轴和短轴)作为偏心方向，放大 SSRTP 截面，并夸大其外层 PE 管截面的偏心位置，如图 2.19 所示，这两种偏心情况下计算所得的结果如图 2.20 所示。

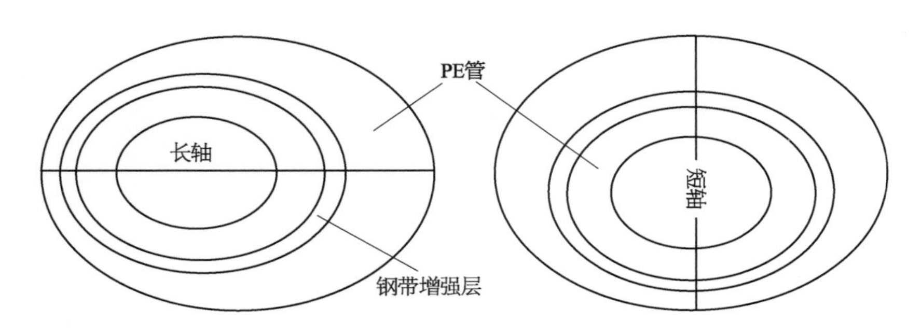

图 2.19 外层 PE 管壁厚的偏心情况

从图 2.20 可以看出，当管道的初始椭圆度为 0.5%时，外层 PE 管壁厚偏心的方向对管道屈曲外压的影响很小。沿椭圆长轴方向的偏心和沿短轴方向的偏心所得出的曲线几乎完全一样，该现象与外层 PE 管在不同壁厚偏心率下所得出的结果规律相同，如图 2.21 所示。当 E_0 值取为 0、10%、20%时，得出的管道屈曲外压值分别为 3.759 MPa、3.760 MPa、3.761 MPa，这进一步说明了管道的外层 PE 管偏心对其极限抗外压强度的影响非常小，当该缺陷不大时其影响可以忽略不计。

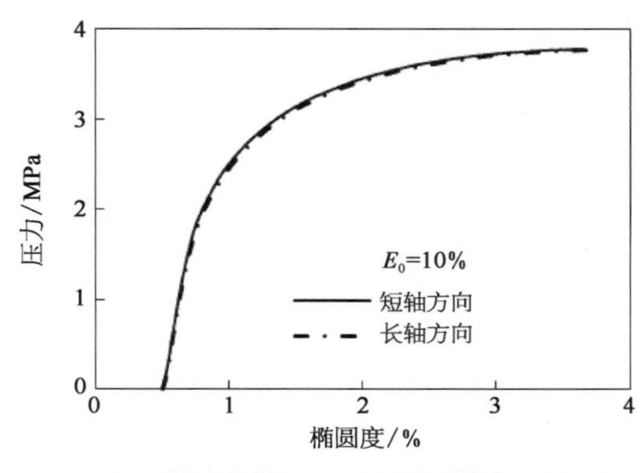

图 2.20 壁厚不同偏心方向压力-椭圆度关系图

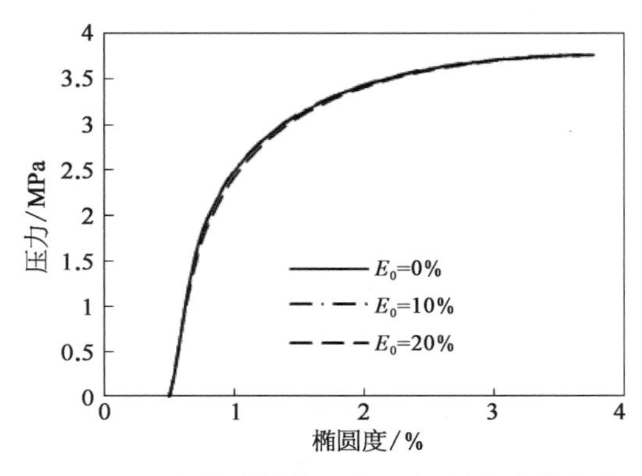

图 2.21 初始壁厚偏心率压力-椭圆度曲线图

管道初始椭圆度也是影响管屈曲压力的一个重要因素。为了研究该因素对SSRTP屈曲响应的影响，选取三组初始椭圆度值(0.5%、0.75%、1.08%)模拟管道在外压作用下的力学响应，其结果如图2.22所示。从图中可以看出，总体而言，管道的初始椭圆度越大，其极限抗外压能力越小，对应极限状态下的椭圆度越大。当初始椭圆度从0.5%增加到1.08%时，其屈曲外压从3.756 MPa下降到3.328 MPa，抗外压能力降低了11.4%，因此管道的初始椭圆度对其抗外压强度的影响不容忽略。

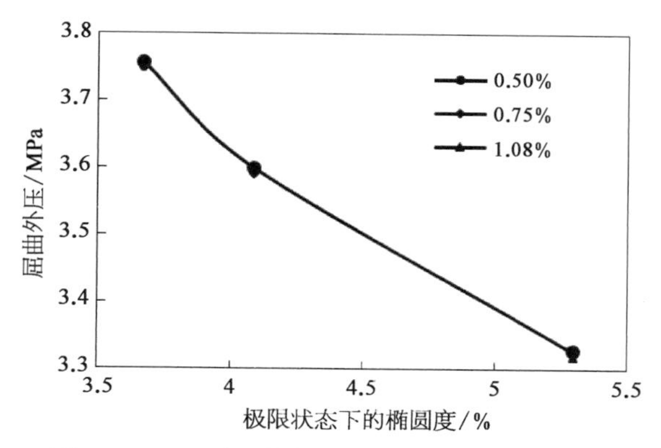

图 2.22　不同初始椭圆度下管道的屈曲外压与在极限状态下椭圆度关系图

2.4.2　几何构型影响

外层PE管的径厚比对管道屈曲压力的影响如图2.23所示。保持管道内部几何尺寸不变，外层PE管壁厚从2 mm按照间隔值为2 mm的方式增加到6 mm，其外层PE管对应的径厚比 D_1/t_1 分别为34、17.5和12。这里 D_1 为外层PE管的平均直径，t_1 为其壁厚。当其径厚比值从12增加到34时，对应的屈曲压力从5.656 MPa下降到3.162 MPa，降低了44.1%。同时管道在极限抗外压能力状态下对应的椭圆度从3.35%增加到4.77%，增大了42.4%左右。由此可以看出，外层PE管的径厚比对整个管道的屈曲压力有一定影响，该值越大，管的极限抗外压能力越小，但管道的变形能力有一定增强。

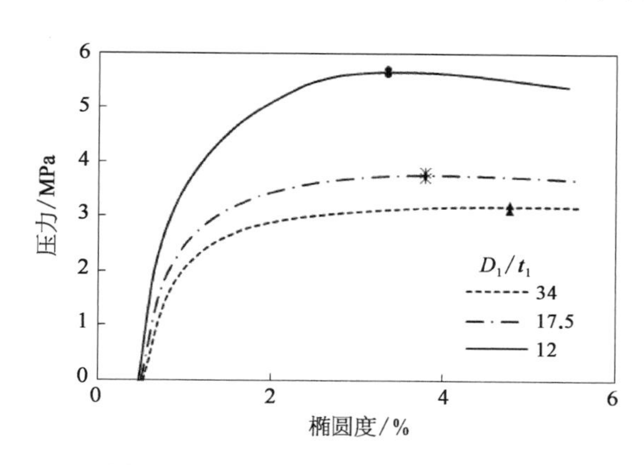

图 2.23　SSRTP不同外PE管径厚比的压力-椭圆度关系曲线

本节也分析了内层PE管径厚比 D_2/t_2 对整管极限抗外压能力的影响。内层PE管的壁厚以向内增加的方式从4 mm、6 mm增加到8 mm，同时保持外侧部分的几何参数不变，计算出的 D_2/t_2 值分别为14.5、9.33、6.75。从图2.24可以看出，内层PE管的径厚比不仅能够影响管道的屈曲压力值，也能够影响管道后屈曲变形路径。当 $D_2/t_2=6.75$ 时，管道截面椭圆度随着外压以线性的方式增加，而后进入塑性变形阶段。在此过程之后，管道很快达到其极限抗外压承载力，此时所对应的屈曲外压为8.12 MPa。在内层PE管的壁厚较小时，比如壁厚为4 mm的情况下，当管道达到其弹性变形极限，进入塑性流动阶段之后，外压微小的增量都会导致椭圆度明显增大。该状态一直持续到管道达到其屈曲压力1.297 MPa，此时管极限状态下的椭圆度较弹性阶段时要大很多。当 D_2/t_2 从 6.75 增加到 14.5 时，对应的屈曲压力值下降了 84%。这说明管道在外压作用下，内层管的径厚比对其极限抗外压能力的影响更为显著。

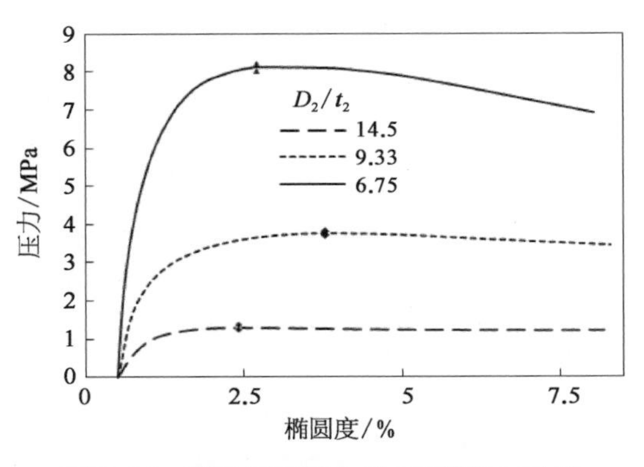

图 2.24　SSRTP 不同内层 PE 管径厚比的压力-椭圆度关系曲线

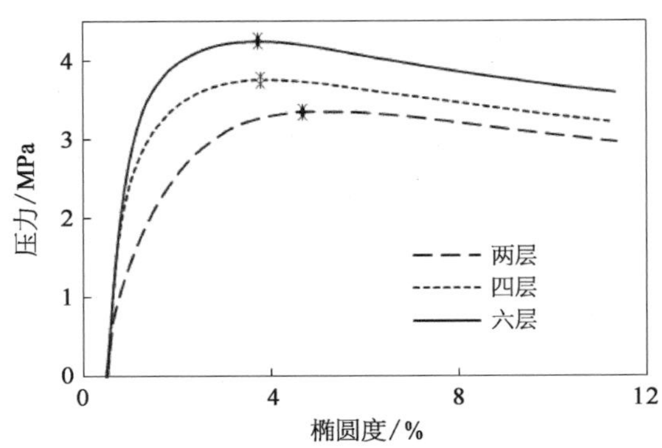

图 2.25　不同增强层层数的 SSRTP 对应的压力-椭圆度关系曲线

钢带增强层的层数对管道的屈曲压力也有一定影响，如图 2.25 所示。保持内层 PE 管的几何参数不变，增加钢带增强层层数，分别取两层、四层和六层，得出的管道屈曲外压分别为 3.358 MPa、3.759 MPa 和 4.241 MPa。从图 2.25 可以看出，在保持其他几何参数不变的情况下，增加钢带层数的确会对管道的屈曲外压产生一定影响。比较两层钢带增强层及六层的情况发现，管屈曲压力提升了 20.8%。从图中也可以看出，增加钢带的层数对管道达到其极限状态时的变形路径没有太大影响。因此钢带增强层层数的确定需要综合考虑管道设计强度、生产成本、管单位重量、柔性等要求。

2.4.3　摩擦系数影响

为了研究层与层之间摩擦系数对 SSRTP 极限抗外压能力的影响，选取额外的两组摩擦系数作为研究：钢带与钢带之间摩擦系数设定为 0.5，以及整个管完全粘结。后者工况可以通过设定法向方向为“硬接触”，且不容许接触面之间发生分离、摩擦系数为 1[4] 的方式来模拟。计算所得结果对比如图 2.26 所示，从图中可以看出，增加层间摩擦系数可以提高管的极限抗外压承载力，对于完全粘结的情况，管的压溃压力为 6.987 MPa，其值几乎是钢带与钢带之间摩擦系数为 0.35 工况下的 2 倍。同时可以发现在完全粘结的情况下，

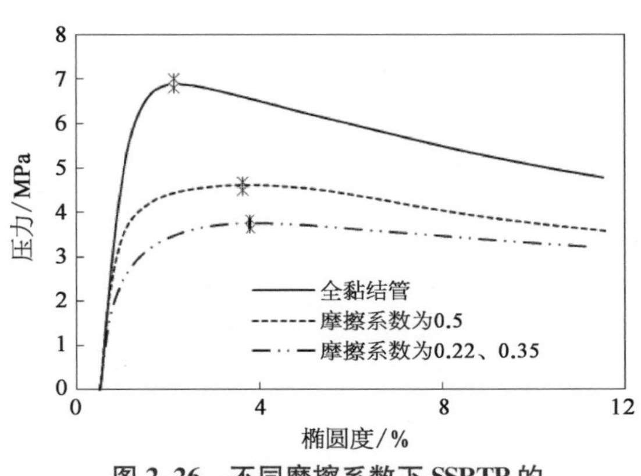

图 2.26　不同摩擦系数下 SSRTP 的外压-椭圆度关系曲线

管道在极限抗外压状态下对应的椭圆度为2.15%，该值要远小于摩擦系数更小的情况下所得出的结果。也就是说，摩擦系数可以增加管的极限抗外压能力，但也会在一定程度上降低管道的变形能力。

2.5 本章小结

本章通过试验及有限元的方法，研究了SSRTP在外压作用下的力学响应情况，这两套方法所得结果的一致性证明了本章所提出的有限元模型的准确性及可靠性。另外，本章给出能够考虑内外层PE管材料弹塑性影响的简化理论公式，该公式可以用来估算SSRTP抗外压屈曲强度的下限值。通过相应的参数分析可以得出以下主要结论：

(1) 外层PE管的初始壁厚偏心率对SSRTP的极限抗外压能力影响很小，在该值不太大的情况下，其影响可忽略不计。然而管初始椭圆度的影响不容忽略，初始椭圆度越大，管的极限抗外压能力越小。

(2) SSRTP的结构几何构型对其压溃压力有很大影响。在保持其他几何参数不变的情况下，对于内外层PE管，其径厚比越大，对应的极限抗外压承载力越小。

(3) 增加钢带增强层的层数可以在一定程度上提高管的极限抗外压承载力。然而如果仅仅为了增强管的极限抗外压承载力，从各方面综合考虑，不建议通过增加钢带的层数来实现。

(4) SSRTP中层与层之间的摩擦系数对管的极限抗外压能力有一定影响。增加摩擦系数可以提高其抗外压强度，但也会减弱管的变形能力。

(5) 本章作为研究SSRTP在外压作用下力学响应的初始工作，其结果不仅能给管道工程师们提供一定的参考价值，也能为今后更复杂、更完善的理论公式推导提供一定的指导意义。

参考文献

[1] ISO. Plastic-determination of tensile properties: ISO 527: 2012[S]. 2012.

[2] ABAQUS. User's and theory manual version[Z]. 2014.

[3] Kim T S, Kuwamura H. Finite element modeling of bolted connections in thin-walled stainless steel plates under static shear[J]. Thin-Walled Structures, 2007, 45(4): 407-421.

[4] An C, Duan M, Toledo Filho R D, et al. Collapse of sandwich pipes with PVA fiber reinforced cementitious composites core under external pressure[J]. Ocean Engineering, 2014, 82: 1-13.

[5] Bai Y, Wang N, Cheng P, et al. Collapse and buckling behaviors of reinforced thermoplastic pipe

under external pressure[J]. Journal of Offshore Mechanics & Arctic Engineering, 2015.
[6] Fergestad D, Løtveit S A. Handbook on design and operation of flexible pipes[Z]. NTNU, 4 Subsea and MARINTEK, 2014.
[7] Timoshenko S P, Gere J M. Theory of elastic stability[M]. 2nd ed. New York: McGraw-Hill, 1961.

第3章　钢带增强柔性管抗扭转能力

SSRTP 在安装及使用过程中不可避免地会产生扭矩，导致整管的破坏。到目前为止，SSRTP 的扭转破坏仍未完全研究清楚。本章主要介绍了 SSRTP 在纯扭转作用下的有限元和试验分析，揭示了 SSRTP 的扭转响应特性。

3.1 试验研究

本章试验采用钢带管的具体几何参数见表 3.1。为了简单起见，层Ⅰ、层Ⅱ、层Ⅲ、层Ⅳ、层Ⅴ、层Ⅵ分别表示从里到外的六层钢带，其中正号表示钢带沿顺时针方向缠绕，负号表示钢带沿逆时针方向缠绕。

表 3.1 试件几何参数

部　位	内径/mm	外径/mm	钢带条数	缠绕角/°	钢带宽/mm
内层 PE	25	30			
层Ⅰ	30	30.45	1	+73	52
层Ⅱ	30.45	30.9	1	+73	52
层Ⅲ	30.9	31.65	2	−53.7	52
层Ⅳ	31.65	33.4	2	−53.7	52
层Ⅴ	33.4	33.15	2	+53.7	52
层Ⅵ	33.15	33.9	2	+53.7	52
聚酯带	33.9	34			
外层 PE	34	39			

3.1.1 试验设备和试件制作

为了得到本次扭转试验用管中的 HDPE 和钢带的材料属性，使用电子万能试验机来进行单轴拉伸试验，如图 3.1 所示。

图 3.1 万能试验机

将钢带试件和 HDPE 试件分别分成两组，如图 3.2 所示。层Ⅲ、层Ⅳ、层Ⅴ和层Ⅵ所用的钢带命名为钢带 A，层Ⅰ和层Ⅱ所用的钢带命名为钢带 B。两种材质的钢带均制作了五个试件。HDPE 试件包括内层 HDPE 组和外层 HDPE 组，各自有六个试件。根据规范 ASTM E8/E8M - 13a[1]、ASTM D - 638[2] 或《塑料拉伸性能的测定》(GB/T 1040—2006)[3]，钢带和 HDPE 分别制作成了哑铃状。具体尺寸大小如图 3.3 所示。

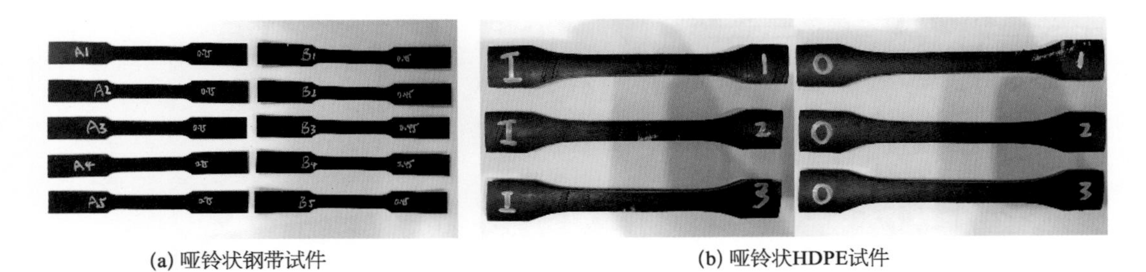

(a) 哑铃状钢带试件　(b) 哑铃状HDPE试件

图 3.2　试件形状

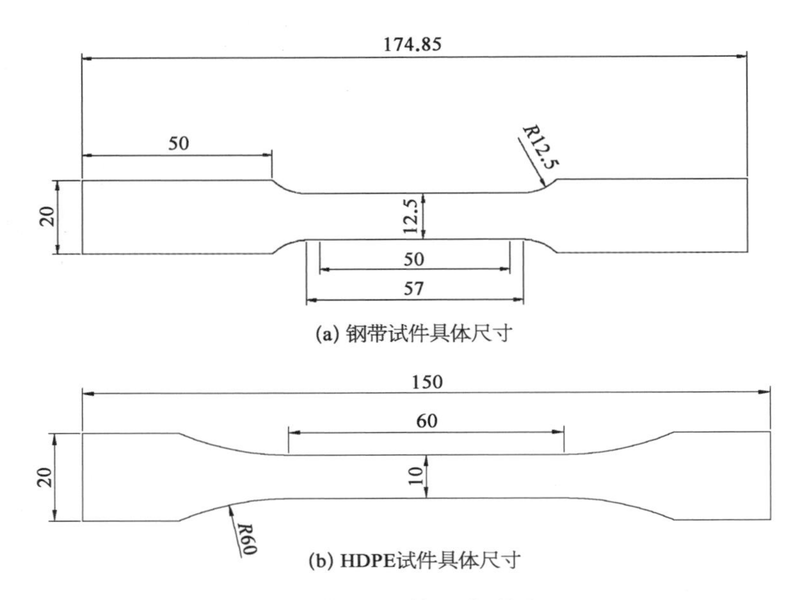

(a) 钢带试件具体尺寸

(b) HDPE试件具体尺寸

图 3.3　两种材料具体尺寸(单位: mm)

3.1.2　试验步骤和试验结果

使用不同的引伸计记录这两种材料在单轴拉伸情况下的应变,如图 3.4 所示。试验中,钢带的轴向变形速率设置为 0.2 mm/min,HDPE 的轴向变形速率设置为 1 mm/min。

钢带试件最终变形如图 3.5a 所示。由图可知,试件整个过程中没有出现颈缩现象,可判定试件失效不是塑性失效。采用线性插值法处理所得试验数据,结果分别如图 3.6 和图 3.7 所示。使用曲线拟合方法得到两种钢带的弹性模量,钢带的弹性模量和比例极限值一同列在表 3.2。HDPE 试件的最终变形如图 3.5b 所示。为了节省试验时间,试件没有加载到明显的变形,但是应力-应变关系中的应力已经开始出现下降了。从所得数据中同样采用线性插值法得到名义应力-应变和真实应力-应变关系,如图 3.8 和图

3.9 所示。根据规范 ISO 527：2012[4]，取真实应变在 0.05%～0.25%时对应的割线模量为 HDPE 的弹性模量，见表 3.2。

(a) 钢带试件轴拉试验

(b) HDPE试件轴拉试验

图 3.4　两种材料轴拉试验

(a) 钢带试件最终变形

(b) HDPE试件最终变形

图 3.5　两种试件最终变形

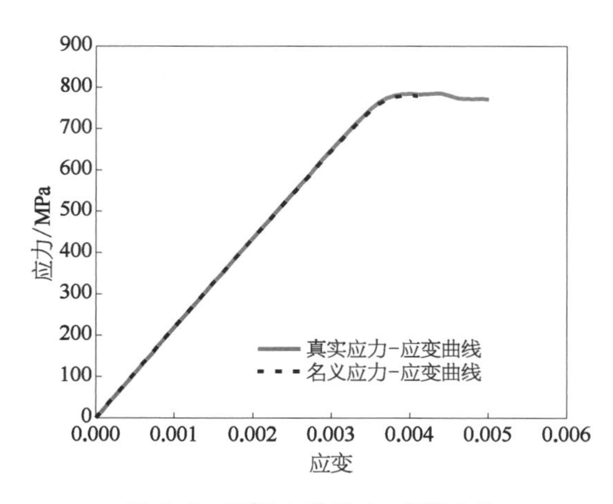

图 3.6　钢带 A 的应力-应变曲线

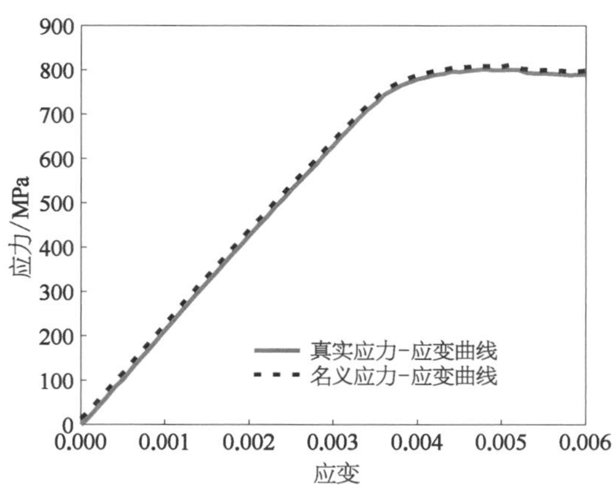

图 3.7　钢带 B 的应力-应变曲线

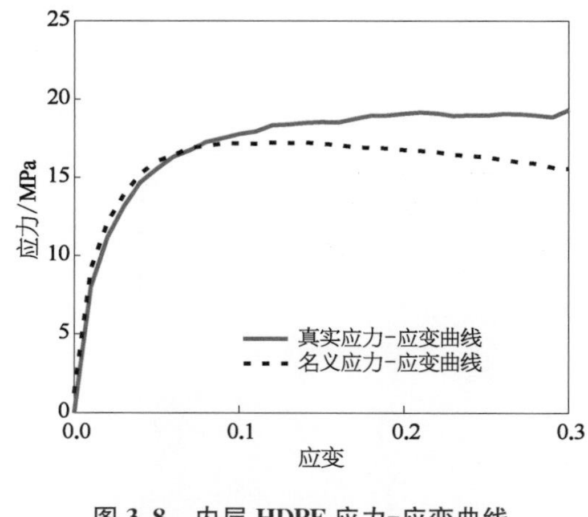

图 3.8　内层 HDPE 应力-应变曲线

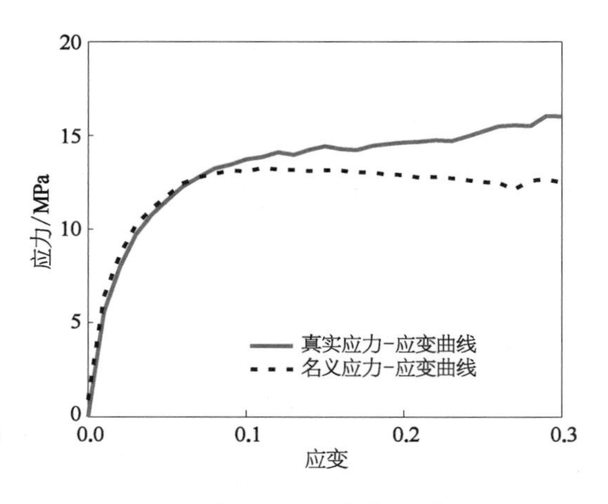

图 3.9　外层 HDPE 应力-应变曲线

表 3.2　材料属性

参　　数	钢带 A	钢带 B	内层 HDPE	外层 HDPE
杨氏模量/MPa	216 913	211 170	1 182	792
比例极限/MPa	564	571	8.02	5.58
屈服极限/MPa	801	785		
泊松比	0.26	0.26	0.45	0.45

3.2　整管试验

3.2.1　试验设备和样管制作

从制作好的卷管中(图 3.10)切割 1 680 mm 的三个试件＃4、＃5、＃6。使用夹紧机器,将长度为 340 mm 的钢接头分别安装在每个钢带管的两端。当钢带管处于正常伸直状态下,测量两个接头之间的距离,这段距离称为钢带管的有效长度。三个样管的平均有效长度为 1 010 mm,为管外径的 13 倍。图 3.11 为一个套了接头的扭转样管,其尺寸简略图如图 3.12 所示。

为避免管道端部和接头之间出现任何可能的滑移,在接头附近分别钻了两个垂直的孔,然后将螺钉插入孔中固定起来。为了能清楚地观察到试验结束后管端与接头是否产生滑移,在管道端部和接头相连处画了一条直线,试验结束后查看这条直线是否分离。样管接头部分的细节处理如图 3.13 所示。

图 3.10　制作好的整管

图 3.11　带接头的扭转管试件

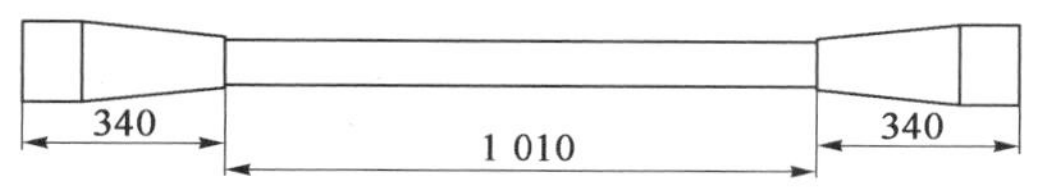

图 3.12　扭转管样管尺寸简略图(单位：mm)

图 3.13　样管接头部分的处理

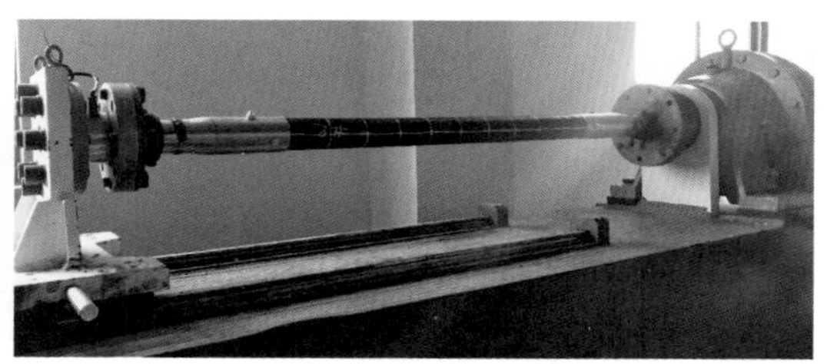

图 3.14　加载前的扭转试验机和样管

本试验所用的扭转试验机如图 3.14 所示。两个固定端头分别位于两个支座上。右端的支座是完全固定的,左端的支座可以在轴向沿着小轨道移动。在支座上安装有传感器,在试验过程中扭转角和扭矩可以传输到计算机上。

3.2.2　试验步骤和试验结果

如图 3.14 所示,将样管安装在扭转试验机上。使用法兰和螺钉将钢带管的接头分别固定在试验机的两个端头上面,保证端头和接头之间不会产生滑移。为了使扭转角均匀和垂直地施加,小心调整样管位置,确保每个样管的轴向和试验机的端头中心处于一条直线上。在所有准备步骤都完成后,在试件表皮上用记号笔画上 4 条直线和 9 条环形线,这样可以比较方便地观察扭转角施加后的变形情况。

试验机启动后,将各项参数归零,扭转速度调整为 6°/min。端头的扭转方向和最外层钢带的缠绕方向相反,即扭转方向为逆时针方向。当扭转角随着时间逐渐增加时,样管随试验机的一个端头扭转,不久后外层 HDPE 的表面上会出现一些钢带印痕。4 条表皮上面的直线表明钢带管逐渐出现变形,但是环形线几乎还是和直线保持垂直,这表明在扭转过程中截面一直保持平截面。随着扭转角的继续增加,有效段的样管表面出现了一些剧烈的麻花形扭转变形,如图 3.15 所示。在加载过程中,管内出现了沉闷和空旷的声音,这可能是由于管内钢带变形导致的。当加载结束后,切下一段最外层的 HDPE,仔细观察最外层钢带变形情况。如图 3.16 所示,可以看到最外层钢带和其他层钢带出现了轻微的分离现象。这是因为外层钢带的缠绕方向和端头的扭转方向是相反的,从而导致了钢带的反向剥离。

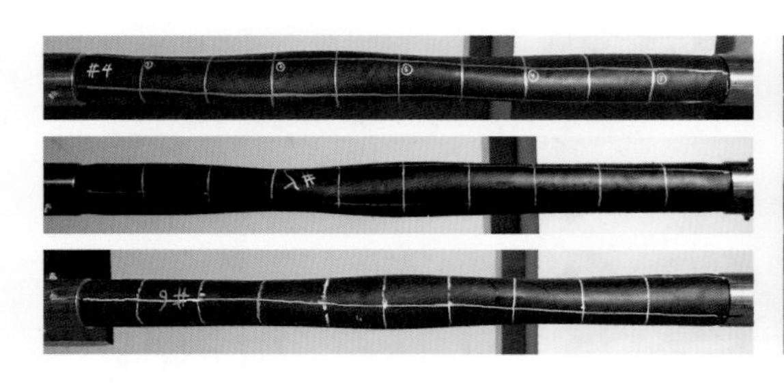

图 3.15 样管屈曲后的形状

图 3.16 最外层钢带的变形

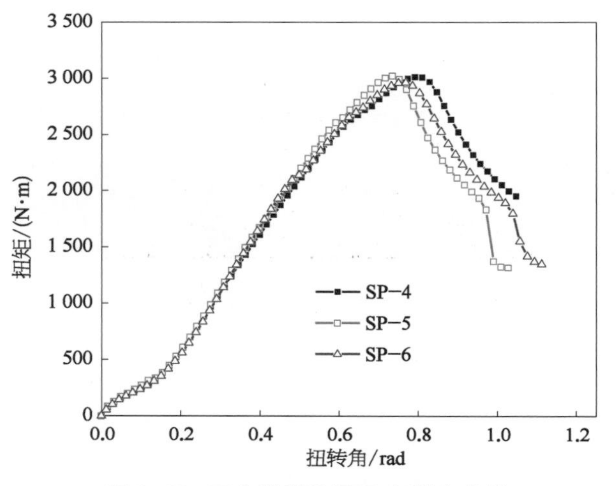

图 3.17 三个样管的扭矩-扭转角曲线

图 3.17 为各个样管的扭矩-扭转角试验曲线,可以看出各条曲线吻合很好。样管在制作过程中,钢带之间会不可避免地产生一些间隙,刚开始加载时,这些间隙慢慢消失,钢带之间逐渐互相接触,因此曲线的斜率慢慢增加。在这之后,扭矩随着扭转角的增大而逐渐增大,并且曲线基本保持直线趋势。如图所示,当扭矩增加到最高点后会突然下降,最大扭矩和对应的扭转角分别认为是样管的失效扭矩和失效扭转角。

表 3.3 给出了三个样管的失效扭矩和失效扭转角。平均失效扭矩和平均失效扭转角分别为 3 005.318 N · m 和 0.765 rad。最大失效扭矩和最小失效扭矩之间的误差为 1.9%,最大失效扭转角和最小失效扭转角之间的误差为 7.8%。这些微小的误差说明了本试验的可行性。

表 3.3 失效扭矩和失效扭转角

样　管	失效扭矩/(N · m)	失效扭转角/rad
SP-4	3 020.935	0.798
SP-5	3 025.557	0.736
SP-6	2 969.461	0.762

3.3 纯扭转有限元模拟

为了与试验结果进行对比,本节有限元模拟部分将使用商用有限元软件 ABAQUS。

ABAQUS 被称为世界上功能最为强大的商用有限元分析软件之一，在国际上享有非常高的声誉，不仅可以解答相对简单的线性问题，也可以分析许多复杂的非线性问题。在动态振动、多体系统、冲击/碰撞、非线性静态、热耦合和声学、结构耦合等问题上也有非常好的表现。特别是在非线性问题的分析过程中，该软件能自动选择最优的荷载增量和合适的收敛准则，在分析过程中对重要参数自动调整，保证了结果的可靠性。另外，ABAQUS 中的丰富单元库保证了用户可以自由选择最佳的单元模拟工程上复杂几何形状的物体[5]。

3.3.1　材料性能

将钢带和 HDPE 均考虑为弹塑性材料，钢带和 HDPE 材料的拉伸力学性能试验的应力-应变曲线如图 3.6～图 3.9 所示。

3.3.2　几何构造

建立钢带管纯扭转试验的 1∶1 模型，即长度、内外径等各参数与试验试件保持一致。因为钢带管中的薄聚酯带的厚度仅有 0.1 mm，在有限元建模中为了简化，将其厚度叠加到最外层 HDPE 的厚度，即最外层 HDPE 的厚度在模型中为 5.1 mm。现将输入 ABAQUS 中的各几何参数列在表 3.4 中。需要注意的是，在实际制作的钢带缠绕管中，层Ⅰ和层Ⅱ要求互相盖住彼此的缝隙以保证受力传递的均匀性。这意味着层Ⅰ和层Ⅱ之间不应该有任何缝隙暴露在外面，层Ⅲ和层Ⅳ、层Ⅴ和层Ⅵ也是如此。

表 3.4　输入 ABAQUS 中的几何参数

部　位	内径/mm	外径/mm	钢带条数	缠绕角/°	钢带宽/mm
内层 PE	25	30			
层Ⅰ	30	30.45	1	+73	52
层Ⅱ	30.45	30.9	1	+73	52
层Ⅲ	30.9	31.65	2	−53.7	52
层Ⅳ	31.65	33.4	2	−53.7	52
层Ⅴ	33.4	33.15	2	+53.7	52
层Ⅵ	33.15	33.9	2	+53.7	52
外层 PE	33.9	39			

3.3.3　坐标系和荷载步

在模型的加载过程中，缠绕角会随着钢带的变形一直变动。为了在这种情况下得到每一时刻沿着钢带的轴向力和垂直于钢带的轴向力，在加强层每一层建立一个正交坐标系，这个坐标系会随着缠绕角的变动而跟随着一起变动。正交坐标系如图 3.18 所示。2 方向为钢带的缠绕方向，1 方向在钢带平面内并垂直于钢带缠绕方向，三个方向组成右

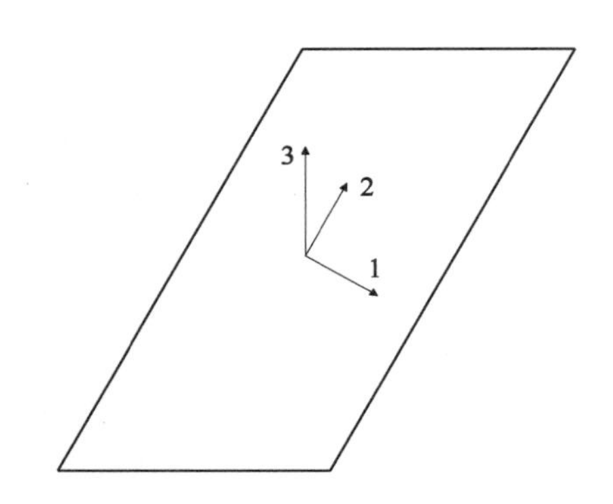

图 3.18　钢带层中的正交坐标系

手坐标系。采用 Static、Riks 算法来计算这个模型，因为 Riks 算法不仅可以更容易地解决收敛问题，并且可以在非稳态反应状态下找到静态平衡状态，这可以有效找到扭转荷载下的极限扭矩[6]。由于在变形过程中会出现几何大变形，导致几何非线性，因此在分析步中需要将几何非线性(Nlgeom)打开。

3.3.4　网格划分和接触定义

因为钢带层和 HDPE 层的厚度远比其宽度和长度小，所以这些层都使用四边形为主的壳单元(S4R)网格划分技术。图 3.19 和图 3.20 给出了最内层 HDPE 层和层 Ⅰ 的网格划分。在钢带的边缘位置，由于其几何构造不规整，因此将其使用三角形单元划分，而在其他区域则使用四边形单元进行划分。

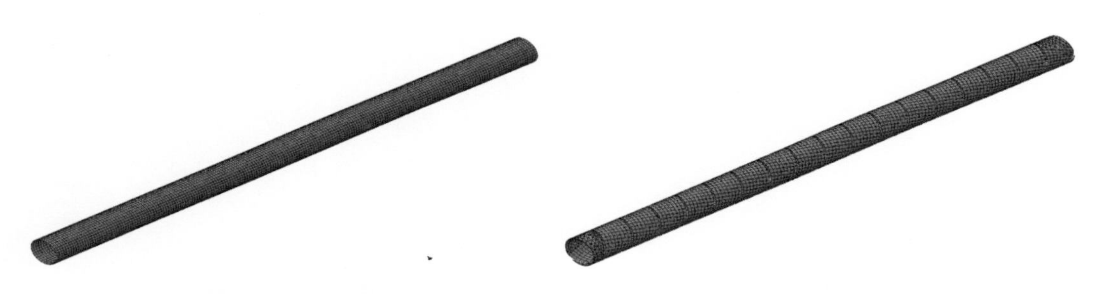

图 3.19　最内层网格划分

图 3.20　层 Ⅰ 网格划分

各层之间的接触设置为 surface-to-surface 接触[7]。因为钢带的刚度比 HDPE 的刚度要大很多，所以钢带表面定义为主面。相应地，钢带的网格划分要比 HDPE 层的划分粗糙。至于钢带和钢带之间的接触，内层钢带的接触面定义为主面，相邻接触外层的钢带面定义为从面。接触面垂直方向的力学行为定义为硬接触“hard contact”，在接触后允许滑移。每层钢带之间的摩擦系数设置为 0.1，因为各层钢带之间没有防摩擦层，并且由于制作原因，每层钢带不能完全贴合，所以摩擦系数做了适当减小[8]。钢带和 HDPE 层之间的摩擦系数设置为 0.22[9]。

3.3.5　荷载和边界条件

为了模拟扭转过程中实际的边界条件，模型的一端完全固定，另一端耦合到一个参考点 RP1 上，其中 RP1 位于模型底端的中心点上。这个截面沿所有方向的自由度全部耦合在 RP1 上，将模型的每一层和这一点耦合连接在一起。本次有限元模拟中包括两个荷载条件下的分析，即逆时针扭矩下的分析和顺时针扭矩下的分析，因此建立两个模型分别在 RP1 上仅施加一个逆时针随着时间线性增加的扭矩，大小分别为 3.5×10^6 N·m 和 -3.5×10^6 N·m。钢带缠绕管在逆时针扭矩荷载作用下底端的荷载和边界条件如图 3.21 所示。

图 3.21　钢带缠绕管纯扭矩荷载下荷载和边界条件

3.3.6　结果讨论

将有限元得到的扭矩-扭转角曲线和试验的扭矩-扭转角曲线进行对比，如图 3.22 所示。整体来说，有限元中的扭矩持续增长，直到达到一个最大值而后急剧下降。可以观察到在有限元曲线的初始段也有一个水平段，这是由于每一层之间的不稳定接触造成的。但是有限元相对试验来说，各层之间会以更快的速度完成彼此的接触，所以有限元的初始水平段比试验的初始水平段要短一些。这四条曲线的趋势比较一致。表 3.5 给出了有限元失效扭转角和失效扭矩，以及试验平均失效扭转角和平均失效扭矩。有限元的失效扭矩和试验的平均失效扭矩误差为 7%，这在工程上是可以接受的。试验的失效扭矩和失效扭转角相比有限元失效扭矩和失效扭转角要大，但是试验扭转刚度相对要小，如图 3.22 的曲线斜率所示。这可能是由于实际试件各层之间的缝隙造成的，这会更容易导致试件各层之间的滑移。由以上结果表明，ABAQUS 有限元模型可以有效、可靠地模拟钢带缠绕管的扭转情况。

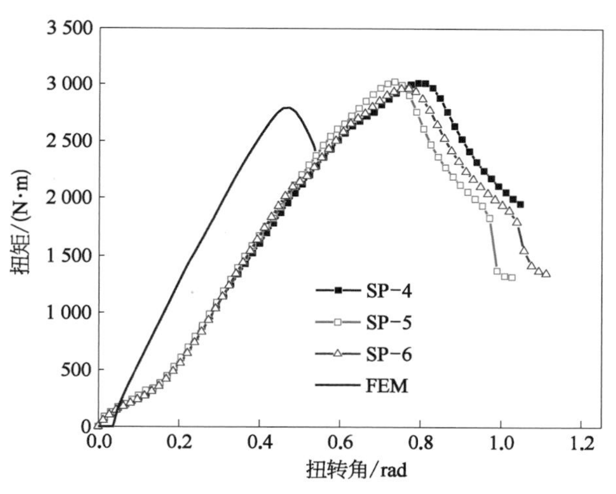

图 3.22　试验和有限元的扭矩-扭转角曲线关系

表 3.5　失效扭矩和失效扭转角

项　　目	失效扭矩/(N·m)	失效扭转角/rad
试验平均值	3 005.318	0.765
有限元结果	2 796.327	0.466

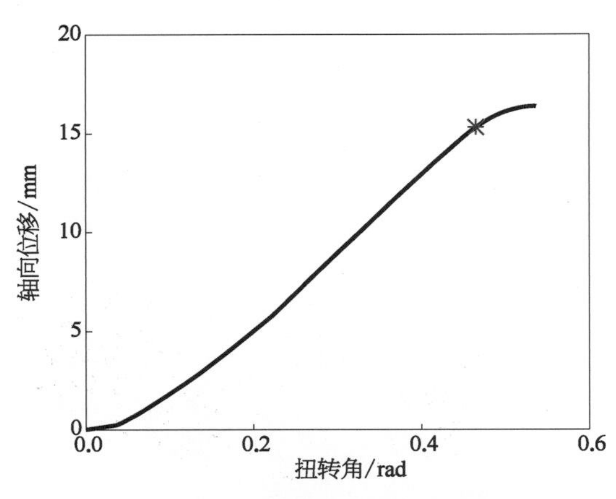

图 3.23　整管轴向位移-扭转角曲线关系图

至于模型的整管变形，为了观察模型的轴向位移，选择底面耦合点的轴向位移，作出扭转角和这一点轴向位移之间的关系曲线，如图 3.23 所示。从图中可以观察到，轴向位移随着扭转角的增加而增加，但是增长的速度先增加后下降，如图 3.23 所示。当扭矩达到了失效扭矩时，模型缩短了大约 15 mm，如图 3.23 中的标记点所示。

当模型的扭矩超过了失效扭矩后，模型屈曲后的形状如图 3.24 所示，可以观察到这个形状和试验钢带管屈曲后的形状很相似，都出现了椭圆状的变形。通过获取变形截面部分的最大直径和最小直径，可以计算出椭圆度的大小。椭圆度的计算定义为

$$\Delta_0 = \frac{D_{\max} - D_{\min}}{D_{\max} + D_{\min}} \tag{3.1}$$

式中　$D_{\max}$、$D_{\min}$——管道截面的最大直径和最小直径。

如图 3.24 所示，在有限元模型的椭圆度计算中，选取最外层变形区域中最明显的变形截面。图 3.25 显示了四个位置分别对应着位置点 1、位置点 2、位置点 3 和位置点 4。在接下来的分析中，每一层的椭圆度计算都取对应这四个位置的点计算。椭圆度由这四个点的距离来计算。图 3.26 给出了计算出的椭圆度-扭矩关系曲线。从这个曲线观察到，扭矩刚开始急速增加，但是随着椭圆度的增加，其增加速率开始减小，直到扭矩达到最大值，之后再开始下降。当扭矩达到失效扭矩时对应的椭圆度为 2.2%。在这之后，更为严重的扭转变形出现在管面上。由此可见，随着椭圆度增加，钢带管能承受的扭矩逐渐变小。

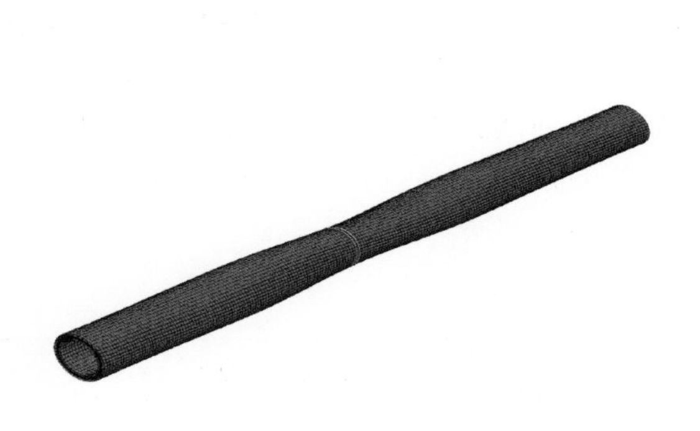

图 3.24　有限元屈曲后的形状

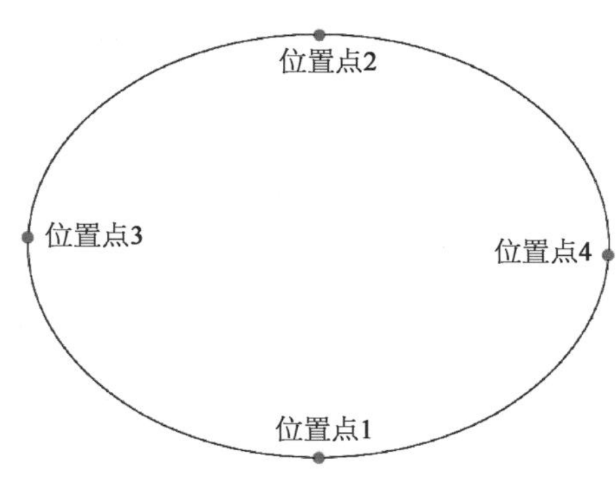

图 3.25　屈曲区域截面的四个位置点

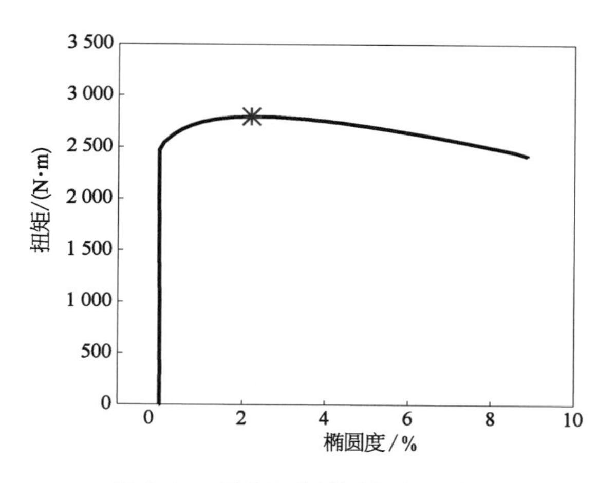

图 3.26　最外层的椭圆度-扭矩关系

3.3.7 HDPE 层力学分析

因为 HDPE 层的主要功能是保护整个钢带管，所以应该要特别注意内外层的力学性能和变形情况。沿着环向的剪切力(SF3)是 HDPE 层在扭矩荷载下的主要受力，提取出外层 HDPE 对应图 3.24 四个位置的四点上的环向剪切力，作出它们和扭转角之间的关系图，如图 3.27 所示。内层 HDPE 也做同样的处理，曲线关系如图 3.28 所示。

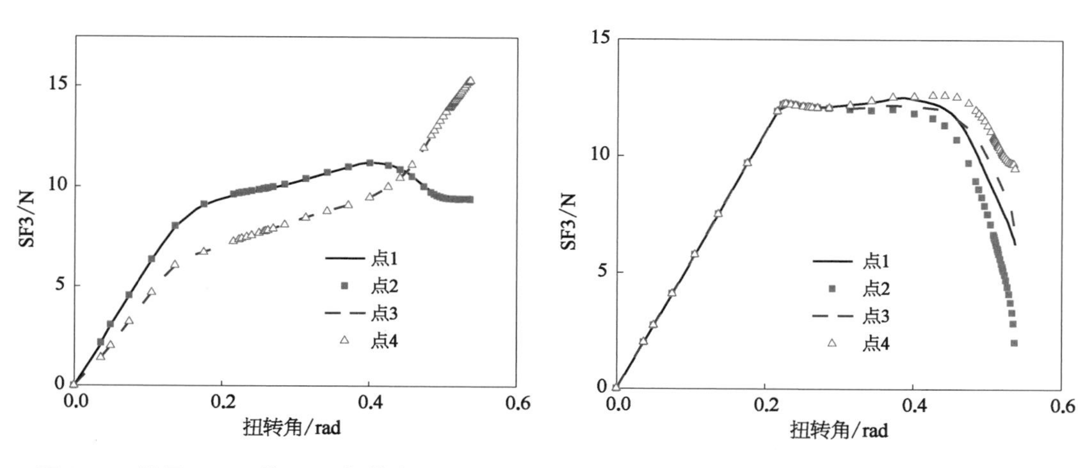

图 3.27　外层 HDPE 的 SF3-扭转角关系曲线　　图 3.28　内层 HDPE 的 SF3-扭转角关系曲线

一方面，图 3.27 中的 SF3 首先线性增加，因为材料还没有达到塑性阶段。在达到一定角度之后，曲线上出现了一个转折点，这时剪切应力开始缓慢增加，这时因为材料已经超过了比例极限。最后，当扭转角快要达到失效扭转角时，这四条曲线在同一点汇合。之后，点 1 和点 2 的 SF3 往下降，但是点 3 和点 4 的 SF3 还在持续增加。

另一方面，图 3.28 的 SF3 首先增加，而后缓慢下降，因为内层 HDPE 也上升达到了其比例极限。然而这四条曲线的前面部分几乎重叠在一起，这是由于加载过程中层 Ⅰ 和层 Ⅱ 往外扩张导致的。扩张使得内层 HDPE 几乎是自由扭转，沿着横截面产生了相对均匀的剪切应力。当钢带管快要达到失效状态时，四条曲线开始出现分离的趋势。钢带管失效时的 Mises 应力分布图进一步展示了内层 HDPE 和外层 HDPE 的不同情况，如图 3.29 和图 3.30 所示。

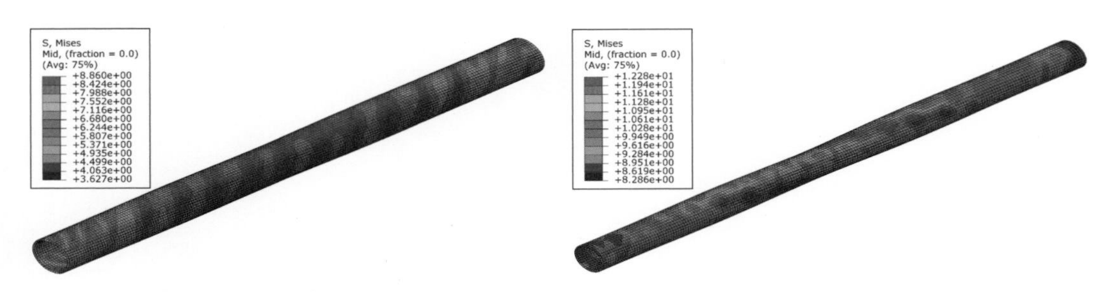

图 3.29　外层 HDPE 的 Mises 应力分布云图　　**图 3.30　内层 HDPE 的 Mises 应力分布云图**

如图 3.29 所示，外层 HDPE 的 Mises 应力分布云图分散很开，这是因为外层 HDPE 提供了一个反向力，从而抑制钢带的向外扩张。从图中还可以看到外层钢带的缝隙处出现了相对较大的 Mises 应力。但从图 3.30 看到内层 HDPE 几乎没有受到钢带影响，所以内层 HDPE 中间区域的应力分布更加均匀，这也进一步证明了为什么图 3.28 的四条曲线开始时几乎重合在一起。

为了比较内外层 HDPE 的应力-扭转角关系，选取两层中间区域的最大 Mises 应力点。图 3.31 给出了两条曲线的比较。从这幅图中可以看到，初始阶段内层的 Mises 应力比外层的 Mises 应力要低，但是随着扭转角的增大，内层对应的曲线要比外层对应的曲线高。这可能是因为两层材料塑性有差异，也可能是因为在加载过程中，两层 HDPE 和钢带之间的接触存在差异。另外，即使钢带管达到了失效状态，这两条曲线还是持续上升。

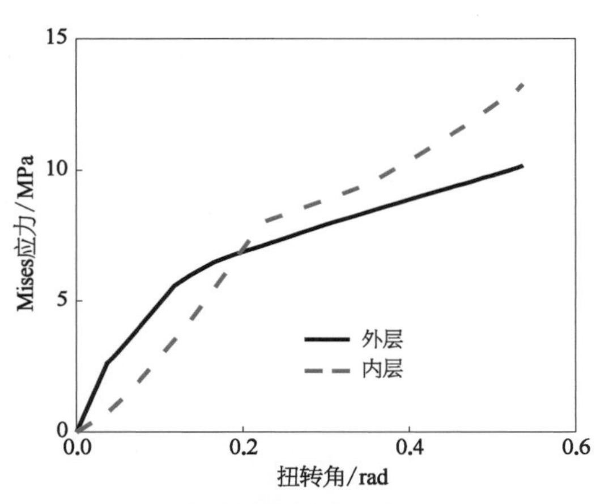

图 3.31　中间区域内外层的 Mises 应力-扭转角曲线关系

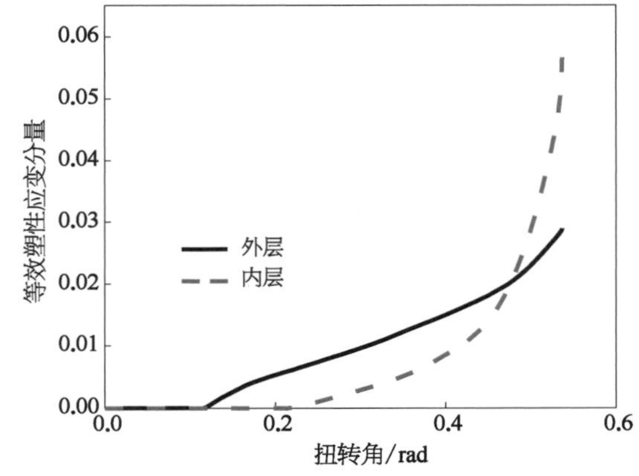

图 3.32　内外层 HDPE 等效塑性应变比较

通过分析内外层 HDPE 等效塑性应变和扭转角变化的关系(图 3.32),进一步研究整体管道的应变。依旧选取图 3.32 中的两个点,从图中可以看出,在初始阶段两层的塑性应变都是 0,表明 HDPE 层中这两点在这一阶段还没有屈服,而后这两条曲线开始稳定上升。在前一阶段,内层的等效塑性应变比外层的等效塑性应变要低,但是后面两者大小发生了改变。这和图 3.31 中的变化趋势非常相似。相对于内外层的失效应变 0.29 和 0.33 来说,两层的最大等效塑性应变值都非常低。为了清楚地表示 HDPE 层的等效塑性应变分配,图 3.33 和图 3.34 给出了在钢带管达到失效扭矩时的两个等效塑性应变分布云图。HDPE 层的等效塑性应变和 Mises 应力分配呈现了相似的趋势。

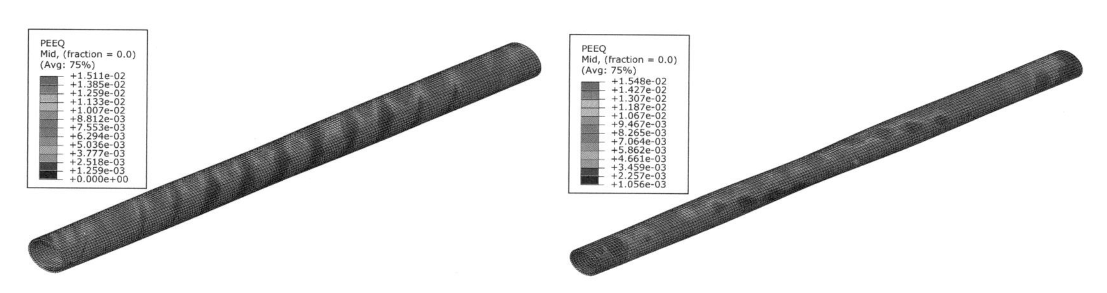

图 3.33　外层 HDPE 的等效塑性应变分配云图　　**图 3.34　内层 HDPE 的等效塑性应变分配云图**

3.3.8　钢带层力学分析

和 HDPE 层相比,当钢带缠绕管在扭矩荷载作用下,钢带承受主要的荷载,因此具体研究钢带的力学性能非常重要。

由于相邻层具有相同缠绕角的钢带的力学行为,为了描述方便,仅选择层Ⅰ、层Ⅲ、层Ⅴ来进行分析。和 HDPE 层不同,当钢带管在纯扭转荷载作用下,钢带中最具有代表性的力是轴向力(SF2)和弯矩(SM1),分别为图 3.18 中的 2 方向和 1 方向。提取这三层四个对应点处的这两个力,在图 3.35～图 3.40 中表示出它们和扭转角之间的关系。

从这六幅图中可以观察到,每条曲线在初始段都有一条短的直线段,这是由于钢带刚开始接触不稳定造成的。弯矩值在初始段相对来说很小,仅当椭圆度达到一定值后,它才开始有增长趋势,并且增长速度一直增加。至于轴向力在初始阶段都在稳定增长。在钢带管快达到失效扭转角时,层Ⅰ、层Ⅲ的轴向力开始下降。但是层Ⅴ中的轴向力增长速度加快,这意味着层Ⅴ和层Ⅵ仍然要承受更多的轴向压力。由此可知层Ⅰ和层Ⅴ主要承受轴向压力,但是层Ⅲ主要承受轴向拉力,这是由于不同钢带缠绕角造成的正常现象。图 3.41～图 3.46 给出的应力云图进一步表明了当钢带管到达失效状态时,钢带中的轴向力分布状态。除了边界条件引起了端部区域个别的反向轴向应力外,大部分轴向应力的方向和上述结论是相同的。此外,可以观察到钢带层从外到内变形情况更加明显。

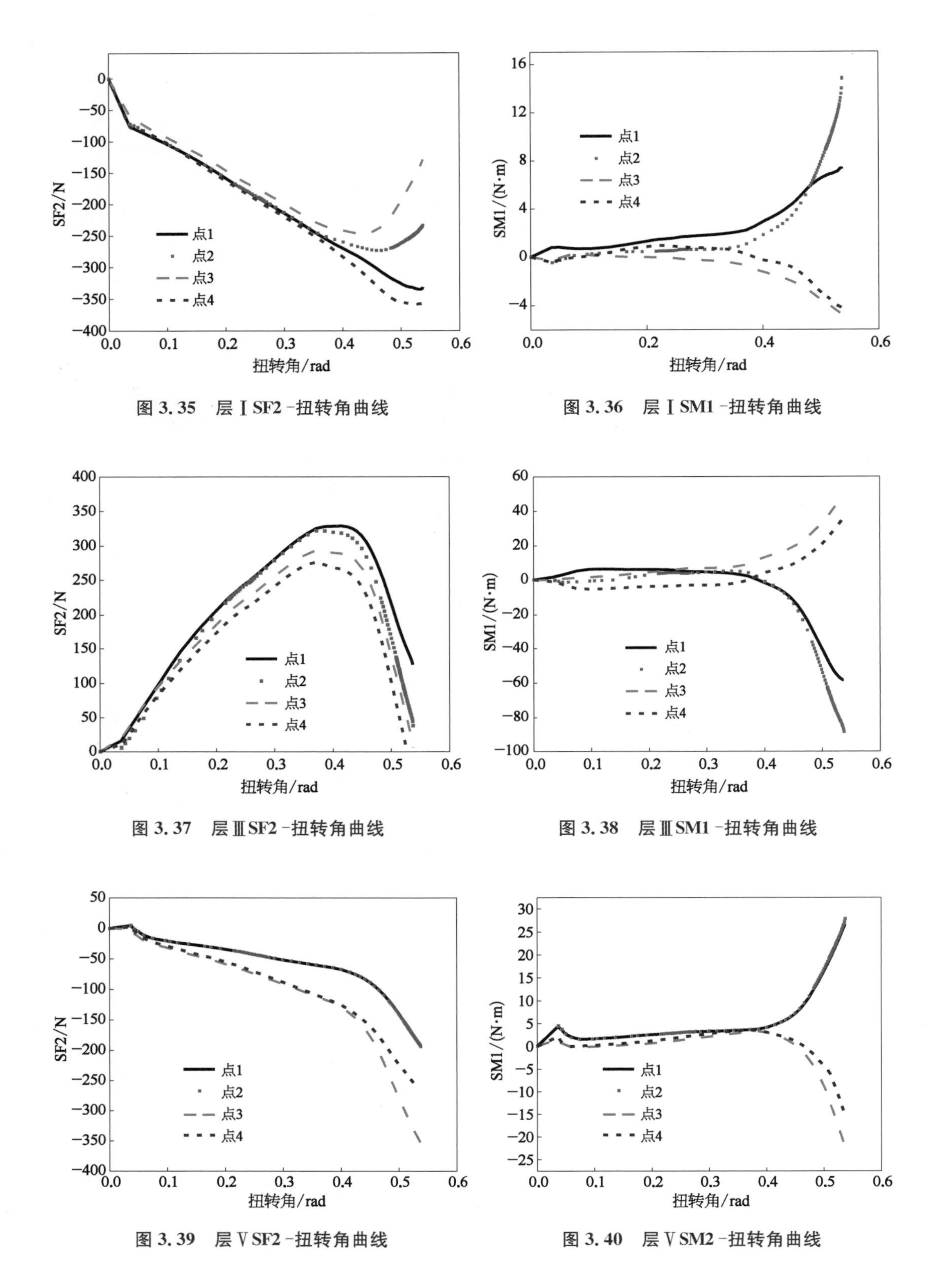

图 3.35 层ⅠSF2-扭转角曲线

图 3.36 层ⅠSM1-扭转角曲线

图 3.37 层ⅢSF2-扭转角曲线

图 3.38 层ⅢSM1-扭转角曲线

图 3.39 层ⅤSF2-扭转角曲线

图 3.40 层ⅤSM2-扭转角曲线

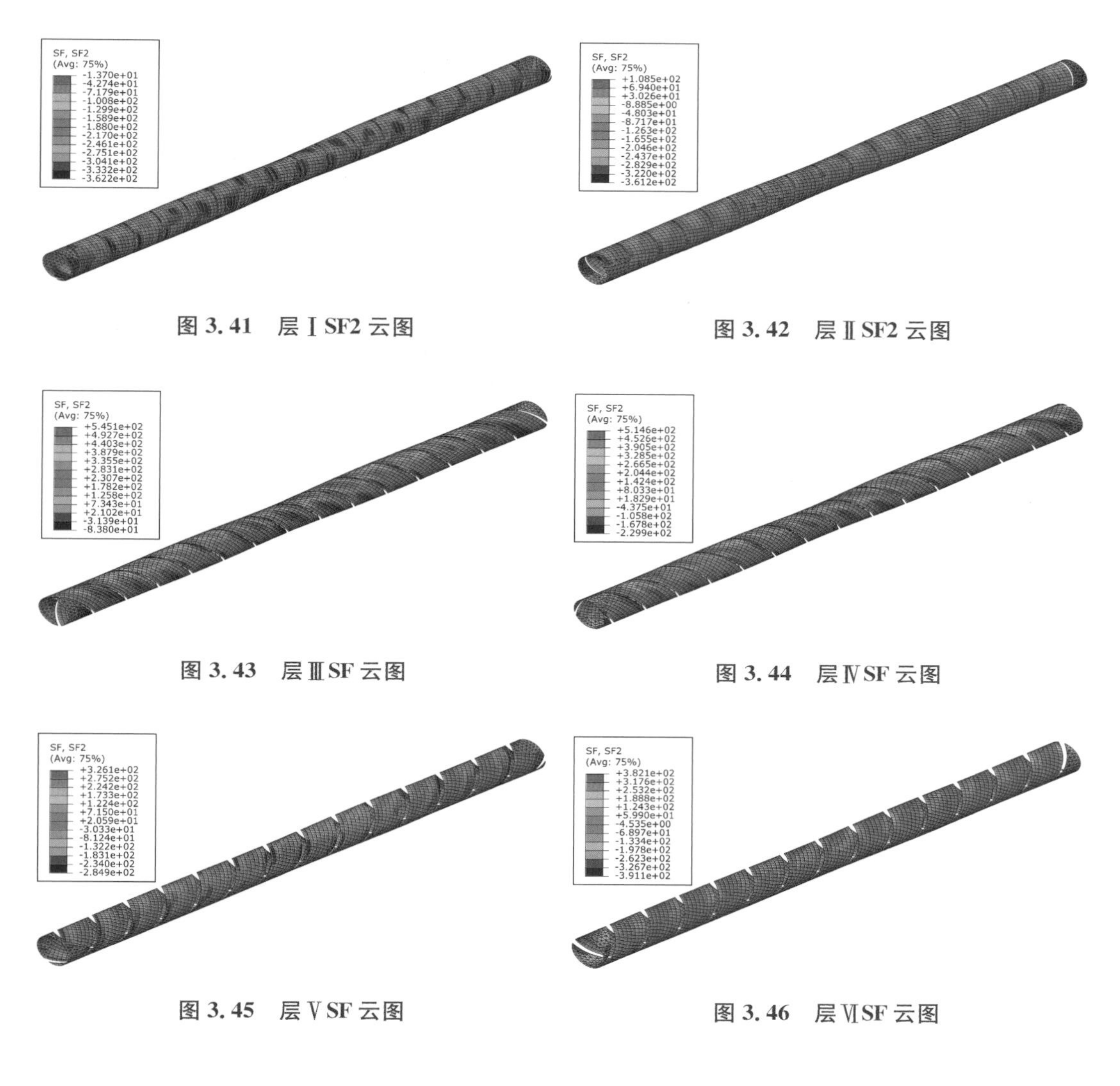

图 3.41　层Ⅰ SF2 云图

图 3.42　层Ⅱ SF2 云图

图 3.43　层Ⅲ SF 云图

图 3.44　层Ⅳ SF 云图

图 3.45　层Ⅴ SF 云图

图 3.46　层Ⅵ SF 云图

为了分析沿着钢带宽度方向的 Mises 应力分布情况，使用 ABAQUS 在层Ⅰ上画出一条路径点，如图 3.47 所示。当扭转角为 0.47 rad 时(即失效扭转角)，钢带的最大 Mises 应力在点 724。开始点 724 设置为 No. 1，点 294 设置为 No. 9，相邻点之间的增量为 1。图 3.48 给出了在不同扭转角下这些点的 Mises 应力。

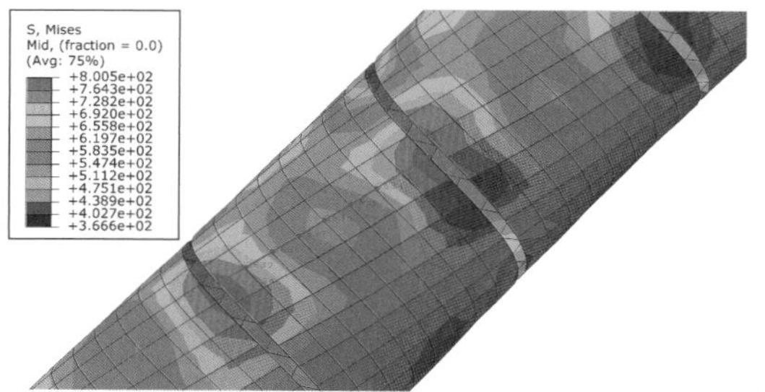

图 3.47　层Ⅰ沿着钢带宽度方向的路径点

从图 3.47 和图 3.48 可以观察到应力随着扭转角的增大而增大。在初始阶段，应力沿着钢带宽度方向的分布相对比较均匀，各个点之间没有特别大的差异。但是随着扭转角的增大，钢带边缘区域的应力比中间区域的应力更大，这意味着边缘区域更加容易产生屈服。

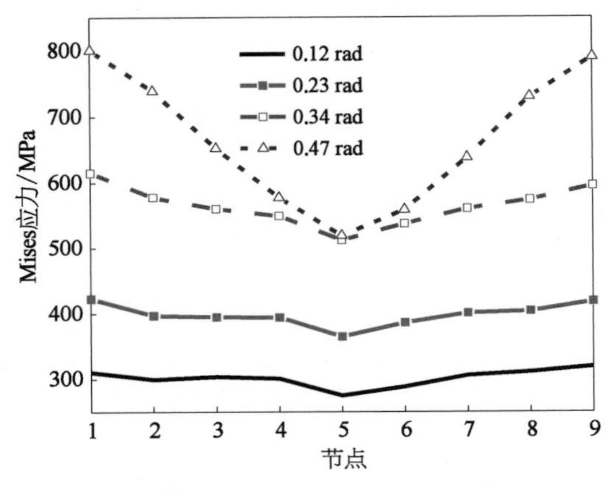

图 3.48　沿着钢带宽度方向的 Mises 应力比较

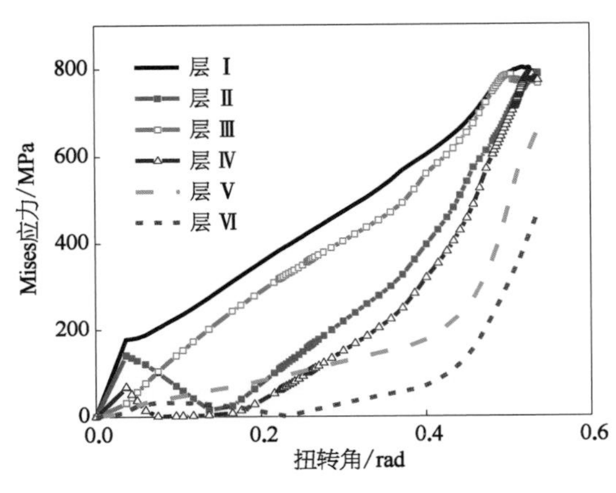

图 3.49　不同层钢带 Mises 应力对比

从每一层钢带屈曲区域的中间部分取出最大的 Mises 应力点比较，如图 3.49 所示。可以看出，在初始阶段由于钢带间的不稳定接触，有一些不稳定的曲线段。这六条曲线大致有一个相似的趋势。除了层Ⅱ，从内层到外层最大的 Mises 应力都随着层数的增大而增大。在扭转角达到失效扭转角后，所有层的应力都急剧增大。

3.4　参数分析

本节根据 ABAQUS 软件，对影响钢带管扭转力学性能的几个参数进行敏感性分析。本节选取的钢带管材料参数和几何尺寸与上节一样。分析的影响条件包括轴向约束、钢带布置、摩擦系数影响、轴向力和扭转方向的影响。当改变某一个参数时其他参数和原模型中的条件完全一致。

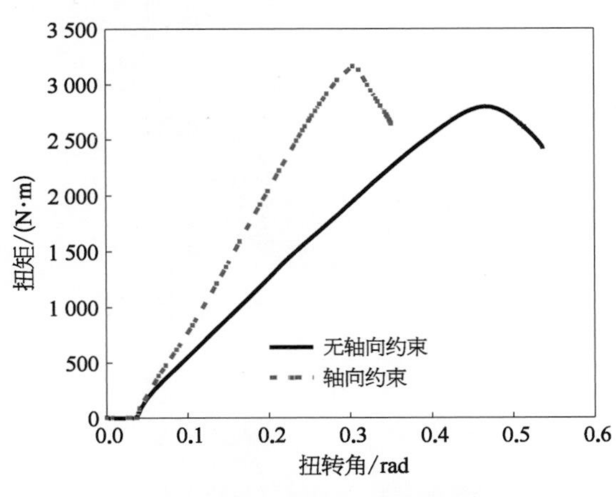

图 3.50　逆时针扭转不同轴向约束下的扭矩-扭转角关系对比

3.4.1　轴向约束影响

如前所述，当整管在无轴向约束的情况下，模型有缩短现象发生。在实际工程中，由于外界环境的影响，柔性管不能随意缩短。为了研究这一因素对柔性管在扭转作用下的影响，建立一个有轴向约束的模型进行分析。如图 3.50 所示，在逆时针扭矩作用下，钢带管的轴向被约束住时，扭转刚度和极限扭矩都要比没有轴向约束的模型大。有约束时的极限扭矩为 3 158.4 N・m，比无约束时的极限扭矩大 11.5%。

在有轴向约束的情况下，钢带管的变形如图 3.51 所示。现将其椭圆度-扭矩关系图提取出来，如图 3.52 所示，在整管达到失效扭矩时的椭圆度为 0.099，而在无轴向约束情况下这一值为 0.022。顺时针扭转不同轴向约束下的扭矩-扭转角关系对比如图 3.53 所示。

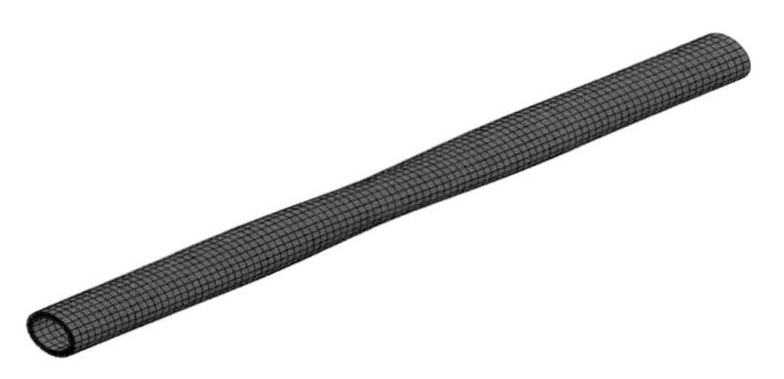

图 3.51　有轴向约束下的钢带管变形图

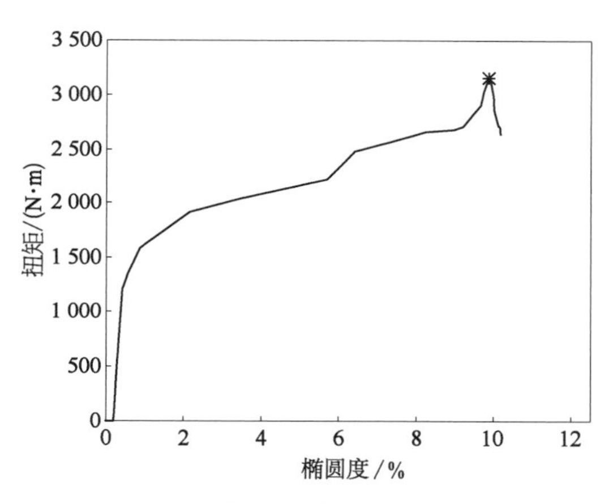

图 3.52　最外层椭圆度-扭矩关系

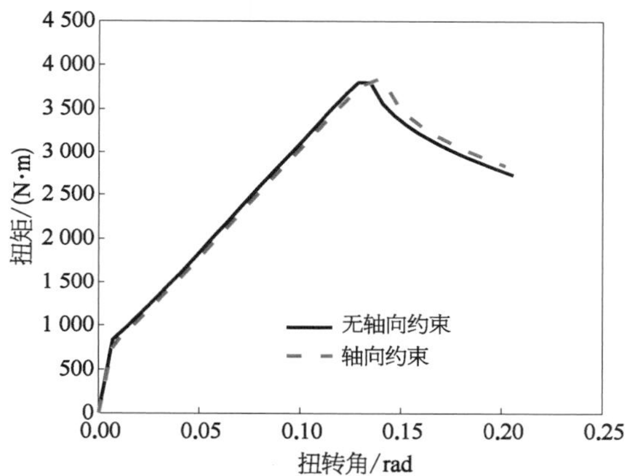

图 3.53　顺时针扭转不同轴向约束下的扭矩-扭转角关系对比

3.4.2　钢带布置影响

上节已经给出了钢带最初的布置方式。现将层Ⅰ和层Ⅱ的间隙完全暴露在外。层Ⅲ和层Ⅳ、层Ⅴ和层Ⅵ也是一样的情况。原来的布置方式为方式 1，这种布置方式为方式 2。所得比较结果如图 3.54 所示。可以发现改变钢带布置方式也会影响到扭转刚度和极限扭矩。方式 2 中的极限扭矩为 2 140.9 N・m，比方式 1 的值要小 23.4%。

3.4.3　摩擦系数影响

为了研究摩擦系数对结构的影响，保持钢带和 PE 之间的摩擦系数保持不变，每层钢带之间的摩擦系数修改为 0.05 和 0.2，如图 3.55 所示。钢带之间的摩擦系数越大，钢带缠绕管的扭转刚度和极限强度也越大。当钢带之间的摩擦系数分别为 0.05 和 0.2 时，对应的极限扭矩分别为 2 713.00 N·m 和 2 956.12 N·m，见表 3.6，这比原来的极限扭矩分别小 3.0%和大 5.4%。

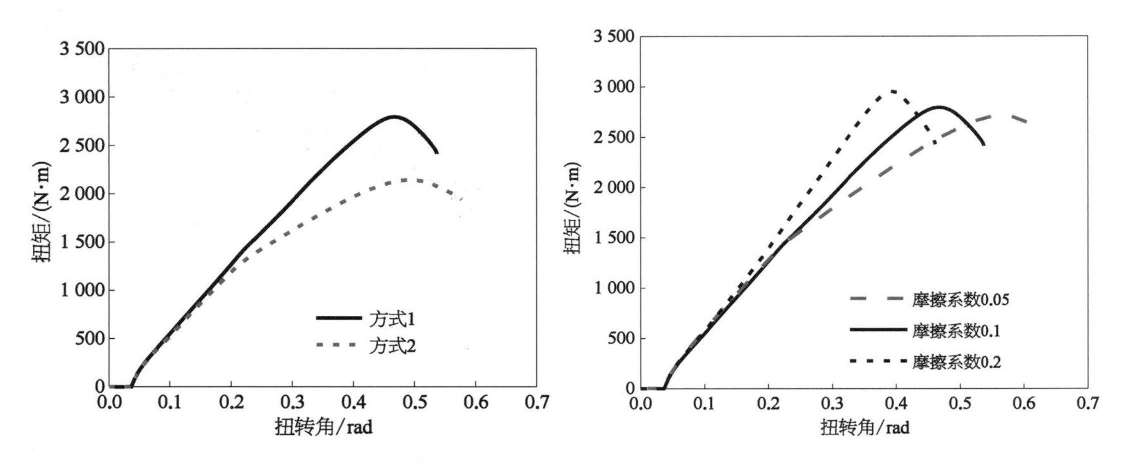

图 3.54 不同布置方式下的扭矩-扭转角对比　　图 3.55 不同摩擦系数下的扭矩-扭转角关系比较

表 3.6 不同摩擦系数下的极限扭矩

摩擦系数	极限扭矩/(N·m)
0.05	2 713.00
0.1	2 796.327
0.2	2 956.12

3.4.4 轴向荷载影响

在实际运输、施工和服役过程中，柔性管更有可能承受的是轴向力和扭转力的组合荷载，因此在这里分析了轴向力和扭转组合作用下对整体失效扭矩的影响。本批钢带管的自重为 72 N，取 20 m 管长、30 m 管长和 40 m 管长钢带管的重量为施加荷载，并作用在管端的轴向方向，即分别为 1 440 N、2 160 N 和 2 880 N，令其分别为工况 2、工况 3 和工况 4，原来模型为工况 1。在顺时针扭矩和逆时针扭矩下分别进行分析。顺时针扭矩和逆时针扭矩作用下的轴向位移分别如图 3.56 和图 3.57 所示。在轴力的作用下，轴向位移都产生了一定的变化，但是并不是特别明显，最大值约为 4 mm。扭矩-扭转角曲线结果如图 3.58 和图 3.59 所示。在两种方向的扭转和拉伸组合荷载作用下，四条曲线都几乎重合在一起，说明拉伸荷载对整体的极限扭矩和刚度几乎没有什么影响，尤其是在顺时针扭矩作用下。

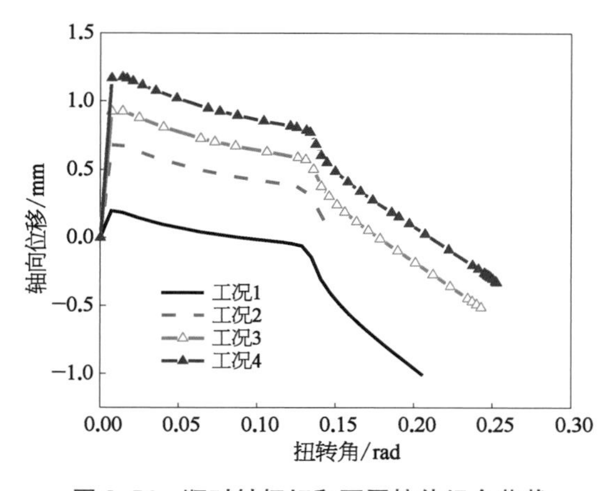

图 3.56　顺时针扭矩和不同拉伸组合荷载作用下扭转角-轴向位移曲线

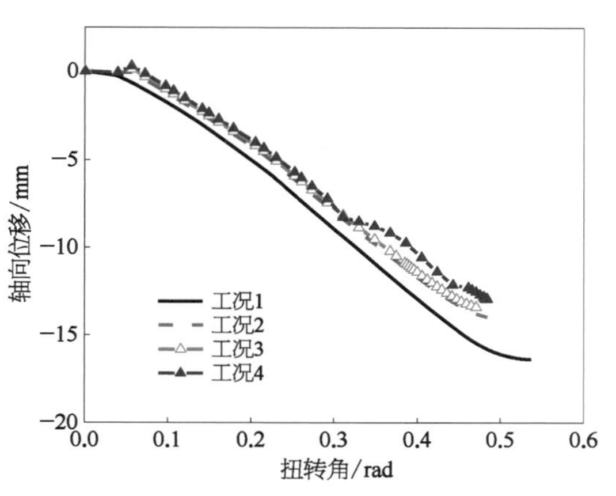

图 3.57　逆时针扭矩和不同拉伸组合荷载作用下扭转角-轴向位移曲线

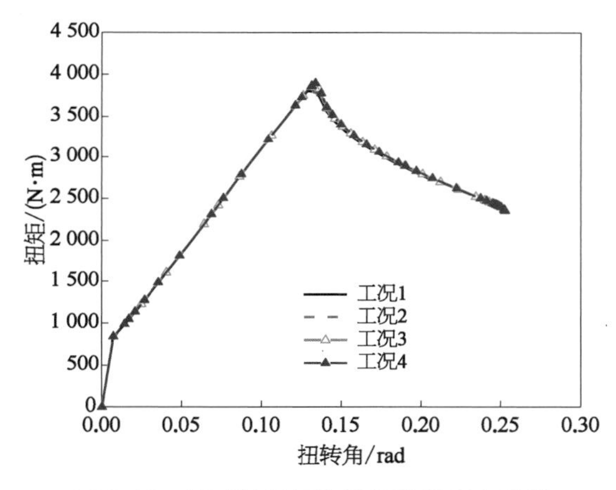

图 3.58　顺时针扭矩和不同拉伸组合荷载作用下扭矩-扭转角曲线

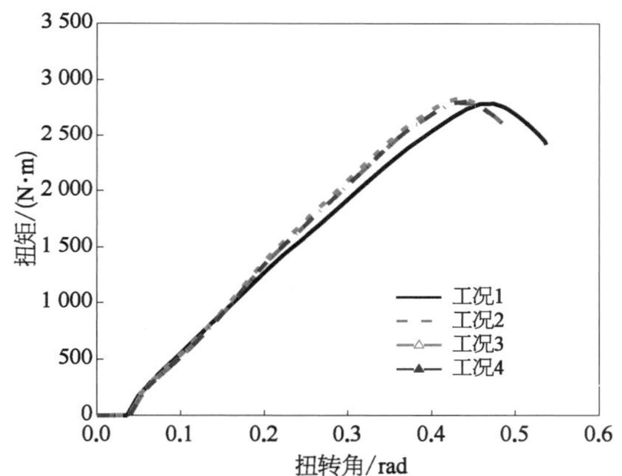

图 3.59　逆时针扭矩和不同拉伸组合荷载作用下扭矩-扭转角曲线

3.5　本章小结

本章对影响钢带缠绕管极限扭转能力的参数进行了分析，得出如下结论：

（1）在逆时针扭转作用下，当钢带管的轴向被约束住时，扭转刚度和极限扭矩都要比没有轴向约束的模型大。有约束时的极限扭矩为 3 158.4 N·m，比无约束时的极限扭矩大 11.5%。但是轴向约束对于顺时针扭转作用下的影响非常小。

（2）钢带的布置方式会在很大程度上影响钢带管在扭转作用下的表现。在结构设计和生产过程中,同方向缠绕的相邻钢带应该完全盖住彼此的缝隙。

(3) 在逆时针扭转作用下,增加钢带间的摩擦系数可以增加钢带管的扭转刚度和极限强度。

(4) 扭矩和拉伸组合荷载作用、纯扭矩作用下得到的极限扭矩、扭转刚度几乎是一样的,说明拉伸荷载对扭转的性能几乎没有什么影响。

(5) 在顺时针扭矩作用下,第六层钢带承受的 Mises 应力最大。顺时针扭转作用下的扭转刚度和失效扭矩都要比逆时针扭转作用下的要大。

(6) 不管是顺时针扭转作用下还是逆时针扭转作用下,缠绕方向和扭转方向相同的钢带主要承受拉力,和扭转方向相反的钢带主要承受压力。

(7) 顺时针扭转作用下,内外层钢带向里收缩,中间钢带向外扩张。

参考文献

[1] Standard A. Standard test methods for tension testing of metallic materials: ASTM E8/E8M - 13a [S]. 2013.

[2] Standard test method for tensile properties of plastics: ASTM D638 - 14 [S]. West Conshohocken: ASTM International, 2014.

[3] 全国塑料标准化技术委员会. 塑料拉伸性能的测定: GB/T 1040—2006[S]. 北京: 中国标准出版社,2006.

[4] ISO. Plastics-determination of tensile properties: ISO 527: 2012[S]. 2012.

[5] 石亦平. ABAQUS 有限元分析实例详解[M]. 北京: 机械工业出版社,2006.

[6] ABAQUS CAE. Analysis user's manual[Z]. Version 6. 12. 2012.

[7] 庄茁. 基于 ABAQUS 的有限元分析和应用[M]. 北京: 清华大学出版社,2009.

[8] Saevik S, Berge S. Fatigue testing and theoretical studies of two 4 in flexible pipes [J]. Engineering Structures, 1995, 17(4): 276 - 292.

[9] Bai Y, Liu T, Ruan W, et al. Mechanical behavior of metallic strip flexible pipe subjected to tension[J]. Composite Structures, 2017, 170: 1 - 10.

海洋柔性管

第 4 章　钢带增强柔性管抗弯曲能力

盘卷的钢带增强柔性管(SRFP)在安装时必须能够承受装卸过程中的较大弯曲,在严苛的弯曲条件下保持其完整性。为了保证钢带增强柔性管应用的安全性和可靠性,本章对钢带增强柔性管的弯曲性能做了研究。

在过去的几十年里,研究人员对纯弯曲作用下复合管的力学响应进行了大量研究。Xia 等人[1]基于板理论研究了纯弯曲作用下的多层纤维缠绕复合管,并发现即使只有弯曲作用,管道的横截面形状也不是圆形。Li 和 Zheng 等人[2]提出了一个四层解析模型,用于研究交叉螺旋缠绕钢丝增强塑料管(粘结管)的弯曲力学特性,并采用几何非线性有限元模型进行了有限元分析。Bai 等人[3]研究了纯弯曲作用下增强热塑性管的椭圆化不稳定性,并介绍了垂直于厚度方向的横向变形的影响。

就非粘结柔性管而言,针对其弯曲特性已经进行了几项研究。Kraincanic 和 Kebadze[4]给出了解析公式,用于确定非粘结柔性管螺旋层的弯矩-曲率关系,并提出了抗弯刚度是关于弯曲曲率、层间摩擦系数和层间接触压力的函数。Dong 等人[5]考虑了单个螺旋单元的局部弯曲和扭转对螺旋层弯曲特性的影响,发现该局部特性会极大影响抗弯刚度。其研究团队[6]在考虑层间接触界面切向顺应性和剪切变形的情况下进一步开发了非粘结柔性管弯曲特性模型,并给出了相应的解析公式,用于说明抗拉铠装层中整体滑动的发展情况。Vargas 等人[7]通过一系列试验评估轴对称载荷和弯曲载荷共同作用下柔性管的局部特性,得到了抗拉铠装层的应变变化情况。Sævik[8]提出两个替代公式,用于预测抗拉铠装层的弯曲应力,并进一步开展了试验研究,针对弯曲应力和疲劳使用应变测量值来验证两个公式的效果。Tang 等人[9]对文献中用于预测非粘结柔性管螺旋钢丝弯曲应力的解析模型进行了选择和总结,并建立了三维有限元模型,针对螺旋钢丝的不同结构参数来讨论这些模型的有效性和局限性。

针对纯弯曲作用下柔性管极限强度的研究却并不多,但这项研究对于安装和使用过程中管道的完整性和安全性非常重要。这项研究的难点在于多个管道层之间的响应和相互作用较为复杂,而且材料的非线性发展也是一个比较困难的问题。

本章通过数值仿真对纯弯曲作用下钢带增强柔性管的力学特性进行研究,并使用商业软件 ABAQUS 对椭圆化不稳定性进行仿真。该模型考虑了几何和材料非线性、层间滑动和摩擦作用等影响,其仿真结果对制造工程师具有借鉴意义。

4.1 有限元分析

本节使用 ABAQUS 软件建立有限元模型[10],研究纯弯曲作用下钢带柔性管的力学特性。

4.1.1 模型和材料特性

在有限元模型中,聚乙烯内管道层和外管道层使用 C3D8I 单元,钢带增强层使用 S4R 单元。图 4.1 显示了纯弯曲载荷作用下钢带增强柔性管有限元模型的网格。

图 4.1 钢带增强柔性管的有限元模型

模型中聚乙烯和钢带的材料特性通过单轴拉伸试验获取。聚乙烯材料的应力-应变关系、钢带的应力-应变关系根据前述章节试验所获得。

钢带层之间及钢带层与聚乙烯层之间的接触使用面-面接触。滑动公式选择有限滑动,切向行为选择罚函数。钢带层之间的摩擦系数取 0.35,聚乙烯层和钢带层之间的摩擦系数取 0.22。正常特性定义为硬接触且允许分离。

4.1.2 载荷和边界条件

模型长度为 300 mm,在管道一端施加关于 Z 轴的对称边界条件,在另一端建立运动耦合约束,在所有六个自由度内耦合横截面,其参考点(RP1)位于横截面中心。此外,在对称端外表面的节点集施加额外约束,使横截面产生椭圆变形。顶部和底部的 $U_1=0$ 使被约束点只能上下移动,而左右侧的 $U_2=0$ 使被约束点只能左右移动。

通过对参考点 RP1 的 UR1 自由度施加旋转使管道发生纯弯曲,同时其余两个旋转自由度 UR2 和 UR3 限制为 0,以防止横截面在 Y 和 Z 方向旋转。此外,对 RP1 设定 $U_1=0$,防止横截面在 X 方向移动。

4.1.3 分析结果

图 4.2 为根据仿真计算得到的位移轮廓图,施加弯矩后管道出现椭圆化。

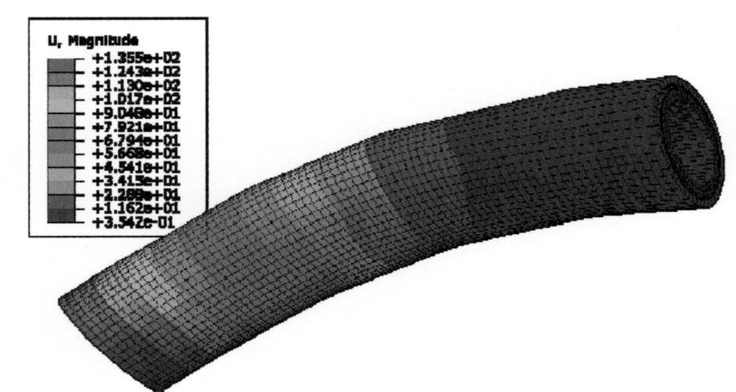

图 4.2 纯弯曲作用下管道的位移轮廓图

图 4.3 显示了管道弯矩和曲率之间的关系。在开始阶段,横截面弯矩随着曲率增加而线性上升。随后曲线出现非线性现象,曲率显著增加而弯矩仅略微增加。达到峰值点后,弯矩开始下降,但曲率仍然增加。该峰值点可视为管道可以承载的最大弯矩,与该弯矩对应的曲率则为管道可以承载的最大曲率。就该管道而言,其最大弯矩和曲率分别为 1 408 N · m 和 2.21 m^{-1},这说明从极限强度的角度来看,管道工作时的弯曲半径不小于 0.45 m。

图 4.4 显示了抗弯刚度随曲率增加的变化情况。抗弯刚度随曲率增加而降低,当达

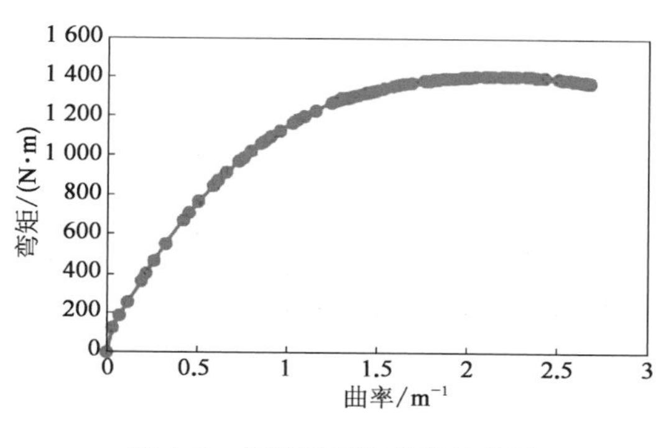

图 4.3　管道弯矩和曲率的关系

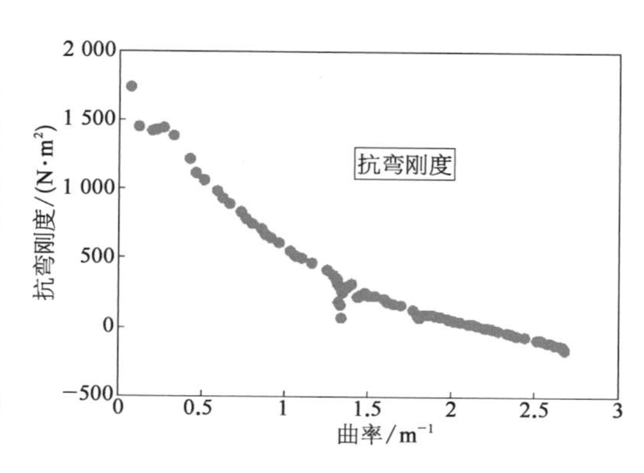

图 4.4　管道抗弯刚度和曲率的关系

到最大曲率时，管道的抗弯刚度变为负，此时说明管道已失效。

图 4.5 显示了管道中间段横截面弯矩和椭圆度之间的关系(表面施加对称边界条件)。根据曲线可以注意到当弯矩小于 1 000 N·m 时，椭圆度缓慢增加。但当弯矩超过 1 000 N·m 后，椭圆度迅速增加，曲线几乎与水平轴垂直。此后即使弯矩开始降低，椭圆度仍快速增加。管道在实际应用中，横截面的椭圆度必须小于特定值。也就是说，即使尚未达到极限强度，当椭圆度过大时管道也可视为失效，因为过度椭圆化会对输送流体产生较大影响，并且组合工作载荷条件也会使管道面临更为严峻的挑战，因而需全面考虑各方面情况以确定管道运行时的最小弯曲半径。

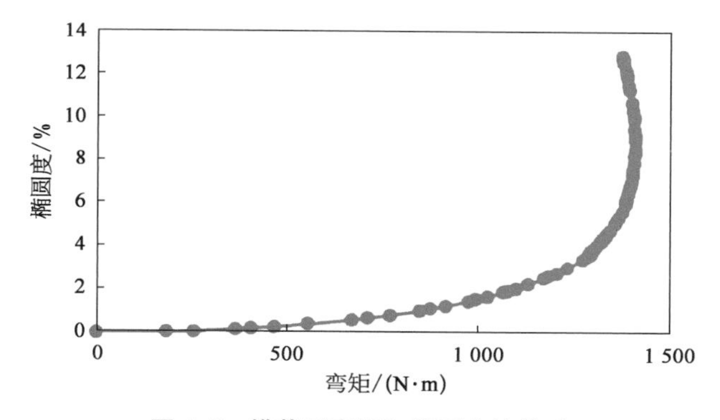

图 4.5　横截面弯矩和椭圆度的关系

4.2　力学特性研究和讨论

纯弯曲作用下管道钢带增强层和聚乙烯层的力学特性是工程师关注的重点，本节将分别对其力学响应进行研究。除非另外说明，轮廓图均根据管道可承载的最大弯矩绘制，即这些都是管道极限状态时的轮廓图。

4.2.1　聚乙烯内管道层

在纯弯曲作用下，管道可分为拉伸区和压缩区。如果结构和材料特性均对称于中性轴，则应力状态应该是类似的。但由于钢带，聚乙烯层不会发生这种对称变形，故应力状态有所差异。图 4.6 和图 4.7 分别为聚乙烯内管道层拉伸侧和压缩侧的 Mises 应力轮廓图。可以看出管道层两侧的应力明显小于上侧和下侧，还可观察到上侧的应力状态分布更为均匀，下侧则有一些条纹形状。这可能是由于在弯曲作用下，压缩侧螺旋钢带趋于向内凹入，在聚乙烯内管道层外表面产生较大的接触压力和 Mises 应力状态，这些位置的应变也较大。

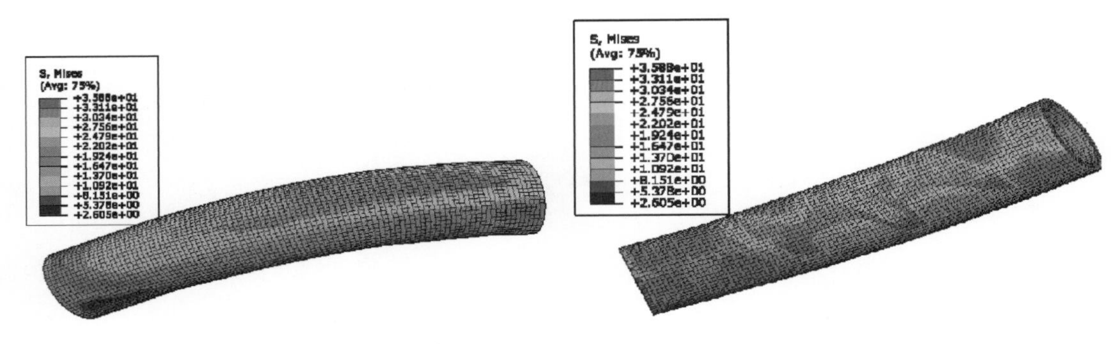

图 4.6　聚乙烯内管道层的拉伸侧　　**图 4.7　聚乙烯内管道层的压缩侧**

聚乙烯内管道层的等效应变分量如图 4.8 所示。比较图 4.7 和图 4.8 可以发现，两张图中的高亮部分几乎相同，但最大等效应变分量所处位置的相应 Mises 应力小于周围区域。考虑到材料非线性及应力-应变关系处于下降阶段，两张轮廓图所反映的外观和内容基本上是一致的，在弯曲载荷作用下这些高亮位置最可能发生破裂。

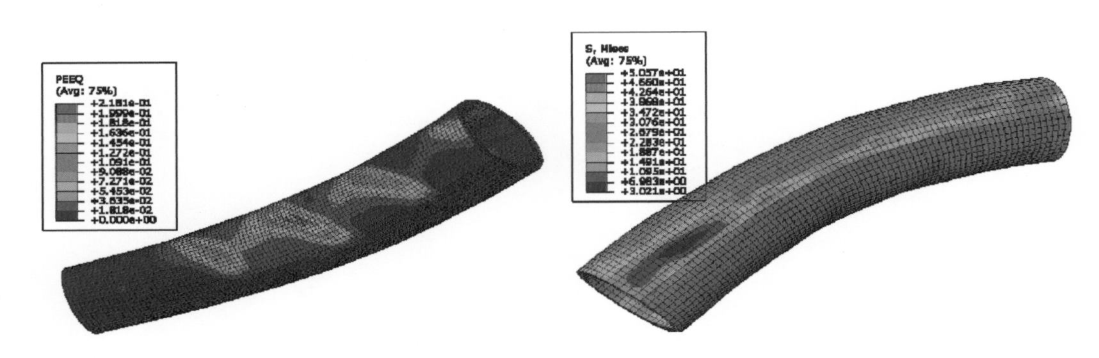

图 4.8　聚乙烯内管道层的等效应变分量　　**图 4.9　聚乙烯外管道层的 Mises 应力轮廓图**

4.2.2　聚乙烯外管道层

图 4.9 显示了聚乙烯外管道层的应力轮廓图。图中所示的上侧和下侧应力状态基本一致，且分布比聚乙烯内管道层更为均匀。但聚乙烯外管道层的变形形状并不平滑，下侧明显有条带状。实际上，试验结果也存在相同现象，表明管道在这些位置可能发生屈曲。

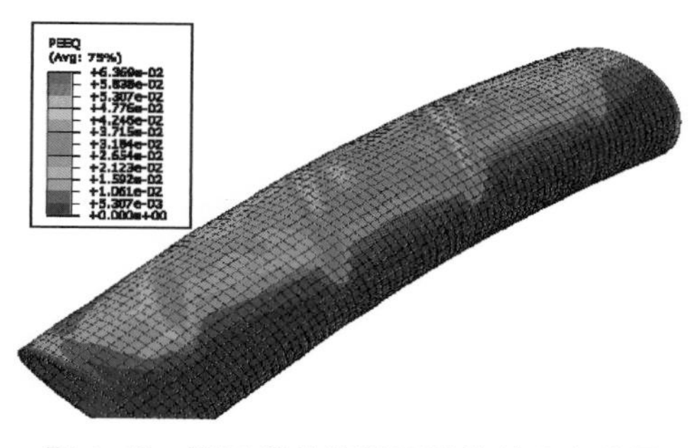

图 4.10　聚乙烯外管道层的等效应变分量

从图 4.10 可以观察到，类似于条带的高亮区域，最外层钢带增强层空隙处的等效应变分量最大。忽略应力集中，还可发现在相同力矩作用下聚乙烯外管道层的最大等效应变分量要远小于聚乙烯内管道层。因而从材料强度的角度来看，聚乙烯内管道层更容易失效。但在纯弯曲作用下，管道屈曲是更为常见的失效模式，因此在实际应用中更关注管道屈曲，而不是材料失效。

4.2.3　钢带层

例如对于第一层钢带增强层，从图 4.11 可以看出，拉伸侧和压缩侧的 Mises 应力也明显大于两侧，在钢带层的上拉伸侧，沿着钢带宽度方向其边缘的 Mises 应力要大于中间部分，这可能是应力集中所致，压缩侧与此类似。此外，随着曲率增加，钢带也可能互相接触，致使互锁区域应力集中更为严重。

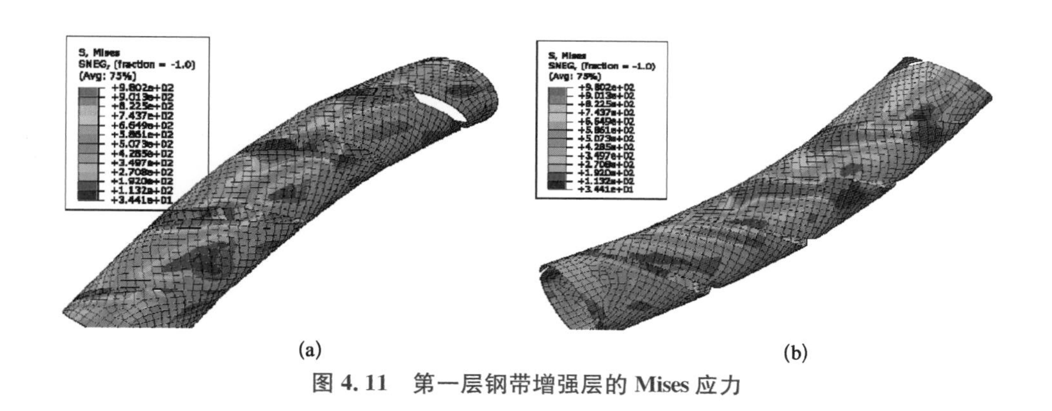

图 4.11　第一层钢带增强层的 Mises 应力

4.3　本 章 小 结

本章通过有限元分析研究纯弯曲作用下钢带增强柔性管的力学特性，所提出的有限元模型和计算结果不仅可以为总体了解钢带增强柔性管的力学响应提供参考，还能为将来研究中的理论推导和试验提供指南。

参考文献

[1] Xia M, Takayanagi H, Kemmochi K. Bending behavior of filament-wound fiber-reinforced sandwich pipes[J]. Composite Structures, 2002, 56(2): 201 - 210.

[2] Li X, Zheng J, Shi F, et al. Buckling analysis of plastic pipe reinforced by crosswinding steel wire under bending[C]//ASME 2009 Pressure Vessels and Piping Conference. American Society of Mechanical Engineers, 2009: 259 - 268.

[3] Bai Y, Yu B, Cheng P, et al. Bending behavior of reinforced thermoplastic pipe[J]. Journal of Offshore Mechanics and Arctic Engineering, 2015, 137(2): 021701.

[4] Kraincanic I, Kebadze E. Slip initiation and progression in helical armouring layers of unbonded flexible pipes and its effect on pipe bending behaviour[J]. The Journal of Strain Analysis for Engineering Design, 2001, 36(3): 265 - 275.

[5] Dong L, Huang Y, Zhang Q, et al. An analytical model to predict the bending behavior of unbonded flexible pipes[J]. Journal of Ship Research, 2013, 57(3): 41 - 47.

[6] Dong L, Huang Y, Dong G, et al. Bending behavior modeling of unbonded flexible pipes considering tangential compliance of interlayer contact interfaces and shear deformations[J]. Marine Structures, 2015, 42(7): 154 - 174.

[7] Vargas-Londoño T, De Sousa J R M, Magluta C, et al. A theoretical and experimental analysis of the bending behavior of unbonded flexible pipes[C]//ASME 2014 33rd International Conference on Ocean, Offshore and Arctic Engineering. American Society of Mechanical Engineers, 2014.

[8] Sævik S. Theoretical and experimental studies of stresses in flexible pipes[J]. Computers & Structures, 2011, 89(23): 2273 - 2291.

[9] Tang M, Yang C, Yan J, et al. Validity and limitation of analytical models for the bending stress of a helical wire in unbonded flexible pipes[J]. Applied Ocean Research, 2015, 50: 58 - 68.

[10] SIMULIA. ABAQUS analysis user's manual[Z]. Version 6.14. 2014.

第 5 章　钢带增强柔性管爆破压力

本章基于经典弹性力学理论建立了一种带有四层钢带缠绕增强层的复合管的理论模型，通过将理论解与试验值对比，验证了非粘结管的位移连续性条件在内压荷载下仍然具有适用性。同时将 ABAQUS 三维有限元模型分析结果与试验值进行对比，以验证有限元模型的可靠性，并用该有限元模型分析管道各层上应力随内压的变化趋势。增强层中的钢带具有较小的厚度和相对较大的宽度，其环向和轴向应力之比约为 2：1，因此可被视为薄壁壳结构。本章以最内层增强层上钢带的 Mises 应力预测管道的极限承载能力，当其达到钢带的极限强度时，认为管道已破坏并失去承载能力。

5.1 试验研究

SSRTP 中 HDPE 及钢带材料的力学性能测试方法与第 2 章材料的测试方法相同，其材料力学参数见表 5.1。

表 5.1 管道材料力学参数

参数	材料	
	钢带	HDPE
E /MPa	206 000	1 002
ν	0.26	0.45
G /MPa	83 333.33	345.52

两根总体长度 1 800 mm、有效长度 1 100 mm 的管道作为研究内压爆破性能的试样，总体长度包含两端扣压式接头及在接头两端部焊接的端盖。加压介质为水，在一端的端盖上有注水孔和排气孔，通过注水孔往管体内部注满水之后，再将注水孔通过高压软管连接到压力机上，同时用螺栓堵住排气孔，具体示意如图 5.1 所示。

试验在室温条件下进行，测试之前管道被放至防爆水箱中调和 24 h，并通过耐压软管连接至加压机器，试验过程中系统会自动记录压力与时间的关系并绘制成曲线。当听到“砰”一声巨响且压力曲线急速下降，则证明管道已经爆破，此时需手动关闭压力泵，结束试验后记录爆破点位置。一般情形下 2 英寸管道会在 60 s 内爆破。试验后的管道如图 5.2 所示。

由图可见，管道的爆破点位于管道中间部位或者稍微靠近接头的部位，因此可认为此次试验结果有效。爆破点呈隆起状态，内部钢带的撕裂方向基本垂直于缠绕方向。两根管道试样的压力-时间曲线如图 5.3 所示，由图可见两根试样的爆破压力大约为 40 MPa

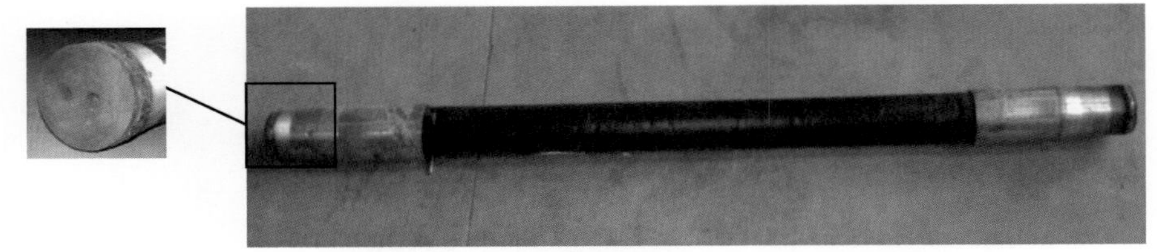

(a) 测试样管

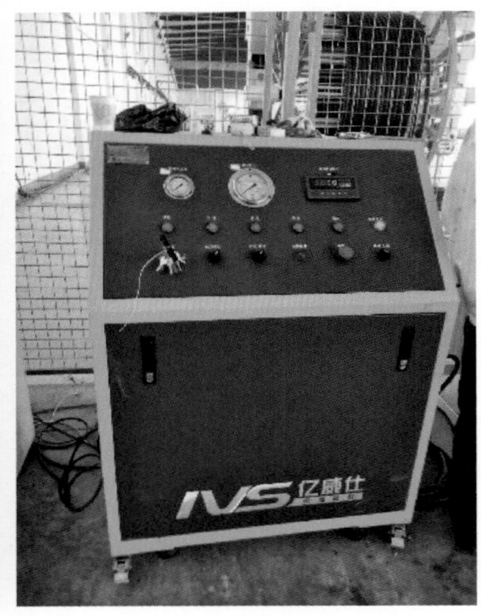

(b) 测试设备

图 5.1　管道内压测试准备

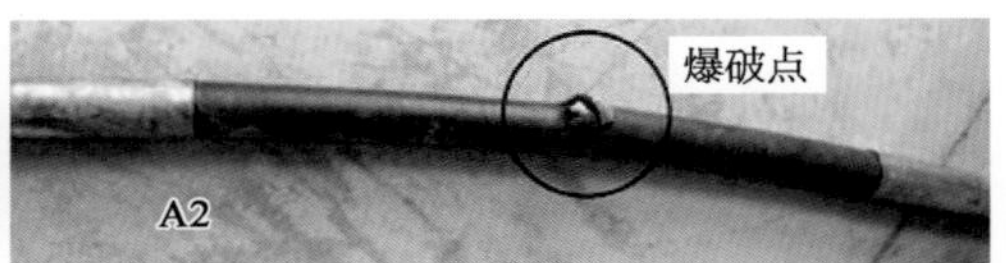

图 5.2　破坏后的管道

(40.9 MPa/41.1 MPa)。其中试样 A1 的压力曲线更加陡直,在经历初始准备阶段后其以 2 MPa/s 的加载速率在 22 s 之内达到压力峰值,但是在最高点会有一小段波动。这种处在峰值阶段的波动可能是由于增强层中的钢带经历了从弹性应变到塑性应变的变化而产生。相较而言,试样 A2 的压力上升速度较慢,并且在压力到达峰值之后管道立刻被爆破,而没有经历压力平缓阶段。

由于钢带管增强层的缠绕工艺及非粘结属性,当管道受内压荷载作用时,从内至外各层增强层所承担的荷载会有所差异,由此可能造成管道整体的扭转现象。内压试验的主要目的除了确定管道的爆破压力之外,还需确定管道的扭转角度,从而据此调整增强层的缠绕角度,优化制造工艺。图 5.4 显示了一根专门用来测量爆破后管道扭转角度的样管,试验之前沿管道轴线方向画一条直线,试验之后以直线的一端为起点,沿管道轴线另画一

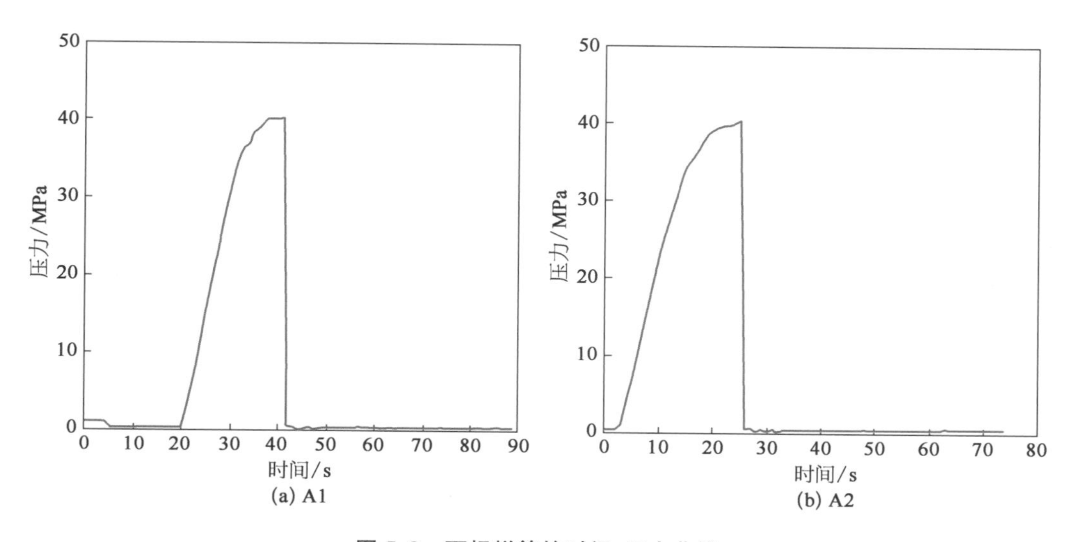

图 5.3　两根样管的时间-压力曲线

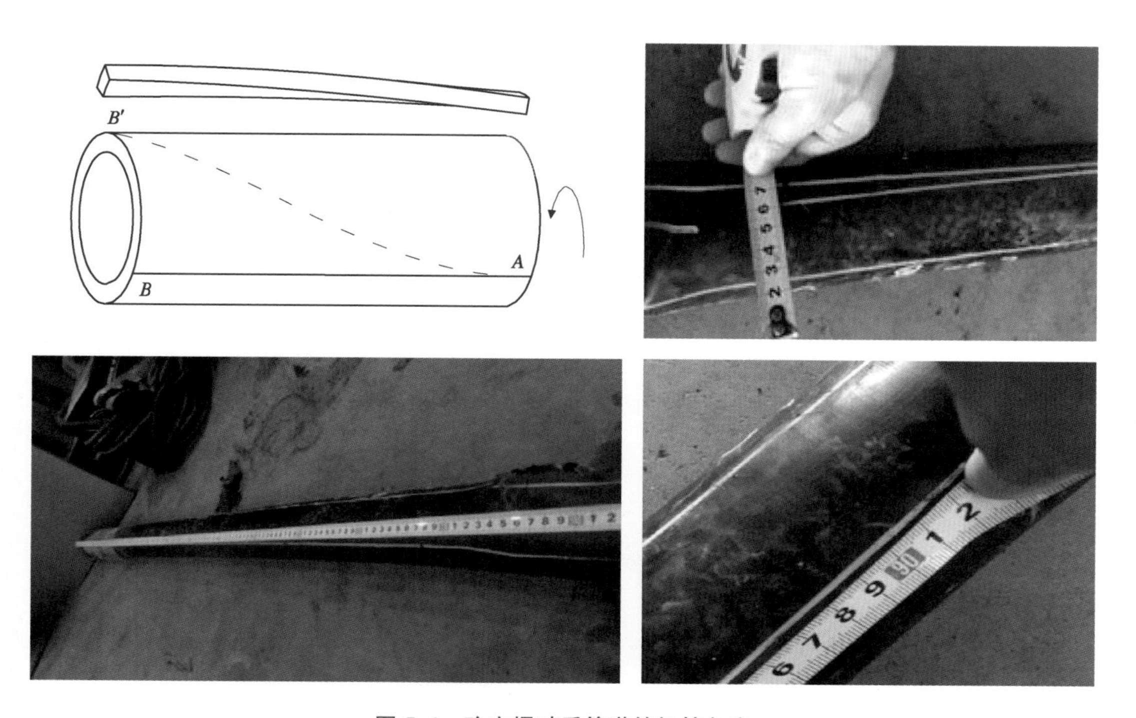

图 5.4　确定爆破后管道的扭转角度

条贯穿管道的直线，则两条直线之间的角度即为管道的扭转角。

假设在旋转过程中管壁上的一点相对某一固定点旋转，通过测量该点的旋转弧长，管道的扭转角可由相关公式获得。

5.2 理论模型与有限元模型

为了便于分析计算，需要预先对钢带缠绕复合管做如下说明：

(1) 本章所研究的钢带缠绕复合管具有六层结构：内层 HDPE、中间四层螺旋缠绕的钢带增强层，以及外层 HDPE。每相邻的两层钢带增强层的缠绕方向与管带轴线夹角相同为 54.7°，其相位错开 90°；另两层的缠绕角度为−54.7°，即缠绕方向相反。

(2) 钢带材料与 HDPE 材料为均质各向同性，且不考虑制造过程中的各种初始缺陷。

(3) 钢带和 HDPE 层在分析过程中始终处于弹性状态直至破坏。本章理论模型可以借鉴第 18 章理论方法。

管道内压爆破试验最终仅能确定其爆破压力。采用有限元和理论方法，可以分析在内压逐渐增加的过程中管道中各层的应力-应变变化情况。本节采用商业有限元软件 ABAQUS 建立了管道的三维模型，结合试验情形，模型定义管道在六自由度上能自由变形。管道内外层 HDPE 为均质、各向同性材料，在有限元模型中设置为实体(solid) 单元，并通过六面体单元 C3D8R 划分网格，内部各增强层设置为壳单元，增强层中钢带的主要部分采用四边形单元 S4R 划分网格，钢带端部的三角形部分则是采用三角形单元 S3 划分网格，具体的建模情形如图 5.5 所示。

有限元模型中 HDPE 的弹性系数是通过样条单向拉伸试验获得，塑性应力-应变数据也是通过拉伸试验获得，获得的试验数据被离散为数十个数据点并通过表格的形式导入 ABAQUS 中。

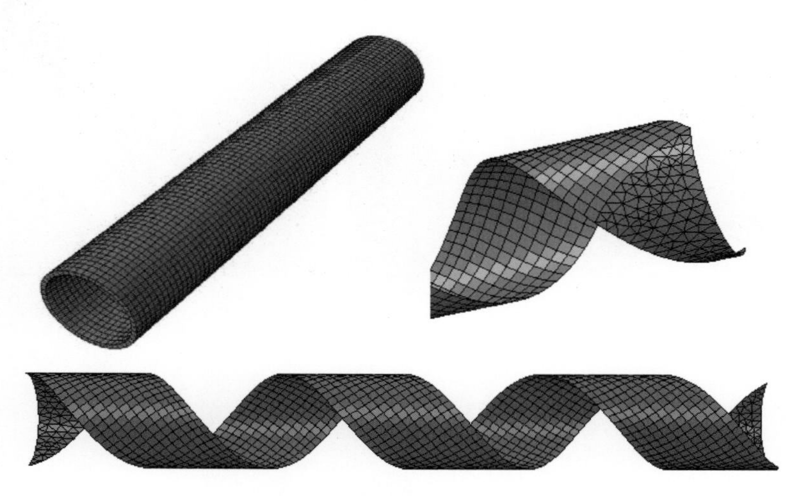

图 5.5　HDPE 和钢带层网格划分方法

5.3　有限元分析与讨论

5.3.1　爆破压力对比

受内压荷载的复合管内层增强层中的应力会稍大于外层增强层中的应力，因此本节设定当管道最内层增强层(第二层)的 Mises 应力达到其极限强度时即认为管道已破坏。在 ABAQUS 建立的有限元模型中随机选取该层上的一个网格单元，并以该网格单元上的应力代表该层上的应力变化，如图 5.6 所示。

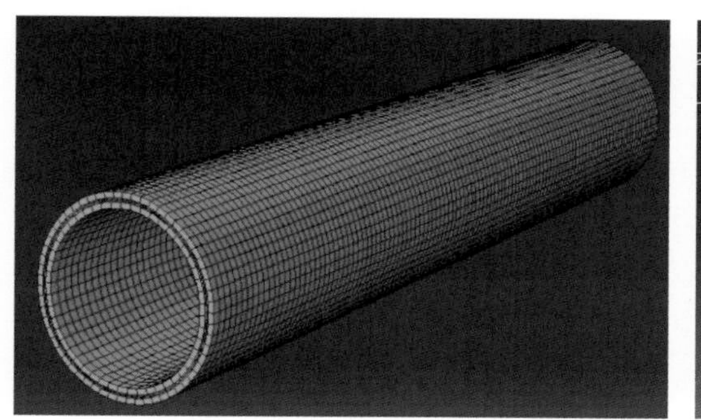

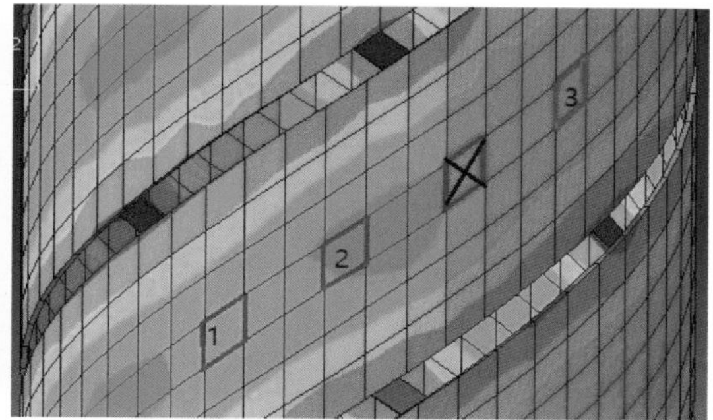

图 5.6　ABAQUS 中建立的模型及最内层增强层中选取的点

理论模型中同样选取管道最内层增强层上的 Mises 应力作为管道破坏的标准。分别提取有限元模型和理论模型中最内层钢带上 Mises 应力随内压的变化趋势，如图 5.7 所

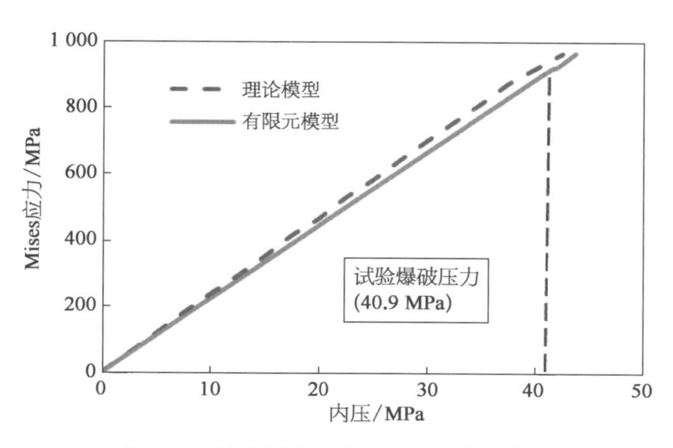

图 5.7　最内层增强层中 Mises 应力变化

示。由图可见，两条曲线吻合较好，当 Mises 应力达到设定的钢带极限强度 960 MPa 时，理论模型和有限元模型爆破内压分别为 42.8 MPa 和 43.9 MPa，与试验值(40.9 MPa/41.1 MPa)相比较，其误差小于 10%。由此可见，该理论模型和有限元模型可继续深入分析管道在内压荷载下各层的应力状态。

5.3.2 增强层中应力分析

对于两端加有端盖且封闭的管道，当受内压作用时管道内部会由于“端盖效应”而产生额外的轴向力荷载，该荷载沿轴向向外并有拉伸管道的趋势，荷载大小与加载内压大小及管径有关。在有限元模型中，该荷载被集中加载在管道端部的一个参考点 RP1 上，该参考点与管道端部截面耦合并限制其自由度仅能沿 Z 轴移动，沿 X/Y 轴转动，管道另一端与另一个参考点 RP2 耦合并限制其全部自由度(ENCASTRE)。在这种边界条件下，管道承受内压时的扭转、轴向伸长等变形不受影响，而且模型仍具有良好的收敛性[1]。

增强层中的应力状态是管道在内压荷载下应力分析的重点，图 5.8 显示了当内压到达 37 MPa 时管道最内层增强层上的 Mises 应力分布情形，由图可见整个增强层上的应力分布较为均匀，类似的情形也出现在最外层增强层中。然而第二、第三层增强层，其表面 Mises 应力分布不均匀，忽略端部效应和应力集中效应后可以看到 Mises 应力分布在 640～790 MPa，如图 5.9 所示。分析认为，这种现象是由层与层之间的相互作用所引起，最内层和最外层增强层紧贴内外层 HDPE，由于 HDPE 刚度远小于钢带刚度，在受内压荷载时这两层增强层受到的约束较弱，而中间两层增强层会受到来自相邻增强层的较强约束而导致变形不均匀，从而使各处应力出现差异。

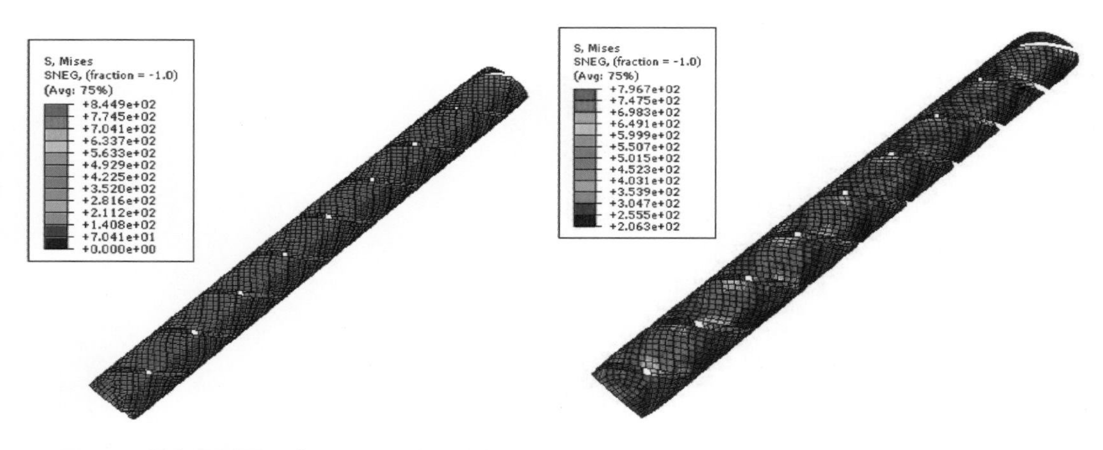

图 5.8 最内层增强层表面 Mises 应力分布

图 5.9 第二层增强层表面 Mises 应力分布

通过有限元法，本节也分析了沿半径方向管道各层的应力状态，图 5.10 显示了当内压为 42 MPa 时管道各层的 Mises 应力。其中各应力值是在各层靠近管道中间部位的网格单元上提取，图中横坐标为沿半径 R 方向非量纲化的尺寸，0～1 代表内层 HDPE，1～

2 代表中间增强层，2～3 代表外层 HDPE。由图可见，各增强层之间的 Mises 应力随着半径增大而呈阶梯式减小，最内层增强层上 Mises 应力最大，最外层的最小。而内外层 HDPE 上的 Mises 应力相对于增强层上的而言几乎可忽略不计，可见内外层 HDPE 对于管道抗内压性能的贡献非常有限。

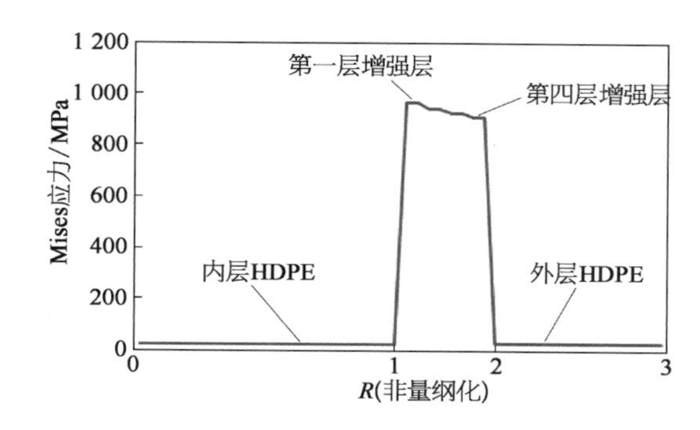

图 5.10　沿半径方向管道各层中 Mises 应力状态

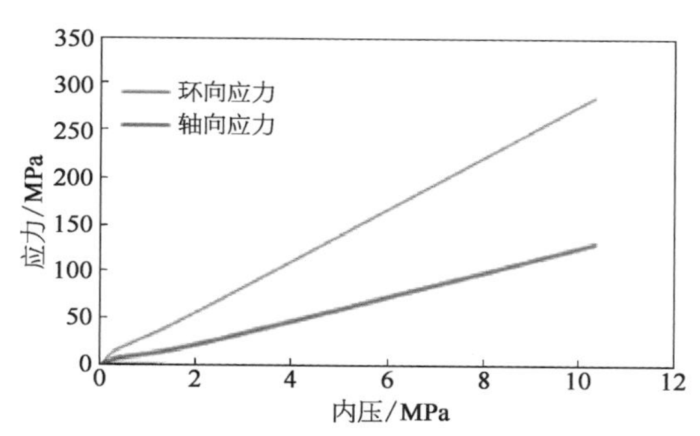

图 5.11　最内层增强层中环向应力与轴向应力的对比

最内层增强层中环向应力与轴向应力随内压变化值见表 5.2，对应的变化如图 5.11 所示，忽略最初的平缓阶段，当加载的内压上升到 0.8 MPa 之后可见环向应力与轴向应力之比大约为 2∶1。内压为 0.871 2 MPa 时该比值为 2.635，当内压上升到 10.326 MPa 时该比值为 2.204，可见随着压力进一步上升，该比值将越来越接近 2。该现象与薄壁壳理论相吻合，对于仅受内压荷载的两端封闭的理想壳结构，其环向应力与轴向应力之比始终为 2[2]。

表 5.2　最内层增强层中环向/轴向应力对比

内压/MPa	环向应力/MPa	轴向应力/MPa	环向/轴向
0.87	27.3	10.3	2.6
1.32	37.7	14.0	2.6
4.32	119.3	50.7	2.3
6.72	186.5	82.0	2.2
7.32	203.0	89.9	2.2
9.72	269.8	121.7	2.2
10.32	286.4	129.9	2.2

5.3.3　内外层 HDPE 应力分析

由于增强层缠绕工艺的原因，在管道同一层增强层的钢带之间会存在一定宽度的间隙，钢带宽度与间隙宽度之比约为 9∶1。对于内外层 HDPE 而言，覆盖在钢带上的 HDPE 会受到钢带的挤压，因此其受力状况比覆盖在间隙处的 HDPE 更复杂，其应力数

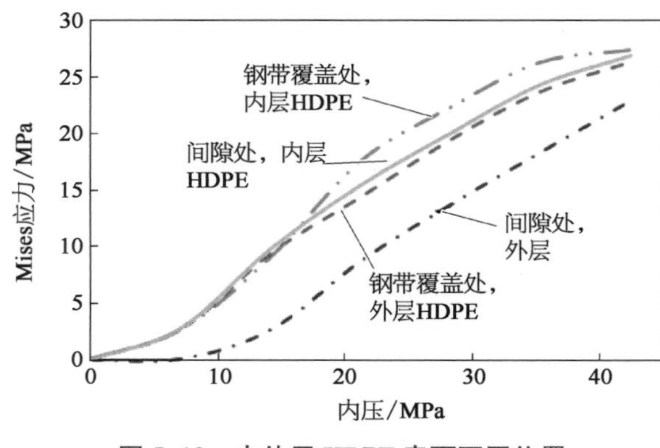

图 5.12　内外层 HDPE 表面不同位置 Mises 应力变化趋势

值对比如图 5.12 所示。由应力的变化趋势可知，内层 HDPE 表面的 Mises 应力大于外层 HDPE 表面的 Mises 应力，钢带覆盖处 HDPE 表面的 Mises 应力大于间隙处 HDPE 表面的 Mises 应力。外层间隙处 HDPE 表面的 Mises 应力在初始阶段有一段平坦的曲线，意味着此时该处 HDPE 未承担荷载。分析认为，这种现象可能是由于钢带松弛效应引起，随着内压逐渐增大，管道的尺寸参数发生变化，从而使钢带的冗余量逐渐被消耗，由内压引起的荷载由内至外逐渐传递至最外层 HDPE。当内压达到 14 MPa 时，外层间隙处 HDPE 材料开始承担荷载，此处 Mises 应力开始逐渐增大。

5.4　参数分析

为深入分析影响管道抗内压性能的因素，本节拟对某些重要参数进行敏感性分析。分析采用控制变量法，持续改变某单个参数值，控制其他参数不变，分析该参数对管道抗内压性能的影响。

5.4.1　径厚比

径厚比(D/t)是直接影响管道抗内压性能的关键参数之一。相同壁厚条件下，管径越大，管道抗内压性能越差；同理，相同内径条件下，管壁越厚，抗内压性能越强。需要指出的是，由于内外层 HDPE 对管道抗内压性能贡献很小，此处壁厚 t 是指管道增强层总厚度而不是管道总壁厚，D 是指管道内径。图 5.13 显示了管道的爆破压力随径厚比的变化趋势，图中圆点代表试验值。总体而言，管道的抗内压性能会随径厚比增大而呈渐近线式下降，径厚比为 19 时管道爆破压力为 52 MPa，径厚比为 120 时爆破压力下降到 6.3 MPa。

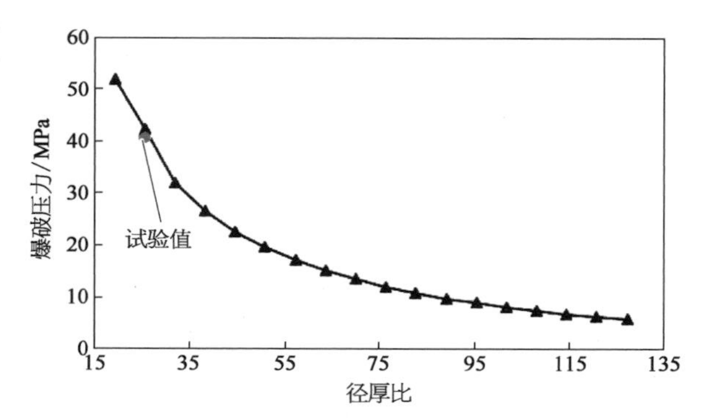

图 5.13　爆破压力随径厚比的变化趋势

5.4.2　摩擦系数

HDPE-钢带之间的摩擦系数设定为常量，改变钢带-钢带之间的摩擦系数分别为无摩擦、0.15、0.30，将参数分别输入有限元模型计算，从而得到在不同摩擦系数下管道最内层增强层上的 Mises 应力随内压的变化趋势，如图 5.14 所示。

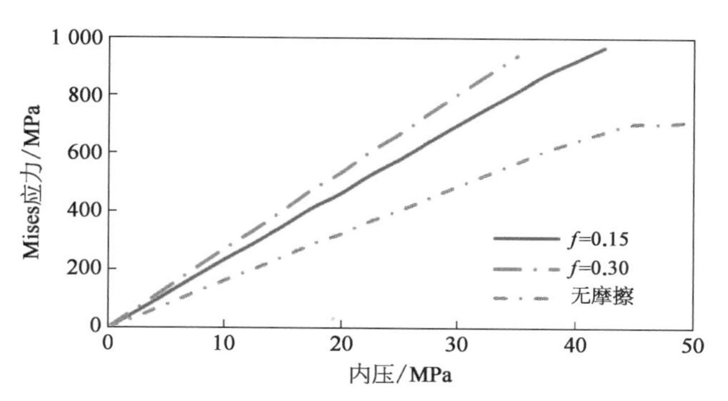

图 5.14　不同摩擦系数下最内层钢带上 Mises 应力随内压变化趋势

由图可见，增强层 Mises 应力随内压变化的增长速度会受到钢带与钢带之间摩擦系数的影响，定义了较大摩擦系数的钢带 Mises 应力增长速度大于较小摩擦系数的钢带 Mises 应力增长速度。无摩擦条件下 Mises 应力增长最缓慢，有限元模型计算结果显示，在无摩擦条件下，当内压达到 48 MPa 时，增强层中钢带仍未达到其极限强度。由此可推断管道的爆破压力与定义的钢带-钢带摩擦系数成反比，摩擦系数越大，应力上升越快，爆破压力越小；反之，爆破压力越大。这种现象可能与钢带之间的相互滑移有关，随着内压增大，管壁会稍微膨胀，从而使几何尺寸发生变化，定义了较小钢带-钢带摩擦系数的管道中钢带之间更易发生滑移，从而使各层增强层自适应调整至更合适的缠绕角度。而定义了较大钢带-钢带摩擦系数的管道，其增强层在管壁膨胀时不易发生滑移而使钢带局部应力过大，较快达到极限强度而破坏。

5.4.3　增强层厚度

增强层厚度作为重要的管道参数，对管道爆破性能有重要影响。对于 2 英寸四层增强层钢带管，分别改变其单层增强层厚度为 0.25 mm、0.5 mm、1.0 mm，并建立有限元模型，计算得到最内层增强层 Mises 应力随内压变化趋势如图 5.15 所示。

图 5.15 显示了具有不同增强层厚度的管道中最内层增强层 Mises 应力随内压变化趋势，由图可见三种情形下 Mises 应力与内压基本呈线性关系，对应的爆破压力分别为 20.2 MPa、43.9 MPa、85.8 MPa，其对应倍数关系大约与钢带厚度倍数关系相同。单独提取出管道的爆破压力与单层增强层厚度之间的关系，如图 5.16 所示，可见单层增强层厚度为 0.5 mm 时，管道的计算爆破压力为 43.9 MPa；增强层厚度为 1.0 mm、1.5 mm 时，对应管道爆破压力分别为

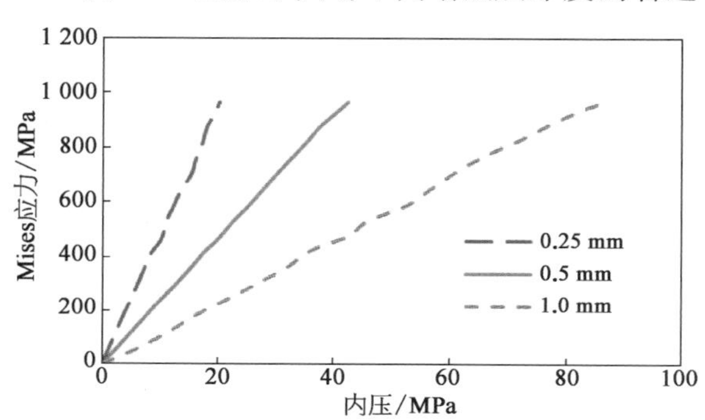

图 5.15　不同增强层厚度管道最内层增强层上 Mises 应力变化趋势

85.7 MPa、119.1 MPa。总体而言，当增强层厚度在 0.5～1.5 mm 时，管道爆破压力与增强层厚度之间呈现近似线性关系。由于在管道生产过程中，作为增强层材料的钢带实际可选择厚度为 0.5～1.5 mm，上述结论可用于在生产前粗略估算管道的爆破压力。

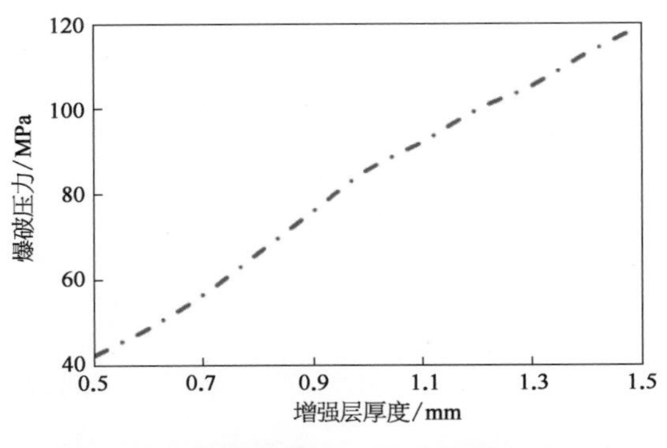

图 5.16　管道爆破压力与增强层厚度的关系

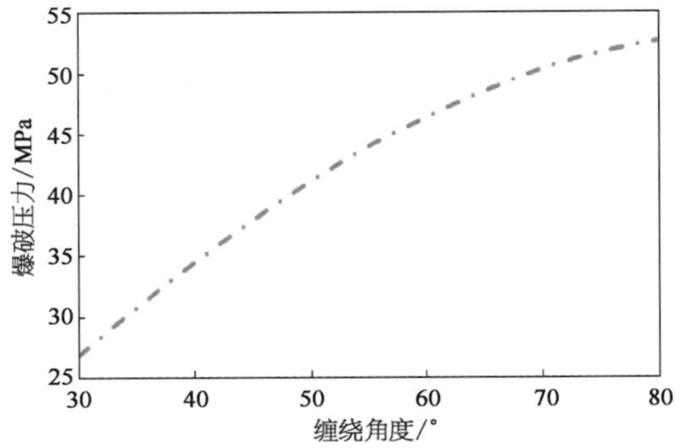

图 5.17　管道爆破压力与增强层缠绕角度变化关系

5.4.4　增强层缠绕角度

增强层缠绕角度会在很大程度上影响管道的爆破性能。对于仅受内压荷载的管道，其管壁环向应力与轴向应力之比恒为 2，可推导增强层理论最优缠绕角度为 54.7°。图 5.17 显示了当增强层缠绕角度在 30°～80°变化时管道爆破压力的变化趋势。由图可见，随着增强层缠绕角度变大，管道爆破压力随之增加，但两者之间的线性关系不显著，缠绕角度越大，管道爆破压力增加幅度越小，曲线越趋近水平。可以预见，随着缠绕角度越来越接近 90°，管道的爆破压力也将越发接近具有同样壁厚的钢管的爆破压力。然而过大的缠绕角度会大幅降低管道的轴向抗拉刚度，API 17J 规定了管道中 PE 的拉伸应变极限为 7.7%，当管道轴向拉伸应变超过该极限，即使钢带层未破坏，管道仍被认为已失效，因此增强层钢带的缠绕角度不宜过大。在管道生产过程中，钢带层的缠绕角度会依照管道实际工况而围绕 54.7°微调。

5.5　本 章 小 结

本章运用经典弹性力学理论分析了具有四层增强层的钢带缠绕复合管在内压荷载下的力学性能，并将理论解与有限元模型、试验结果做比较，结果证明该理论可以很好地预测管道的爆破性能。同时通过该理论计算得到增强层各层中的应力与有限元分析结果相差很小,从而证明该理论具有良好的适用性。在整个加载过程中内层钢带应力始终大于外层钢带应力,因此将最内层钢带的 Mises 应力作为管道破坏的判据。综上所述,可得到如下结论:

(1) 内外层 PE 对管道爆破性能的贡献微乎其微,最内层增强层对管道爆破性能的贡献最大,该层钢带应力值始终大于其他层应力值,其他各层应力按半径增大而逐级减小。本章将最内层增强层钢带上的 Mises 应力作为判定管道失效的标准,当其应力达到钢带的极限强度时即认为管道失去承载能力而破坏。

(2) 在加载过程中理论模型最内层增强层钢带上的轴向应力与环向应力之比保持为近似 1∶2,满足薄壁壳结构理论。

(3) 内外层 HDPE 不同位置的 Mises 应力变化趋势不尽相同,分析认为这种现象与钢带松弛有关。随着内压逐渐增大,管径会逐渐膨胀,从而使钢带的冗余量被逐渐消耗,内压引起的荷载由内至外逐渐传递到最外层 HDPE。

参考文献

[1] Esmaeel R A, Taheri F. Influence of adherend's delamination on the response of single lap and socket tubular adhesively bonded joints subjected to torsion[J]. Composite Structures, 2011, 93(7): 1765 - 1774.

[2] Robertson A, Li H, Mackenzie D. Plastic collapse of pipe bends under combined internal pressure and in-plane bending[J]. International Journal of Pressure Vessels and Piping, 2005, 82(5): 407 - 416.

第 6 章　钢带增强柔性管拉伸性能

在海洋工程应用中，悬挂于海中的钢带缠绕复合管因其自身重力的作用，其悬挂点位置处会产生较大的拉伸载荷作用。由于SSRTP中没有抗压铠装层，导致管道的环向刚度和轴向拉伸刚度较低，因此有必要对SSRTP在纯拉伸作用下的力学性能进行深入研究。本章的主要内容包括SSRTP在拉伸载荷下有限元模型的建立(该模型考虑了层间接触力及摩擦力的作用，以及管道变形非线性问题)，并通过全尺寸试验验证了该模型的准确性，同时也对试验和有限元结果进行了详细分析，揭示了SSRTP在拉伸作用下的力学响应。

钢带缠绕管在正常使用过程中也会受到外部静水压力及内部输送介质压力和轴向拉力的共同作用。本章也分析了内压、外压及其组合载荷作用下SSRTP的拉伸响应情况。目前非粘结复合管在轴对称载荷作用下的理论研究绝大部分是基于虚功原理，并通过刚度集成的方法计算管道的力学响应，该方法得出的拉伸刚度公式不够简洁直观，且没有考虑管材进入塑性阶段之后的力学情况，使该方法在管道性能评估方面的直接应用难度较大。因此有必要推导出适用于工程实践，且各参数对结果影响清晰直观的显式公式，以期对SSRTP的设计提供一定的指导作用。

6.1 试验研究

6.1.1 试验步骤

该试验所使用的全尺寸样管几何尺寸与第2章的试样相同。通过单轴拉伸试验，可以得出PE和钢带材料的应力-应变曲线。

试样轮廓图如图6.1所示。通过扩压机的组装，管的两端有两个法兰接头，其有效测试长度L预设为1 100 mm。试验开始之前，需测量管道的真实有效长度及管道的外半径值，测量结果见表6.1。由表可以看出，最大外径和最小外径的偏差为1.45%，平均外径与设定生产外径仅偏差0.054%，上述误差均在合理误差范围之内。样管有效长度平均测量值比预设长度长0.4%，测量所得长度的偏差为3.2%。综上，样管的实际几何尺寸与生产预设几何尺寸的误差在合理范围之内，故四组试验所得结果具有一定的可比性。

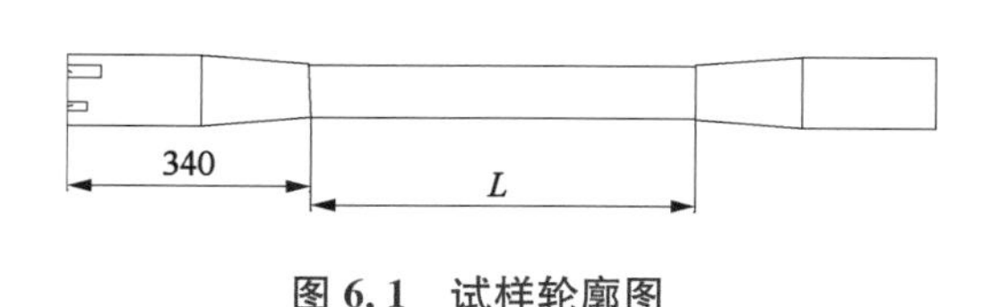

图6.1 试样轮廓图

表 6.1　拉伸试样的实际有效长度及外径尺寸

试样编号	管道外径/mm	试样有效长度/mm
A-1	73.70	1 088
A-2	73.32	1 124
A-3	74.40	1 106
A-4	74.00	1 097
平均值	73.96	1 104

使用 3 000 kN 的加载试验机进行单轴拉伸试验，试件接头通过法兰连接到加载试验机上。在试验加载过程中，需保证加载机的加载方向与试件的轴向中心位置一致以保证中心加载，加载方式为位移控制法，加载速度控制在 60 mm/min 左右。加载位移及相应的轴力通过传感器自动读取。在加载过程中，注意观察管外层 PE 的变化，当外层 PE 被拉断后，观察裸露出来的钢带层变化，同时留意试验机所读取出来的拉力-位移时间曲线图，当内层 PE 管也被拉断时，钢带管已丧失了其绝大部分承载力，则加载试验结束。重复上述步骤，完成剩余样管的拉伸试验。钢带缠绕管的拉伸试验如图 6.2 所示。

图 6.2　钢带样管的单轴拉伸试验

6.1.2　试验结果分析

管道在拉伸过程中，管截面会变细，但没有明显的径缩现象。在拉伸位移到达一定值之后，最外层 PE 首先发生断裂破坏，此时所记录的拉力-位移曲线会有一个陡降。随着拉伸位移的增加，内层 PE 管也发生了断裂，虽然内层 PE 管被包裹在钢带缠绕增强层之内，但通过观察记录曲线上的第二次陡降，可以判断内层 PE 发生了断裂破坏。在此之后，管道被认为已完全丧失了载荷承载能力。四根样管的破坏模式如图 6.3 所示。

这四根样管对应的位移-拉力曲线如图 6.4～图 6.7 所示。在试验机加载过程中，假设拉力为负，拉伸也为负。从这四幅曲线图中可以看出，在加载的初始阶段，轴向拉力值在 0 附近波动的较为厉害，这是由于加载试验机的不稳定性及测量精度的限制所造成的。但总体来说，在拉伸位移不超过管长的 10%时，四条曲线的趋势较为一致。当位移载荷施加到一定程度之后，外层 PE 首先发生断裂破坏，从这四条曲线中都可以看出明显的跳跃现象，这些点对应的拉伸长度不完全一样，可能是由 PE 材料的差异性导致。随后轴向拉力值几乎按线性、平缓的方式增加，且这四条曲线在该阶段的斜率大致相同，该现象也说明钢带增强层具有提供轴向拉伸刚度的作用。随后这四条曲线的第二个下降阶梯段出现，且均发生在拉伸位移为 270 mm 左右，说明这四根样管内层

(a) A1　(b) A2　(c) A3　(d) A4

图 6.3　样管的破坏模式

PE 的断裂拉伸长度基本一致。在此之后，所记录出的试验曲线变得无规律且杂乱，则试验结束。

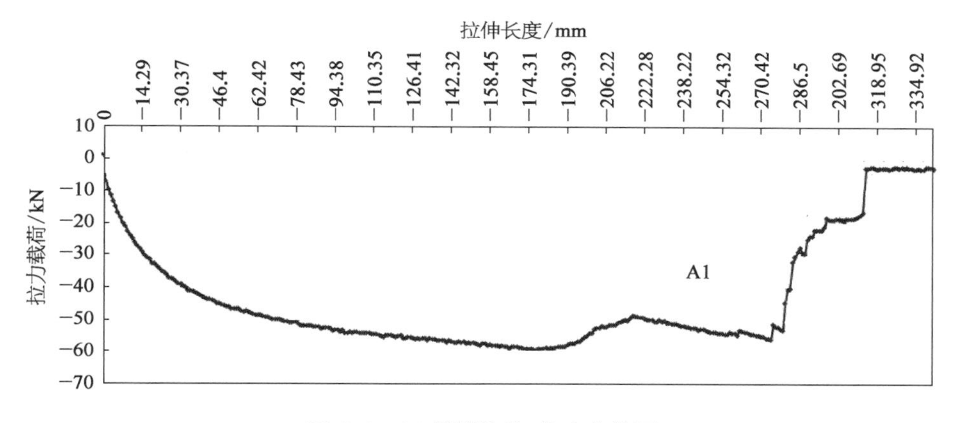

图 6.4　A1 样管位移-拉力曲线图

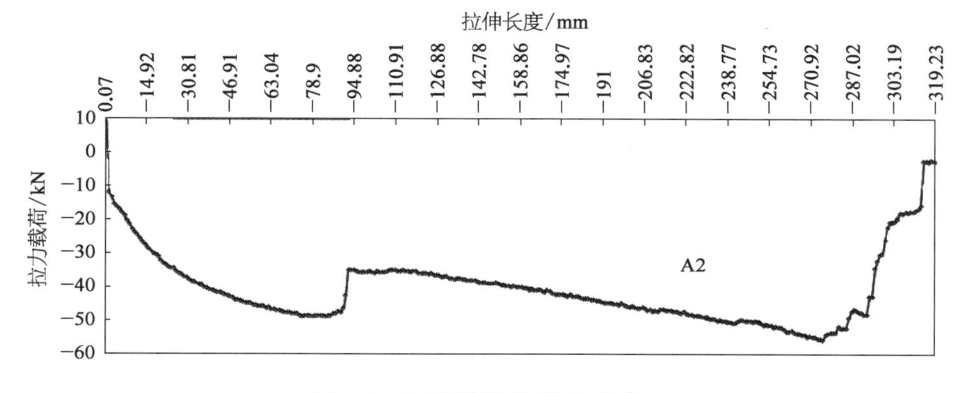

图 6.5　A2 样管位移-拉力曲线图

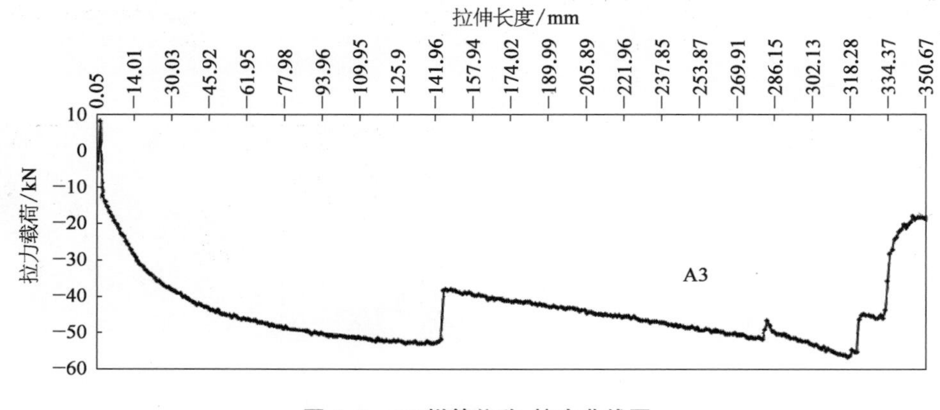

图 6.6　A3 样管位移-拉力曲线图

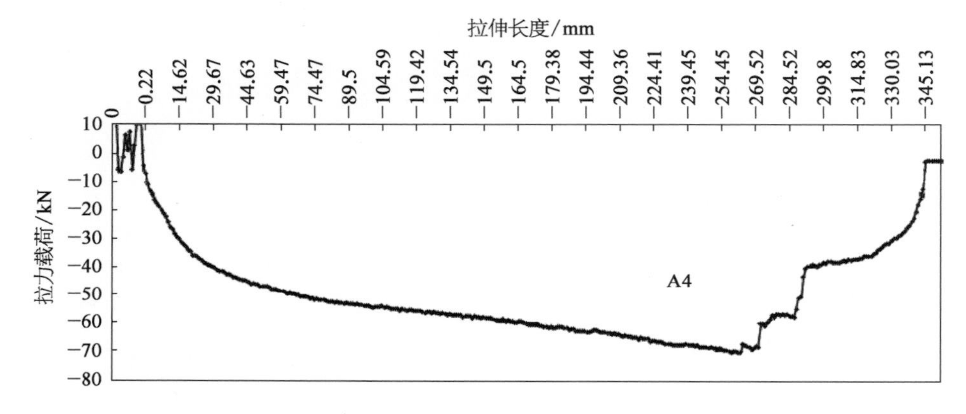

图 6.7　A4 样管位移-拉力曲线图

阶梯状下降现象是这四条曲线中出现的共同现象，通过比较试验曲线可以看出，试样 A1～A3 的位移-拉力曲线趋势更为相近，尽管对于 A1 样管而言，第一个阶梯状出现时，载荷的下降过程相比于其他两条曲线更为平稳。A4 样管曲线与剩余几条曲线的走势却有很大区别，这可能是由于 A4 样管的最终破坏模式不一样，整个钢带层在外层 PE 发生破坏之前从端头拔了出来，如图 6.3 的 A4 所示，因此所读取出来的曲线没有明显的跳跃现象。但在外层 PE 发生破坏之前，四组试验曲线仍具有一定的重复性及可靠性。

在 SSRTP 工程实践应用中，外层 PE 一旦发生破坏，整个管道则丧失了其服役性能要求。API 17J[1] 规定，非粘结柔性管在使用过程中，其内外 PE 层的容许应变不能超过 7.7%，也就是说当 SSRTP 中的 PE 应变超过 7.7%时，可认为管道发生了失效。因此管道从拉伸初始阶段到达到该应变这一阶段是工程实践中的重点研究对象。鉴于此，本节着重分析了从试验结果中提取出的该阶段位移-载荷曲线相关数据，如图 6.8 所示。

从图 6.8 可以看出，A1 和 A4 的拉力-位移曲线吻合较好，而 A2 和 A3 的吻合较好。这可能是由于试验机的加载速率存在一定的容许误差，而内外 PE 层的材料性质与加载速度有很大关系，加载速度越大，在相同应变的情况下，PE 层对应的应力就越大，所提供的轴向拉力就越大。尽管如此，从图 6. 8 可以看出，四根样管的结果仍然具有较好的对比性及重复性。

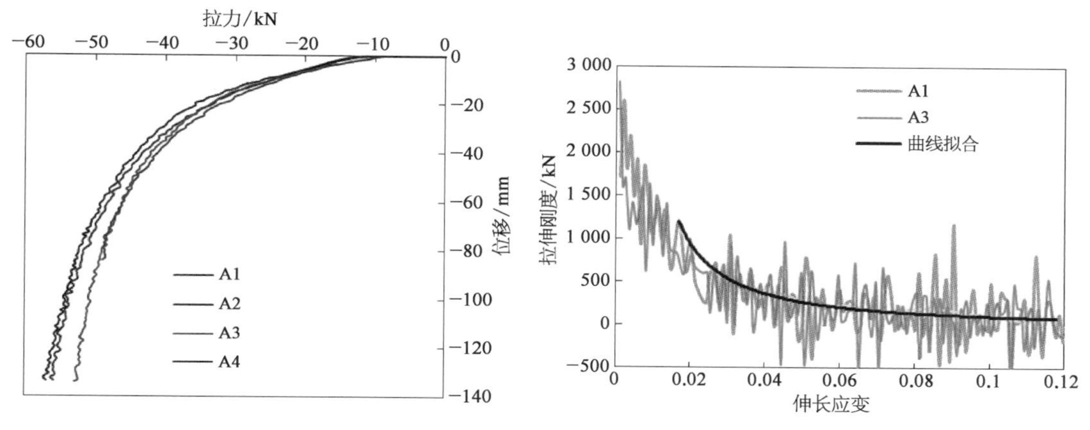

图 6. 8　四根样管位移-拉力曲线对比图

图 6. 9　样管拉伸刚度与伸长应变的关系

从图 6. 8 中曲线的走势也可以看出，样管的拉伸刚度随拉伸位移的增大而降低，该现象在图 6. 9 中表现得更为明显。图 6. 9 选择了两条代表性曲线(A1 和 A3)来说明该现象。由于试验设备精度的问题，由拉力传感器所测出来的拉力曲线有微小波动，该现象在计算样管拉伸刚度与拉伸应变的关系时会被扩大，具体反映为所得曲线出现锯齿状波动。图 6. 9 采用曲线拟合的方式来清晰直观地反映管道拉伸刚度的变化。仔细观察该曲线，可以发现管道拉伸刚度的变化与 PE 材料切线模量的变化有一定的相似性：当 PE 材料应变不大时，切线模量较大，当应变达到一定值之后，切线模量随应变增加而减小，最后应力-应变曲线几乎与水平轴平行，而后切线模量变负。钢带管纯拉伸作用下的刚度变化情况与该现象类似，这说明当管拉伸应变小于 10%时，与内外 PE 层对比，钢带增强层所承担的轴向拉力值并不大。

6. 2　有限元数值模拟

本节通过 ABAQUS 有限元模型研究了钢带增强复合管在纯拉伸作用下的力学性能。模型的几何尺寸与工厂设定值相一致，长度设为 1 100 mm，该值与试验样管平均长度的最大偏差仅为 2%。因此该有限元模型计算所得结果与试验结果具有一定的可比性。

6.2.1 单元及接触条件

该模型中螺旋条带如图 6.10 所示。为了方便部件网格的划分且尽可能减小四边形网格的奇异性，对螺旋条带两端做相应的切割。选取 S4R 单元作为钢带层的网格单元，C3D8I 单元作为内外层 PE 管的网格单元。

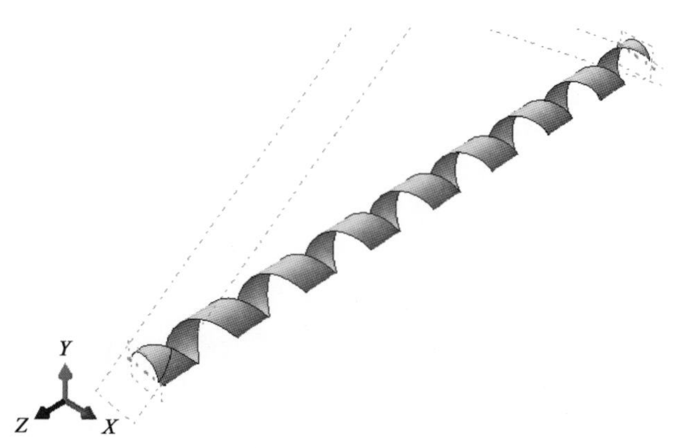

图 6.10 SSRTP 增强层中的螺旋钢带

层间接触的模拟与上一章相同。本章所使用的钢带与 PE 材料的批次与之前均不同，对于钢带与钢带之间的接触摩擦系数，根据其特性，通过机械手册[2]查得，其选值可取为 0.15。钢带与 PE 之间的摩擦系数仍然设定为 0.22。

6.2.2 荷载及边界条件

样管的两端与接头相连接，因此管道两端截面可以看作不发生形变。为了更加真实可靠地模拟试验加载条件，管道的一端完全固定，另一端耦合于截面中心位置参考点 RP2 处，同时为了保证该截面变形的连续性并有一定的刚度，该截面六个位移自由度方向均耦合于参考点 RP2。通过在参考点 RP2 上沿 Z 轴方向施加位移载荷，以实现管道的拉伸作用。

6.2.3 材料参数输入

有限元模型中所用到的材料应力-应变曲线也是从单轴拉伸试验中获得。考虑到 PE 材料的力学性能与其加载速率有很大关系，在 PE 材料测试的单轴拉伸试验过程中，为了与样管拉伸加载的速率相对应，其测试加载速率设定为 10 mm/min。钢带与 PE 材料的力学性质如图 6.11 和图 6.12 所示。

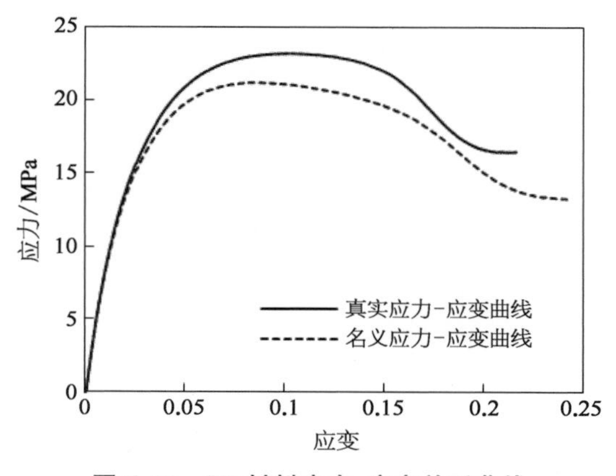

图 6.11 PE 材料应力-应变关系曲线

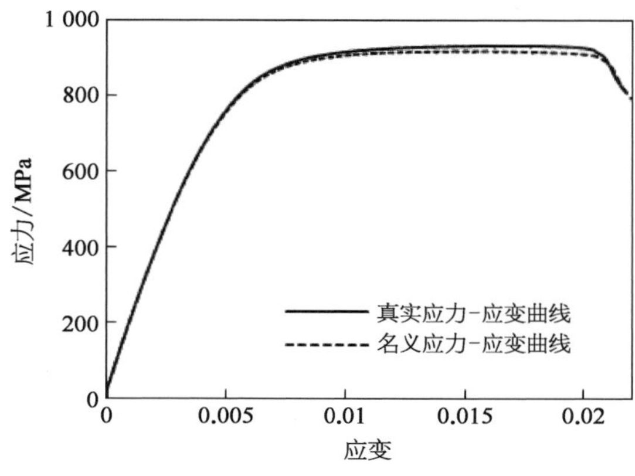

图 6.12 钢带应力-应变关系曲线

6.2.4 试验及有限元结果对比

在工程实践中，管道在大应变情况下已经丧失了绝大部分轴向拉伸刚度，此时管道可以看作已失效，因此钢带缠绕复合管在纯拉伸作用下，PE层应变未超过7.7%的阶段是工程师最为关注的阶段。本节的研究主要集中在SSRTP轴向拉伸应变未超过7.7%的阶段。

试验和有限元所得出的拉力-位移曲线对比如图6.13所示。从图中可以看出，这些曲线的趋势基本上相同。同时试验结果在最开始阶段要明显高于有限元所得出的结果，这一方面是由于初始加载过程中试验条件的不稳定性所致，另一方面可能是由于钢带管在生产过程中，钢带会被预张拉，而成型之后的SSRTP中钢带会有回弹的趋势，导致管道截面存在一定的压缩情况。随着拉伸位移的增加，两者之间轴向拉力的相差值逐渐减小，最后这两套方法得出的曲线较好地吻合在一起，说明了该有限元模型的正确性及可靠性。

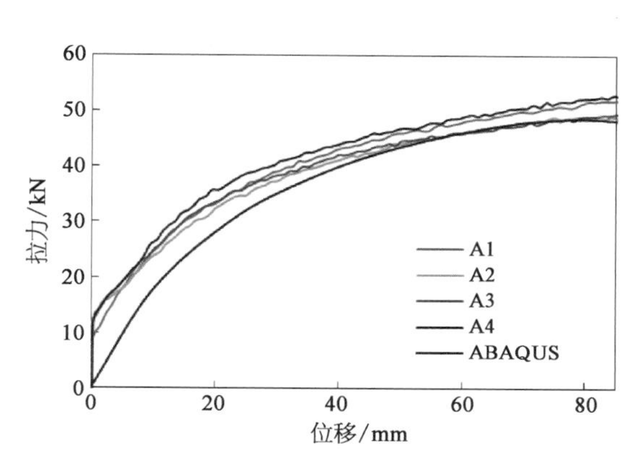

图6.13　管道试验及有限元拉力-位移曲线对比

6.2.4.1　PE层力学响应分析

在拉伸载荷作用下，SSRTP内外层PE的应力云图是设计人员比较关注的部分，尤其在管道的拉伸应变将要达到7.7%时。因此这里提取出内外层PE在管道拉伸长度约80 mm时刻的应力云图，如图6.14所示。从这两幅应力云图可以看出，内外层PE管的最大应力值相差不大，但应力分布情况却有明显不同。当管道未达到其失效拉伸长度之前，外层PE管的应力分布比内层管要均匀很多(不考虑端头效应)。这是由于在拉伸过程中管道截面容易变细，钢带增强层也会被拉伸，而内层PE管与钢带增强层直接接触，此时内层PE管会提供一个抵抗其缠绕半径变小的支撑作用，进而内层PE管受到向内的

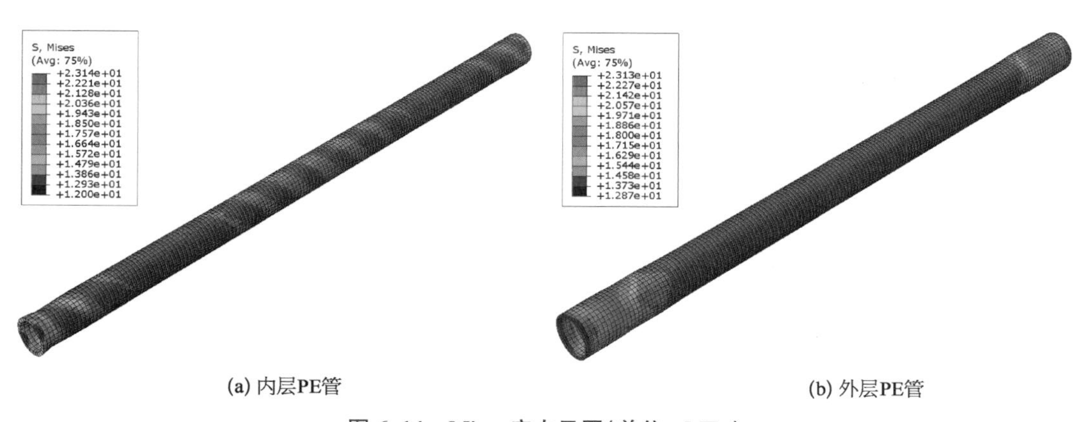

(a) 内层PE管　　(b) 外层PE管

图6.14　Mises应力云图(单位：MPa)

挤压力。在该种情况下，与第一层螺旋条带缝隙相对应的内层 PE 管位置处，则具有更自由的变形条件，导致内层 PE 管的 Mises 应力云图出现了螺旋条带纹。

为了避免端部效应，使提取出来的 PE 管应力与拉伸位移关系具有一定的代表性，选取管跨中最大应力位置处的点来分析。从内外层 PE 管应力云图的变化过程可以看出，两者最大的应力均出现在与它们直接接触的钢带层缝隙位置处。两者的应力-拉伸位移曲线对比如图 6.15 所示。从图中可以看出，内层 PE 管的最大 Mises 应力稍高于外层 PE 管。当拉伸位移值超过 80 mm 后，两者的应力值均有下降，这可能与 PE 材料本身性质有关。当 PE 材料达到其最大应力之后，PE 的应力值会随应变的增加而减小，因此 SSRTP 在拉伸位移继续增加的后期阶段内外层 PE 管的应力值均发生了下降。从该图也可以看出，在后期阶段，外层 PE 管应力下降得尤为明显，这可能与其应变快速增加有很大的关系，该猜想可以通过下面的应变分析加以证实。

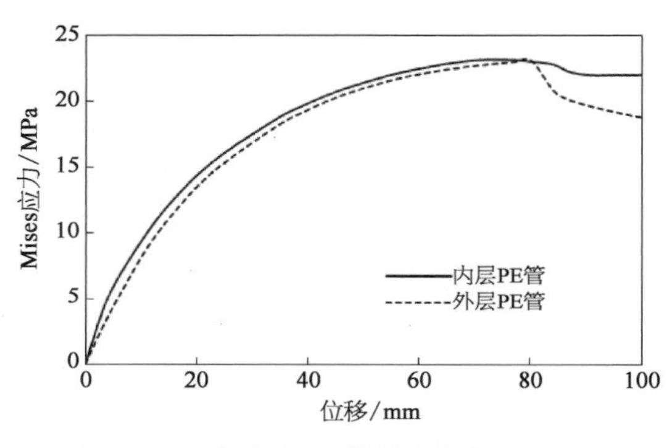

图 6.15　内外层 PE 管跨中位置处应力-位移曲线对比图

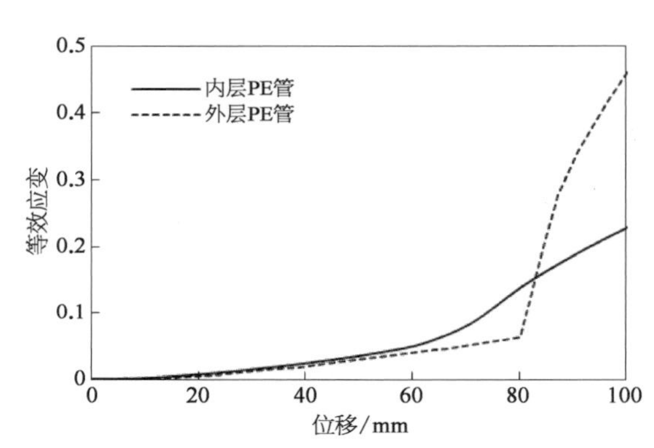

图 6.16　内外层 PE 等效应变对比图

内外层 PE 的等效应变(PEEQ)随拉伸长度的变化关系如图 6.16 所示。该图曲线所对应的选取点与图 6.15 曲线中的选取点相同。从该图可以看出，在管道拉伸长度达到 80 mm 之前，内层 PE 管的应变值大于外层 PE 管的。当拉伸长度达到这一边界值之后，两者的应变值均显著增加，但外层 PE 应变的增加速度要远大于内层 PE，从而应变量很快超过内层 PE。这可能是由于随着拉伸位移的增加，螺旋层中同一层钢带的带与带之间的间距会变大。由于钢带层中存在间隙，与这些间隙所直接接触的 PE 管部分在纯拉伸过程中将会受到更严峻的变形环境，这将导致处于这些位置处的 PE 材料更容易产生变形。由于每一层钢带增强层的缠绕角度均一样，且最外层钢带的螺旋缠绕半径最大，在相同拉伸过程中，该层带与带之间的缝隙变化也最大。另外，外层 PE 管的厚度比内层 PE 管的厚度要小，且最外层钢带缠绕层与外层 PE 管直接接触，给接触的 PE 部分提供了一个沿径向方向的层间接触压力及沿拉伸长度方向的摩擦力，这就导致与钢带层缝隙位置所对应的 PE 管部分更容易发生沿径向方向的收缩变形。为了更加直观地描述该现象，提取出内外层 PE 在拉伸位移为 90.0 mm 时的等效应变云图，如图 6.17 所示。

从图 6.17 可以更直观地看出，对于内外层 PE 管而言，当拉伸位移较大时，大变形主要发生在与它们直接接触的螺旋钢带层缝隙位置处。对应于这些位置处的外层 PE 管出现了明显的螺旋凹纹状，且沿管长方向的最大等效应变值(PEEQ)几乎是内层 PE 管的 2 倍，这也揭示了纯拉伸过程中 SSRTP 的 PE 层发生断裂的最危险位置。有限元数值模拟得到的该现象与试验中所发生的现象相一致，外层 PE 的断裂位置均发生在与其直接接触的最外层钢带缝隙位置处，且管壁的收缩凹纹也发生在钢带螺旋状缝隙处。图 6.3 中试验样管的最终破坏模式(可以很清楚地看到管壁凹痕)进一步验证了该有限元模型的正确性及可靠性。

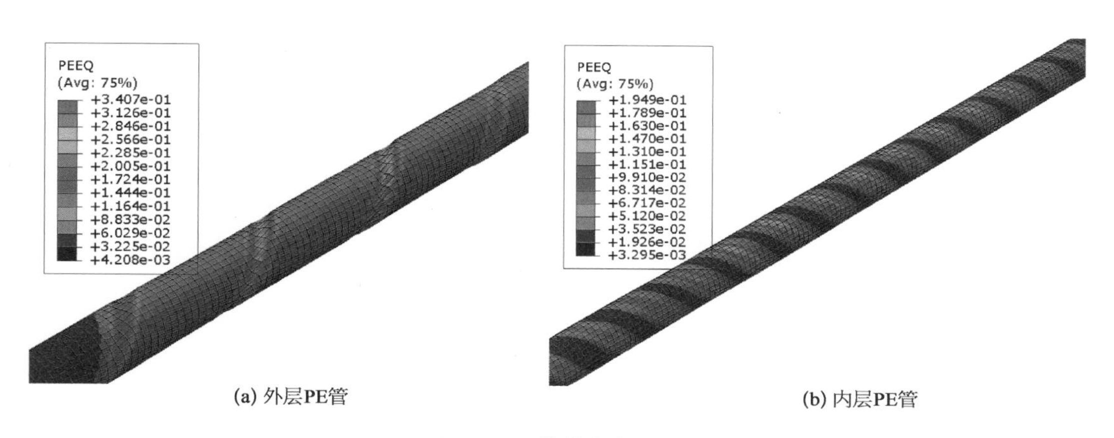

图 6.17　等效应变云图

以上分析也能为 SSRTP 试验结果中未做解释的现象提供一定的解释说明，即试验得出的四组拉力-位移曲线中，各组的第一次陡降(外层 PE 断裂)发生在不同拉伸长度处。该现象的出现不仅与 PE 材料本身的不稳定性有关，也可能与最外层钢带缝隙宽度的不均匀性有关。SSRTP 在生产过程中，如何保证钢带与钢带之间缝隙的宽度为常数是管道制造所面临的一个挑战，该方面的技术仍需做进一步提升。

6.2.4.2　钢带层力学响应分析

钢带增强层在拉伸过程中的应力情况备受工程师们关注，本节将详细分析钢带层的力学响应。图 6.18 展示了最外层钢带增强层在拉伸位移为 80 mm 左右时的应力云图。从图中的 Mises 应力值可以看到，钢带的应力远大于该情况下 PE 层的应力值。忽略应力集中效应可以发现，该层跨中位置处的应力大于两端的应力值。应力沿管长方向分布的不均匀性可能是由端部效应及管长拉伸应变的不均匀性导致。由于管道在浅海使用过程中，其长度会远大于样管长度，因此该模型中管跨中位置处的应力变化情况仍然能为工程应用提供一定的参考价值。

在 ABAQUS 有限元中，为了提取一组研究单元的积分点在同一时刻的应力值，需要创建相应的路径，图 6.19 为沿带宽方向上的路径及其对应的节点编号。为方便表达，把该路径上第一个点(编号 141)的编号重新设定为 1，中间的点编号按顺序递增，即该路径

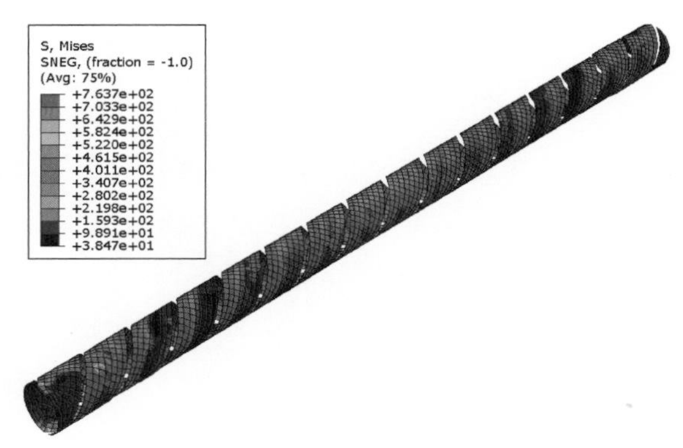

图 6.18　最外层钢带增强层的应力分布云图(单位：MPa)

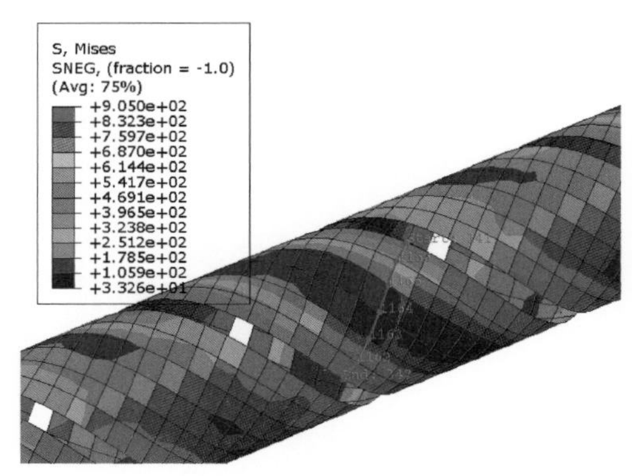

图 6.19　沿带宽方向的路径及节点编号情况

结束点的编号为 7。在不同拉伸长度下，沿带宽方向上这些点的应力值如图 6.20 所示。从图 6.19 和图 6.20 可以看出，钢带边缘部分的应力大于中间部分的应力。这是由于钢带边沿部分比较尖锐，在钢带上施加载荷时，应力集中容易发生在这些边缘位置处。整体来说，钢带沿带宽方向的应力值会随着管道拉伸长度的增加而增加。

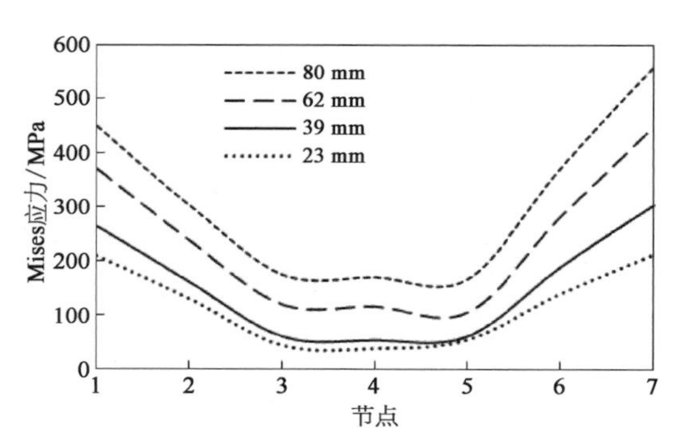

图 6.20　不同拉伸长度下沿宽度方向的应力比较

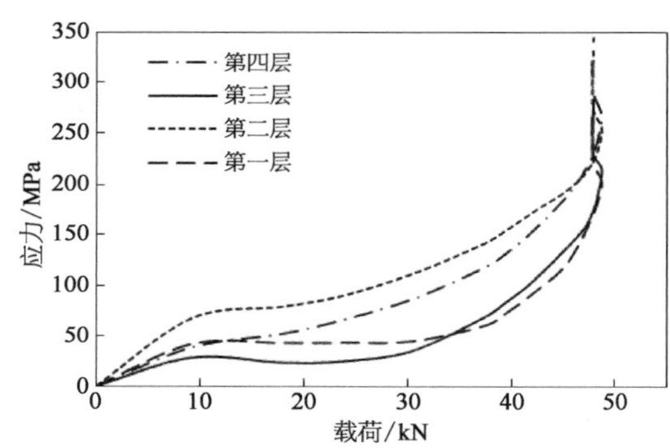

图 6.21　不同层之间应力-载荷曲线对比

在拉伸过程中，钢带边缘会出现应力集中现象，这些位置处的应力情况不能客观反映加载过程中钢带的应力状态。因此为了对比分析不同钢带增强层应力随拉力的变化情况，挑选管跨中截面沿带宽方向的中间位置点处的应力，如图 6.21 所示。从图中可以看出，四层钢带的应力-拉伸载荷曲线大致拥有相同的变化趋势，曲线之间出现的差别可能是由钢带缠绕方向及所选取单元的位置不同所造成。这四组曲线有一个共同特点，即当管道达到其最大抗拉承载力时(拉伸载荷约为 50 kN 时，曲线突然拐回)，四层钢带的应力增加情况几乎与水平轴垂直。该现象说明管道达到了其极限抗拉承载力，此后过程中钢带增强层开始发挥一定的抗拉承载力作用。

忽略钢带应力集中问题，从图 6.21 可以看出，即使 SSRTP 达到其极限抗拉强度，管道进入了失效阶段，钢带层此时的应力值仍远低于其材料的弹性比例极限。这说明对于缠绕角度为 54.7°的钢带增强柔性复合管，在纯拉伸过程中，管道失效之前将钢带看作纯弹性是合理的。

6.3　理 论 模 型

6.3.1　基本假设

目前国内外研究非粘结柔性管的轴对称力学响应模型主要从虚功原理的角度出发，将柔性复合管分为两部分：螺旋层及圆柱层。通过势能驻值原理，对所得到的虚功方程做变分处理，得到对应的刚度矩阵方程。然后将各层刚度集成得到整管的总刚度矩阵。同时引入管道层间位移及接触压力的连续性等条件来求解方程多余的未知量。最后通过牛顿迭代等方法求解平衡方程，并对每一步所得结果进行检验。当计算所得层间压力为负时，认为该层发生了分离，层间径向位移不再连续，此时将该层层间压力设定为 0 重新计算。虽然该方法较为复杂，得出的刚度矩阵也较为复杂，不便于工程实践中的应用，但该方法可以较全面地考虑管道组成部分的各应变量。因此本节首先参考相关文献[3-4]中的方法，考虑 PE 材料的弹塑性，以管道的纯拉伸情况为例来说明该方法对 SSRTP 的适用性。本章所采用的 SSRTP 的材料特性及几何参数均与上一章节相同。图 6.22 为用虚功原理和有限元模拟两种方法得出的位移-拉力曲线对比图，两者曲线吻合得较好，验证了该方法在计算 SSRTP 轴对称响应模型时的有效性。

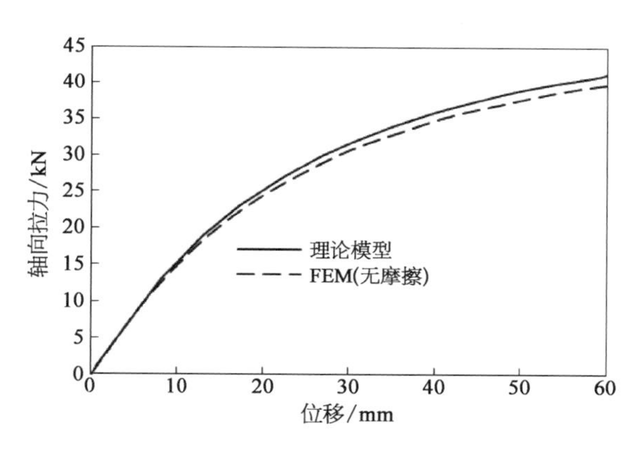

图 6.22　虚功原理方法所得曲线与有限元模拟结果对比图

上述虚功原理的方法考虑了管端部的扭转位移 $\Delta\varphi$、各层的平均半径变化 u_r 及其相应厚度变化 u_t 等情况。对于钢带缠绕复合管，由于其组成层数较多，通过虚功原理的方法得到的总刚度矩阵比较庞大，需求解的未知量数目也很多，且直接求解的难度较大。而这其中有些参数对计算结果的影响很小，可以忽略不计。为简化理论模型，以纯拉伸情况为例做相关参数的影响分析，以确定影响量较小的参数。当管道轴向拉力为 41 kN 时，在考虑上述所有参数的变化量情况下，通过虚功原理计算出来的轴向拉伸长度为

59.12 mm。忽略其中的某一参量在整个拉伸过程中的变化影响，计算出来的结果及误差对比见表 6.2。

表 6.2 忽略不同参数在拉伸过程中的变化量对计算结果的影响

参 数	拉伸长度/mm	误差对比/%
$u_t(1)=0$	52.82	10.66
$u_t(6)=0$	53.00	10.35
$u_t(2)=0$	59.12	4.76×10^{-10}
$u_t(3)=0$	59.12	1.02×10^{-9}
$u_t(4)=0$	59.12	1.43×10^{-9}
$u_t(5)=0$	59.12	1.33×10^{-4}
$u_t(2)\sim u_t(5)=0$	59.12	1.33×10^{-4}
$u_r(1)=0$	48.42	18.08
$u_r(6)=0$	47.26	20.06

注：表中括号中的数字代表 SSRTP 的层数，按照从里往外的方式排序，比如 1 代表的是内层 PE 管，6 代表的则是外层 PE 管。

从表 6.2 可以看出，钢带增强层厚度方向的变化对最终的计算结果影响很小，而内外 PE 层厚度的变化对计算结果影响很大。这是由于当忽略内外 PE 层厚度的变化时，钢带层的径向收缩量会减小，在相同拉伸位移下，钢带层对应的应变增加，所以整根管的拉伸刚度也会增大。不考虑所有钢带增强层厚度的变化，即 $u_t(2)\sim u_t(5)$ 均设定为 0，此情况下的计算结果误差仍然很小。因此在本章简化力学模型的推导过程中可以忽略钢带厚度的变化。忽略拉伸过程中管内外层 PE 平均半径的变化量 u_r 时，计算结果显示内层 PE 环向刚度的增大(从平均半径未发生变化来反映)能显著提高整管的拉伸刚度，因此该变量在整个拉伸分析中不可忽略。由于 SSRTP 的增强层是由螺旋条带组成，在拉伸过程中管端截面可能会发生一定的旋转，相关文献[3]中指出放松或约束管端部沿轴向自由度方向的扭转对管道的拉伸刚度几乎没有影响，因此本模型中未考虑端部的扭转作用。综上所述，本节在 SSRTP 轴对称载荷作用下的简化理论模型推导过程中，具体假设如下：

(1) 本章沿用相关文献[3]中所提出的非粘结柔性管在轴对称载荷作用下其层间摩擦力忽略不计的假设，以计算 SSRTP 轴对称载荷作用下拉伸刚度的下限值。同时假设 SSRTP 的层间接触压力沿环向方向均匀分布。

(2) SSRTP 中钢带增强层外侧被高强度薄膜聚酯带包裹，在拉伸过程中钢带不会发生翘曲，因此本模型不考虑螺旋钢带自身的弯曲和扭转，仅考虑钢带沿带长方向的轴向变形，并假定此轴向变形沿带宽方向均匀分布。同时忽略钢带厚度变化对结果的影响。

(3) API[1]规定，管道在使用过程中 PE 材料的应变不能超过 7.7%。因此假设本模型的变形为小变形，且在拉伸过程中钢带的缠绕角度也不会发生变化。

(4) 不考虑端部效应及管端部的扭转影响，假定管道在轴对称载荷作用下沿长度方向均匀变化。

(5) 钢带和 PE 均假设为各向同性均质材料，PE 为弹塑性材料。由上一章节的钢带应力分析可知，钢带缠绕复合管在轴拉作用下，当拉伸应变未超过 7.7%时，钢带的应力值远小于其材料比例极限。在本章的理论推导中，假设钢带为纯弹性，该假设的合理性也可以通过后面钢带的应力分析来证明。

6.3.2　钢带层力学模型

以最内层钢带为例，螺旋钢带拉伸之后的展开示意图如图 6.23 所示（该图以一个螺距为例）。由图可以看出，钢带沿带长方向发生形变主要由两个因素引起：管道的轴向拉伸位移及其螺旋缠绕半径的变化（这里不考虑端部的旋转情况）。钢带沿带长方向的轴向应变 ε_h 可以参考 Knapp 推导的线理论模型[5]，通过下式获得：

$$\varepsilon_h = \frac{\Delta L}{L}\cos^2\alpha + \frac{u_R}{R}\sin^2\alpha \tag{6.1}$$

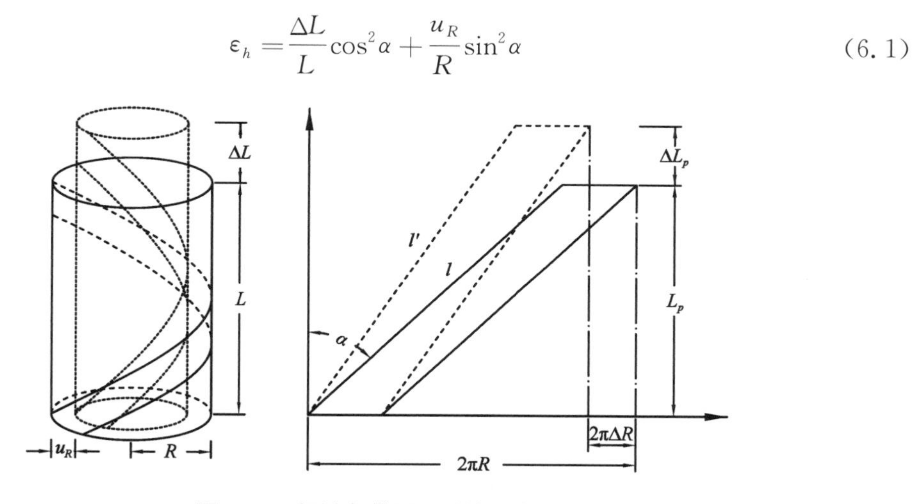

图 6.23　螺旋条带展开后的形变图

式中　ΔL——管道的拉伸长度；

L——管长；

u_R——钢带缠绕半径的变化量；

R——钢带初始平均缠绕半径；

α——钢带的螺旋缠绕角度。

钢带沿带长方向的力 F_h 可以分解为沿管道长度方向及水平方向（环向方向）的分力 F_V 和 F_H，则钢带沿管长方向的应力 σ_V 和水平方向的应力 σ_H 可以通过下式获得：

$$\sigma_V = \frac{F_V}{A/\cos\alpha} = E\varepsilon_h\cos^2\alpha \tag{6.2}$$

$$\sigma_H = \frac{F_H}{A/\sin\alpha} = E\varepsilon_h\sin^2\alpha \tag{6.3}$$

式中　E——钢带的弹性模量。

由于环向应力 σ_H 的存在，螺旋钢带层必然会产生一个向内的挤压力，从而保持其结构平衡。该现象可以更直观地从图 6.24 反映出来，该图以内层 PE 及最内层钢带增强层为例说明。内层 PE 管会对与其直接接触的钢带层发生径缩时产生一定的抵抗作用，该抵抗力即可看作层间接触力。假设截面的环向应力均匀分布，则层间接触力也均匀分布，而在实际情况中，同一层螺旋钢带增强层中存在一定间隙，可以使用折减系数 β 考虑这些间隙的影响：

$$\beta=\frac{nb}{2\pi R_{mi}\cos\alpha} \tag{6.4}$$

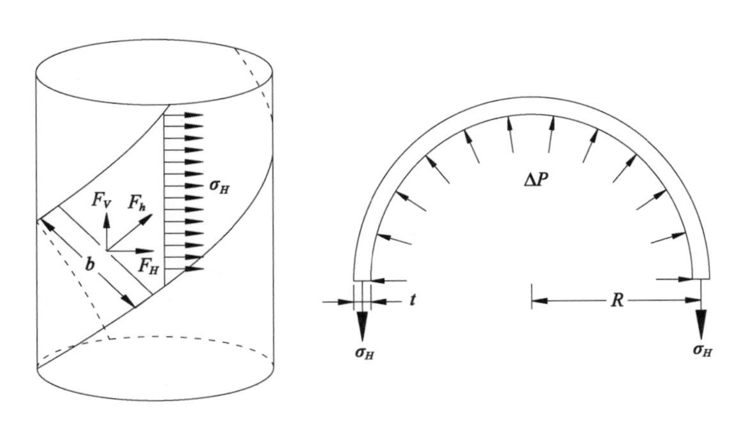

图 6.24　内钢带增强层截面平衡情况

式中　n——同一增强层中钢带的条数；

b——钢带的带宽；

R_{mi}——第 i 层钢带增强层的平均缠绕半径。

在轴对称载荷作用下，钢带增强层会受到内外相邻层的层间接触力作用。将钢带层简化为薄壳环，在受内外压载荷作用时，根据力的平衡方程，层间接触力可以通过下式推出：

$$\int_0^{\pi}(P_i-P_{i+1})R\sin\theta\mathrm{d}\theta=2\sigma_H t\beta \tag{6.5}$$

式中　t——钢带的厚度；

P——层间接触力；

i——层间接触面的编号，按照从内到外的方式排序。

则钢带增强层的层间接触力可以表达如下：

$$P_i=P_{i+1}+\frac{\sigma_{Hi}t\beta}{R_{mi}}\quad(i=1\sim4) \tag{6.6}$$

将式(6.3)代入式(6.6)，根据各层力的传递，并组装各钢带增强层的平衡方程，可以

得出 P_1 的表达式：

$$P_1 = \Lambda_1 + \Lambda_2 u_R + P_5 \tag{6.7}$$

其中 Λ_1 和 Λ_2 的表达分别为

$$\Lambda_1 = \beta E \sin^2\alpha \cdot t \frac{\Delta L \cos^2\alpha}{L}\left(\frac{1}{R_{m1}} + \frac{1}{R_{m2}} + \frac{1}{R_{m3}} + \frac{1}{R_{m4}}\right) \tag{6.8}$$

$$\Lambda_2 = \beta E \sin^4\alpha \cdot t\left(\frac{1}{R_{m1}^2} + \frac{1}{R_{m2}^2} + \frac{1}{R_{m3}^2} + \frac{1}{R_{m4}^2}\right) \tag{6.9}$$

6.3.3　内外层 PE 力学模型

钢带缠绕复合管的内层 PE 和外层 PE 主要用于密封内部介质或直接接触外部海水。由表 6.2 的参数分析可以发现，PE 层厚度及径向位移的变化对计算结果有着非常大的影响。为了准确得到 PE 层，尤其是内层 PE 外侧的径向位移变化，采用厚壁圆筒理论来分析其力学响应，如图 6.25 所示，图中的 σ_2 和 σ_3 分别表示径向应力和环向应力。

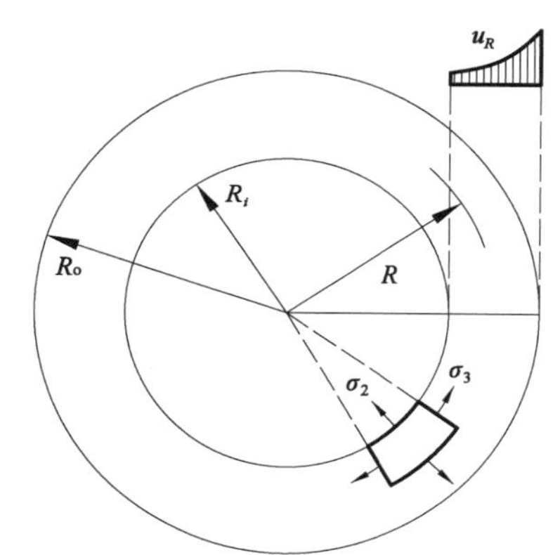

图 6.25　厚壁圆筒截面[3]

圆柱层在轴对称荷载作用下可以简化为平面应变问题，且圆环的剪切变形 ε_{13} 可忽略不计。这里采用 PE 材料的割线模量来计算每一加载步的材料应力与应变关系，在每一加载步下，PE 材料的割线模量均会发生变化。那么 PE 材料的弹塑性问题就可以简化为简单的弹性问题。根据弹性力学原理，管道沿径向方向的位移可以用下式表示：

$$u_r = C_1 r + \frac{C_2}{r} \tag{6.10}$$

式中　C_1、C_2——待定常数，可以根据管截面的边界受力条件确定。

在轴对称荷载作用下，圆柱层会产生轴向应变 ε_1、径向应变 ε_2、环向应变 ε_3，它们对应的表达式如下：

$$\varepsilon_1 = \Delta L / L \tag{6.11}$$

$$\varepsilon_2 = \frac{\partial u_r}{\partial r} = C_1 - \frac{C_2}{r^2} \tag{6.12}$$

$$\varepsilon_3 = \frac{u_r}{r} = C_1 + \frac{C_2}{r^2} \tag{6.13}$$

根据虎克定理，可以得到相应方向的应力：

$$\begin{bmatrix}\sigma_1\\ \sigma_2\\ \sigma_3\\ \sigma_{13}\end{bmatrix}=\frac{E_s}{(1+\nu)(1-2\nu)}\begin{bmatrix}1-\nu & \nu & \nu & 0\\ \nu & 1-\nu & \nu & 0\\ \nu & \nu & 1-\nu & 0\\ 0 & 0 & 0 & \dfrac{1-2\nu}{2}\end{bmatrix}\begin{bmatrix}\varepsilon_1\\ \varepsilon_2\\ \varepsilon_3\\ \varepsilon_{13}\end{bmatrix} \tag{6.14}$$

式中　E_s——PE 材料在当前加载步下的割线模量；

σ_1、σ_{13}——管的轴向应力及剪切应力，这里剪切应变 ε_{13} 假设为 0，则对应的剪应力也为 0。

将各应变表达式代入上述方程中，可得到 PE 圆柱层沿径向方向的应力 σ_2 表达式：

$$\sigma_2=\frac{E_s}{(1+\nu)(1-2\nu)}\left[\nu\frac{\Delta L}{L}+(1-\nu)\left(C_1-\frac{C_2}{r^2}\right)+\nu\left(C_1+\frac{C_2}{r^2}\right)\right] \tag{6.15}$$

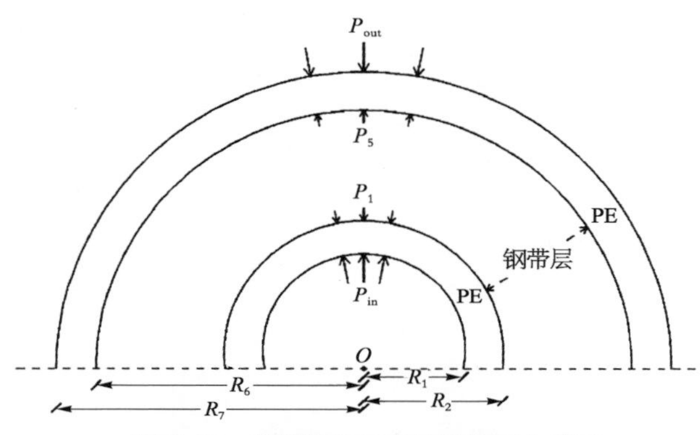

图 6.26　管截面 PE 层的具体受力情况

SSRTP 的内层 PE 同时受到管内压及相邻层的层间接触力作用。如图 6.26 所示，P_{in} 和 P_{out} 分别表示管道所受到的内压及外部静水压力。P_1 为最内层钢带增强层与 PE 管的层间接触力，依次排序，P_5 则为最外层钢带与外层 PE 的层间接触力。以内层 PE 管为例，当 $r=R_1$ 时，有 $\sigma_2=P_{in}$；当 $r=R_2$ 时，有 $\sigma_2=P_1$，即

$$P_{in}=\frac{E_s}{(1+\nu)(1-2\nu)}\left[\nu\frac{\Delta L}{L}+(1-\nu)\left(C_1-\frac{C_2}{R_1^2}\right)+\nu\left(C_1+\frac{C_2}{R_1^2}\right)\right] \tag{6.16}$$

$$P_1=\frac{E_s}{(1+\nu)(1-2\nu)}\left[\nu\frac{\Delta L}{L}+(1-\nu)\left(C_1-\frac{C_2}{R_2^2}\right)+\nu\left(C_1+\frac{C_2}{R_2^2}\right)\right] \tag{6.17}$$

联立式(6.16)和式(6.17)，可求解出 C_1、C_2：

$$C_1=\frac{(1+\nu)(1-2\nu)(P_{in}R_1^2-P_1R_2^2)}{E_s(R_1^2-R_2^2)}-\nu\frac{\Delta L}{L} \tag{6.18}$$

$$C_2=\frac{(P_{in}-P_1)(1+\nu)}{E_s\left(\dfrac{1}{R_2^2}-\dfrac{1}{R_1^2}\right)} \tag{6.19}$$

内层 PE 管外侧的径向位移 u_{R2} 表达式为

$$u_{R2}=C_1R_2+\frac{C_2}{R_2} \tag{6.20}$$

将式(6.18)和式(6.19)得出的 C_1、C_2 表达式代入式(6.20),则得到内层 PE 管在当前加载步下外表面沿径向方向的位移 u_{R2} 的具体表达式:

$$u_{R2}=\Lambda_3-\Lambda_4 P_1 \tag{6.21}$$

其中 Λ_3 和 Λ_4 分别为

$$\Lambda_3=\frac{2(1-\nu^2)P_{\text{in}}R_1^2R_2}{E_s(R_1^2-R_2^2)}-\nu\frac{R_2\Delta L}{L} \tag{6.22}$$

$$\Lambda_4=\frac{(1+\nu)R_2[(1-2\nu)R_2^2+R_1^2]}{E_s(R_1^2-R_2^2)} \tag{6.23}$$

采用同样的方法可以求解出外层 PE 内侧的径向位移 u_{R6}:

$$u_{R6}=\Lambda_5 P_5-\Lambda_6 \tag{6.24}$$

其中 Λ_5 和 Λ_6 分别为

$$\Lambda_5=\frac{(1+\nu)R_6[(1-2\nu)R_6^2+R_7^2]}{E_s(R_6^2-R_7^2)} \tag{6.25}$$

$$\Lambda_6=\frac{2(1-\nu^2)P_{\text{out}}R_7^2R_6}{E_s(R_6^2-R_7^2)}+\nu\frac{R_6\Delta L}{L} \tag{6.26}$$

在轴对称载荷作用下,当 SSRTP 层间结构未发生分离时,有 $u_R=u_{R2}=u_{R6}$,联立式(6.7)、式(6.21)及式(6.24),求解可得:

$$P_1=\frac{\Lambda_3+\Lambda_6+\Lambda_5\Lambda_1+\Lambda_2\Lambda_3\Lambda_5-\Lambda_4\Lambda_6\Lambda_2+\Lambda_2\Lambda_4\Lambda_5}{\Lambda_4+\Lambda_5+\Lambda_4\Lambda_5\Lambda_2} \tag{6.27}$$

$$P_5=\frac{\Lambda_3-\Lambda_4\Lambda_1+\Lambda_6+\Lambda_4\Lambda_6\Lambda_2}{\Lambda_4+\Lambda_5+\Lambda_4\Lambda_5\Lambda_2} \tag{6.28}$$

$$u_R=\frac{\Lambda_5\Lambda_3-\Lambda_4\Lambda_5\Lambda_1-\Lambda_4\Lambda_6}{\Lambda_4+\Lambda_5+\Lambda_4\Lambda_5\Lambda_2} \tag{6.29}$$

在上述求解过程中,需要注意的是,当计算所得层间接触压力为负时,说明层与层之间此时已经发生脱离。该种情况下的实际层间压力为0,径向位移已不再连续,可以通过修正上述方程而得到合理的结果。以纯拉伸情况为例来说明,在管道力学响应的计算过程中,发现内层 PE 与第一层钢带之间的计算层间压力值为负,此时将 P_1 设定为0,则上述求解出来的公式退化为

$$P_5=\frac{\Lambda_2\Lambda_6-\Lambda_1}{1+\Lambda_5\Lambda_2} \tag{6.30}$$

$$\mu_R=\frac{-\Lambda_1\Lambda_5-\Lambda_6}{1+\Lambda_5\Lambda_2} \tag{6.31}$$

6.3.4 轴对称力学模型

在求解出影响钢带层轴向拉力贡献的主要因素 u_R 后，通过式(6.2)可以计算出钢带沿管长方向的轴向拉力分量：

$$F_{\text{steel}, i} = nbtE\cos\alpha \cdot \left(\frac{\Delta L}{L}\cos^2\alpha + \frac{u_{Ri}}{R_{mi}}\sin^2\alpha\right) \quad (i = 2 \sim 5) \tag{6.32}$$

对于内外层 PE，由于沿径向及环向方向的应变对沿轴向方向的应变影响较小，为了更简洁直观地表达 PE 层对拉伸刚度的贡献量，这里仅考虑长度方向应变的影响。PE 管在拉伸过程中，其横截面面积会减小，但管的总体积假设保持不变，因此在当前载荷步下，PE 管截面的面积 A_t 为

$$A_t = \frac{A_0 L}{\Delta L + L} \tag{6.33}$$

式中 A_0——PE 管截面的初始面积。

则此时 PE 管提供的轴向拉力值 F_{PE} 为

$$F_{PE} = \frac{E_s A_t \Delta L}{L} \tag{6.34}$$

SSRTP 的总轴向拉力 F_T 可以看作是管道各层贡献值的累加，即

$$F_T = \sum F_{PE} + \sum F_{\text{steel}} \tag{6.35}$$

6.4 结果讨论

6.4.1 有限元模型建立

上述理论模型做了较多的假设和简化，为了验证其准确性和可靠性，将该力学模型所得结果与有限元数值模拟结果进行对比。组合轴对称载荷作用下，模型受力情况及边界条件如图 6.27 所示。

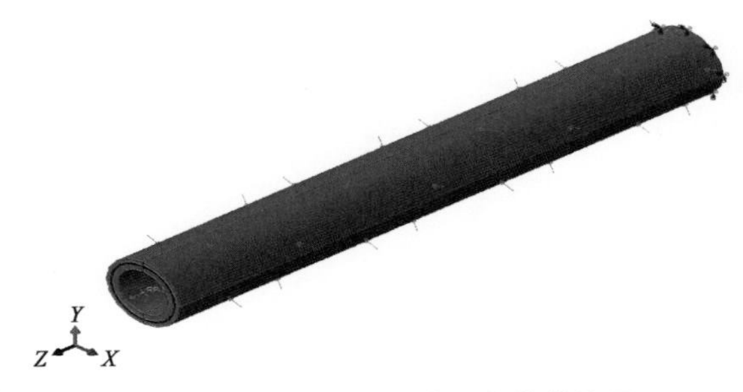

图 6.27 在内外压及拉伸组合载荷作用下管道的边界及载荷条件

本节选取三种载荷情况验证上述理论公式的通用性和可靠性，见表 6.3。需要

说明的是，该模型中外界载荷施加在同一加载步中，即各载荷均是按照同比例加载速度增加的，在增量步结束时所有载荷均达到其预设值。这三种模型所对应的边界条件均未发生变化，仅载荷情况发生了变化。

表 6.3　不同载荷情况

模 型 编 号	载 荷 情 况
C1	拉伸
C2	拉伸＋内压
C3	拉伸＋内压＋外压

由于上述理论模型考虑了层间复杂的接触，但未考虑层间摩擦力作用，用静态隐式分析法的计算时间会远高于动态显示法，且收敛性极差，因此该部分采用动态显示法计算。在使用动态法计算静态问题时，需满足整个加载过程中系统的动能及伪应变能远小于系统的内能，以保证计算结果的可靠性，通常情况下要求其比值不超过 10%。以 C3 模型为例来说明模型在加载过程中动能、伪应变能与内能的关系，如图 6.28 所示。由图可以看出，伪应变能及动能在整个计算过程中均很小，与管道内能的比值均在 10%之内，由此可以说明该计算结果的有效性。

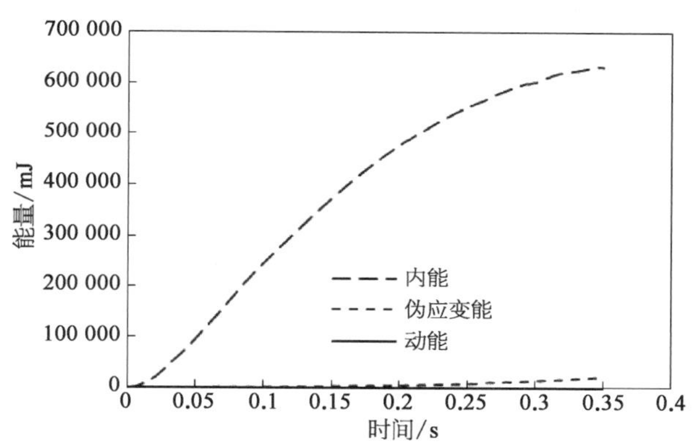

图 6.28　有限元模型加载过程中的能量分布

6.4.2　C1 模型对比分析

将该简化理论模型所得结果与上一章节钢带管在纯拉伸作用下的试验结果及无摩擦情况下的有限元结果进行对比，如图 6.29 所示。从图中可以看出，由简化理论模型得到的管道轴向拉伸载荷、拉伸位移的关系曲线与无摩擦情况下的有限元结果吻合得非常好，虽然该曲线较试验曲线而言所得拉力值整体偏小，但趋势相同。在工程实践范围之内，试验与理论结果最大误差为 20%左右。从上一章的分析结果可以看出，摩擦系数对钢带缠绕复合管的力学响应有一定影响，因此该理论所计算出来的结果可以作为 SSRTP 抗拉伸能力的下限值，对工程实践有着比较重要的参考及应用价值。

由于试验设备的原因，试验数据在最开始阶段有一定波动，且从一个比较大的轴向拉力值(10 kN 左右)开始才有明显的拉伸位移。如果把这一部分的拉力值扣除掉，整个试验曲线将会与理论及无摩擦有限元结果吻合得非常好。这也可以从一定程度上验证理论模型在计算纯拉伸过程中的准确性，以及作为计算管道拉伸刚度下限值时层间无摩擦假设的合理性。

从式(6.1)中可以看出，在拉伸过程中，内层PE管外表面的径向位移收缩量将会对钢带增强层的径向位移产生一定影响，而该值又是决定钢带层轴向拉力贡献的重要因素。因此有必要对理论计算出来的内层PE管径向位移进行验证分析。在ABAQUS有限元模型中，选取内层PE管伸长较为均匀一段的某一点，且该点恰好位于被螺旋钢带覆盖的中间位置，其径向位移与整个管的轴向拉力曲线关系如图6.30所示(图中的径向位移值为负，表示管截面收缩，该值越小，则截面收缩现象越严重，径向位移越大指的是其负值绝对值越大)。由该图可以看出，尽管有限元数值模拟所得出的曲线较简化理论曲线有微小波动，但总体来说，两条曲线吻合得非常好。

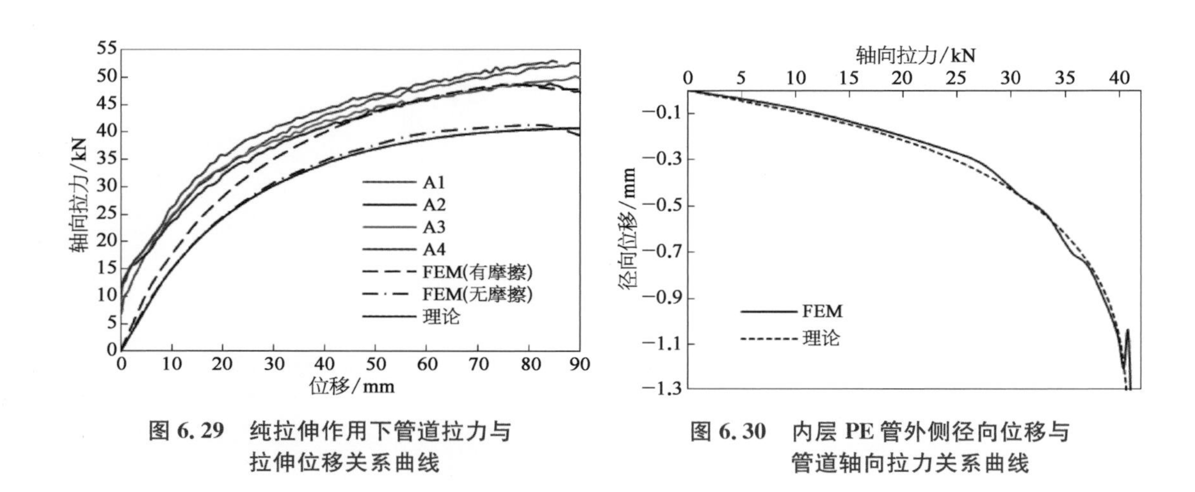

图6.29 纯拉伸作用下管道拉力与拉伸位移关系曲线

图6.30 内层PE管外侧径向位移与管道轴向拉力关系曲线

从图6.30也可以明显看出，内层PE管外侧径向收缩速度随着轴向拉力的增大而变快。这说明拉力越大，内层管的径向收缩速度也越快，这将直接影响到钢带层沿带长方向的轴向变形。选取最具代表性的最内层和最外层钢带的环向应力进行分析，如图6.31和图6.32所示。从这两幅对比图可以看出，该模型出现了一个比较有意思的现象，最内层钢带沿环向方向的应力值为负。这可能是由于在加载过程中，最内层钢带起到了抵抗一部分外侧钢带传递过来的围压作用，从而使该层钢带受到环向被挤压的作用。这也间接说明了该层钢带沿带长方向的应变可能为压缩形变，即其所贡献的轴向拉力为负。

从图6.31也可以看出，有限元所得出的曲线较理论曲线有较大波动。这可能是由于钢带层应力较小时，ABAQUS有限元中计算所出现的应力集中、层间不同缝隙位置处的叠加、动态计算法的波动性等因素都会对所选取点处的应力造成一定程度的影响。也就是说，模型中所选取的单元位置不同，结果也可能会有一定偏差。即便这两条曲线的走势吻合得较为粗略，但从这两条曲线值同为负的现象，也能在一定程度上验证该简化理论模型的可行性。图6.32反映的是最外层钢带环向应力与整管的轴向拉力关系，这两条曲线的吻合度更为合理，其环向应力随着轴向拉力的增大而增大。

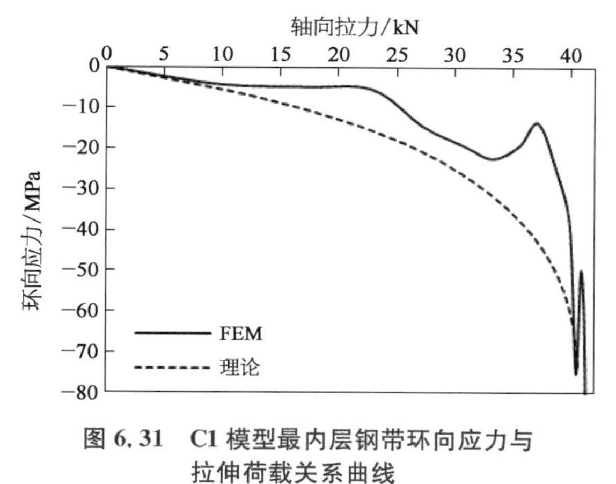

图 6.31　C1 模型最内层钢带环向应力与拉伸荷载关系曲线

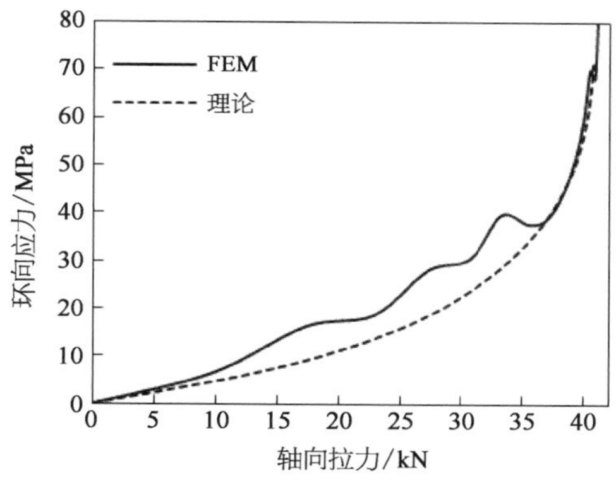

图 6.32　C1 模型最外层钢带环向应力与拉伸载荷关系曲线

6.4.3　C2 模型对比分析

在 C1 模型的基础上，保持其几何参数和边界条件不变，额外施加 7.5 MPa 的内压，ABAQUS 有限元计算出来的结果与简化理论所得结果对比如图 6.33 和图 6.34 所示，图中 IP 表示内压(internal pressure)。从这两幅图中可以看出，两套方法所得出的结果吻合较为一致，即便有一定波动，也在合理范围之内。说明该简化理论模型中所做的假设在该种载荷工况下仍然是合理的，即该力学模型在计算内压作用下 SSRTP 的拉伸刚度时仍然是可靠的。

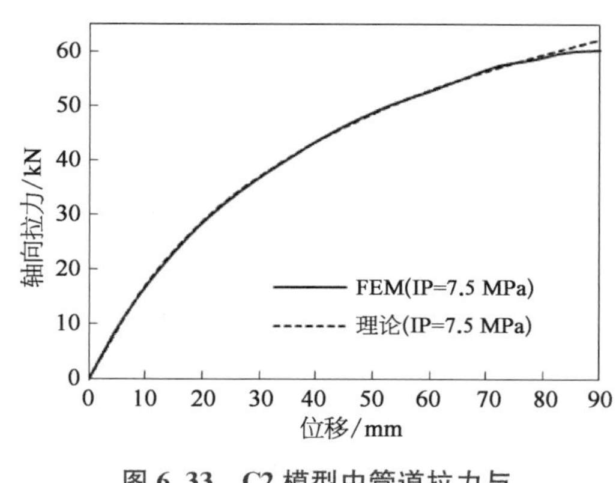

图 6.33　C2 模型中管道拉力与拉伸位移关系曲线

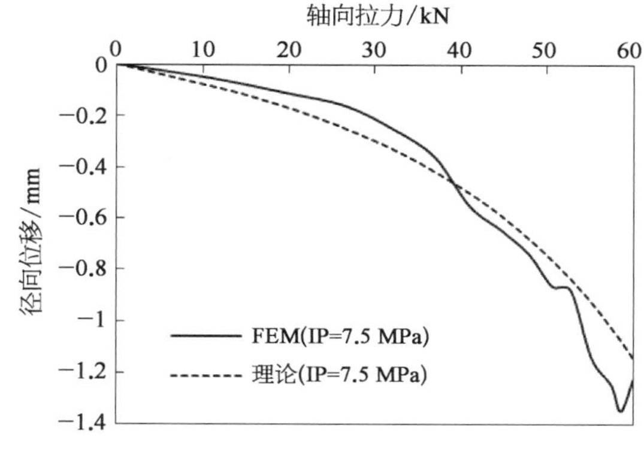

图 6.34　C2 模型中内层 PE 管外侧径向位移与管道轴向拉力关系曲线

对比无内压情况下管道的轴向拉力与拉伸位移及内层 PE 管外侧的径向收缩关系，可以发现在相同拉力情况下，有内压作用的管道伸长位移更小，且管中内层 PE 的径向收缩位移也更小。这是由于在拉伸过程中管内压起到了抵抗管截面收缩的作用，导致管道的环向刚度增大，则钢带的径向位移较纯拉伸情况下时减小了，从图 6.35 可以更加清楚直观地看出该现象。因此在有内压的情况下，钢带沿带长方向的应变增加了，其拉伸刚度的贡献值也增大了，相应整个 SSRTP 的拉伸刚度也就增大了。图 6.35 也说明，内层 PE 外侧径向位移稍微减小就能大幅度提高整管的轴向拉伸刚度。因此在柔性复合管中，提高内层 PE 管的环向刚度就能够直接增大整管的拉伸刚度。

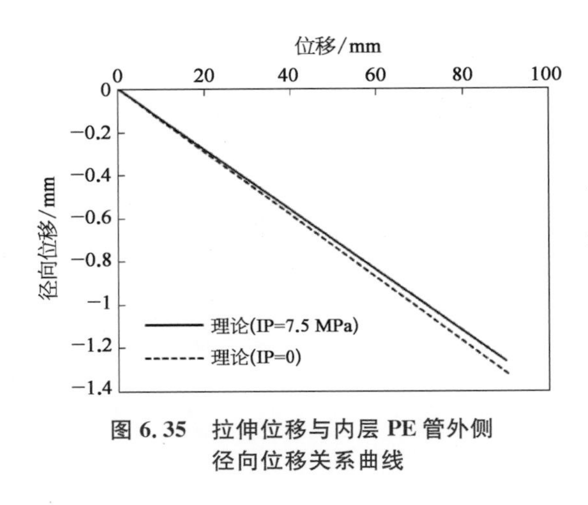

图 6.35 拉伸位移与内层 PE 管外侧径向位移关系曲线

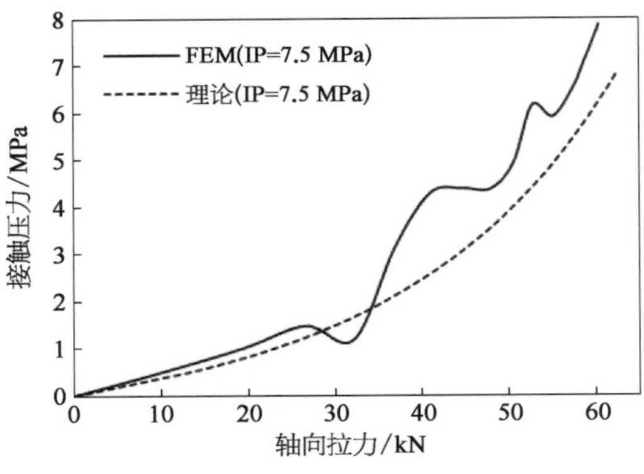

图 6.36 C2 模型层间接触压力与拉伸载荷关系曲线

内层 PE 管外侧径向位移与其所受到的层间压力有直接关系，设内层 PE 和最内层钢带之间的层间接触压力为 P_1，图 6.36 为 P_1 与轴向拉力的关系对比图。从该图可以看出，P_1 随着管道拉力的增加以近似抛物线的形式增加。这一方面是由于管道所受的内压随增量步逐步增加，另一方面是由于在拉伸过程中，钢带沿带长方向的应变增加，对应的环向应力也增加，则施加在内层 PE 管外侧的围压也增加了。

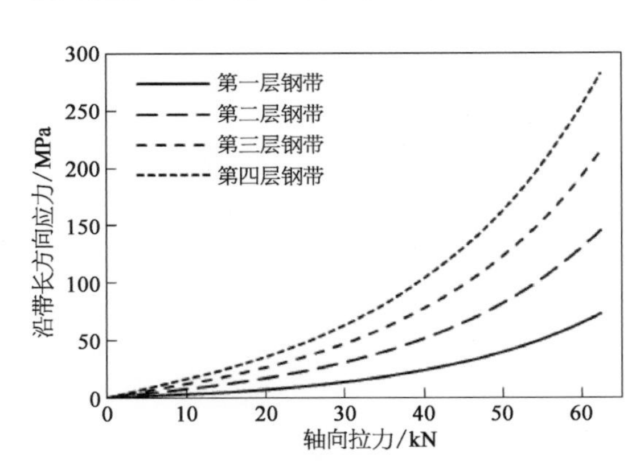

图 6.37 钢带层沿带长方向应力与管轴向拉力关系曲线

由于 ABAQUS 中计算所得的钢带应力波动性较大，所以提取简化理论公式所得出的钢带各层应力做对比分析，如图 6.37 所示。从图中可以看出，在管道拉伸长度达到其无效阶段时，四层钢带中的最大应力值仅为 272.17 MPa，该值远小于钢带材料的弹性比例极限，说明在该种情况下，把钢带看作纯弹性的假设仍然是合理的。

6.4.4 C3 模型对比分析

在 C2 有限元模型的基础上，额外施加 2 MPa 的外压，并保持其他几何边界条件不变。有限元和简化理论模型计算所得结果对比图如图 6.38～图 6.40 所示，图中的缩写 EP 表示外压(external pressure)。从这些曲线的吻合状况可以看出，该简化理论模型在用于外压、内压、拉伸等组合载荷共同作用下的管道力学响应计算时，仍然具有一定的可靠性和准确性。

对比图 6.33 与图 6.38 的轴向拉力与拉伸长度关系曲线图可以看出，C3 模型所得到的拉力曲线值小于 C2 模型的。这说明在内压作用下，又额外添加外压时，管道的拉伸刚度会降低。这是由于施加的这一部分外压会对管道的径向收缩产生一定的促进作用，进而导致管道中内层 PE 管外侧的径向位移量变大，对比图 6.34 及图 6.39 可以更清楚地看出该现象。内层 PE 管的外侧径向收缩与其层间接触力有直接关系，对比图 6.35 和图 6.40，可以看出 C3 模型的层间压力值更大，这也在预料之中。由此可以进一步说明，外压会降低管道的拉伸刚度。

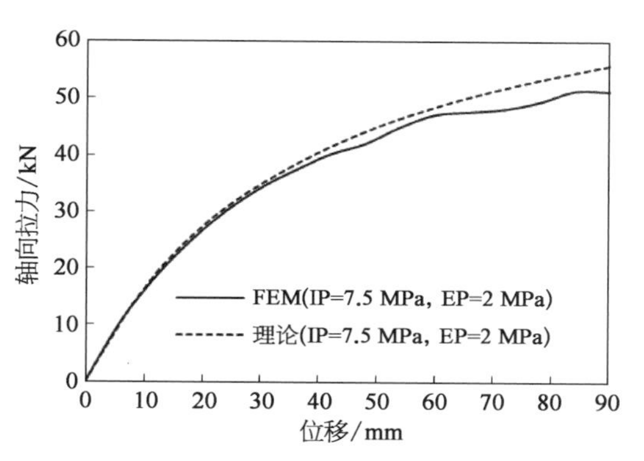

图 6.38　SSRTP 在内外压同时作用时轴向拉力与位移关系曲线

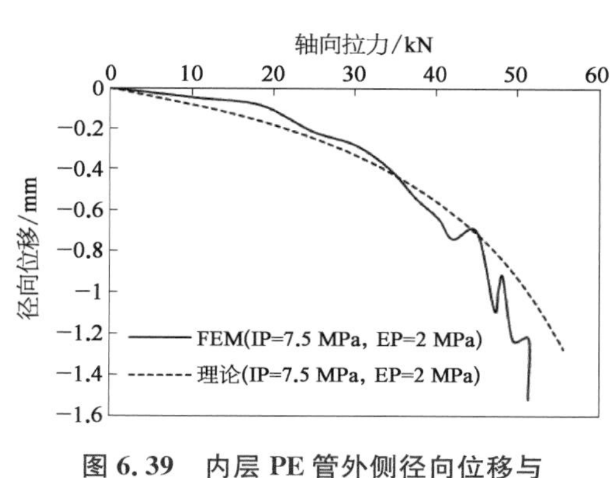

图 6.39　内层 PE 管外侧径向位移与轴向拉力关系曲线

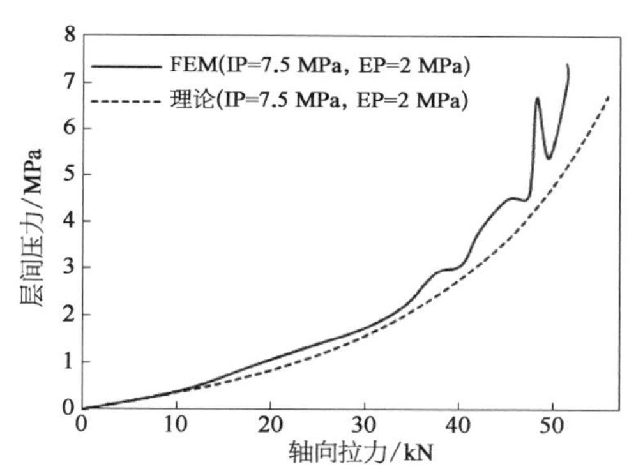

图 6.40　内层 PE 与最内层钢带层间压力和管轴向拉力关系曲线

6.5　本 章 小 结

本章通过试验及有限元方法研究了钢带缠绕复合管在纯拉伸作用下的力学响应。有限元模型得到的 SSRTP 拉力-位移曲线与试验结果的一致性说明了该有限元模型的正确性及可靠性。同时本章验证了现有的虚功原理方法可以用来求解 SSRTP 在轴对称载荷作用下的力学响应情况，然而在实际工程中，该方法太过于复杂，且不便于直接应用。本章基于该方法进行了相关参数分析,发现一些参数的变化量在加载过程中对结果的影响几乎可以忽略不计。因此本章在一定的简化和假设条件下,从静力平衡的角度出发,提出了一个容易理解且便于应用的简化力学模型。该模型的准确性和可靠性通过有限元数值模拟的方法予以了验证,得出以下有用结论:

(1) 在纯拉伸载荷作用下,SSRTP 的外层 PE 首先发生断裂破坏,然后是内层 PE,最后是钢带增强层。外层 PE 断裂的位置一般在与其直接接触的最外层钢带增强层螺旋缝隙位置处。轴向拉伸位移的加载速度也可能会影响管道的最终破坏模式。

(2) 在钢带缠绕角度为 54.7°的 SSRTP 中,内外层 PE 对管道拉伸刚度的贡献更大(在管道拉伸应变未超过容许值之前)。管道的拉伸刚度随着其伸长量的增加而降低,当拉伸长度继续增加,PE 材料进入失效状态之后,钢带增强层才开始承担大部分轴向拉力作用。

(3) 由于应力集中,螺旋钢带边缘部分的应力大于其中间部分的应力,尽管如此,当管道达到其极限抗拉承载力时,钢带的绝大部分仍处于材料的弹性阶段。因此在分析 SSRTP 在纯拉伸作用下的力学响应时,将钢带看作纯弹性材料是合理的。

(4) 管道截面的径向位移对 SSRTP 的拉伸刚度有很大影响,增加管内压可以降低管在拉伸作用下各层的径向收缩量,进而增大整个管道的抗拉伸刚度,而管道承受外压时却起到了相反的作用。

参考文献

[1] API 17J. Specification for unbonded flexible pipe[S]. Washington D C: American Petroleum Institute, 2014.

[2] Wang W, Lin Z. Machinery handbook[M]. Beijing: China Machine Press, 2004.

[3] 陆钰天.深水柔性立管截面力学模型与疲劳寿命分析[D].杭州:浙江大学,2017.

[4] Dong L, Zhang Q, Huang Y. Energy approaches based axisymmetric analysis of unbonded flexible risers[J]. Journal of Huazhang University of Science and Technology (Natural Science Edition), 2013, 41(5).

[5] Knapp R H. Derivation of a new stiffness matrix for helically armored cables considering tension and torsion[J]. International Journal for Numerical Methods in Engineering, 1979, 14(4): 515-529.

第7章　内压荷载下带有扣压式接头的管道应力集中效应

接头(管道连接器)作为整个管网系统最重要的组成部分之一,在管网系统中占有重要位置,但接头又是整个管网系统中最薄弱的环节,理论而言整个管网系统中接头的数量越少,则管道服役可靠性越高[1]。金属管、带有增强层的非金属管等一般用卡箍式、卡爪式、螺栓法兰式等机械连接方式,不带增强层的非金属管还可采用热熔连接方式[2-3]。图7.1为浅层埋地油气用非金属管,其截面分为三层,内层为混合有金属粉末的PE层作为导静电层和内衬层,中间为抗内压HDPE层,外部为HDPE隔离层并兼顾一定抗外压性能。管段连接时需将管截面按从内至外的顺序加热至熔融状态并对接起来再冷却。该种连接方式施工方便且能保证连接处管道材料属性不变,具有很强的抗腐蚀和防泄漏性能。但对于金属管道,根据美国环保署公布的数据显示,全美半数以上使用金属管的加油站存在泄漏。面对越来越高的环保要求,我国也出台了相关标准规范,《汽车加油加气站设计与施工规范》(GB 50156—2012)规定,加油站输油管网应采用无缝钢管或热塑性管[4],因此热塑性管在国内的普遍应用已成为不可逆转的趋势。但是其结构特点决定了它抗内压和外压性能一般。图7.1中为管径2英寸的非金属管,其抗内压性能仅为1.6 MPa,而相同口径的四层钢带缠绕增强复合管抗内压性能可达40 MPa以上,因此非金属管道一般只用于市区浅埋输油管网[5]。

图7.1　非金属管截面

图7.2　拉伸荷载下管道在接头连接处被拉断

对于采用机械连接方式的金属增强复合管,由于接头材料与增强层材料活泼性不同,连接部位可能会发生电化学腐蚀而导致管道提前破坏[6-7]。特别是对于钢带缠绕增强复合管,由于其非粘结性特点,服役期间外部环境介质或其输送介质可能会沿着扣压式接头的缝隙逐渐渗入增强层中形成电解液,从而加速腐蚀过程[8-10]。扣压式接头的刚度远大于管壁的刚度,当此处受到来自外界荷载作用时,接头和管道连接处会由于刚度差异导致位移不连续而产生破坏变形。如受到弯曲荷载时,此处会在弯曲半径大于管道最小弯曲半径(MBR)时发生局部屈曲而失效，铺管船中套在待铺设管道中的限弯器（bending stiffener）的作用即是用来限制管道发生局部屈曲[11-13]；当管道受到拉伸时，由于内外扣压式的接头结构限制了管壁的位移而导致靠近接头的管壁处更易成为破坏点，如图 7.2 所示，拉伸过程中管道在接头连接处逐渐发生颈缩并逐渐被拉断。

带有扣压式接头的钢带缠绕增强复合管由于接头刚度远大于管壁刚度，因此在内压荷载下管壁发生径向膨胀时，靠近接头部位的管壁实际变形处于不连续状态，管壁的径向变形量会随着其轴向位置(与接头之间的轴向距离)的改变而改变。靠近接头部位的管壁受到扣压式接头的约束，管壁径向变形量趋近于 0；远离接头，约束逐渐放松，管壁径向变形量逐渐恢复。即存在因管壁径向变形不连续而导致的应力集中效应，存在某点在内压荷载下该点的变形量最大，该点处增强层上应变最大，亦最易破坏。

钢带缠绕增强复合管内压测试显示，部分情形下爆破点位于管道中间部位；部分情形下爆破点位于靠近接头部位，在此情形下可认为接头所引起的应力集中效应影响了管道的整体变形状态，进而影响了管道的破坏特性。针对第二种情形，本章拟采用薄壁壳理论推导在内压荷载下靠近接头部位的管壁增强层的位移-应变表达式，并分析应力集中效应对管道强度的影响。

7.1 材料简化模型

7.1.1 材料特性分析

由于内外层 HDPE 和钢带增强层的制作工艺不同，因此可分别将其简化为均质的各向同性和正交各向异性材料。

整体坐标系下的材料刚度矩阵 $\bar{C}^{(k)}$ 可由下式求出：

$$\bar{C}^{(k)} = T_{\sigma}^{(k)} C^{(k)} (T_{\sigma}^{(k)})^{T} \tag{7.1}$$

$$T_{\sigma}^{(k)} = \begin{bmatrix} m^2 & n^2 & 0 & 0 & 0 & -2mn \\ n^2 & m^2 & 0 & 0 & 0 & 2mn \\ 0 & 0 & 1 & 0 & 0 & 0 \\ 0 & 0 & 0 & m & n & 0 \\ 0 & 0 & 0 & -n & m & 0 \\ mn & -mn & 0 & 0 & 0 & m^2-n^2 \end{bmatrix}^{(k)} \tag{7.2}$$

其中，$m=\cos\alpha$，$n=\sin\alpha$，α 为钢带沿轴线方向的缠绕角。

局部坐标系下的内外层 HDPE 材料柔度矩阵为

$$\bar{S}^{(k)}=\begin{bmatrix} \frac{1}{E_k} & -\frac{\mu_k}{E_k} & -\frac{\mu_k}{E_k} & 0 & 0 & 0 \\ -\frac{\mu_k}{E_k} & \frac{1}{E_k} & -\frac{\mu_k}{E_k} & 0 & 0 & 0 \\ -\frac{\mu_k}{E_k} & -\frac{\mu_k}{E_k} & \frac{1}{E_k} & 0 & 0 & 0 \\ 0 & 0 & 0 & \frac{1}{G_k} & 0 & 0 \\ 0 & 0 & 0 & 0 & \frac{1}{G_k} & 0 \\ 0 & 0 & 0 & 0 & 0 & \frac{1}{G_k} \end{bmatrix}^{(k)} \tag{7.3}$$

式中　μ_k、E_k、G_k ——HDPE 泊松比、弹性模量、剪切模量，$k=1,6$。

局部坐标系下的钢带增强层的材料柔度矩阵为

$$S^{(k)}=\begin{bmatrix} \frac{1}{E_T} & -\frac{\mu_{TL}}{E_L} & -\frac{\mu_{Tr}}{E_r} & 0 & 0 & 0 \\ -\frac{\mu_{TL}}{E_T} & \frac{1}{E_L} & -\frac{\mu_{Lr}}{E_r} & 0 & 0 & 0 \\ -\frac{\mu_{Tr}}{E_T} & -\frac{\mu_{Lr}}{E_L} & \frac{1}{E_r} & 0 & 0 & 0 \\ 0 & 0 & 0 & \frac{1}{G_{Lr}} & 0 & 0 \\ 0 & 0 & 0 & 0 & \frac{1}{G_{Tr}} & 0 \\ 0 & 0 & 0 & 0 & 0 & \frac{1}{G_{TL}} \end{bmatrix}^{(k)} \tag{7.4}$$

式中　T、L——沿钢带缠绕方向和垂直于钢带缠绕方向；

μ、E、G ——钢带的泊松比、弹性模量、剪切模量。

7.1.2　材料应力-应变关系

HDPE 和钢带增强层均可视为均质连续的材料，其应力应变关系为

$$[\bar{\sigma}]^{(k)}=\bar{C}^{(k)}[\bar{\varepsilon}]^{(k)} \tag{7.5}$$

$$\begin{Bmatrix}\sigma_z\\ \sigma_\theta\\ \sigma_r\\ \tau_{\theta r}\\ \tau_{zr}\\ \tau_{z\theta}\end{Bmatrix}^{(k)}=\begin{bmatrix}\bar{C}_{11} & \bar{C}_{12} & \bar{C}_{13} & 0 & 0 & 0\\ \bar{C}_{21} & \bar{C}_{22} & \bar{C}_{23} & 0 & 0 & 0\\ \bar{C}_{31} & \bar{C}_{32} & \bar{C}_{33} & 0 & 0 & 0\\ 0 & 0 & 0 & \bar{C}_{44} & 0 & 0\\ 0 & 0 & 0 & 0 & \bar{C}_{55} & 0\\ 0 & 0 & 0 & 0 & 0 & \bar{C}_{66}\end{bmatrix}^{(k)}\begin{Bmatrix}\varepsilon_z\\ \varepsilon_\theta\\ \varepsilon_r\\ \gamma_{\theta r}\\ \gamma_{zr}\\ \gamma_{z\theta}\end{Bmatrix}^{(k)} \tag{7.6}$$

式中　$\bar{C}^{(k)}$ ——第 k 层在整体坐标系下的刚度矩阵；

$[\bar{\varepsilon}]^{(k)}$、$[\bar{\sigma}]^{(k)}$ ——第 k 层在整体坐标系下的应变和应力向量。

7.1.3　边界条件

管道短期内压爆破试验中，钢带缠绕增强复合管各层的变形属于小变形，连续性边界条件在此仍适用，其应满足的边界条件包括[14]：

(1) 应力边界条件：

$$\left.\begin{aligned}&\sigma_r^{(1)}(r_0)=-p_0,\ \sigma_r^{(6)}(r_6)=0\\ &\tau_{\theta r}^{(1)}(r_0)=\tau_{zr}^{(1)}(r_0)=0,\ \tau_{\theta r}^{(6)}(r_6)=\tau_{zr}^{(6)}(r_6)=0\end{aligned}\right\} \tag{7.7}$$

(2) 交界面位移连续性边界条件：

$$\left.\begin{aligned}&u_r^{(k)}(r_k)=u_r^{(k+1)}(r_k)\\ &u_\theta^{(k)}(r_k)=u_\theta^{(k+1)}(r_k)\\ &\sigma_r^{(k)}(r_k)=\sigma_r^{(k+1)}(r_k)\\ &\tau_{zr}^{(k)}(r_k)=\tau_{zr}^{(k+1)}(r_k)\\ &\tau_{\theta r}^{(k)}(r_k)=\tau_{\theta r}^{(k+1)}(r_k)\end{aligned}\right\} \tag{7.8}$$

其中，$k=1,\ 2,\ 3$。

(3) 轴向应力平衡方程：

$$2\pi\sum_{k=1}^{n}\int_{r_{k-1}}^{r_k}\sigma_z^{(k)}(r)r\,\mathrm{d}r=\pi r_0^2 p_0 \tag{7.9}$$

平衡方程考虑了内压荷载下封闭端部引起的端盖效应，但未考虑体积力作用[15]。

7.1.4　数值迭代模型

依据上述理论，本章采用 Matlab 代码编写的程序来计算管道在内压荷载下各层应力的变化情况。该模型采用 Newton-Raphson 迭代法来求解包含 $2N+2$ 个未知量的方程，管道某些参数如几何尺寸、材料属性、边界条件、预加载荷载情形等在迭代开始之前已被预先确定。迭代过程中假设各层之间变形量连续，每步迭代过程结束后管道各层的尺寸变化、钢带缠绕角变化及各层变形量、应变、应力会被更新并作为下一步迭代计算的初始量。当最内层钢带上的 Mises 应力达到钢材的极限强度时可认为管道已破坏，此时程序停止迭代并跳出循环。程序自动记录每一迭代步中各层的应力、应变值，并依此提取各层应力、应变随内压荷载变化的情形，迭代过程如图 7.3 所示。

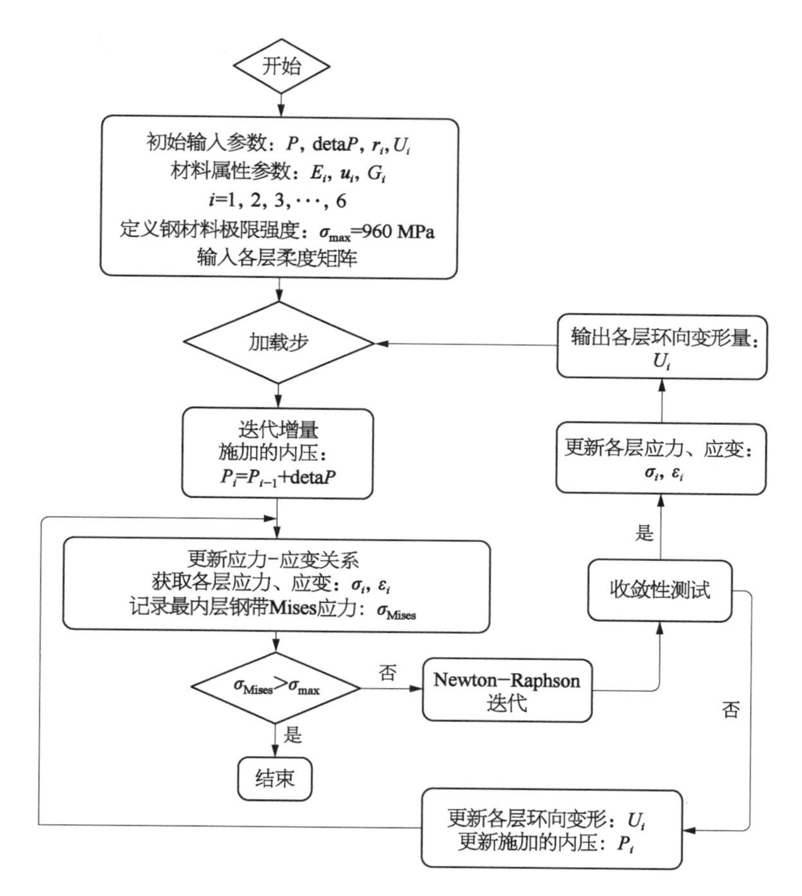

图 7.3　模型迭代计算过程

7.2　管道/接头理论模型

本节重点推导增强层中的钢带在内压荷载作用下的位移-应变表达式。Lotsberg 等推导的应力集中系数是针对单层均质钢管而言[16-17]，其内部压力值 P 已知。本节拟讨论复合管增强层中钢带在管接头位置处的应力集中效应。复合管壁较厚，不能笼统地将管壁整体视为薄壁壳结构，而增强层中的单层钢带层可以被假设为薄壁壳结构[18]。对于受到内压为 P 的复合管，钢带层所承担的等效“内压”需重新计算。

7.2.1 层间挤压力计算模型

图 7.4 为六层钢带管截面图，k 为每一层的序号。当 $k=1$ 时，代表的是最里面的 HDPE；当 $k=2, 3, 4, 5$ 时，代表的是四层钢带缠绕增强层；当 $k=6$ 时，代表最外层的 HDPE。定义第 k 层的内半径和外半径分别为 r_{k-1} 和 r_k。

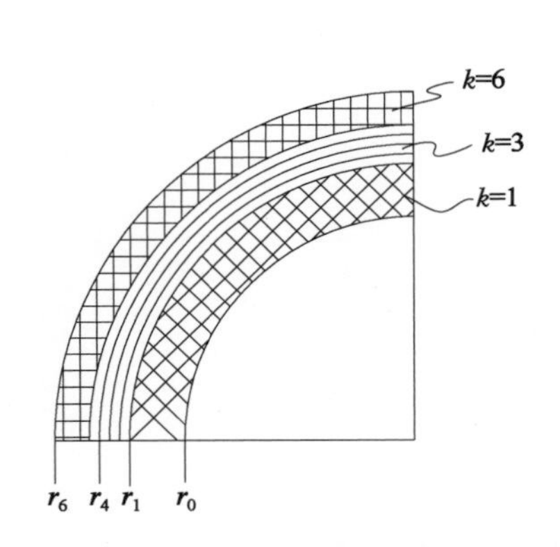

图 7.4　管道截面半径和增强层示意图

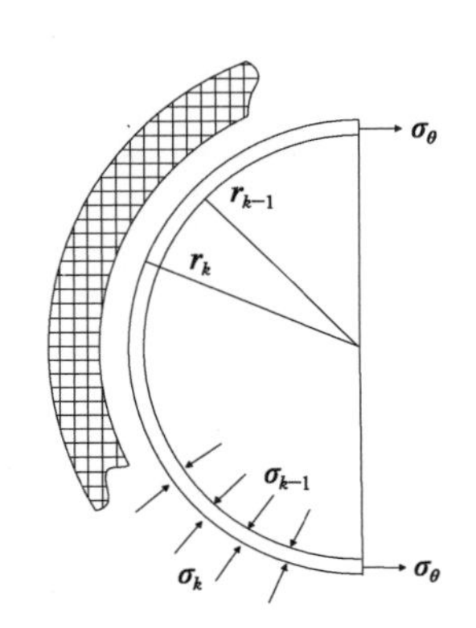

图 7.5　增强层内外表面压力分布示意图

如图 7.5 所示，根据准静态假设，建立相邻层间的挤压力与该层环向应力的关系式。其中，σ_{k-1} 表示来自相邻内层对该层沿径向向外的挤压应力；σ_k 表示来自相邻外层的挤压应力[18]。则该层对应的等效“内压”的表达式为

$$p=\sigma_{k-1}-\sigma_k \tag{7.10}$$

由径向应力平衡条件可得：

$$2tl\sigma_\theta=2\int_0^{\frac{\pi}{2}} rlp\sin\theta\mathrm{d}\theta \tag{7.11}$$

式中　t——第 k 层的平均厚度；

L——沿轴向固定长度；

σ_θ——第 k 层环向应力。

联立式(7.10)和式(7.11)可得：

$$\sigma_{k-1}-\sigma_k=\sigma_\theta\frac{t}{r_{k-1}}\quad(k=1, 2, 3, 4, 5, 6) \tag{7.12}$$

7.2.2 管壁位移-应变关系

假设接头为不可发生变形的刚性结构，接头在管道端部将管道六自由度全部约束而形成类似固支约束的边界条件。根据薄壁壳理论，管壁在内压荷载下的径向变形公式为[19-20]

$$D\frac{\partial^4 w}{\partial x^4}+kw=q_{(x)} \tag{7.13}$$

其中，$k=\dfrac{E_\theta t}{r^2}$，$D=\dfrac{E_x t^3}{12(1-\nu_{x\theta}\nu_{\theta x})}$。

式中　D——管壁中钢带的抗弯刚度；

$\nu_{x\theta}/\nu_{\theta x}$——$x-\theta/\theta-x$ 方向泊松比；

w——管壁挠度，即管壁径向变形量。

式(7.13)对应的齐次方程为

$$D\frac{\partial^4 w}{\partial x^4}+kw=0 \tag{7.14}$$

定义 $4\beta^4=\dfrac{Et}{r^2 D}=\dfrac{3(1-\nu_{x\theta}\nu_{\theta x})}{r^2 t^2}$，则

$$\left.\begin{aligned}\psi_1(\beta x)&=\mathrm{e}^{-\beta x}\cos\beta x\\ \psi_2(\beta x)&=\mathrm{e}^{-\beta x}\sin\beta x\\ \psi_3(\beta x)&=\psi_1(\beta x)+\psi_2(\beta x)\\ \psi_4(\beta x)&=\psi_1(\beta x)-\psi_2(\beta x)\end{aligned}\right\} \tag{7.15}$$

齐次方程式(7.14)的通解可表达为[20]

$$w_0=\mathrm{e}^{\beta x}(C_1\cos\beta x+C_2\sin\beta x)+\mathrm{e}^{-\beta x}(C_3\cos\beta x+C_4\sin\beta x) \tag{7.16}$$

设齐次方程式(7.15)的特解为 $w_p(x)$，则其通解可表示为

$$w=\mathrm{e}^{\beta x}(C_1\cos\beta x+C_2\sin\beta x)+\mathrm{e}^{-\beta x}(C_3\cos\beta x+C_4\sin\beta x)+w_p(x) \tag{7.17}$$

对于某一段长度固定且两端带有扣压式接头的钢带缠绕复合管，如果其接头之间的有效长度满足

$$l>\frac{2\pi}{\beta} \tag{7.18}$$

即可认为管道一端接头的约束导致管道在内压荷载下的形变不会影响到管道另一端接头对管道约束所造成的变形[20-21]，此时式(7.17)可简化为

$$w=\frac{P}{8\beta^3 D}\mathrm{e}^{-\beta x}(\cos\beta x+\sin\beta x)=\frac{P}{8\beta^3 D}\psi_2(\beta x) \tag{7.19}$$

对其求导：

$$\frac{\mathrm{d}w}{\mathrm{d}x}=-\frac{P}{4\beta^2 D}\psi_2(\beta x) \tag{7.20}$$

由此，钢带层中弯矩和剪力的表达式可表述为[20]

$$M_x = -D\frac{\mathrm{d}^2 w}{\mathrm{d}x^2} = \frac{P}{4\beta}\psi_4(\beta x) \tag{7.21}$$

$$Q_x = -D\frac{\mathrm{d}^3 w}{\mathrm{d}x^3} = -\frac{P}{2}\psi_1(\beta x) \tag{7.22}$$

在管道接头处建立笛卡尔坐标系，其中 x 轴沿管道轴向，y 轴沿管道径向，如图 7.6 所示。

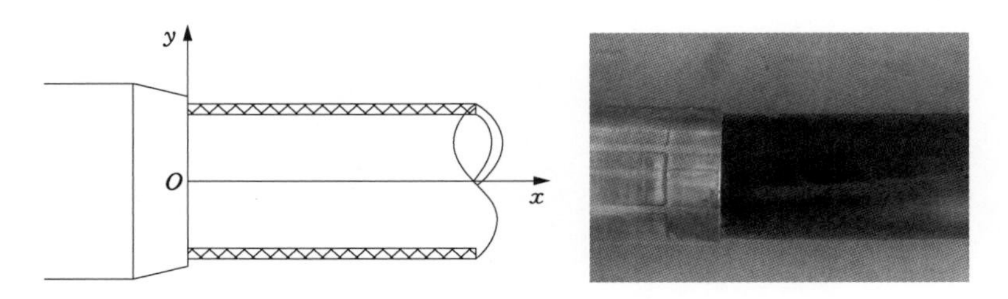

图 7.6　管道端部笛卡尔坐标系

由于接头的存在，管道在 $x=0$ 处的边界条件为[22]

$$\left.\begin{aligned} & w=0 \\ & \frac{\mathrm{d}w}{\mathrm{d}x}=0,\ x=0 \end{aligned}\right\} \tag{7.23}$$

即靠近接头部分的管壁径向位移为零，考虑泊松效应时增强层中钢带的环向应变为[23]

$$\varepsilon_\theta = \frac{pr}{Et}\left(1-\frac{\nu}{2}\right) \tag{7.24}$$

式中　r——最内层增强层的半径；

E——钢材弹性模量；

t——钢带厚度；

ν——钢材泊松比；

p——该层钢带中的“等效内压”。

假设管道体内不存在质量力，则平衡方程可表达为[24-25]

$$\left.\begin{aligned} & \frac{\partial \sigma_r}{\partial r}+\frac{1}{r}\frac{\partial \tau_{\theta r}}{\partial \theta}+\frac{\partial \tau_{zr}}{\partial z}+\frac{\sigma_r-\sigma_z}{r}=0 \\ & \frac{\partial \tau_{\theta r}}{\partial r}+\frac{1}{r}\frac{\partial \sigma_\theta}{\partial \theta}+\frac{\partial \tau_{z\theta}}{\partial z}+\frac{2\tau_{\theta r}}{r}=0 \\ & \frac{\partial \tau_{zr}}{\partial r}+\frac{1}{r}\frac{\partial \tau_{z\theta}}{\partial \theta}+\frac{\partial \sigma_z}{\partial z}+\frac{\tau_{zr}}{r}=0 \end{aligned}\right\} \tag{7.25}$$

位移-应变关系式为

$$\varepsilon_r=\frac{\partial u_r}{\partial r},\ \varepsilon_z=\frac{\partial u_z}{\partial z},\ \varepsilon_\theta=\frac{u_r}{r} \tag{7.26}$$

具体的边界条件为

$$\left.\begin{aligned} w_{x=0}&=0\\ \frac{\mathrm{d}w}{\mathrm{d}x}_{x=0}&=0 \end{aligned}\right\} \tag{7.27}$$

结合式(7.19)、式(7.20)、式(7.27)，则管壁的径向位移表达式为

$$-w_0=-\frac{pr^2}{Et}\left(1-\frac{\nu_{\theta x}}{2}\right) \tag{7.28}$$

采用混合定律(law of mixture)，结合式(7.19)和式(7.28)可得[20,26-27]：

$$w=\frac{P}{8\beta^3 D}\psi_3(\beta x)-w_0 \tag{7.29}$$

将式(7.27)描述的边界条件代入式(7.29)可得：

$$w_{x=0}=\frac{P}{8\beta^3 D}-w_0=0 \tag{7.30}$$

求解式(7.30)，则接头对管壁的扣压力 P 可表达为[28]

$$P=8\beta^3 D w_0=\frac{2p}{\beta}\left(1-\frac{\nu_{\theta x}}{2}\right) \tag{7.31}$$

再将式(7.31)反代入式(7.29)中，管道中钢带层的径向位移可简化为

$$w=w_0[\psi_3(\beta x)-1]=\frac{pr^2}{Et}\left(1-\frac{\nu_{\theta x}}{2}\right)[\mathrm{e}^{-\beta x}(\cos\beta x+\sin\beta x)-1] \tag{7.32}$$

对于带有多层增强层的复合管道而言，在此采用上节中推导的“等效内压”表达式来代替式(7.32)中的 p 值，将式(7.12)代入式(7.32)，则得到考虑应力集中效应下管道第 k 层增强层环向应力与其径向位移之间的关系表达式：

$$u_r(k)=\sigma_\theta\frac{r_k^2}{Er_{k-1}}\left(1-\frac{\nu_{\theta x}}{2}\right)[\mathrm{e}^{-\beta x}(\cos\beta x+\sin\beta x)-1] \tag{7.33}$$

式(7.33)表示的位移表达式中，x 和 r 分别为自变量，可知在该理论模型中管道增强层的径向位移不仅与该增强层的半径有关，亦和所考虑的点的轴向位置有关，即在内压荷载下钢带层径向位移会随轴向位置的变化而变化[29]。图 7.7 的算例表明，受内压荷载且端部全约束的管道径向位移会沿轴向变化。在管道接头的结合处位移为 0，随着 x 值增

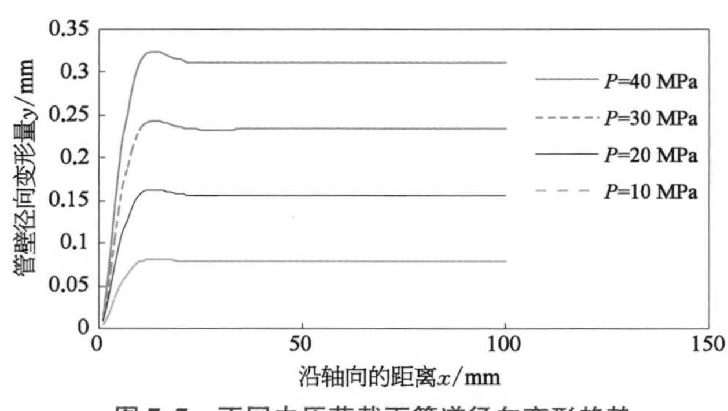

图 7.7　不同内压荷载下管道径向变形趋势

长管道的径向位移快速上升达到峰值，然后随着 x 增长，其径向位移又逐渐下降直至平缓，位移峰值出现的位置靠近管道与接头的结合处。对于同种管材不同荷载情形下，其径向位移亦不相同，压力越大管道，径向位移越大，且位移峰值也略微不同[30]。

算例中的管道尺寸为内径 31 mm，管壁厚度 0.5 mm，管道长度假设为无限长。

由式(7.9)可知管道的环向应变与其管道径向位移及管径有关，当管径确定后管道环向应变与管道径向位移成正比。因此靠近接头部位的管壁，其环向应变也会存在峰值，该峰值处应力最大，即为应力集中点。

本章中选取最内层增强层中钢带的主轴环向应力作为管道破坏的判据[24]，因此可将式(7.31)中的变量 r 作为常量而仅考虑管壁变形沿轴向的变化，对式(7.33)求导并令其导数为 0：

$$\frac{\mathrm{d}[u_r(k)]}{\mathrm{d}x}=0 \tag{7.34}$$

可求得位移最大点的位置，对式(7.33)赋值 $k=1$，并结合式(7.34)求得的位移最大处的位置 x 值，可得到最内层增强层中钢带的最大径向位移 $u_r(x)$。假设管道的长度足够长，则可以认为在 x 趋于无穷远处(即远离接头处)的管壁的变形不受接头引起的应力集中效应影响，此处管壁位移服从相关文献[24]中描述的常规弹性力学解法。

对式(7.33)求极限，得到无穷远处管壁的径向位移表达式：

$$\begin{aligned}\lim_{x\to\infty}u_r(k) &=\lim_{x\to\infty}\sigma_\theta\frac{r_k^2}{Er_{k-1}}\left(1-\frac{\nu_{\theta x}}{2}\right)\left[\mathrm{e}^{-\beta x}(\cos\beta x+\sin\beta x)-1\right]\\ &=\lim_{x\to\infty}\sigma_{\mathrm{T}}\sin\alpha\frac{r_k^2}{Er_{k-1}}\left(1-\frac{\nu_{\theta x}}{2}\right)\left[\mathrm{e}^{-\beta x}(\cos\beta x+\sin\beta x)-1\right]\\ &=-\sigma_{\mathrm{T}}\sin\alpha\frac{r_k^2}{Er_{k-1}}\left(1-\frac{\nu_{\theta x}}{2}\right)\end{aligned} \tag{7.35}$$

式中　σ_{T} ——钢带沿缠绕方向的拉伸应力，即主轴环向应力。

不考虑应力集中效应的弹性力学解法，假设管道沿轴向各点处的径向变形均匀连续，当最内层钢带中的环向应力到达强度极限后认为管道破坏，前期有很多相关文章采用此方法计算均质管、纤维增强复合管及钢丝增强复合管的爆破应力，且当爆破点远离接头部位时，计算值与试验值能较好符合。但是相关文献[24]也提到考虑应力集中效应时管道爆破点靠近接头部位，如图 7.8 所示；带有刚性扣压式接头的复合管在内压荷载下管壁的变形如图 7.9 所示。

图 7.8　内压试验中管道的破坏点

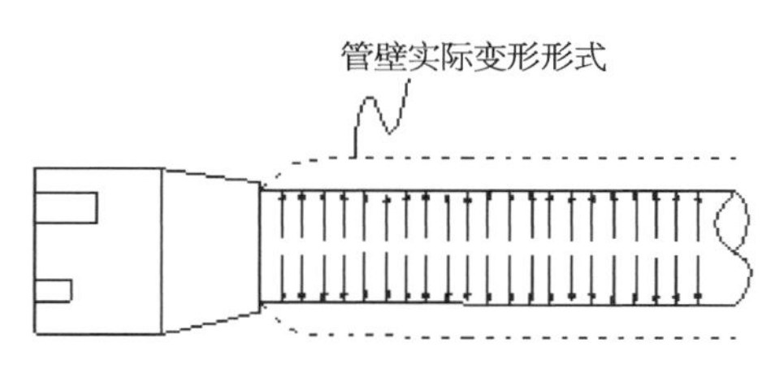

图 7.9　复合管管壁变形示意图

考虑到管壁位移-应变的轴对称特性，结合式(7.35)，远离接头处管壁的环向应变表达式为

$$\lim_{x\to\infty}\varepsilon_\theta=\frac{u_r(k)}{r_k}=-\sigma_{\mathrm{T}}\sin\alpha\ \frac{r_k}{Er_{k-1}}\left(1-\frac{\nu_{\theta x}}{2}\right) \tag{7.36}$$

式(7.36)揭示了考虑应力集中效应后管道的爆破压力与远离接头处管壁的应变之间的对应关系，由于远离接头处管壁的径向位移-应变不受应力集中效应影响，可用式(7.36)表达的管壁环向应变表达式替换经典弹性力学解法(不考虑应力集中的解法)中的环向应变表达式，按步骤进行迭代计算，当 σ_{T} 逐渐趋近钢带的极限强度时，计算得到的内压值即为考虑应力集中效应的管道爆破压力。

7.3　实 例 分 析

7.3.1　2 英寸四层增强层钢带管

采用该方法计算图 7.6 的管道爆破压力，管道几何参数见表 7.1。按照式(7.36)定义，当钢带主轴环向应力达到强度极限时，管壁偏轴环向应变为 0.002 826，偏轴环向应变-加载内压的关系如图 7.10 所示，则对应的计算所得爆破压力值为 38.35 MPa。

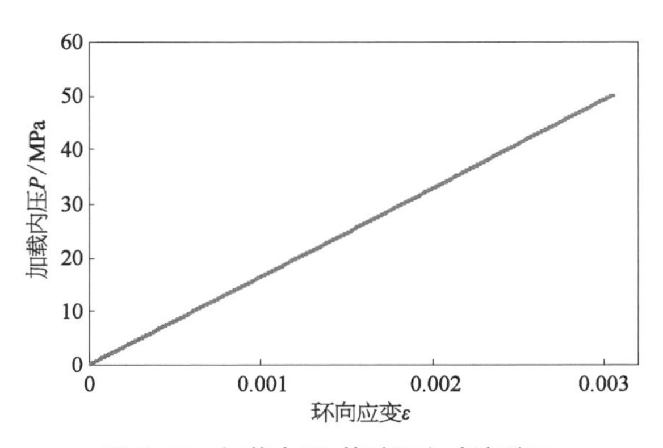

图 7.10　加载内压-管壁环向应变关系

表 7.1　某 2 英寸四层增强层钢带缠绕增强复合管参数

参　　数	数　　值
管道内径/mm	50
内层 HDPE 厚度/mm	6
增强层层数	4
每层含增强带根数	2
钢带缠绕角度/°	+54.7/+54.7/−54.7/−54.7
钢带厚度/mm	0.5
钢带宽度/mm	52
增强层整体厚度/mm	2
PET 缠绕层数	2
PET 缠绕角度/°	78.8
每层 PET 厚度/mm	0.1
PET 宽度/mm	75
PET 整体厚度/mm	0.2
外层 HDPE 厚度/mm	3.8

表 7.2 记录了不考虑应力集中效应的经典弹性力学解法和考虑应力集中效应的解法所计算的管道爆破压力与试验爆破值的对比。从表中可以看出，考虑应力集中效应之后所计算的管道爆破值比试验值小大约 4%，结果偏保守；不考虑应力集中效应的计算爆破值要比试验爆破压力的平均值大 6.2%。

表 7.2　考虑及不考虑应力集中效应情形下 2 英寸四层增强层钢带管爆破压力与试验值对比

情　　形	计算爆破压力值/MPa	对比试验值的误差/%
不考虑应力集中效应解法	42.8	6.2
考虑应力集中效应解法	38.35	−4.0
试验值	40.3	

本例中考虑应力集中效应时靠近接头处钢带上的主轴环向应力为 960 MPa，远离接头端管壁不受应力集中效应影响的点的主轴环向应力为 535.32 MPa，应力集中系数为

$$\mathrm{SCF}=\frac{\sigma_2}{\sigma_1}=\frac{960}{535.32}=1.79 \tag{7.37}$$

7.3.2　2 英寸六层增强层钢带管

2 英寸六层增强层钢带管几何参数见表 7.3，试验过程中管道加压曲线如图 7.11 所示，爆破后管道及爆破点位置如图 7.12 所示。由图可见，该爆破点靠近接头位置，说明存

在应力集中现象，接头的存在影响了管道的爆破压力。分别采用经典弹性解法和考虑了应力集中效应的解法计算得到的管道爆破压力对比见表 7.4。

表 7.3　某 2 in 六层增强层钢带缠绕增强复合管参数

参　　数	数　　值
管道内径/mm	50
内层 HDPE 厚度/mm	6
增强层层数	6
每层含增强带根数	2
钢带厚度/mm	0.5
钢带宽度/mm	52
增强层整体厚度/mm	3
PET 缠绕层数	2
PET 缠绕角度/°	78.8
每层 PET 厚度/mm	0.1
PET 宽度/mm	75
PET 整体厚度/mm	0.2
外层 HDPE 厚度/mm	3.8

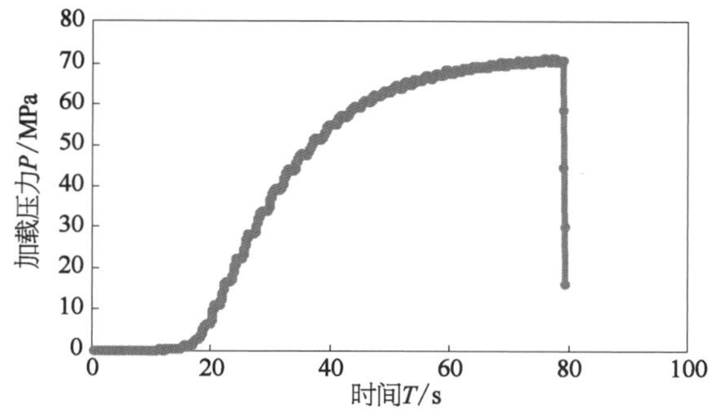

图 7.11　2 英寸六层增强层钢带管内压测试压力加载曲线

图 7.12　2 英寸六层增强层钢带管爆破位置示意图

表 7.4　考虑及不考虑应力集中效应情形下 2 英寸六层增强层钢带管爆破压力与试验值对比

情　　形	计算爆破压力值/MPa	对比试验值的误差/%
不考虑应力集中效应解法	78.46	11.2
考虑应力集中效应解法	65.62	−7.0
试验值	70.56	

由表可见，对于受内压荷载的 2 英寸六层增强层钢带管，当爆破点在靠近接头部位时，采用不考虑应力集中的理论方法计算得到的爆破压力为 78.46 MPa，比试验值 70.56 MPa 大 11.2%；采用考虑了应力集中效应解法得到的爆破压力为 65.62 MPa，比试验值小 7.0%。管道爆破时，不受应力集中效应影响区域的增强层上环向应力为 501.18 MPa，应力集中系数为

$$SCF=\frac{\sigma_2}{\sigma_1}=\frac{960}{501.18}=1.92 \tag{7.38}$$

总体而言，考虑了应力集中效应后计算的管道爆破压力会比试验值小，结果偏保守。同时六层增强层管道的应力集中系数大于四层增强层管道的应力集中系数，说明增强层的整体厚度会较显著地影响管壁内的应力集中效应。

7.4 参数分析

不同尺寸的管道对应力集中效应的敏感性不同，理论而言，管径越大，管道越接近理想薄壁壳结构。本节拟对一些可能影响内压荷载下管壁中应力集中效应的参数进行敏感性分析。通过控制某单一参数的变化，研究考虑应力集中效应下管道爆破压力的变化规律，从而为管道设计、施工提供一定参考。

7.4.1 径厚比

管道的径厚比直接影响管道的抗内压性能，增强层层数、厚度一定的条件下，增加管径相当于增加管道径厚比，其抗内压性能会变差[31]。与上一章类似，此处管壁厚度是指管道增强层的总厚度(2 mm)，管径是指管道内径。图 7.13 显示了在不同径厚比的情况下，考虑应力集中效应的模型和不考虑应力集中效应的模型求解管道的爆破压力变化趋势，计算中保持增强层厚度不变而改变管径，管径变化范围为 38～254 mm(1.5～10 in)。由图可见，采用两种方法计算的管道爆破压力随径厚比变化趋势基本相同，黑点代表的 2 英寸四层增强层管道，其试验爆破压力值更加接近本章提出模型所计算的压力变化曲线。径厚比较小时曲线的变化较为陡

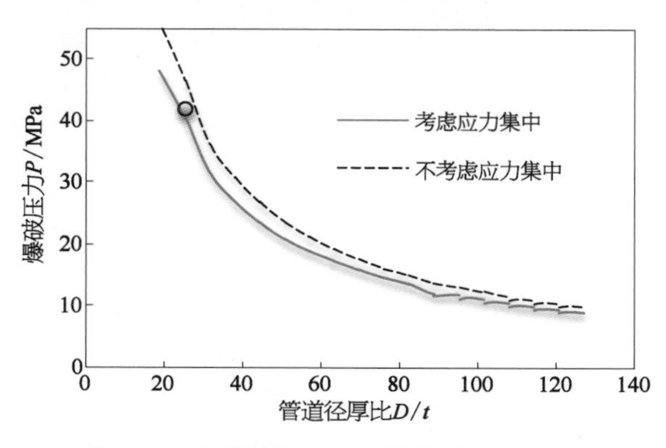

图 7.13　管道爆破压力随管径的变化趋势图

峭，而当径厚比逐渐变大时曲线逐渐趋于平缓，说明管道的径厚比对管壁内内压引起的应力集中效应影响较大。总体而言，考虑了应力集中效应后管道的计算爆破压力比常规弹性力学方法会稍小，但是这种差距会随着径厚比增大而逐渐变得不明显。管道径厚比为 19 时，采用本章提出的解法和经典弹性解法计算的爆破压力分别为 48.3 MPa 和 56.25 MPa，而当径厚比上升到 76.2 时，两者分别为 14.85 MPa 和 15.25 MPa。实际上当径厚比大于 70 后，两种方法计算的管道爆破压力之间的差距已经小于 9%，大径厚比的管道更加接近理想薄壁壳结构，其管壁中径向应力分布梯度会下降，因此其钢带内外表面的压力差相对会变小。而按本章推导的公式计算所得的在靠近接头部分管壁中的“等效压力”与远离接头端管壁中的“等效压力”之间的差距会变小，从而导致应力集中效应不明显。

7.4.2　增强层缠绕角

第 2 章中管道各层应力分析显示增强层中环向和轴向应力之比为 2，可知：

$$\frac{\sin^2\alpha}{\cos^2\alpha}=\tan^2\alpha=2 \tag{7.39}$$

由此可得，增强层的理论最优缠绕角为 $\alpha=54.7°$，增大缠绕角可以增强管道的抗轴向拉伸性能。由图 7.14 可见，增大缠绕角度会明显增加管道的抗内压性能，对于内径为 2 英寸的管道，当增强层缠绕角度为 30°时计算爆破压力为 24.5 MPa，随着缠绕角度增加则爆破压力值逐渐上升，在 54.7°时计算爆破应力为 40.65 MPa，66°时为 44.7 MPa。总体而言，整条曲线变化平缓，说明缠绕角度对管道爆破性能的影响接近线性，这种性能的线性变化规律对实际工程应用具有一定指导意义。

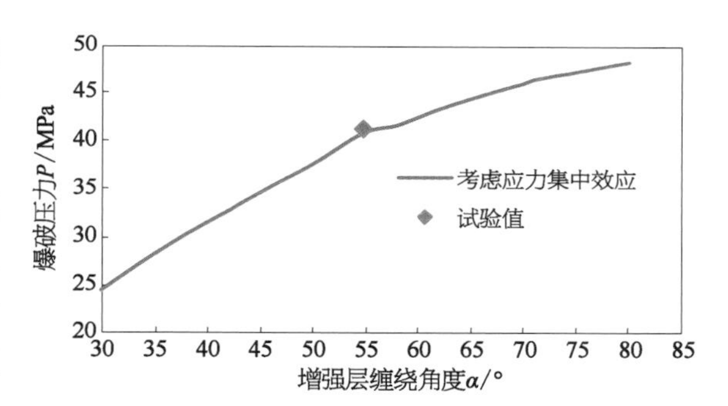

图 7.14　爆破压力随增强层缠绕角度变化的变化趋势

但是过大的缠绕角度会削弱管道的轴向抗拉伸性能[141-142]，由于钢带缠绕增强复合管中不包含抗拉伸层，钢带需提供一定的抗拉伸性能并通过偶数层交错缠绕的方式抵消扭转。当缠绕角度增大时，由钢带的偏轴环向应力提供的轴向分力会减小，从而导致管道的轴向刚度变小。

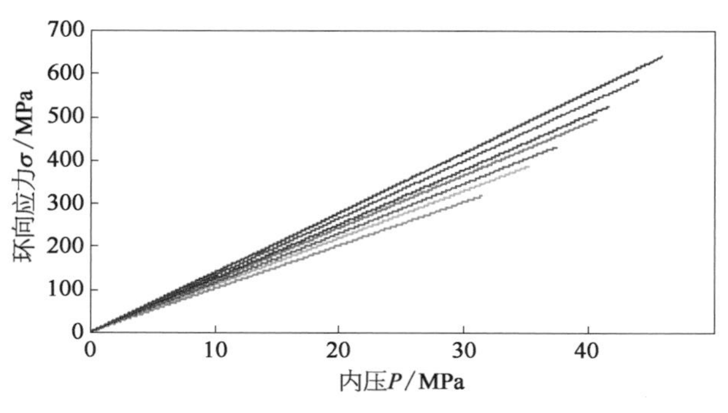

注：从上到下的曲线分别代表缠绕角为 70°、64°、58°、54.7°、50°、46°、40°

图 7.15　不同缠绕角度的增强层中环向应力随内压的变化趋势

不同缠绕角度的增强层中的环向应力随内压的变化趋势也有所差异。图 7.15 显示了考虑应力集中效应时拥有不同增强层缠绕角度的管道中钢带上环向应力随内压的变化趋势。由图可见，更大的增强层缠绕角度意味着环向应力上升更快且峰值更大。采用 40°缠绕角度时，爆破压力为 31.5 MPa，环向应力峰值为 318.34 MPa；而缠绕角度达到 70°时，爆破应力为 45.97 MPa，且环向应力峰值达到了 640.16 MPa，达到 40° 缠绕角度时的 2 倍。这是由于缠绕角度增大意味着增强层中钢带上的偏轴环向应力的环向分力也会增大，从而导致其对内压的变化更加敏感。这种变化趋势与第 3 章中管道抗拉伸性能随缠绕角度的变化趋势相呼应：抗内压性能与增强层缠绕角度成正比，而抗拉伸性能与其成反比。

7.4.3 增强层厚度

增强层的厚度会直接影响管道的抗内压性能，一方面增加增强层厚度能直接增强管道的抗内压性能，另一方面增加增强层厚度后会使增强层中钢带内沿径向（厚度方向）的应力分布梯度增大，从而增加应力集中效应影响的显著性。图 7.16 显示了带有两层和四层增强层的管道爆破压力随增强层厚度的变化趋势，两种管道分别采用不考虑应力集中效应解法和考虑应力集中效应解法计算爆破压力。增强层厚度为 0.5～1.5 mm，由图可见带有四层增强层的管道爆破压力约为带有两层增强层管道的 1.7～2.3 倍，且随着增强层厚度增加，管道爆破压力大约呈现线性增加趋势。采用不考虑应力集中效应的方法计算的管道爆破应力总体上稍大于采用本章中方法计算所得的爆破压力，但是两者之间的差距会随着增强层厚度变大而逐渐变大，例如增强层厚度为 0.5 mm 时，采用两种方法计算的两层增强层管道的爆破压力几乎相同（20.7 MPa/21.4 MPa）；而当增强层厚度上升到 1.5 mm 时，两者之间的差距达到 2.3 MPa（57.7 MPa/60.06 MPa）。该差距在四层增强层管道中表现得更大，如增强层厚度为 1.5 mm 时，采用经典弹性力学方法和本章方法计算的爆破压力差值达到 12 MPa（105 MPa/117 MPa）。

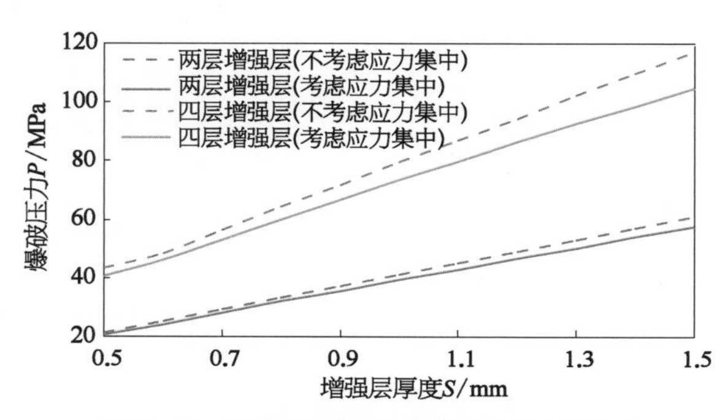

图 7.16　管道爆破压力与增强层厚度关系

由以上参数敏感性分析可知，当采取减小管道径厚比、增加增强层厚度等措施时，本章计算方法给出的爆破压力值与不考虑应力集中效应解法给出的爆破应力值之差会变大，反之则两者差距会缩小。由于增加增强层厚度本质上仍属于减小管道径厚比，这说明管道与接头结合部位的应力集中效应的强弱与管道的径厚比呈反比关系。当管道径厚比减小时（减小管径、增加增强层厚度或增加增强层层数），应力集中效应增强，反之减弱。这种现象的原因是由于本章中引入“等效压力”参数的计算方法需考虑增强层内外表面的压力差，当管道径厚比变大时，对应增强层内外表面的压差会减小，从而导致采用本方法计算的接头与管道的结合处增强层的径向位移变小，即应力集中效应减弱。

7.5 本章小结

针对钢带管内压爆破试验中出现的爆破点靠近接头的情形，本章以薄壁壳理论为基础，分析了在内压荷载下应力集中效应对管道强度的影响，并提出了一种考虑应力集中效应的方法来计算管道在内压荷载下的爆破压力。通过与经典弹性力学解法（不考虑应力集中效应解法）对比可知，在爆破点靠近接头的情形下采用该方法计算的钢带管爆破压力更接近试验爆破压力值，从而确定了这种情形下在该管道中存在应力集中现象。计算的2英寸四层增强层钢带管的应力集中系数为1.79，2英寸六层增强层钢带管的应力集中系数为1.92。同时通过对一些重要参数进行了敏感性分析，得到如下结论：

（1）管道的应力集中效应会随着管道径厚比的变大而逐渐减小，但两者之间为非线性关系。以2英寸四层增强层钢带管为例，当径厚比大于70后，采用两种方法计算的管道爆破压力值的差距小于9%。

（2）对于承受内压且两端封闭的薄壁壳结构，其环向应力与轴向应力之比恒为2，由此可得到增强层理论最优缠绕角度。增大增强层缠绕角度会提高管道的抗内压性能且角度的大小与爆破压力近似呈线性关系，但是过大的缠绕角度会削弱管道的轴向刚度，在实际工程中应以理论最优角度为基础，结合管道服役条件适当调整增强层的缠绕角度。

（3）增加增强层厚度能明显增大管道的抗内压性能。当增强层厚度增大时，采用两种方法计算的管道爆破压力值之间的差距会变大。由于增加增强层厚度本质上是减小管道径厚比的措施，结合径厚比-爆破压力变化趋势可知，带有扣压式接头的管道应力集中效应主要与管道径厚比成反比，增大径厚比相当于减小增强层内外表面的压差，从而会减小本章中定义的“等效压力值”，进而减小靠近接头处的管壁径向位移量，使应力集中效应减弱。

参考文献

［1］ 郑国良，侯静，李涛．深水大管径厚壁海底管道ECA评估［J］．中国科技博览，2014，8(34)：327－329.

［2］ 安少军．深水海底管道套筒连接器密封接触特性研究［D］．哈尔滨：哈尔滨工程大学，2012.

［3］ 王茁，王志军，张建勇，等．深海管道连接器密封特性分析与同步控制研究［J］．机床与液压，2014，18(11)：27－31.

［4］ 中国石油化工集团公司．汽车加油加气站设计与施工规范：GB 50156—2012［S］．北京：中国计划出版社，2012.

[5] 甄永乾,刘栋,单晓雯,等. 热塑性塑料双层管道在加油站的应用[J]. 石油库与加油站,2014,23(6): 1-4.

[6] 余建星,雷威. 埋地输油管道腐蚀风险分析方法研究[J]. 油气储运,2001,20(2): 5-12.

[7] 祝馨,孙智. 长输管道的腐蚀与防护[J]. 全面腐蚀控制,2005,19(4): 51-53.

[8] 王强. 地下金属管道的腐蚀与阴极保护[M]. 西宁: 青海人民出版社,1984.

[9] 刘海峰,王毅辉. 在役油气压力管道腐蚀剩余强度评价方法探讨[J]. 天然气工业,2001,21(6): 90-92.

[10] 胡鹏飞,文九巴,李全安. 国内外油气管道腐蚀及防护技术研究现状及进展[J]. 河南科技大学学报(自然科学版),2003,24(2): 100-103.

[11] 李志刚,徐祥娟,喻开安,等. 深水铺管船储缆绞车排缆器受力和运动分析[J]. 石油矿场机械,2011,40(4): 29-32.

[12] 马小燕. 深水S型铺管作业中管线受力计算研究[D]. 哈尔滨: 哈尔滨工程大学,2012.

[13] 谢鹏. 超深水S型铺管的上弯段关键力学问题研究[D]. 大连: 大连理工大学,2014.

[14] Bouhafs M, Sereir Z, Chateauneuf A M. Probabilistic analysis of the mechanical response of thick composite pipes under internal pressure[J]. International Journal of Pressure Vessels & Piping, 2012, 95(95): 7-15.

[15] Zheng J, Li X, Xu P, et al. Analyses on the short-term mechanical properties of plastic pipe reinforced by cross helically wound steel wires[J]. Journal of Pressure Vessel Technology, 2009, 131(3): 68-75.

[16] Lotsberg I, Holth P A. Stress concentrations factors in welded tubular sections and pipelines [C]//ASME 2007 International Conference on Offshore Mechanics and Arctic Engineering. San Diego, 2007.

[17] Lotsberg I. Stress concentration factors at welds in pipelines and tanks subjected to internal pressure and axial force[J]. Marine Structures, 2008, 21(2): 138-159.

[18] 魏延刚,宋亚昕,李健,等. 过盈配合接触边缘效应与应力集中[J]. 大连交通大学学报,2003,24(3): 4-8.

[19] Lees J M. Behaviour of GFRP adhesive pipe joints subjected to pressure and axial loadings [J]. Composites Part A: Applied Science & Manufacturing, 2006, 37(8): 1171-1179.

[20] 孙炳楠,洪滔,杨骊先. 工程弹塑性力学[M]. 杭州: 浙江大学出版社,1998.

[21] 何家胜. 内压薄壁圆柱壳大开孔应力分布特点[J]. 武汉工程大学学报,1998,143(2): 71-74.

[22] Partaukas N, Bareišis J. Poisson's ratios influence on strength and stiffness of cylindrical bars [J]. Mechanika, 2011, 17(2): 28-37.

[23] Lees J M. Combined pressure/tension behaviour of adhesive-bonded GFRP pipe joints [M]. Washington: ASME International, 2004.

[24] Bai Y, Chen W, Xiong H, et al. Analysis of steel strip reinforced thermoplastic pipe under internal pressure[J]. Ships & Offshore Structures, 2015, 99(5): 1-8.

[25] Xia M, Takayanagi H, Kemmochi K. Analysis of multi-layered filament-wound composite pipes under internal pressure[J]. Composite Structures, 2001, 53(4): 483-491.

[26] 刘小宁,张红卫,韩春鸣,等. 钢制薄壁内压容器的压力试验超压限制系数[J]. 机械强度,2010,32(4): 596-599.

[27] 王登峰,曹平周.考虑焊缝几何缺陷影响时整体与局部轴向压力共同作用下薄壁圆柱壳稳定性分析[J].工程力学,2009,26(8):65-73.

[28] 徐芝纶.弹性力学简明教程[M].北京:高等教育出版社,2013.

[29] 王利新.海洋管道凹陷结构行为与应力集中分析[D].兰州:兰州理工大学,2014.

[30] 刘明,雷斌隆,徐磊.错边对压力管道焊接接头应力集中影响的研究[J].管道技术与设备,2008,38(1):36-37.

[31] 张日曦,张崎,黄一.小径厚比深水管道的压溃屈曲研究[J].船舶工程,2012,34(4):97-100.

第 8 章　螺栓法兰式接头密封性能

钢带缠绕增强复合管的接头与接头之间的连接方式包括焊接式和法兰连接式[1]。焊接式接头属于整体式对焊接头，其结构形式如图8.1所示。该接头整体呈对称式结构，其两端为包含有锯齿环的内外套筒，进行连接操作时将需要连接的管道端部分别挤进套筒腔并扣紧。这种管道连接方式省去了接头与接头之间的连接步骤，具有加工工艺简单、连接性能可靠的优点。由于接头属于整个管网系统最薄弱的位置，采用对焊接头的管网安全性更高，不易出现如泄漏、螺栓失效等问题，因此这种接头主要用于管网中管道与管道之间的连接[2]。但是这种接头的最大缺点是当管道端部挤入接头套筒腔后，接头内套筒即被封闭在管道内，只能在施工现场径向挤压外套筒来紧固接头，通过扣紧外套筒而将管壁与接头连接起来。这种现场操作方式对施工条件、操作人员技能和施工设备的要求较高，因此隐性成本也较高。另一种连接方式即为传统的螺栓法兰式连接，如图8.2所示。由于法兰件为标准件且在各类海工设备中广泛应用，因此法兰连接方式能方便地应用于管道终端与设备之间的连接[3]。这种连接方式的优点是操作简单，接头内外套筒可采取外压内扣的方式贴紧管壁而形成更牢固连接，从而有效阻断了沿套筒腔可能存在的泄漏

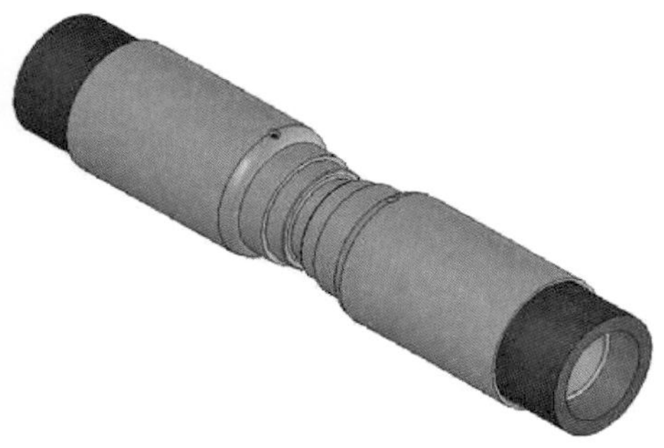

图8.1　对焊式接头(用于管网中管道与管道连接)

图8.2　螺栓法兰式接头(用于管道终端与设备连接)

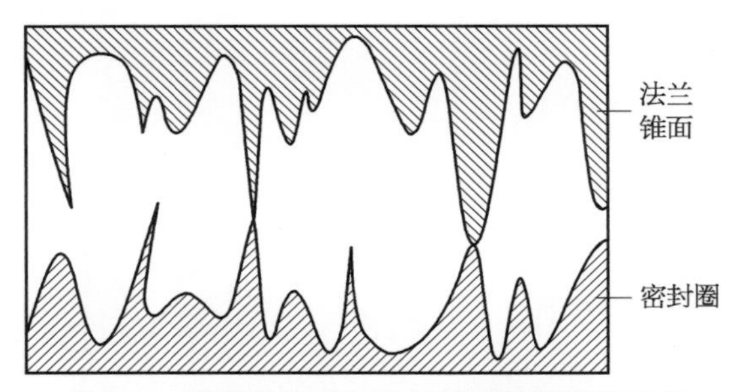

图 8.3 预紧前法兰与密封圈接触面微观形貌

路径[4]。螺栓法兰式接头在进行连接操作时需要在法兰之间的凹槽内垫入金属密封圈，密封圈与法兰锥面之间的初始接触为点接触，如图 8.3 所示[5]。通过对螺栓施加预紧力使金属密封圈和法兰锥面产生一定塑性变形，以填补凹槽内的间隙形成面接触，使密封圈与凹槽能更紧密贴合，从而起到密封作用[6]。理论而言，只要按规范选用合适的密封圈并在操作过程中对螺栓施加足够的预紧力即可保证密封的可靠性。但是随着时间的推移，螺栓连接处会产生松弛，或者由于受到外部环境的腐蚀而使螺栓预紧力降低，发生塑性变形的密封圈不能完全填充凹槽对接界面之间的间隙，从而使密封失效发生泄漏[7-8]。

本章以某海洋工程有限公司承担的委内瑞拉马拉开波湖底石油管道项目为例，针对螺栓法兰式接头可能存在的泄漏问题，拟通过有限元方法对密封圈的密封性能进行校核。通过分析密封圈接触面上接触压力的分布云图确定密封不足的区域，从而对密封圈结构进行改进，分析结果显示改进后的密封圈密封效果明显提升。同时通过有限元法测试了接头在内压和外压下的密封性能，确定了接头密封性能的力学判定准则，得到的结论对接头设计和工程实践具有一定的指导意义。

8.1 密封结构形式

接头的初始结构如图 8.4 所示，接头主体与法兰盘为分离式结构。接头对接面上有环向凹槽以容纳密封圈，密封圈受到预紧力作用产生局部塑性变形，使唇面与凹槽斜面完美贴合形成可靠密封。接头主体端部带有凸缘，旋转式法兰卡在凸缘中并通过八副螺栓提供预紧力。本节研究重点为接头的密封性能，因此在分析之前假设法兰和凸缘的结构强度足够，并且螺栓能提供足够大的预紧力。

预紧力的确定可参照 ASME Ⅷ-Ⅱ—2010 中式 4.16.5，对于自紧式密封圈其密封参数 m、y 均为 0，G 为垫片接触的平均直径，管道内部工作压力为 P，则其轴向预紧力为[9-10]

$$W = 0.785G^2P \tag{8.1}$$

钢带管法兰式接头的泄漏路径仅有可能出现在密封圈部位，因此可对接头的主要结构进行如图 8.5 所示的处理，处理后的接头分左右两部分，中间为嵌入凹槽的八角环形金

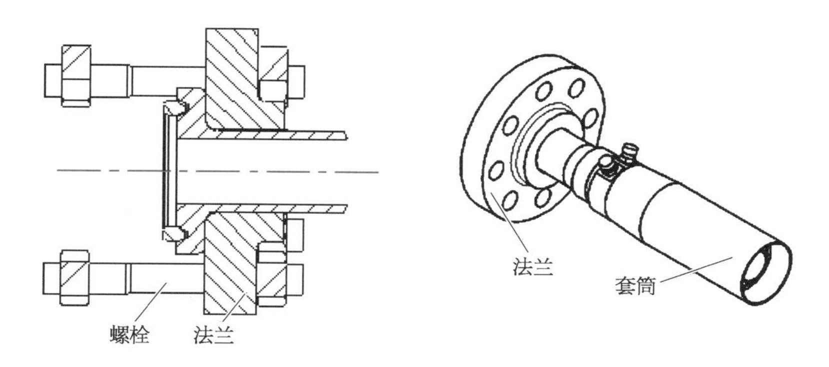

图 8.4　接头的法兰结构形式

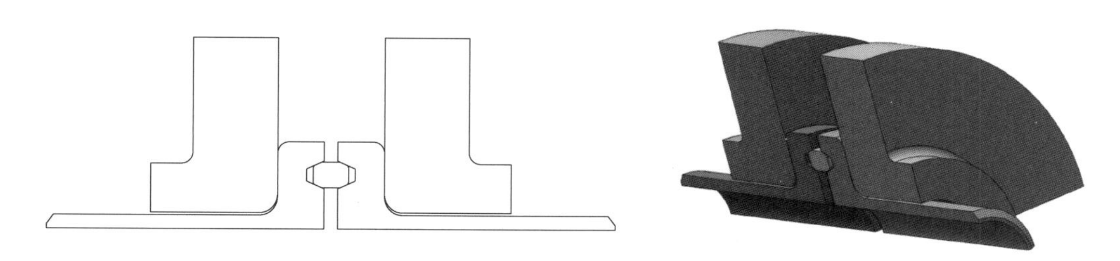

图 8.5　简化的接头配置形式

属密封圈，尺寸按 ASME B16.20 标准通过管道的公称直径（DN50）选择[11]。模型中去掉螺栓并通过位移控制的方式施加预紧力，由金属密封圈的工作原理可知其材料硬度将略低于法兰材料的硬度，因此密封圈的材料选为 316 不锈钢，法兰材料选为 12Cr2Mo1[6]，关键零部件材料属性见表 8.1。由于接头与密封圈均为旋转对称结构，为加快有限元模型的计算过程，可按其过中心线的轴向截面建立二维有限元模型并导入 ABAQUS 中计算[12]。为使该模型的位移和应变与真实情形更接近，在该模型中设置右边的法兰边界条件为 ENCASTRE，限制左边法兰的边界条件仅能沿管道轴向移动，限制密封圈的三轴转动自由度而放松其三轴移动自由度，除此之外不限制其他结构的位移边界条件。在分析步中首先对左边法兰施加 0.5 mm 的轴向位移以模拟螺栓的预紧过程，定义使密封圈内部大部分区域的 Mises 应力超过其屈服应力的法兰轴向位移为合理预紧位移，之后重新对法兰施加合理预紧位移并对管道施加 50 MPa 内压，研究施加内压前后密封圈与凹槽之间的接触压力变化趋势。

表 8.1　关键材料力学性能

零部件	材料	抗拉强度 /MPa	屈服强度 /MPa	弹性模量 /MPa	泊松比	密度 /(g・cm^{-3})
上法兰	12Cr2Mo1	680	320	2.1×10^5	0.3	7.8
下法兰	12Cr2Mo1	680	320	2.1×10^5	0.3	7.8

（续表）

零部件	材料	抗拉强度/MPa	屈服强度/MPa	弹性模量/MPa	泊松比	密度/$(g\cdot cm^{-3})$
上接头	12Cr2Mo1	680	320	2.1×10^5	0.3	7.8
下接头	12Cr2Mo1	680	320	2.1×10^5	0.3	7.8
密封圈	316	520	205	2.06×10^5	0.3	7.8

8.2 密封圈应力分析

计算完成后提取法兰和密封圈在各加载步的应力云图。316 不锈钢的屈服强度约为 205 MPa，由图 8.6 可知，时间步 0.11 s 对应的法兰轴向位移为 0.05 mm，密封圈内部 Mises 应力最大值已超过 390 MPa，可认为密封圈已部分进入塑性应变状态，区域仅限于密封圈与凹槽接触的四个顶点位置。随着左边法兰的轴向位移逐渐增大，密封圈内部 Mises 应力水平也逐渐上升，发生塑性变形的区域也逐渐扩大，当位移达到 0.15 mm 时密封圈大部分部位都已发生塑性应变，与其贴合的凹槽部分发生塑性应变，两者形成过盈配合而起到密封作用。图 8.7 显示了在不同时期密封圈内部应力分布情形，由图可见，密封圈与凹槽接触面上四个顶点部位的 Mises 应力最大。仔细观察每个顶点处的应力分布，可发现在该区域的两端部 Mises 应力稍微大于中间部分，说明在施加位移荷载过程中凹槽的张角可能有稍微改变，导致接触面的贴合情形有所差异，同时各个顶点处应力最大的部位面积非常小而应力变化梯度很大，说明该处存在因接触不良而产生的应力集中现象[13]。

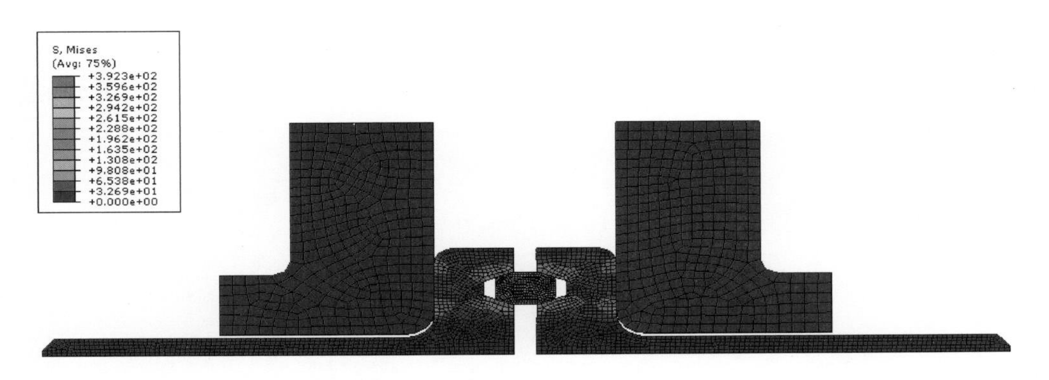

图 8.6　位移为 0.05 mm 时密封圈内部 Mises 应力分布

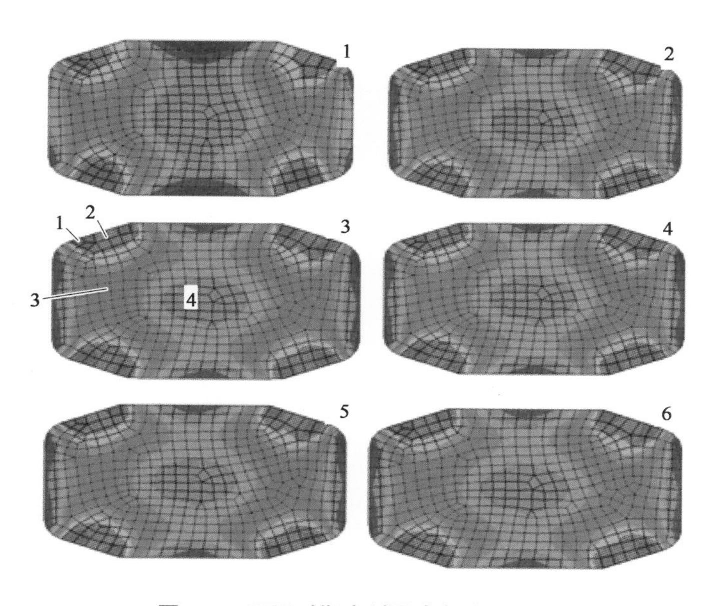

图 8.7　不同时期密封圈内部应力分布

(对应的法兰位移量分别为 0.005 mm、0.05 mm、0.062 5 mm、0.1 mm、0.138 mm、0.15 mm)

分别选取密封圈中接触面边缘部位、接触面中间部位等四个点(图 8.7 中标注的四点),提取该点上的 Mises 应力随预紧位移的变化趋势,如图 8.8 所示。由图可见,密封圈内部不同位置的 Mises 应力差异较大,接触线上的 Mises 应力最大,在预紧位移为 0.1 mm 时即超过了 300 MPa,当位移达到 0.15 mm 时 Mises 应力为 538 MPa,远超密封圈材料屈服强度,说明此处在预紧位移为 0.1 mm 时即已进入屈服状态。相对而言,密封圈中间部位的 Mises 应力最小,当预紧位移为 0.15 mm 时,该处 Mises 应力为 176 MPa,小于密封圈材料屈服强度,说明在整个预紧过程中密封圈中间部位都为弹性变形。

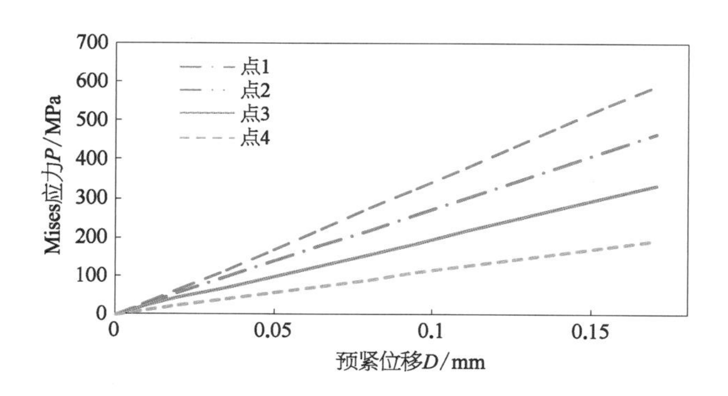

图 8.8　密封圈不同位置 Mises 应力变化趋势

8.3 接触压力分析

在预紧力作用下密封圈与凹槽之间的接触压力决定了其密封性能，当管道内压超过密封圈与凹槽之间的接触压力时即可能发生泄漏[14]。不同预紧力水平下密封圈会产生不同程度的塑性变形从而提供不同的初始密封性能。为得到接触压力，可将上述二维模型沿管道中心轴线扫掠90°形成接头的三维模型，如图8.9所示。

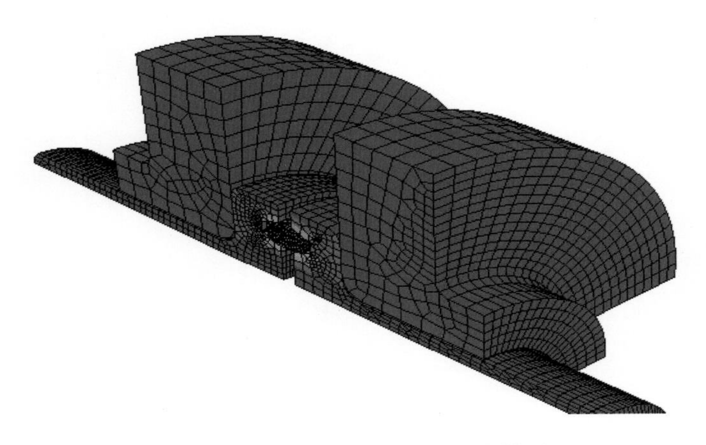

图8.9　扫掠处理后得到的三维模型

密封圈与接头凹槽之间的接触压力会随法兰位移的变化而变化，如图8.10所示，在密封圈与凹槽的接触面上沿径向标记多个点并分别提取这些点的接触压力的变化趋势。

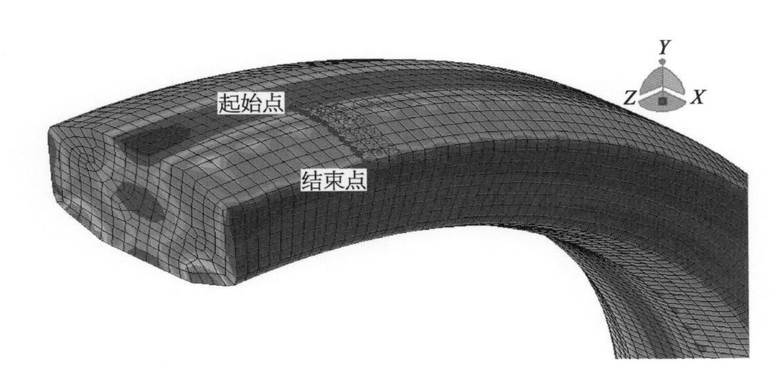

图8.10　接触压力标记点的位置

提取不同位置的接触压力变化如图 8.11 所示，将接触线的位置进行非量纲化处理，密封圈与凹槽的接触压力呈 V 形变化趋势，两端边界部位接触压力较大而中间部位接触压力较小，两者之间的压力差会随着法兰位移增大而逐渐增大。在最初阶段法兰位移为 0.018 mm 时，密封圈与凹槽面之间的最大接触压力仅为 150 MPa；法兰位移量为 0.1 mm 时，最大接触压力为 430 MPa，最小接触压力仅为 212 MPa，最大压力约为最小压力的 2 倍。随着法兰位移量增大，最小接触压力逐渐增大，按相关文献[15]所述，当接触压力与加载内压比值大于 6 时，即认为该处密封可靠，当法兰位移量达到 0.15 mm 后，接触面上接触压力皆大于 300 MPa 且部分区域接触压力已超过其抗拉极限，这将造成密封圈内部材料产生裂纹，使密封圈失效(图 8.12)。

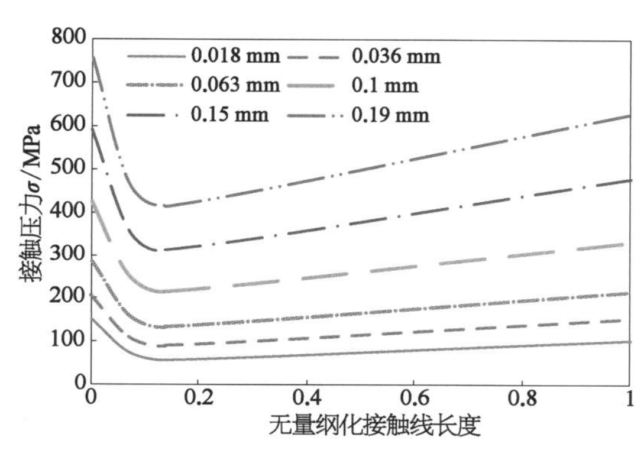

图 8.11　不同法兰位移量对应的接触压力随位置的变化趋势

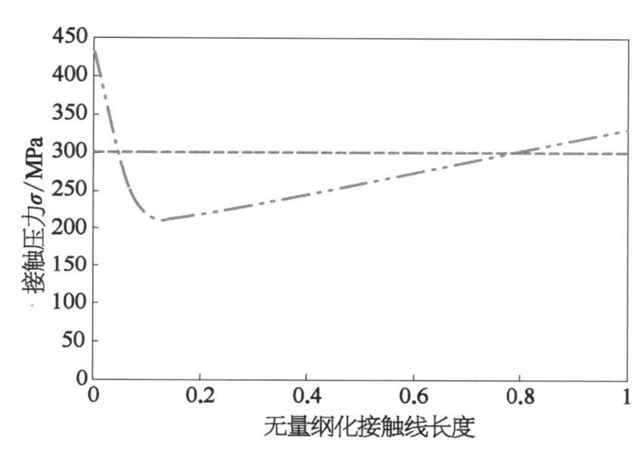

图 8.12　密封圈密封性能评价指标

接触压力与内压值之比大于 6 的密封线长度与密封线总长度之比反映了密封性能的优劣，比值越大，密封性能越高，反之越低。如法兰位移为 0.1 mm 时，接触压力大于 300 MPa 的区域位于接触线两端位置，表明该区域密封性能良好而中间位置密封不足。

8.4　密封圈结构优化设计

针对上节中密封圈内部 Mises 应力分布情形和接触面接触压力分布情形，本节对密封圈进行选型，旨在通过选取合适的密封圈截面形状使密封圈内部 Mises 应力分布较为均匀，同时使接触面大部分区域都处于可靠密封状态。由于密封圈内部的 Mises 应力和接触面上的接触压力都是两端部位较大而中间较小的情形，因此可将密封圈的类型由八角环形密封圈置换为金属透镜密封圈[15]，其型号和尺寸按 API 6A[16] 和 ASME

B18. 20 标准选择。如密封圈与凹槽接触面为圆弧形,圆弧中间凸出来的部位在预紧后能提供更大的接触压力。

分别重新建立密封圈模型,使其接触面的圆弧曲率半径分别为密封圈半径的 0. 6 倍、0. 8 倍、1. 0 倍、1. 3 倍、1. 5 倍、1. 8 倍,设定法兰预紧位移为 0. 12 mm,提取的密封圈内部 Mises 应力分布云图如图 8. 13 所示。由图可见,随着接触面圆弧曲率半径变大,四个顶点处应力水平逐渐下降,而密封圈内部 Mises 应力水平逐渐上升。当圆弧曲率半径为 0. 6 倍密封圈半径时,密封圈四个顶点处应力水平较大而内部大部分区域应力较低,这说明法兰的位移主要使材料在顶点处产生应变。由于应力集中区域较小,该区域的应变大部分为塑性应变,当螺栓松弛后密封圈可能因弹性回弹量不足而导致泄漏。

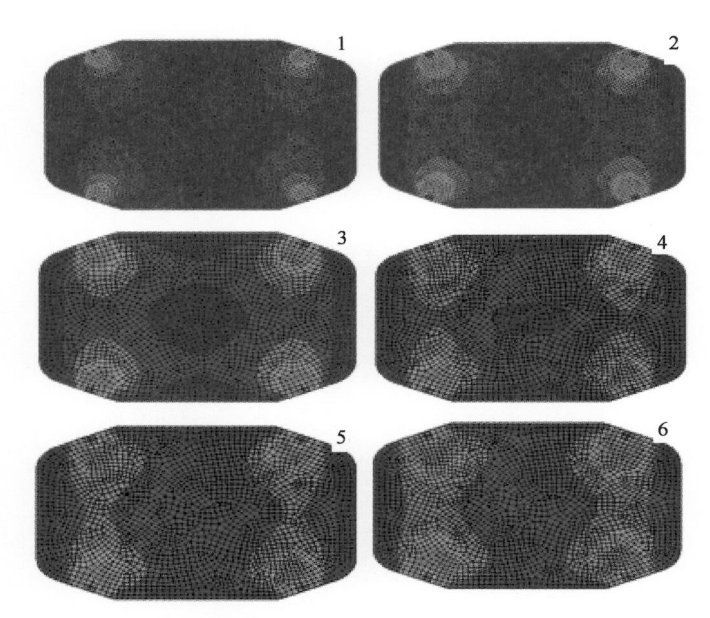

图 8. 13　不同截面形状的密封圈内部应力分布云图

(接触面的圆弧曲率半径分别为密封圈半径的 0. 6 倍、0. 8 倍、1. 0 倍、1. 3 倍、1. 5 倍、1. 8 倍)

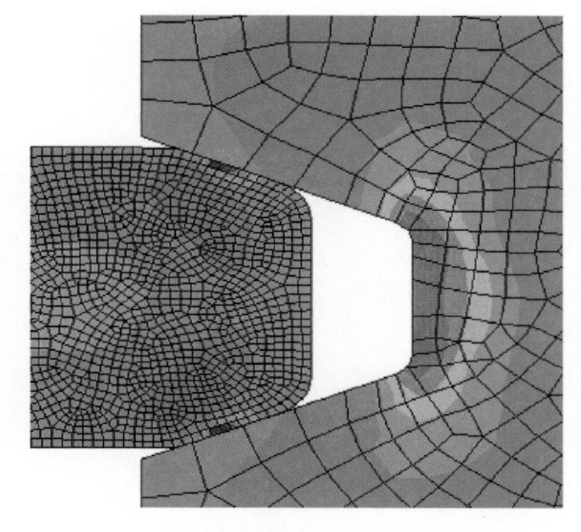

图 8. 14　预紧后密封圈的等效应变云图

接触面圆弧曲率半径为 1. 5 倍、1. 8 倍密封圈半径时,密封圈内部都存在应力,相较而言其应力分布较均衡:四个顶点处应力值最大,此处材料产生弹塑性应变;从外至内其应力逐渐降低,内部主要为弹性应变,当螺栓松弛后可回弹防止泄漏。由图 8. 14 的密封圈内部等效应变云图可看出,预紧后密封圈和凹槽都会发生应变。其中冷色表示受压,暖色表示受拉,颜色越深表示受拉(压)程度越深。可见密封圈整体都会发生受压变形,四个顶点处的变形最大。接头凹槽处主要发生受拉变形,在犄角处变形最大，可见在此处会产生应力集中效应[16]。

针对密封圈曲率半径为1.5倍密封圈半径的算例，建立接头系统的三维模型重新计算，得到接头系统整体Mises应力分布云图，如图8.15所示，法兰部件和接头大部分区域应力非常小，密封圈和凹槽部分的应力变化较明显。单独将密封圈应力变化趋势提取出来，如图8.16所示，密封圈接触面上应力会随着预紧位移增加而上升，位移 $T=0.02$ mm时，接触面某些部位应力较小而使整个应力云图呈不连续状态。由图8.17显示的接触面应变云图可见，此时接触面上的应变呈现间隔状分布，正常情况下围绕密封圈有一圈变形环，但是由于制造工艺问题会导致凹槽表面与密封圈接触处产生应力集中，如图中 $T=0.02$ mm所示。此处可能已发生局部塑性变形，说明密封性能不良。当预紧位移逐渐增

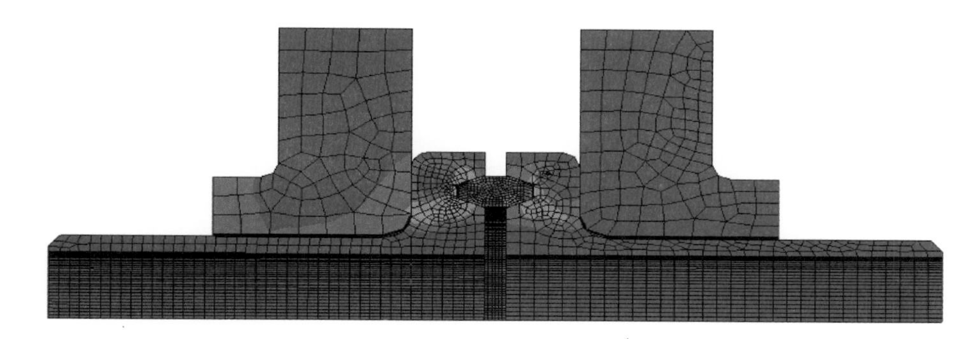

图8.15　接头的整体应力变化

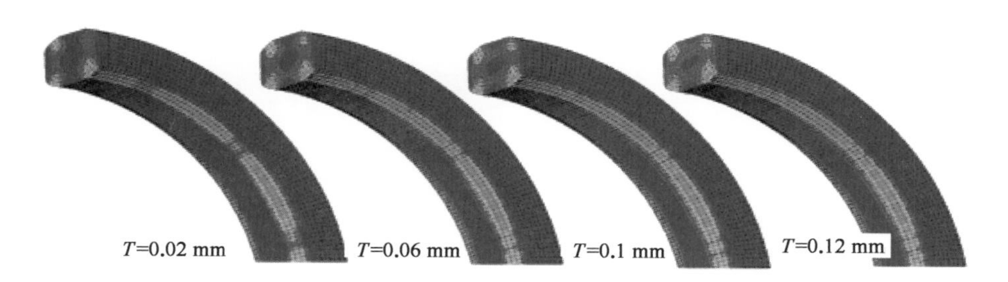

图8.16　密封圈接触面上Mises应力云图变化趋势

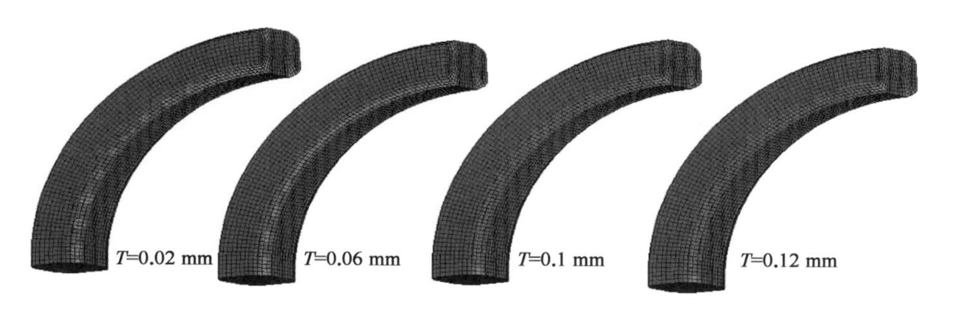

图8.17　接触面上应变云图变化趋势

加而达到设定的 0.12 mm 时，接触面上大部分区域 Mises 应力处于 320～520 MPa，整个密封面上应力分布均匀，应变变化连续。由图 8.18 亦可见，重新设计密封圈的截面形状后，相同预紧位移下接触面的接触压力较以往有较大提升。当预紧位移达到 0.12 mm 时，整条接触线上的接触压力都大于 300 MPa，与加载内压 50 MPa 的比值大于 6，证明此时整条密封线都处于良好的密封状态。

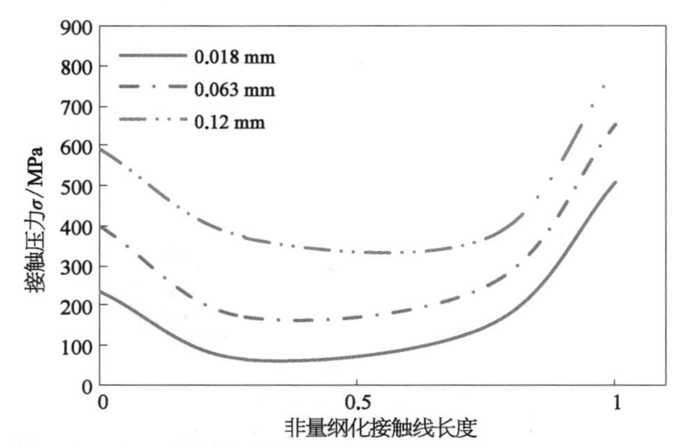

图 8.18　改变密封圈截面形状后沿密封线的接触压力变化趋势

8.5　工作状态下密封性能分析

8.5.1　内压荷载下密封性能分析

连接器在已预紧状态下需要对其密封性能进行分析，分析内容包括检测密封圈与凹槽接触面在施加内压荷载后接触压力的变化。主要步骤如下：

(1) 在 ABAQUS 中建立管道接头模型，并在第一个分析步中以位移加载的方式对接头进行预紧，预紧位移为 0.12 mm，并在此基础上施加边界条件和内压荷载。

(2) 根据 API RP 17D[17] 规范要求进行内压测试，初始压力不大于规定试验压力的 5%。本节算例中管道工作压力为 15 MPa，安全系数为 5，因此试验压力为 75～80 MPa。密封测试中采用分级加压方式，首先加载至 50 MPa，然后加载至测试压力 75 MPa。在 ABAQUS 中设定压力加载步时长为 1，初始步长为 0.03，最小步长为 0.01，最大步长为 0.05，即初始压力 2 MPa，每级压力增长不超过 4 MPa，按此逐级增加至额定压力 50 MPa。

(3) 保压 30 min，然后新建分析步并设置同样步长，逐级增压至 75 MPa，最后保压 30 min。

保压过程是通过在两级加压过程中增加一个空分析步，并将该分析步时长设置为 3，但是在该分析步中不设置任何荷载、边界条件或约束条件。荷载具体加载过程如图 8.19 所示，接头系统的边界条件和加载的内压示意如图 8.20 所示。

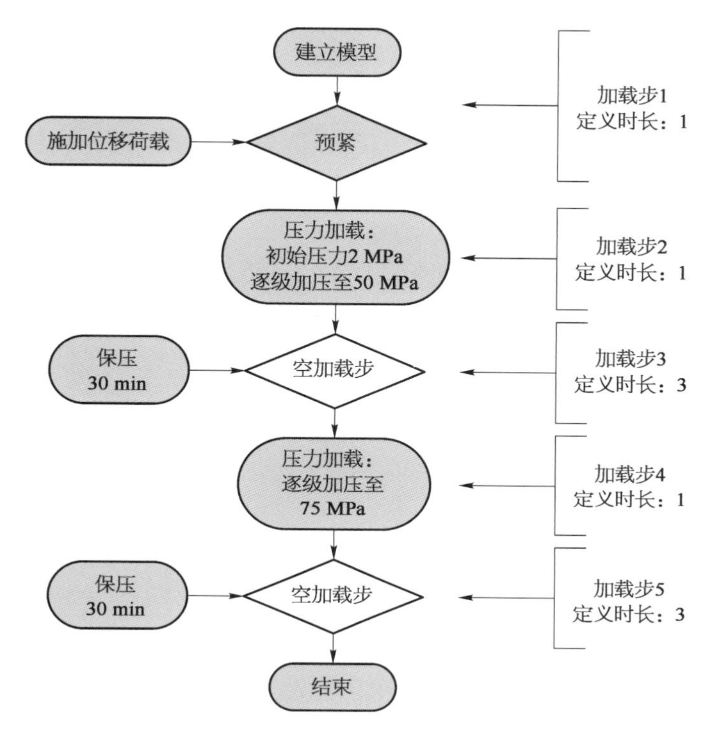

图 8.19　内压荷载下密封性能测试流程

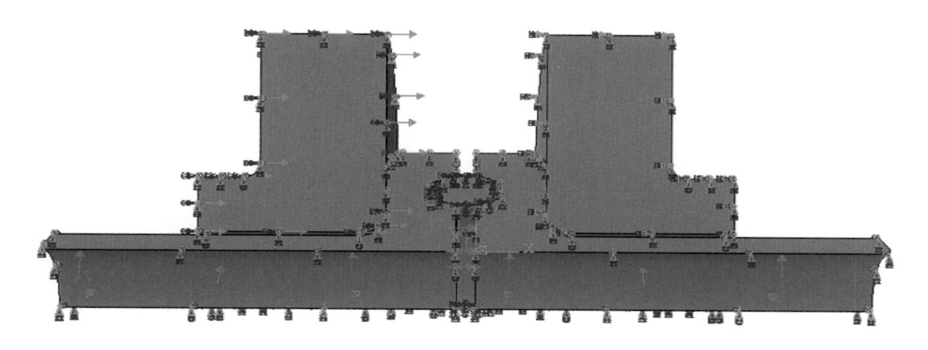

图 8.20　内压荷载加载示意图和边界条件

图 8.21 为内压密封测试过程中密封圈接触面上应力云图变化趋势。由图可见，密封圈上的接触压力会随着法兰位移的变化而显著改变，到位移加载末期，大部分区域的应力水平都会显著上升，整条密封带上应力云图分布均匀。第二分析步加载内压荷载后，开始阶段接触面上的应力会微小减弱，产生这种现象的原因是由于在内压荷载下的密封管段

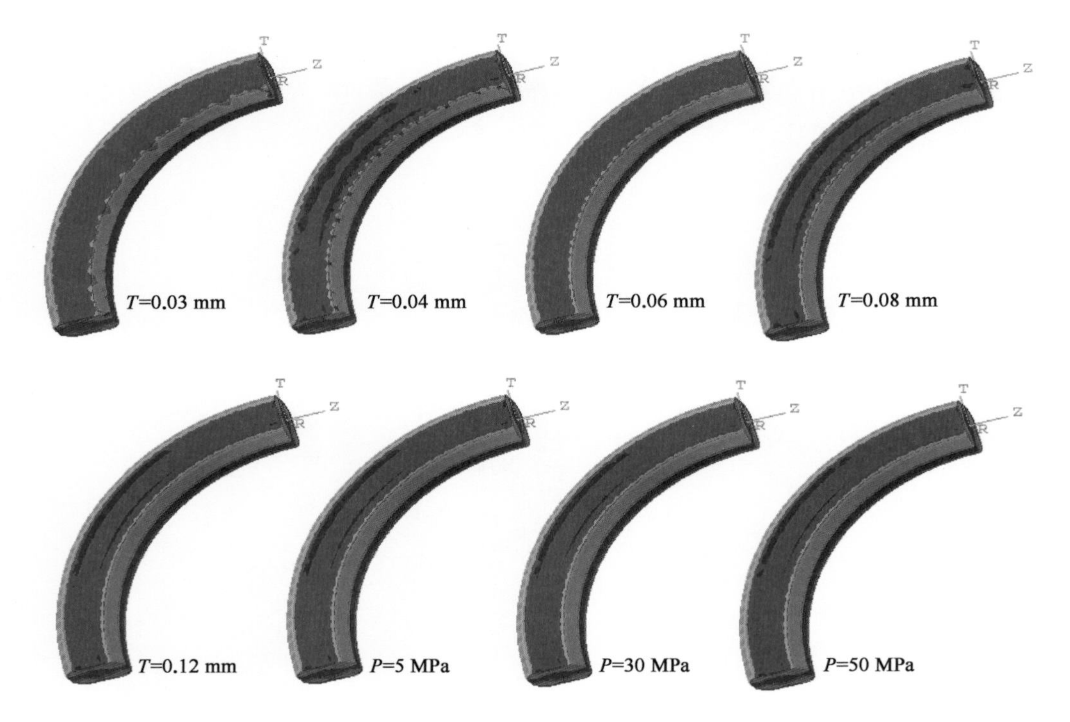

图 8.21 密封圈上接触应力云图变化趋势

会产生端部效应（end cap effect），使管道产生轴向拉伸力，从而减轻作用在密封圈上的压应力。但随着内压荷载增加，接触压力的变化趋势变得不明显，说明加载的内压对密封性能的影响较不显著，此时密封圈内的应力水平高于其屈服强度，密封状态良好。

相关文献[13]中提到，对于非粘结柔性管接头，压力对接头密封性的影响较为显著，可能会使密封圈与套筒的贴合面部分区域的接触压力下降[13]。由于该分析例中的管道内套筒、密封圈、外锥面为径向配合，如图 8.22 所示，当管内压力上升时，管体本身和密封圈会有一定程度的径向变形，从而导致密封圈与接头锥面之间的接触压力下降而使密封性能下降。而在本节分析例中，法兰接头与密封圈是通过轴向组合并预紧而起到密封作用，当管内受压时，管体本身、密封圈会同时发生径向变形，接触面之间的接触状态基本不会改变，因此接触压力变化亦不显著[17]。

图 8.23 展示了随机选取的密封圈接触面上四个点的接触压力变化趋势，加载步 0～1 表示预紧加载步，1～2 表示内压加载步。可见在预紧过程中，接触压力会随法兰位移增加而不断增大，密封圈接触面上不同位置的接触压力有所不同，但其量级都在 350～500 MPa，即稍大于密封圈材料的屈服应力值[18]，而在内压加载步中接触压力基本保持不变，维持在预紧状态时的水平，由此说明内压对管道密封性能影响并不显著。结合有限元分析结果，可确定密封可靠性的判定准则为：密封圈表面的接触压力介于其屈服强度与抗拉强度之间（205～520 MPa），即密封圈部分发生塑性变形。预紧及加载内压阶段的应力状态和密封状态见表 8.2。

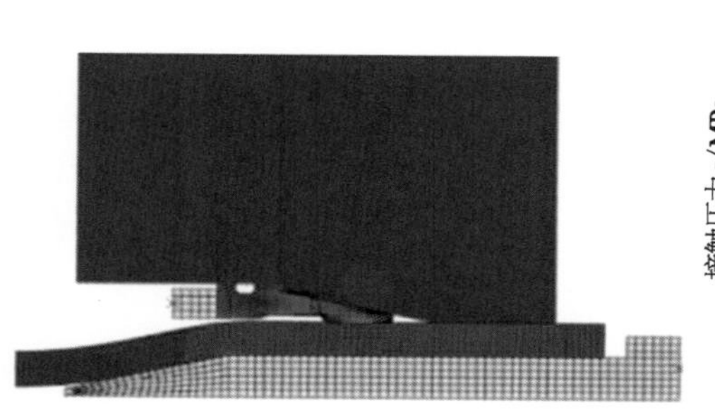

图 8.22　非粘结柔性管接头密封结构示意图[12]

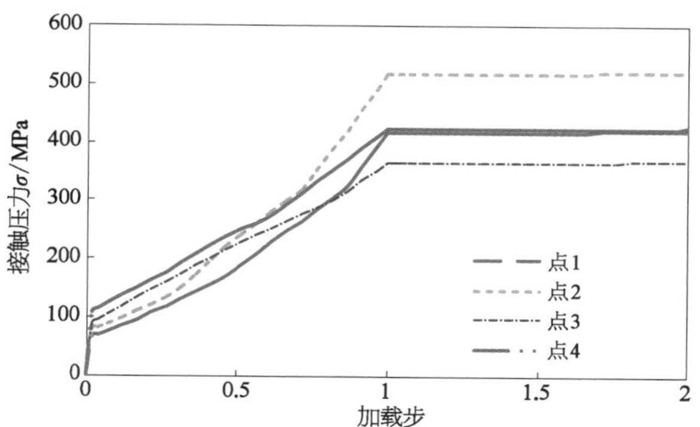

图 8.23　接触面上接触压力变化趋势

表 8.2　预紧及内压荷载下密封圈应力典型值对比

工　况	Mises 应力/MPa	接触应力/MPa	变形量/mm	判据准则/MPa	结　论
预紧状态	＞450	＞350	0.053 3	接触应力介于	密封合格
内压荷载	＞450	＞350	0.052 0	205～520	密封合格

8.5.2　外压荷载下密封性能分析

外压测试过程与内压测试类似，设定管道工作环境的外压为 3 MPa，初始加载压力值 0.1 MPa，每级加压 0.15 MPa 并平稳加压至 3 MPa，保压 30 min 后再次平稳加载至 4.5 MPa，保压 30 min 后观察密封圈中 Mises 应力变化。压力加载曲线如图 8.24 所示。

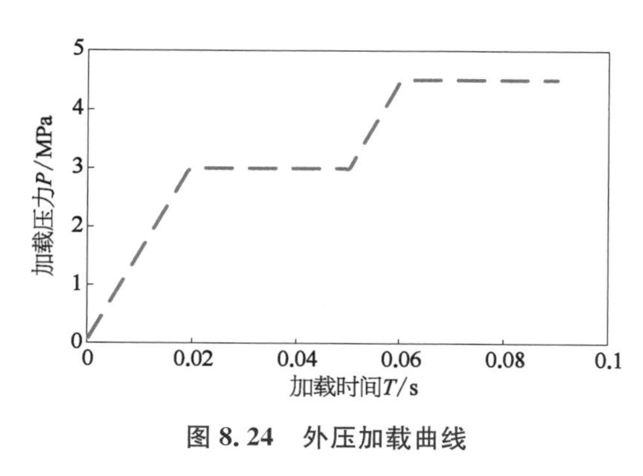

图 8.24　外压加载曲线

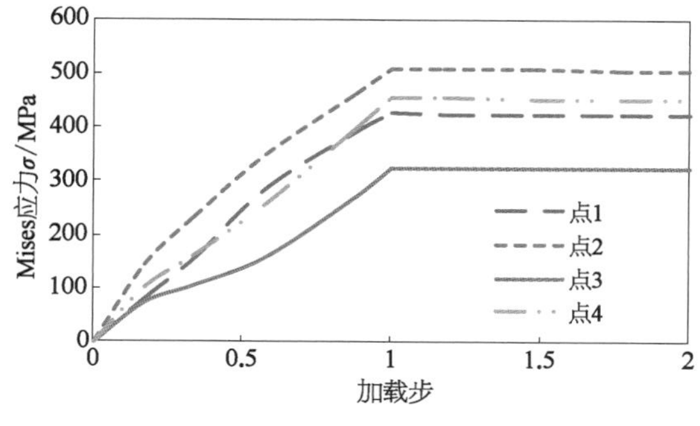

图 8.25　预紧-外压加载后密封圈内 Mises 应力变化

完成最后一步保压过程后，分别提取密封圈表面不同位置的点在预紧和加载外压阶段的 Mises 应力，得到如下变化曲线。由图 8.25 可见，不同位置的 Mises 应力大小不同，但是各处的应力都超过其屈服应力，说明密封圈表面已产生局部塑性变形并起到密封作用。同时预紧过程中密封圈内的 Mises 应会随着预紧位移增加而变大，但是在外压测试中密封圈内部 Mises 应力基本呈水平状态。

同时外压荷载下密封圈表面 Mises 应力会有微小下降，这说明外压会减小密封圈的形变量从而对密封性能产生一定影响。提取的接触压力变化趋势显示在预紧阶段，随着压力上升，接触压力会逐渐上升；外压测试阶段各个点处的接触压力会降低，但属于微小波动。表 8.3 中接触压力具体数据显示，测试结束后接触压力已超过其屈服极限而小于其抗拉极限，说明其密封性能可靠。

表 8.3　密封圈表面接触压力变化

加　载　步	接触压力/MPa	
	点 1	点 2
0	0	0
0.17	56.4	174.8
0.57	221.1	328.8
0.87	370.8	413.1
1	437.5	519.8
1.47	429.1	523.1
1.77	439.1	518.9
2	437.4	513.9

综上分析可知，外压对密封圈的接触压力影响不显著，整个过程中密封圈的接触压力都保持在较高水平且无明显波动，说明管道在设计工作外压下服役时法兰接头的密封性能安全可靠，密封性能的判定准则与内压情形下相同(接触应力介于 205～520 MPa)，测试结论见表 8.4。

表 8.4　预紧及外压荷载下密封圈应力对比

工　况	Mises 应力 /MPa	接触应力 /MPa	变形量 /mm	判据准则 /MPa	结　论
预紧状态	>450	>400	0.053 3	接触应力介于	密封合格
外压荷载	>450	>400	0.052 0	205～520	密封合格

8.6　本 章 小 结

螺栓法兰式接头密封功能是通过螺栓提供预紧力，挤压在两法兰之间的密封圈而实现。由于法兰属于标准件，确定管道尺寸、运行环境压力、运输介质压力等参数后，可通过 ASME B16.5 等标准选取合适的法兰类型。因此本章在分析法兰式接头的密封性能时，默认法兰、挡肩等部件的强度足够，在预紧和受荷载作用时不会失效，从而将密封圈及密封圈与凹槽唇面的贴合状态作为分析重点。通过有限元分析确定了密封圈密封性能的力学判定准则：密封圈表面的接触应力介于其屈服强度和抗拉强度之间，从而使密封圈能部分发生塑性变形，增大贴合面积。测试显示，该型法兰接头在内压和外压荷载下密封圈的应力状态和变形量都处于允许范围内，加载荷载后密封性能基本保持不变。

（1）接头初始设计中，密封圈为八角环形金属密封圈，预紧后容纳密封圈的凹槽张角会稍微变大，使得其唇面与密封圈不能很好地贴合而影响密封效果。对密封圈进行重新选型，采用金属透镜密封圈，透镜圆弧直为密封圈公称直径的 1.5 倍。分析结果显示，改进后的接头密封性能提升较大，密封圈表面为塑性变形而内部为弹性变形，密封圈弧形凸面与凹槽唇面接触良好，没有出现应力集中现象，接触压力最大值与加载内压比值大于 6。

（2）内压泄漏测试中，按规定程序加载荷载后，密封圈接触压力会稍微下降，但接触面仍为塑性应变，接触压力最大值与内压比值仍大于 6，证明 75 MPa 的运行压力不会影响接头的密封效果。外压测试结果显示，1.5 倍的环境压力不会使接头发生泄漏，在预紧和压力加载阶段，密封圈表面接触压力最大值大于 400 MPa。综上可见，采用金属透镜密封圈后，该型法兰接头密封性能良好，满足设计要求。

参考文献

[1] Shi R. User manual for connecting end fittings of RTP on the construction site[Z]. Ningbo: Ningbo OPR Offshore Engineering Equipment Co, Ltd, 2014.

[2] 张亮. 海洋非粘接柔性管接头密封系统分析与设计[D]. 大连：大连理工大学，2016.

[3] 王立权，王文明，赵冬岩，等. 深海管道法兰连接方案研究[J]. 天然气工业，2009，29(10)：89－92.

[4] 蔡仁良. 国外压力容器及管道法兰设计技术研究进展[J]. 石油化工设备，2003，32(1)：34－37.

[5] 李志刚，运飞宏，姜瑛，等. 水下连接器密封性能分析及实验研究[J]. 哈尔滨工程大学学报(英文版)，2015，43(3)：389－393.

[6] 周美珍，弓海霞，彭朋，等. 大直径透镜式金属密封圈研究[J]. 机械设计与制造，2012，24(10)：181－183.

[7] 顾伯勤，陈晔. 高温螺栓法兰连接的紧密性评价方法[J]. 润滑与密封，2006，76(6)：39－41.

[8] 顾伯勤. 螺栓法兰连接系统泄漏率计算[J]. 石油化工设备，1999，54(3)：30－34.

[9] American Society of Mechanical Engineers. ASME Ⅷ－Ⅱ: Rules for construction of pressure vessels[S]. New York: Standards Committee, 2010.

[10] 瞿大雷. 金属透镜垫密封连接螺栓载荷计算[J]. 内蒙古科技与经济，2008，13(23)：90－91.

[11] American Society of Mechanical Engineers. ASME B16.5: Pipe flanges and flanged endfittings [S]. New York: Standards Committee, 2009.

[12] 李翔云，毕祥军，王刚，等. 海洋非粘结柔性管道接头密封结构分析[J]. 计算机辅助工程，2014，

23(6)：56－60.
[13] 李翔云. 海洋非粘结柔性管道接头结构设计与分析研究[D]. 大连：大连理工大学，2014.
[14] 杨保成，迟明，王少鹏，等. 新型非粘结柔性管接头的设计和分析研究[J]. 海洋工程，2016，34(6)：26－33.
[15] 郭秀华，陈祥林，周曲珠. 大型金属密封圈加工工艺研究[J]. 制造技术与机床，2015，86(3)：90－92.
[16] 赵长财，袁荣娟. 液压缸法兰应力集中的研究[J]. 锻压技术，1994，15(3)：50－52.
[17] 安少军，王立权. 金属透镜垫密封特性研究[J]. 流体机械，2011，39(9)：30－33.
[18] 彭飞，段梦兰，王金龙，等. 深水大直径连接器双重密封设计[J]. 润滑与密封，2014，39(3)：105－109.

第 9 章　钢带增强柔性管可靠性安全系数

钢带缠绕管在安装或服役过程中，将面临一系列的不确定因素，这些不确定因素会给SSRTP的安全使用造成较大的威胁和挑战。在SSRTP的设计阶段，引进合理的安全系数以确保管道具有足够高的可靠性。本章通过蒙特卡罗(Monte-Carlo)及一次二阶矩(FORM)相组合的方法矫正了SSRTP的设计安全系数，并对其一些重要的影响因素做了相关参数分析，在结论部分也给出了SSRTP设计安全系数的推荐值。本章所提出的安全系数矫正方法简单易懂，容易实施。该方法也适用于结构力学模型中有很多参变量，甚至也适用于要求迭代求解的情况。

9.1 安全系数计算过程

在进行结构分析及强度评估的过程中，总是会出现一些不确定性因素。在安全系数矫正前，首先需要确定与设计参数相关的基本变量，尽可能地将结构抗力及载荷作用的不确定因素考虑进来。

由于SSRTP由多层结构组装而成，因此其极限强度公式包含很多基本变量，直接使用完全积分法或一般的结构可靠度分析法很难准确高效地计算出其相关概率。在该种情况下，一次二阶矩(FORM)、二次二阶矩(SORM)等应用较为广泛的方法在估算该工况时不够准确。且大多数情况下计算管道抗力的理论模型在求解过程中会用到迭代的方法，这使得直接使用FORM或SORM等方法变得更加艰难。因此蒙特卡罗法被认为是用来评估该种情况下结构抗力随机特性的有效方法。首先，根据与SSRTP抗力相关的基本随机变量分布模型产生一系列随机数组，将这些随机数组及相关的不确定因素代入到抗力模型中，可以得到一组抗力变量。通过统计分析，可以得到这组抗力变量的分布类型及分布参数。当结构抗力 R 及载荷效应 S 的变量分布模型已知时，就能很容易地计算出结构的失效概率 P_f 及其对应的可靠指标 β：

$$p_f = \text{prob}(R < S) \tag{9.1}$$

$$\beta \approx \Phi^{-1}(-P_f) \tag{9.2}$$

式中　$\Phi^{-1}(\cdot)$ ——标准正态分布函数的反函数。

通过对上述随机变量模型的模拟，可以得到SSRTP非常简单的极限状态公式，而后可以利用前面提到的较为广知的方法如FORM、SORM、样本抽样等来求解其可靠度。其中FORM应用非常广泛，这是由于该方法容易理解、计算高效且能够提供较为准确的结果。在FORM中，结构的可靠指标可以通过计算标准正态坐标系下原点到极限状态面的最短距离来确定，该极限状态面上所对应的点即为“设计验算点”。在计算分项安全系数时，该验算点显得尤为重要。在载荷与抗力分项安全系数设计(LRFD)公式里，分项安全系数的使用如下：

$$\frac{R}{\gamma_R} \geqslant \gamma_S S \tag{9.3}$$

式中　γ_R、γ_S——抗力及载荷的分项安全系数。为了使结构设计达到给定的目标可靠指标 β_{targ}，可以在保持结构抗力变异系数 δ_R 及载荷分布参数 μ_S、δ_S 不变的情况下，调整结构抗力的平均值 μ_R。在达到目标可靠指标之后，得出此时“设计验算点”的坐标 R^* 及 S^*，则分项安全系数可以通过下式获得：

$$\gamma_R = \frac{R_K}{R^*} \tag{9.4}$$

$$\gamma_S = \frac{S^*}{S_K} \tag{9.5}$$

式中　R_K、S_K——抗力及荷载效应的特征值；

K——该随机变量超过或者小于某一特定值时的概率。

该特征值可以通过变量分布函数的分位数来确定，通常情况下会使用上分位数和下分位数。在本章中，抗力特征值使用下分位数，即 K 为 0.025；对于载荷效应，为了保证设计的安全可靠，选用上分位数，K 对应的概率值是 0.975。需要指出的是，特征值 R_K 会随着安全系数矫正过程中 μ_R 的变化而变化。将上述两分项安全系数相乘，得到总“设计安全系数”k：

$$k = \gamma_R \gamma_S \tag{9.6}$$

SSRTP 安全系数矫正流程如图 9.1 所示。

由于 SSRTP 的设计使用范围主要针对浅海区，其管道中骨架层(carcass)的缺失将会对其极限抗外压能力产生很大的影响，因此需引起工程师的高度重视。本章以管道外压作用下结构可靠性分析为例来系统地阐述其设计安全系数的矫正，以及一些重要参数对该矫正系数的影响。一般情况下，管道的极限状态方程可以表示为

$$G = R - S \tag{9.7}$$

在外压载荷作用工况下，R 对应的为钢带管极限抗外压能力 P_{cr}，该压溃压力的具体计算公式可以参考第 2 章所给出的简化估算公式；S 对应为管道所受到的外压载荷随机变量。

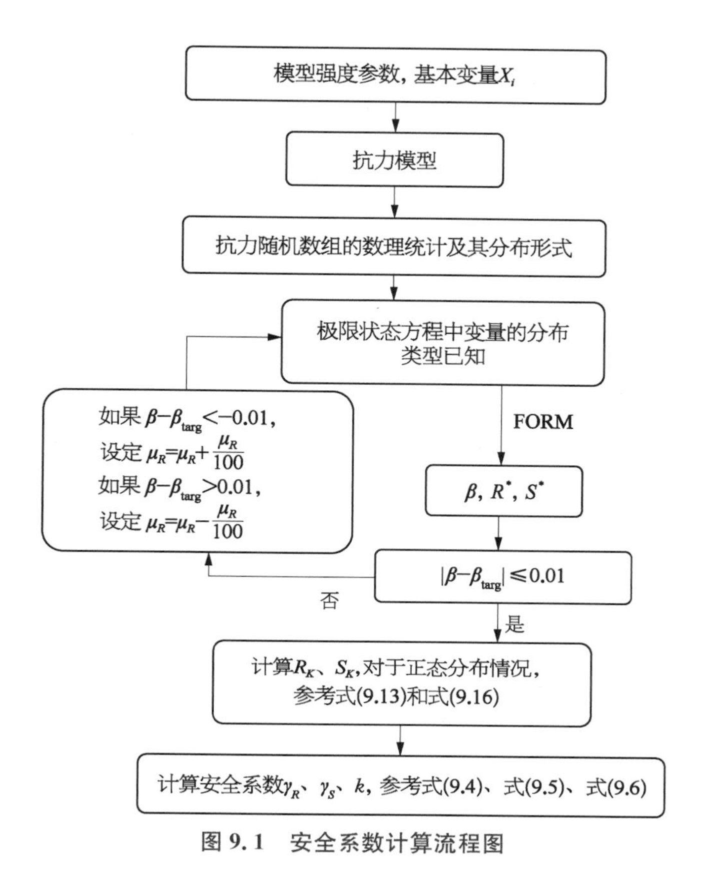

图 9.1　安全系数计算流程图

9.2　外压作用下安全系数的矫正

9.2.1　随机模型

与 SSRTP 抗外压能力相对应的基本随机变量模型选取情况见表 9.1。本章所研究的 SSRTP 几何特性及材料性能与第 2 章相同，其基本变量的分布类型可以通过规范 DNV 的推荐[1]来确定。表 9.1 中 R 的下标 i 和 o 分别表示内半径及外半径位置。第一个下标表示 PE 层的位置，第二个下标表示其对应的半径位置。比如，R_{ii} 表示内层 PE 的内半径值，R_{io} 表示内层 PE 的外半径值。其他符号的表达与前几章均相同。

考虑 PE 材料的弹塑性及与其相关参数的不确定性，其材料特性可以通过非线性材料参数来模拟。PE 材料的应力-应变关系曲线可以通过下式表达[2]：

表 9.1 与抗力相关的基本变量概率模型

基本变量	单 位	平均值	变异系数 CoV	分布类型
R_{ii}	mm	25	0.01	N
R_{io}	mm	31	0.01	N
R_{oi}	mm	33	0.02	N
R_{oo}	mm	37	0.02	N
b	mm	52	0.01	N
h	mm	0.5	0.01	N
α	°	54.7	0.03	N
E_{ste}	GPa	199	0.06	N
μ_{PE}		0.4	0.06	N

$$\sigma=\frac{E_0}{\kappa}(1-e^{-\kappa\varepsilon}) \tag{9.8}$$

式中 σ、ε——PE 材料的应力和应变；

κ——常量，该值可以通过给定的试验曲线确定。

从式(9.8)可以推导出材料的切线模量：

$$E_t=E_0e^{-\kappa\varepsilon} \tag{9.9}$$

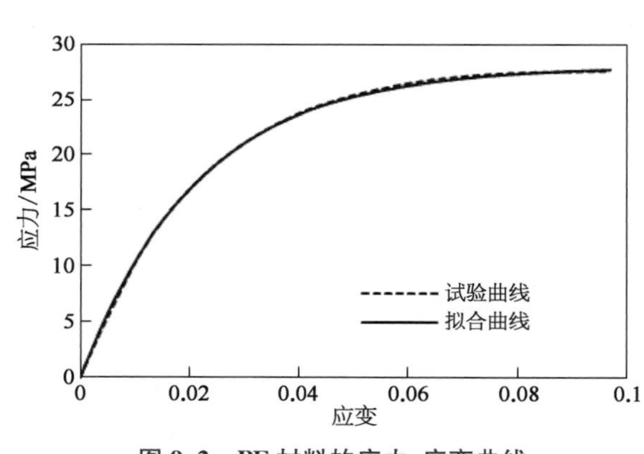

图 9.2 PE 材料的应力-应变曲线

PE 材料的应力-应变曲线引自第 2 章试验部分，该试验曲线及拟合曲线如图 9.2 所示。式中 κ 决定着曲线的趋势及走向，为简便起见，PE 材料的不确定性通过将 κ 看作正态分布随机变量来模拟。从曲线拟合的情况可以看出，变量 κ 的平均值设定为 46，其变异系数取 0.05 时即可较好地模拟出材料在合理范围内的变化情况。

第 2 章简化公式所计算出的结果可以看作 SSRTP 的抗外压能力下限值，该简化力学模型未考虑管道初始椭圆度的影响，而初始椭圆度的不确定性也会给结果带来很大的不确定性。因此在外压作用下，SSRTP 抗力模型的不确定性分布参数可以参考管道初始椭圆度来确定。根据相关文献[3]中 SSRTP 初始椭圆度的有限测量数据，用拟合的方法可以得出其大概的分布曲线，并发现其概率分布函数的平均值约为 0.5%。通过综合分析有限元、试验结果的变异性及对比简化理论结果，模型不确定性变量的平均值选取为 1.05，对应的变异系数为 0.1，其分布函数仍然假设服从正态分布。

通过蒙特卡罗法生成一系列随机变量，并将这些基本随机变量代入 SSRTP 的抗外压计算公式中，得到一组抗外压随机变量。对该组数据进行统计分析，并通过曲线拟合的方式得到其概率分布函数，如图 9.3 所示。由此可以得到抗力变量相对应的统计参数特性，见表 9.2。

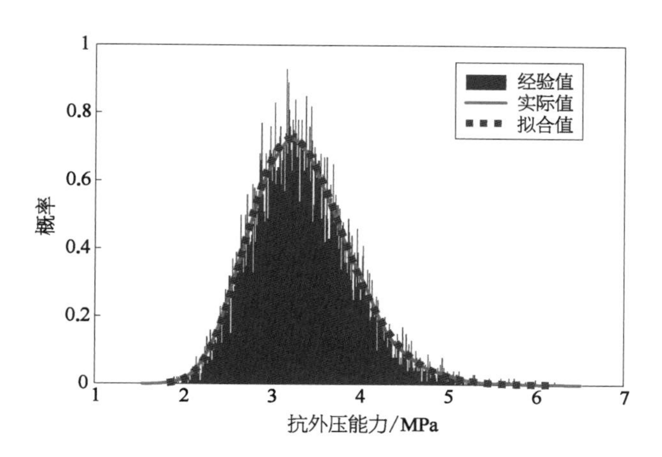

图 9.3　SSRTP 抗外压能力的概率分布图

表 9.2　SSRTP 抗压溃能力变量统计特性

平均值	标准差	变异系数	概率分布
3.357 6 MPa	0.565 6	0.168 5	正态

根据 DNV 规范[1]，载荷变量可以采用对数正态分布形式。外压载荷的平均值根据水深确定，本章的研究水深取 100 m。载荷变量的分布参数见表 9.3。

表 9.3　载荷变量分布参数

平均值	标准差	变异系数	概率分布
1 MPa	0.1	0.1	对数正态

9.2.2　结果讨论

安全系数与目标可靠指标 β_{targ} 有紧密的联系，其关系曲线如图 9.4 所示。从图中可以看出，γ_R 随着 β_{targ} 增加而增加，而 γ_S 几乎保持不变。这是由于当增加目标可靠指标时，抗力变量 R 的平均值会增加，其对应的特征值 R_K 也会增大，然而在本过程中计算出来的设计验算点值并没有太大变化，导致 γ_R 出现明显的增加。从该图也可以注意到，k 与 γ_R 几乎是按照抛物线的形式增长，尤其是当 β_{targ} 较大时，它们的增长速度变得非常快。总体来说，β_{targ} 越大，管道的设计安全系数 k 也越大，此时管道对应的失效概率也越小。管道的设计安全系数 k 与结构可靠性(定义为 1 与管道失效概率的差值)的关系曲线如图

9.5 所示。

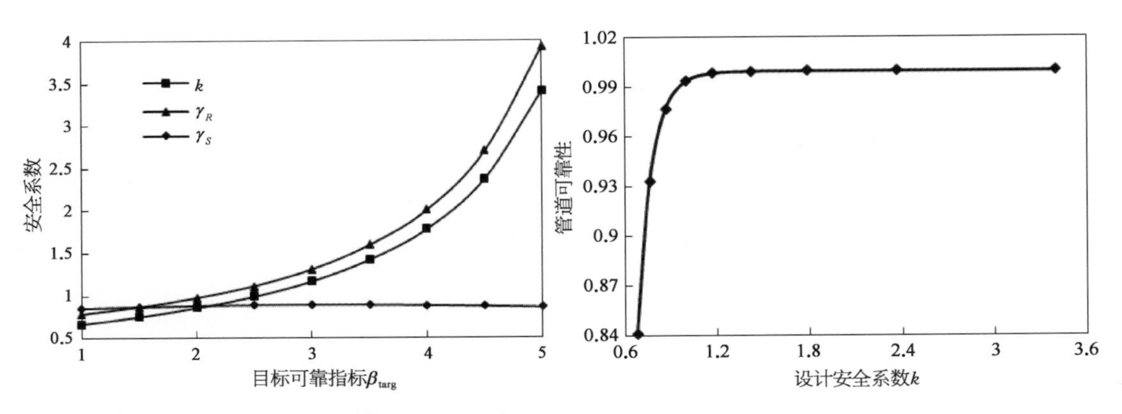

图 9.4　安全系数与目标可靠指标关系曲线　　**图 9.5　设计安全系数与管道可靠性关系曲线**

该尺寸下的 SSRTP 中内层 PE 对整管的抗外压能力有很大贡献，这里深入研究了内层 PE 的内半径变异系数对安全系数的影响。尽管管道初始椭圆度对 SSRTP 极限强度的影响相较于纯钢管而言没有那么明显，但相较于其他因素来说，管道初始椭圆度的影响仍然是主导因素。因此本节讨论了上述两个基本变量的变异系数变化对结果的影响。当给定目标可靠指标时，设计安全系数 k 很有可能会随着与结构抗力直接相关的基本变量变异系数的增大而增大。在本节中，β_{targ} 选取 4。一般情况下，SSRTP 极限强度的变异系数在生产过程中需要被严格控制，因此这里的分析主要集中在管道抗力变异系数 $\delta_R < 0.25$ 的情况。管道抗力变异系数 δ_R 与模型不确定性及管内半径变异系数（δ_{mod} 和 δ_{ii}）的变化关系如图 9.6 所示。

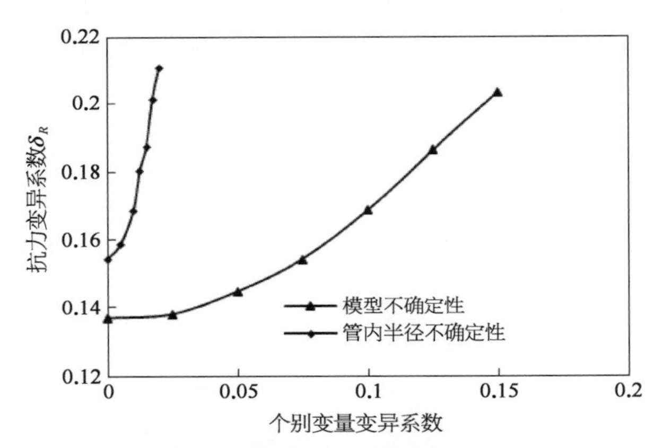

图 9.6　δ_R 与模型不确定性变异系数 δ_{mod} 及管内半径不确定性变异系数 δ_{ii} 关系曲线

从图 9.6 可以看出，管道内半径不确定性对 δ_R 的影响非常大，这是因为管道内半径的变化不仅会对内层 PE 管的平均半径产生影响，也会对其厚度产生影响，而这两因素又是决定内层 PE 管抗外压能力贡献值的主要因素。管道的设计安全系数 k 与模型不确定性变异系数 δ_{mod} 及内半径不确定性变异系数 δ_{ii} 的关系如图 9.7a、b 所示。结果与所预期的一致，管道设计安全系数 k 随着 δ_{mod} 和 δ_{ii} 的增大而增大，且曲线呈现出一定的指数增长特性。若保持 k 不变，增加基本变量的变异系数，则管道此时的可靠指标 β 变化趋势也能为其影响因素的评估提供一定的参考价值。从图 9.7a、b 可以看出，保持 k 不变，β 随

着 δ_{mod} 和 δ_{ii} 的增大而减小。

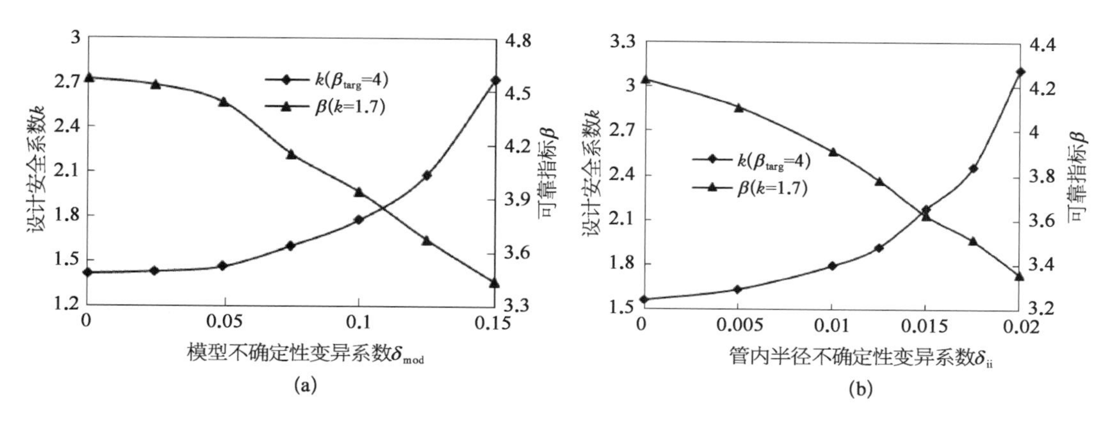

图 9.7　设计安全系数 k 和可靠指标 β 与相关变异系数的关系

δ_{mod} 和 δ_{ii} 共同变化作用下，k 的变化趋势如图 9.8 所示。如图所示，k 随着 δ_{mod} 和 δ_{ii} 的增加而增加。仔细观察该图可以看到，k 值在 δ_{mod} 和 δ_{ii} 最大位置处突起，这进一步说明了在两者变异系数均比较大的情况下，设计安全系数 k 的增长速度非常快，在此后的过程中，δ_{mod} 或 δ_{ii} 的每一微小增量将会导致 k 值的数倍增大。由于管道的生产成本与其设计安全系数有着直接关系，为了降低成本，管道不确定性因素变异系数和管道内半径变异系数在生产过程中应该被严格控制。

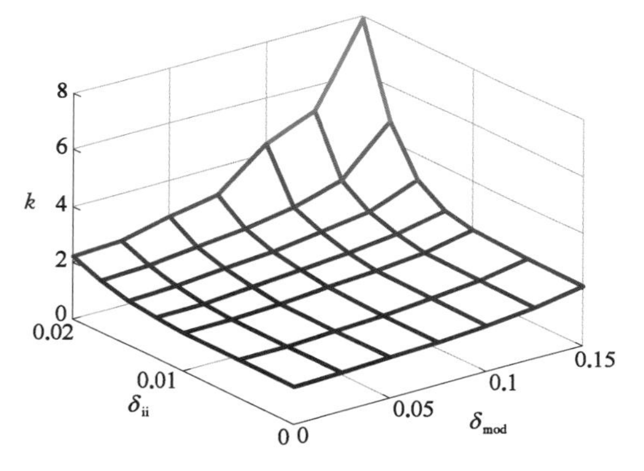

图 9.8　设计安全系数 k 与 δ_{mod} 和 δ_{ii} 的关系

9.3　不同分布类型的影响

管道抗力及载荷分布类型也会对矫正结果产生一定影响，选取三种最常用的分布类型分析其敏感性。N 表示正态分布(normal)，LN 表示对数正态分布(lognormal)。分别讨论了管道抗力分布-其载荷效应分布形式的关系。

9.3.1 N-N分布

当管道抗力及载荷效应的正态分布参数均已知时，其可靠指标可以通过下式直接求出：

$$\beta=\frac{\mu_R-\mu_S}{\sqrt{(\mu_R\delta_R)^2+(\mu_S\delta_S)^2}} \tag{9.10}$$

当管道的目标可靠指标 β_{targ} 给定时，即 β 为式(9.10)中的已知量，求解上述一元二次方程，可以得到 μ_R 的表达式。需要注意的是，该方程求解出来有两个根，μ_R 需根据实际情况来选取其合理的值，一般来说，μ_R 要大于 μ_S，因此这里抗力平均值的表达式为

$$\mu_R=\frac{\mu_S[\sqrt{1-(\beta_{\text{targ}}^2\delta_R^2-1)(\beta_{\text{targ}}^2\delta_S^2-1)}+1]}{1-\beta_{\text{targ}}^2\delta_R^2} \tag{9.11}$$

计算得出的抗力设计验算点表达式如下：

$$R^*=\mu_R-\frac{\beta_{\text{targ}}^2\mu_R^2\delta_R^2}{\mu_R-\mu_S} \tag{9.12}$$

对于正态分布函数，其抗力特征值的表达式为

$$R_K=\mu_R(1-K_R\delta_R) \tag{9.13}$$

式中　K_R——确定随机变量分位数的参数，为了保证随机变量有97.5%的概率落在或超过其对应的特征值范围内，本节的 K_R 选取为1.96。

将式(9.12)和式(9.13)代入式(9.4)，可以得到抗力分项系数：

$$\gamma_R=\frac{1-K_R\delta_R}{[1-\beta_{\text{targ}}^2\delta_R^2/(1-\mu_S/\mu_R)]} \tag{9.14}$$

通过相同的方法，载荷分项系数表达式如下：

$$\gamma_S=\frac{1+\beta_{\text{targ}}^2\delta_S^2/(\mu_R/\mu_S-1)}{1+K_S\delta_S} \tag{9.15}$$

其中 K_S 与 K_R 有着相同的含义。对于正态分布的载荷效应，其特征值 S_K 的表达式为

$$S_K=\mu_S(1+K_S\delta_S) \tag{9.16}$$

本章所得出的 R 及 S 设计验算点相等，因此设计安全系数可以表达为

$$k=\gamma_R\gamma_S=\frac{R_K}{S_K}=\frac{\mu_R(1-K_R\delta_R)}{\mu_S(1+K_S\delta_S)} \tag{9.17}$$

将式(9.11)代入上述方程，可以得到 k 更直观清楚的表达式：

$$k=\frac{[\sqrt{1-(\beta_{\text{targ}}^2\delta_R^2-1)(\beta_{\text{targ}}^2\delta_S^2-1)}+1](1-K_R\delta_R)}{(1-\beta_{\text{targ}}^2\delta_R^2)(1+K_S\delta_S)} \tag{9.18}$$

该种分布类型下，其安全系数与目标可靠指标的关系曲线如图 9.9 所示。与前节中得出的 N－LN 分布类型结果(图 9.4)相对比，可以看出两者曲线的变化趋势几乎相同。这说明当抗力变量均为正态分布时，稍微改变载荷效应的分布类型不会对矫正结果产生较大影响。

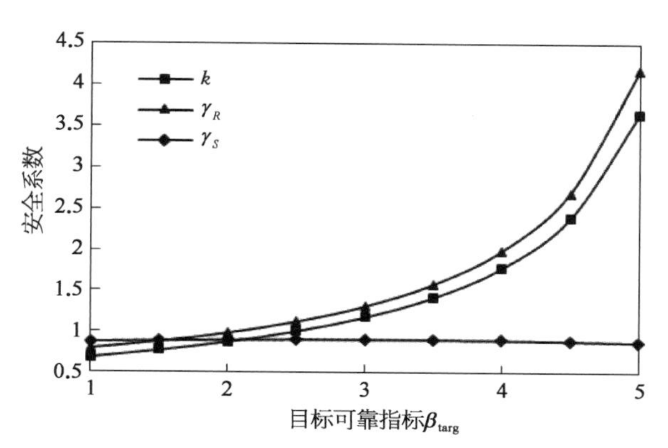

图 9.9　安全系数与目标可靠指标关系曲线

由于 γ_R 和 γ_S 的表达式不如 k 的表达式直观，为了更清楚地展示这两项分项系数随变异系数 δ_R 和 δ_S 的变化关系，画出其对应的网格图(图 9.10a、b)。需要注意的是，这里目标可靠指标仍然设定为 4。从这两幅网格图可以看出：δ_R 似乎对 γ_R 没有太大的影响，而对于 γ_S，当 δ_S 较小时，其影响结果展示出上升趋势，当 δ_S 超过某一特定值之后，结果开始呈现下降趋势；当 δ_S 增加时，γ_R 也增加，而 γ_S 在多半情况

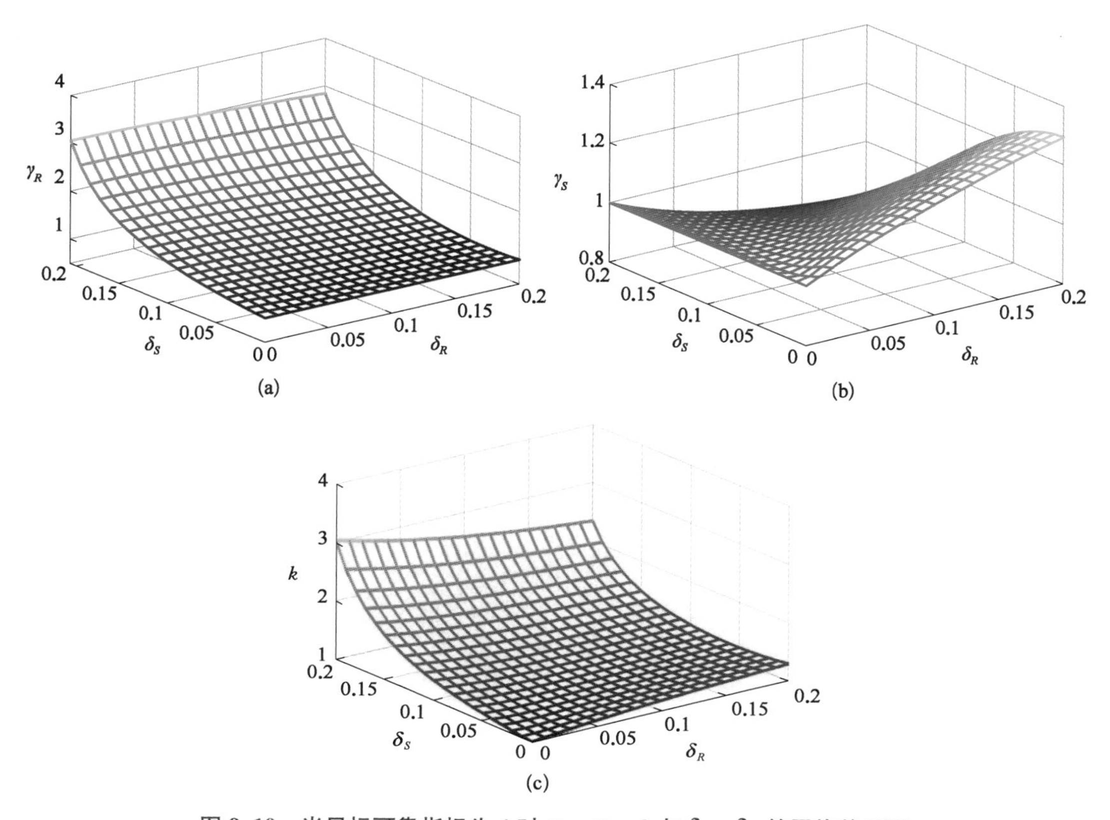

图 9.10　当目标可靠指标为 4 时 γ_R、γ_S、k 与 δ_R、δ_S 的网格关系图

下却是下降的。尽管 γ_S 在一定区域呈现了下降趋势，但总的来说，设计安全系数 k 仍然保持上升趋势，如图 9.10c 所示。

9.3.2 LN－LN 分布

根据生产经验可知，SSRTP 的初始椭圆度分布类型也有可能是对数正态分布。通过修改模型不确定性随机模型而保持其他基本变量不变，最终得出的管道抗力分布类型也会发生改变。在本工况下，假设管道的抗力和载荷效应均服从对数正态分布。在 Matlab 中，当使用函数 lognrnd(MU, SIGMA)生成随机变量数组，需要注意的是，MU、SIGMA 分别对应为其转换为正态分布之后的平均值与标准差，即对数均值与对数标准差。因此当一组对数正态分布的随机变量其平均值 μ 及变异系数 δ 已知时，需要通过下式进行相关转换：

$$\mu_{\ln X_i} = \ln \frac{\mu}{\sqrt{1+\delta^2}} \tag{9.19}$$

$$\sigma_{\ln X_i} = \sqrt{\ln(1+\delta^2)} \tag{9.20}$$

式中　$\mu_{\ln X_i}$、$\sigma_{\ln X_i}$ ——与 MU 和 SIGMA 相对应的输入参数。

在 LN－LN 分布情况下，安全系数的矫正过程也较为简洁。当目标可靠指标 β_{targ} 已知时，抗力的对数平均值 $\mu_{\ln R}$ 可以表达为

$$\mu_{\ln R} = \mu_{\ln S} + \sqrt{\beta_{\text{targ}}^2(\sigma_{\ln S}^2 + \sigma_{\ln R}^2)} \tag{9.21}$$

其中 $\mu_{\ln S}$、$\sigma_{\ln S}$ 及 $\sigma_{\ln R}$ 可以根据抗力及载荷的平均值和变异系数从式(9.19)、式(9.20)中计算得出。设计安全系数 k 与目标可靠指标 β_{targ} 的关系表达式为

$$k = \exp\left[\sqrt{\beta_{\text{targ}}^2(\sigma_{\ln S}^2 + \sigma_{\ln R}^2)} - K_R\sigma_{\ln R} - K_S\sigma_{\ln S}\right] \tag{9.22}$$

从式(9.22)可以看出，k 将随着 β_{targ} 以指数的形式增长，该现象被所计算出的结果证实，如图 9.11 所示。

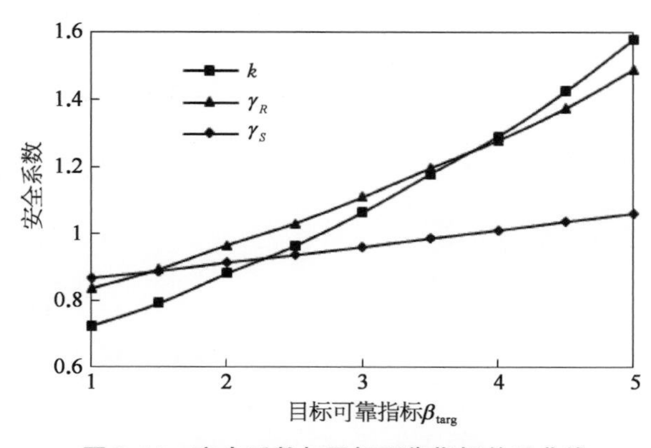

图 9.11　安全系数与目标可靠指标关系曲线

从式(9.22)也可以看出，k 的主要影响因素与 δ_S 及 δ_R 直接相关，而 δ_R 又与管道的内半径及模型的不确定性紧密相连。假设管道的目标可靠指标仍然为 4，k 与 δ_{mod} 及 δ_{ii} 的关系网格如图 9.12 所示。与图 9.8 相对比，该网格图看起来更像是弧面的一部分。δ_{mod} 和 δ_{ii} 越大，设计安全系数的增长速度也越快。

δ_S 和 δ_R 对 k 联合作用的影响如图

9.13 所示。当载荷效应及抗力变量没有不确定性时，其对应的设计安全系数为 1。一般来说，k 随着 δ_S 和 δ_R 的增大而增大，但该网格图左右两翼缘位置处的设计安全系数要大于网格对角线位置处的最大 k 值。该现象看起来比较奇怪，但需要注意的是，管道的目标可靠指标在变异系数变化的整个过程中均保持不变。因此该网格图的不同位置处其抗力对应的特征值也会发生变化，所以该现象是合理的。

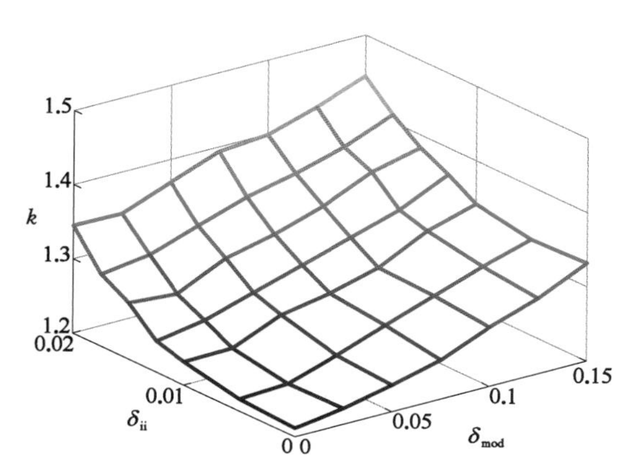

图 9.12　设计安全系数与 δ_{mod} 和 δ_{ii} 关系网格图

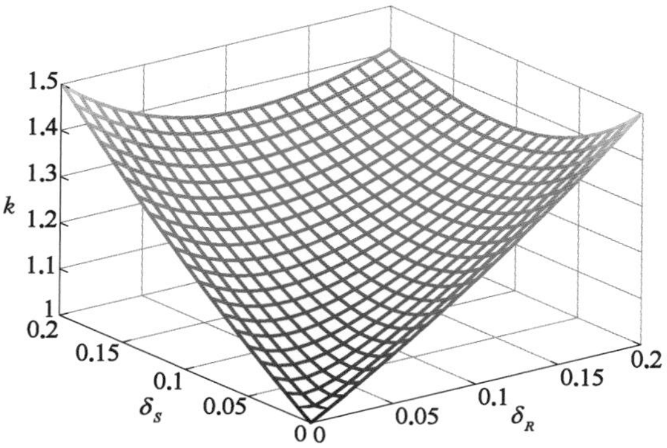

图 9.13　设计安全系数 k 与 δ_S 和 δ_R 关系图（目标可靠指标为 4）

9.3.3　LN - Gumbel 分布

Gumbel 分布是载荷效应分布的一种常用类型，尤其是在需要考虑极值效应时。使用 Gumbel 分布时，需要区分其最大极值和最小极值分布。本工况选取最大极值分布类型，在 FORM 计算过程中所使用的密度函数表达式如下：

$$f_{X_{\max}}(x;\ u,\ \alpha)=\alpha e^{-\alpha(x-u)-e^{-\alpha(x-u)}} \tag{9.23}$$

上述方程中的分布参数 α 和 u 可以通过下式获得：

$$\alpha=\frac{\pi}{\sqrt{6}\sigma} \tag{9.24}$$

$$u=\mu-\frac{\gamma}{\alpha} \tag{9.25}$$

式中　σ——随机变量的标准差；

　　　γ——欧拉常数。

Matlab 可以直接用其附带函数的表达模拟最小极值分布情况，为了得到安全系数矫正过程中最大极值分布函数的特征值 S_K，可以使用该种分布类型的镜像特征得到其最大累积分布函数的逆：

$$f_{X_{\max}}(x;u,\alpha)=f_{X_{\min}}\left(-x;-u,\frac{1}{\alpha}\right) \tag{9.26}$$

$$F_{X_{\max}}(x;u,\alpha)=1-F_{X_{\min}}\left(-x;-u,\frac{1}{\alpha}\right) \tag{9.27}$$

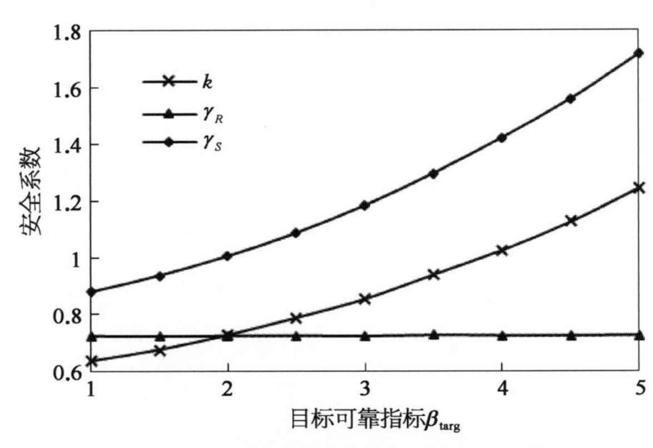

图 9.14　安全系数与目标可靠指标关系曲线

图 9.14 为该种分布类型条件下安全系数与目标可靠指标的关系曲线。对比上述三种分布工况下所得出的结果，该情况下 γ_R 与 γ_S 的变化形式有所不同，这里 γ_R 随目标可靠指标的变化很小而 γ_S 增加显著。这是由于当目标可靠指标增大时，R_K 及设计验算点值都明显增加而导致它们比值的变化量很小。尽管如此，以上几种情况下的设计安全系数 k 均随着 β_{targ} 单调递增。

9.3.4　结果讨论

不同分布类型下所得出的结果曲线对比如图 9.15 所示。从图中可以看出，在曲线的整个变化过程中，N - N 分布情况下的设计安全系数值最大，而 LN - Gumbel 所得出的值最小，分布类型的改变也会导致矫正结果变化趋势的改变，该现象可以通过以下方面来解释：

假设抗力及载荷效应的概率分布函数分别为 $f_R(r)$ 和 $f_S(s)$，管道的失效概率可以表示为

$$P_{\mathrm{f}}=\iint_{r<s} f_R(r)f_S(s)\mathrm{d}r\mathrm{d}s=\int_0^{+\infty}[1-F_S(r)]f_R(r)\mathrm{d}r \tag{9.28}$$

式中　$F_S(\cdot)$——载荷效应的累积分布函数。

根据式(9.28)的几何表述(图 9.16)可以看出，管道的失效概率等于曲线 $1-F_S(r)$ 和 $f_R(r)$ 所交汇的面积。不同的分布类型会导致这两条曲线不同的重叠形状及大小都不同，重叠面积越大，管道的失效概率越大，也就需要更大的设计安全系数使管道达到相应的目标可靠指标。以 N - LN 和 LN - LN 分布为例来说明，在两种分布类型的均值及变异系数均相同的情况下，正态分布函数的抵抗力值及数量远高于对数正态分布的情况，导致曲线的重叠面积增加，进而增加了其设计安全系数。需要注意的是，在目标可靠指标 β_{targ} 较小的情况下，这四种分布类型工况下的设计安全系数值偏差不太大，随着 β_{targ} 的增大，四条曲线之间的偏差也越来越大。上述现象说明，当管道结构的可靠性要求非常严苛时，为了得到比较准确可靠的矫正结果，需要慎重选择与实际情况最为接近的抗力及载荷效应的分布类型。

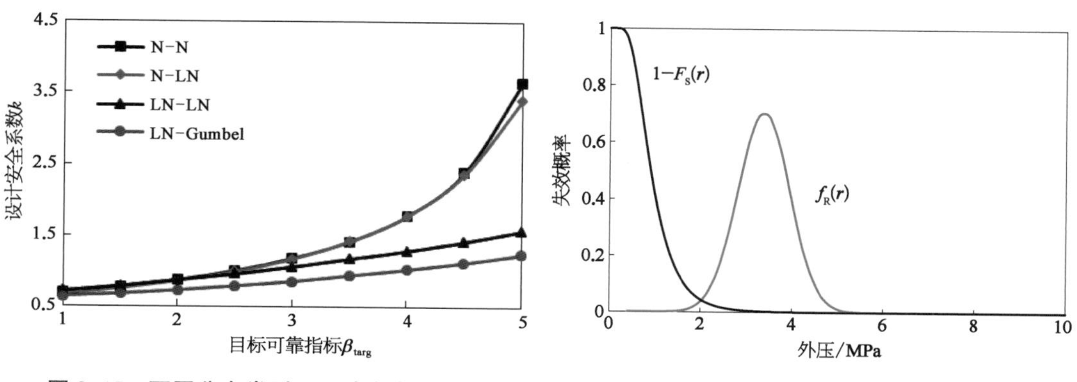

图 9.15　不同分布类型下设计安全系数与目标可靠指标关系曲线对比图

图 9.16　式(9.28)的几何解释

图 9.17 为以上四种分布类型下设计安全系数与管道可靠度($1-P_f$)的关系对比图。当设计安全系数 k 达到一定值之后，继续增加 k 将不再对管道的可靠度产生较大影响，这是由于管道的失效概率越来越小，其值几乎可以忽略不计。该现象说明，在工程实践中不需要选取过高的设计安全系数。

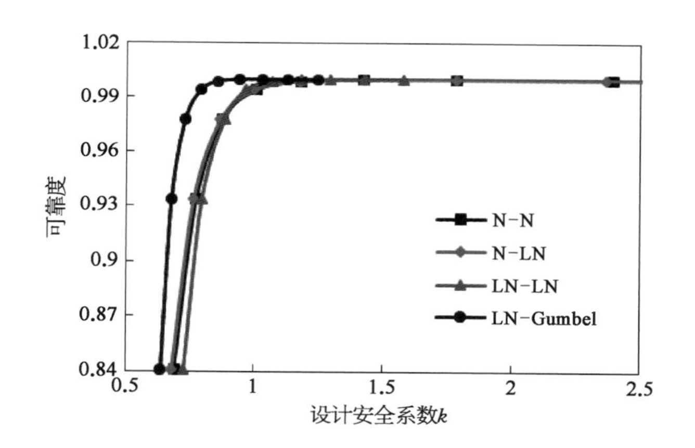

图 9.17　不同分布类型下设计安全系数 k 与可靠度($1-P_f$)的关系

9.4　推荐使用设计安全系数

尽管前面所使用的基本随机变量分布模型是根据工程实践及相关规范选取的，SSRTP 实际统计数据的缺失仍然会对计算结果造成很大影响。本节给出了 SSRTP 的推荐使用设计安全系数，该系数参考了纯钢管中广泛使用的设计安全系数 1.5[4]，即在

使用本节推荐的 k 下，SSRTP 能够达到与钢管（使用设计安全系数 1.5 时）相同的可靠指标。

对于抗力及载荷效应的分布类型，相关规范推荐使用对数正态分布，因此这里假设管道的抗力与载荷效应分布类型为 LN－LN 分布。假设施加在纯钢管及 SSRTP 上的载荷效应 $LN(\delta_S, \mu_S)$ 相同，两者的抗力服从不同的对数正态分布：钢管为 $LN(\delta_{R_0}, \mu_{R_0})$，SSRTP 为 $LN(\delta_{R_1}, \mu_{R_1})$。在分布参数给定的情况下，钢管在该种工况下的可靠指标可以通过下式获得：

$$\beta=\frac{\ln\left(\frac{\mu_{R_0}}{\mu_S}\sqrt{\frac{1+\delta_S^2}{1+\delta_{R_0}^2}}\right)}{\sqrt{\ln[(1+\delta_{R_0}^2)(1+\delta_S^2)]}} \tag{9.29}$$

为了达到与钢管相同的可靠度，钢带缠绕管的目标可靠指标为式(9.29)所计算得出的 β 值。将相关分布参数及计算所得的可靠指标代入式(9.22)，可以得到 SSRTP 的设计安全系数 k_1。

由于 k_1 的直接表达公式太过于复杂，这里引入纯钢管的设计安全系数 k_0，一方面是为了简化公式的表达，另一方面方便观察 k_1 与 k_0 的关系。本节的钢管在该种工况下的目标可靠指标就假设为式(9.29)所计算得出的可靠指标，因此 k_0 表达式可以写成

$$k_0=\frac{\frac{\mu_{R_0}}{\mu_S}\sqrt{\frac{1+\delta_S^2}{1+\delta_{R_0}^2}}}{\exp\{K_f[\sqrt{\ln(1+\delta_{R_0}^2)}+\sqrt{\ln(1+\delta_S^2)}]\}} \tag{9.30}$$

为简化起见，K_R 和 K_S 均假设等于同一常数 K_f。通过公式的转换及化简，k_1 可以表达为

$$k_1=\frac{k_0}{\exp\left\{[\ln k_0+K_f(\sqrt{A}+\sqrt{C})]\left(1-\frac{\sqrt{B+C}}{\sqrt{A+C}}\right)-K_f[\sqrt{A}-\sqrt{B}]\right\}} \tag{9.31}$$

式中　A、B、C——对数方差，它们的表达式如下：

$$A=\ln(1+\delta_{R_0}^2) \tag{9.32}$$

$$B=\ln(1+\delta_{R_1}^2) \tag{9.33}$$

$$C=\ln(1+\delta_S^2) \tag{9.34}$$

纯钢管结构抗力的变异系数一般选取为 0.03[4]，对于抗力，其变异系数值一般为 0.1 左右。SSRTP 的设计安全系数与其抗力的变异系数关系曲线如图 9.18 所示。从图中可以看出，SSRTP 的设计安全系数随 δ_{R_1} 按照指数增长的方式增加。根据规范推荐的 SSRTP 几何参数及材料特性等随机模型，计算得出 SSRTP 的抗力变异系数约为 0.17，

对应于图 9.18 中的设计安全系数值约为 2，因此可以将该值看作是 SSRTP 的推荐使用设计安全系数。

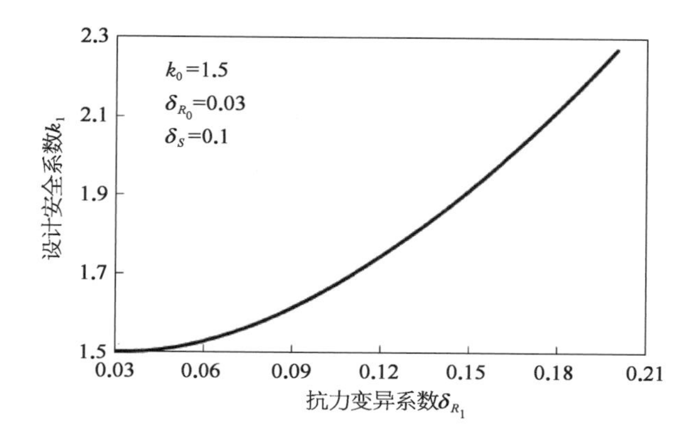

图 9.18　不同抗力变异系数下 SSRTP 的设计安全系数

9.5　本 章 小 结

本章详细描述了钢带缠绕复合管在安装及服役阶段设计安全系数的矫正方法，并以 SSRTP 纯外压作用下的情况为例说明了该组合方法(蒙特卡罗和一次二阶矩相结合)对于复杂结构管力学响应计算的有效性。该方法尤其适用于模型中有大量基本随机变量甚至要求迭代求解的情况。基于该可靠性研究方法，本章得出以下主要结论：

(1) 管道的设计安全系数与目标可靠指标及随机变量的变异系数有着紧密联系。一般来说，设计安全系数随目标可靠指标及随机变量的变异系数增大而增大。对于 SSRTP 而言，管道内半径的变异系数对矫正结果有着非常大的影响，因此在管道的生产过程中，需要严格控制该基本变量的变异范围。

(2) 当 SSRTP 可靠性指标要求没有那么严苛时，通过不同的变量分布类型矫正得出的设计安全系数值相差并不明显。然而当 SSRTP 在使用过程中要求达到较高的可靠标准时，为了得到比较可信的矫正结果，需要仔细慎重地选取其基本变量的分布类型。

(3) 在实际工程中，推荐 SSRTP 使用设计安全系数 2。该值能使 SSRTP 在使用过程中达到与传统钢管(对应于其广泛使用的安全系数 1.5)相同的可靠指标。另外需要说明的是，管道不同的失效后果、所处位置、输送介质等情况均会给管道的使用提出不同的可靠指标，当给定可靠性目标水平时，需要根据该值重新矫正以得出更为合理的设计安全系数值。

(4) 本章所选取的基本随机变量模型可能不是最优选择,因此与 SSRTP 力学模型不确定性相关的基本变量需要采集更多数据并进行更系统的统计分析。至今为止,SSRTP 在外压作用下压溃压力的分散性还没有得到充分的试验验证,因此在 SSRTP 安全系数的矫正过程中,仍缺乏有效的统计模型。在未来 SSRTP 生产过程中,如果其强度变异系数能够被有效控制或有所改善,为避免不必要的保守性,可以减小上述推荐系数值,并选择更合适的设计安全系数。

参考文献

[1] Veritas N. Structural reliability analysis of marine structures[Z]. Høvik: Det Norske Veritas, 1992.

[2] Gibson A G, Hicks C, Wright P N H, et al. Development of glass fibre reinforced polyethylene pipes for pressure applications[J]. Journal of Plastics, Rubber and Composites, 2000, 29(10): 509 - 519.

[3] Bai Y, Yuan S, Cheng P, et al. Confined collapse of unbonded multi-layer pipe subjected to external pressure[J]. Journal of Composite Structures, 2016, 158(12): 1 - 10.

[4] Zhu T L. A reliability-based safety factor for aircraft composite structures[J]. Journal of Computers & Structures, 1993, 48(4): 745 - 748.

第2篇

非粘结柔性管

第 10 章　非粘结柔性管受限外压稳定理论

在非粘结柔性管安装或在位运行进行降压检修时，大气压和海水压力共同作用于管外壁，随着径向均匀外压不断加大会导致非粘结柔性管截面环向应力过大发生屈曲失稳，进而进入后屈曲压溃状态，直至管腔通道因截面压扁而封堵失效。由于非粘结柔性管结构复杂，按照 Neto[1] 的定义，一般将其压溃类型分为干压溃和湿压溃两种。就具体的屈曲模式而言，干压溃主要是发生自由椭圆屈曲，而湿压溃可发生受限的椭圆屈曲和心形屈曲。对于这两种屈曲模式，本章将一方面对相关理论方法进行详细的归纳介绍，另一方面针对受弹性限制的圆管稳定理论进行分析推导。

10.1 圆管经典稳定理论

根据相关文献的分析，在研究非粘结柔性管中抗外压的骨架层时，可将其等效简化为圆环、正交各向异性或简单的各向同性管，等效准则主要包括面积相等、弯曲刚度相等或基于应变能的等效。对于圆环的弹性受压稳定理论，Timoshenko[2] 在前人研究的基础上总结推导了中心线为圆弧的细曲杆微弯曲的挠度曲线，假设微段的径向位移为小量，并忽略切向位移，得出该挠曲线的微分方程：

$$\frac{\mathrm{d}^2 w}{\mathrm{d}\theta^2}+w=-\frac{MR^2}{EI} \tag{10.1}$$

式中 w ——细杆的径向位移；

θ ——环向角度；

M ——施加在曲杆截面上的弯矩；

R ——细杆的曲率半径；

EI ——曲杆初曲率截面的弯曲刚度。

对于均布外压下圆环屈曲压力，Timoshenko 针对中心线不可伸长的理想环，研究当圆环平衡位置发生微小挠曲时，该环在所设微变形下保持平衡的均布压力。本节对该方法进行简单介绍。

如图 10.1 所示，由于在均布压力下，该环为轴对称变形，因此取一半圆环来分析，虚线代表圆环原始位置，实线部分为均布压力下有微小挠曲环的位置，w 为任意点的径向位移，w_0 为点 A 和 B 的径向位移，AB 和 OD 为屈曲环对称轴，截去的下半部分对上半部分的作用由纵向力

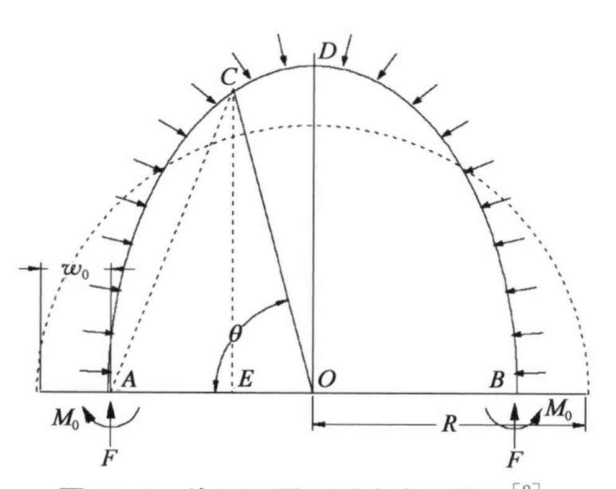

图 10.1 外压下圆环受力变形简图[2]

F 和弯矩 M_0 来表示，P 表示环中心线单位长度均匀正压力。则 A 和 B 处的压力为

$$F = P(R - w_0) \tag{10.2}$$

结合变形前后几何关系，略去微量的平方项，屈曲环任意截面的弯矩可表示为

$$M = M_0 - PR(w_0 - w) \tag{10.3}$$

代入式(10.1)，可得

$$\frac{\mathrm{d}^2 w}{\mathrm{d}\theta^2} + w = -\frac{R^2}{EI}[M_0 - PR(w_0 - w)] \tag{10.4}$$

求解该式 w 的通解并考虑该屈曲环边界条件：

$$\left(\frac{\mathrm{d}w}{\mathrm{d}\theta}\right)_{\theta=0} = 0,\ \left(\frac{\mathrm{d}w}{\mathrm{d}\theta}\right)_{\theta=\frac{\pi}{2}} = 0 \tag{10.5}$$

就可以得到临界压力值公式，代回可求出 $w = w_0 \cos 2\theta$，该式可作为椭圆初始缺陷表达式。按照 API - 17J[3] 对椭圆度 Δ_0 的定义：

$$\Delta_0 = \frac{D_{\max} - D_{\min}}{D_{\max} + D_{\min}} = \frac{w_0}{R} \tag{10.6}$$

w_0 可表达为 $w_0 = R\Delta_0$，挠度缺陷函数又可写为 $w = R\Delta_0 \cos 2\theta$。

计算非粘结柔性管的干压溃时要考虑完整截面，对于其中的圆筒层可考虑无限长管的弹性屈曲解法，即将 E 替换为 $\frac{E}{1-\nu^2}$，以 $\frac{t^3}{12}$ 代替 I。下面从非线性壳理论角度对其进行简易介绍。参看图 10.2，在均布外压下，Kyriakides[5] 考虑沿轴向统一变形的管道，只计算环向应变影响，定义非线性、小应变、小转角的环向应变如下：

$$\varepsilon_{\theta\theta} = \varepsilon^{\circ}_{\theta\theta} + \rho\kappa_{\theta\theta} \tag{10.7}$$

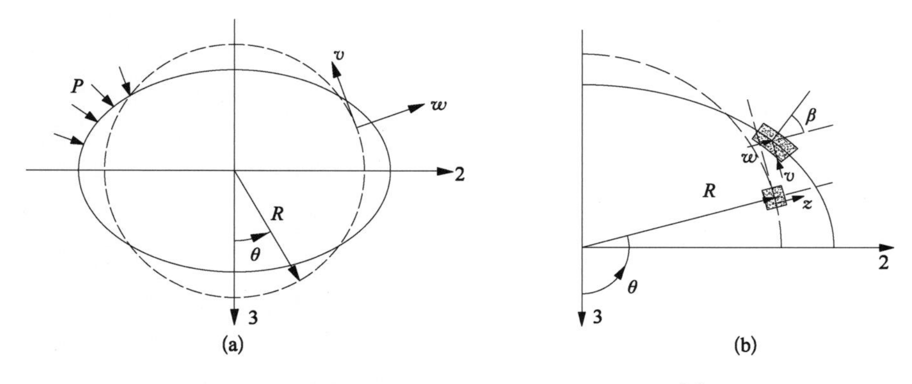

图 10.2　管道截面变形前后与中面位移定义[4]

其中，

$$\varepsilon_{\theta\theta}^{\circ} = \frac{v' + w}{R} + \frac{1}{2}\left(\frac{v - w'}{R}\right)^2, \ \kappa_{\theta\theta} = \frac{v' - w''}{R^2} \tag{10.8}$$

式中　$\varepsilon_{\theta\theta}^{\circ}$——环中心线的轴向变形；

$\rho\kappa_{\theta\theta}$——曲率变化引起的环向应变；

v、w——环中线，即圆环平均半径的环向位移和径向位移；

ρ——截面上任一点到环中线的距离。

系统总势能表达式如下：

$$\Pi = \int_0^{2\pi}\left\{\frac{1}{2}[N_{\theta\theta}\varepsilon_{\theta\theta}^{\circ} + M_{\theta\theta}\kappa_{\theta\theta}]R + PR\left[w + \frac{1}{2R}(v^2 + w^2 - vw' + v'w)\right]\right\}d\theta \tag{10.9}$$

其中截面轴力 $N_{\theta\theta}$ 和截面弯矩 $M_{\theta\theta}$ 分别为

$$N_{\theta\theta} = \int_{-t/2}^{t/2}\sigma_{\theta\theta}dz = \frac{Et}{1-\nu^2}\varepsilon_{\theta\theta}^{\circ}, \ M_{\theta\theta} = \int_{-t/2}^{t/2}\sigma_{\theta\theta}z\,dz = \frac{Et^3}{12(1-\nu^2)}\kappa_{\theta\theta} \tag{10.10}$$

通过对式(10.9)取变分为 0 可以求出平衡方程，经线性化简并引入屈曲模态 $w = a\cos n\theta$ 和 $v = b\sin n\theta$ 建立分枝屈曲方程：

$$\left.\begin{aligned} &RN'_{\theta\theta} + M'_{\theta\theta} = 0 \\ &M''_{\theta\theta} - RN_{\theta\theta} + PR^2\left(\frac{\nu' - w''}{R}\right) - PR(\nu' + w) = 0 \end{aligned}\right\} \tag{10.11}$$

通过系数矩阵行列式为 0 可求得一系列特征值：

$$P_{c'n} = \frac{(n^2-1)}{12[1 + 1/12(t/R)^2]}\frac{E}{(1-\nu^2)}\left(\frac{t}{R}\right)^3 \quad (n = 2, 3, \cdots) \tag{10.12}$$

如果没有层间缝隙，非粘结柔性管的弹性屈曲压力可通过上式利用叠加原理，将抗外压相关层的屈曲值加和求解：

$$P_{cd} = \sum_{i=1}^{N}\frac{3EI_{eq}^{i}}{R^3} \tag{10.13}$$

式中　I_{eq}^{i}——每层单位长度等效环截面惯性矩；

EI_{eq}^{i}——等效截面弯曲刚度。

对于圆筒层：

$$I_{eq} = \frac{t^3}{12(1-\nu^2)} \tag{10.14}$$

对于单位长度自锁铠装层：

$$I_{eq}=Kn\frac{I_{2'}}{L_p},\ L_p=\frac{2\pi R}{\tan\alpha} \tag{10.15}$$

式中 n ——层内的螺旋线数量；

L_p ——螺距；

α ——螺旋铺设角度；

$I_{2'}$ ——截面弱轴惯性矩，可通过惯性张量特征值求得；

K ——与缠绕角度和截面惯性矩有关的系数，对于大多数截面，$K\approx 1$。

该方法和 Neto[1] 方法的思想一致。

10.2 含缺陷圆管弹塑性稳定理论

依上节所述，管道自身几何缺陷对其在均布外力下的屈曲值影响较大。延续 Kyriakides[5] 对无限长管的研究方法，引入沿管轴向均匀的缺陷对 $(\bar{v},\ \bar{w})$，并假定该缺陷符合一阶均匀椭圆屈曲模态，考虑无伸长变形条件 $\frac{\mathrm{d}\bar{v}}{\mathrm{d}\theta}-\bar{w}=0$，即 $\bar{v}=\frac{a}{2}\sin 2\theta$ 和 $\bar{w}=-a\cos 2\theta$，此时各点环向、径向位移为 $(v-\bar{v},\ w-\bar{w})$，通过代入线性屈曲方程，可求解得到

$$w=\frac{-aP}{P_c-P}\cos 2\theta \tag{10.16}$$

$$v=\frac{aP}{2(P_c-P)}\sin 2\theta \tag{10.17}$$

Timoshenko 建议在薄壁管道设计中，应该将截面初始屈服看作一种保守的压溃值上限。当截面上轴力和弯矩引起的应力达到屈服强度管道就会发生屈服，含缺陷圆管的截面轴力和弯矩可写为

$$M_{\theta\theta}=\frac{D}{R^2}(v'-w'')=\frac{-E}{4(1-v^2)}\left(\frac{t}{R}\right)^3\frac{PRa}{(P_{c'}-P)}\cos 2\theta \tag{10.18}$$

$$N_{\theta\theta}\approx -PR \tag{10.19}$$

因此 $M_{\theta\theta\max}$ 出现在 $\theta=0$ 和 $\theta=\pi$ 的截面上，则初始屈服强度即是该截面压力和弯矩产生的压应力之和：

$$\sigma_o=\left|\frac{N_{\theta\theta}}{t}\right|+\left|\frac{6M_{\theta\theta\max}}{t^2}\right|=\frac{PR}{t}+\frac{6aRPP_{c'}}{(P_{c'}-P)t^2} \tag{10.20}$$

如果将压溃和初始屈服联系起来，则上式可改写成

$$P_{co}^2-(P_o+\psi P_{c'})P_{co}+P_oP_{c'}=0 \tag{10.21}$$

其中屈服压力定义为 $P_o=\dfrac{\sigma_o t}{R}=\dfrac{2\sigma_o t}{D_o}$，另外 $\psi=\left(1+\psi_o\Delta_o\dfrac{D_o}{t}\right)$，$\psi_o=3$，求解得

$$P_{co}=\frac{1}{2}\{(P_o+\psi P_{c'})-[(P_o+\psi P_{c'})^2-4P_oP_{c'}]^{\frac{1}{2}}\} \tag{10.22}$$

除此之外，Kyriakides[5]还提供了一种简洁的计算 P_{co} 的公式：

$$P_{co}=\frac{1}{\left[\dfrac{1}{P_{c'}^2}+\dfrac{1}{P_o^2}\right]^{\frac{1}{2}}} \tag{10.23}$$

该公式形式简单，将两种极限状态联系在一起，缺点是未能考虑初始椭圆度、残余应力等相关参数的影响。

10.3　受刚性限制圆管稳定理论

非粘结柔性管的湿压溃形式其实是圆管的受限压溃问题。目前的受限稳定理论大部分都是针对外部介质为刚性体或近似刚性体的情况，Cheney[6]所建立的屈曲模型要求外部刚性介质随内环向内移动，而 Glock[7]假定刚性体不随着圆环向内移动，更符合刚性体特点。结合 Omara[8]的补充解释，本节叙述了 Glock[7]关于嵌于刚性体中的无缺陷圆环在均匀水压力下的稳定理论。为简化问题，首先进行如下假定：变形体中间直径对称；变形分离的部分为 $-\varphi\leqslant\theta\leqslant\varphi$；内环为均质各向同性线弹性材料；刚性体和圆环之间没有摩擦。和前文相同，此处模型中也是结合非线性变形理论应用能量原理进行求解。其推导过程如下：

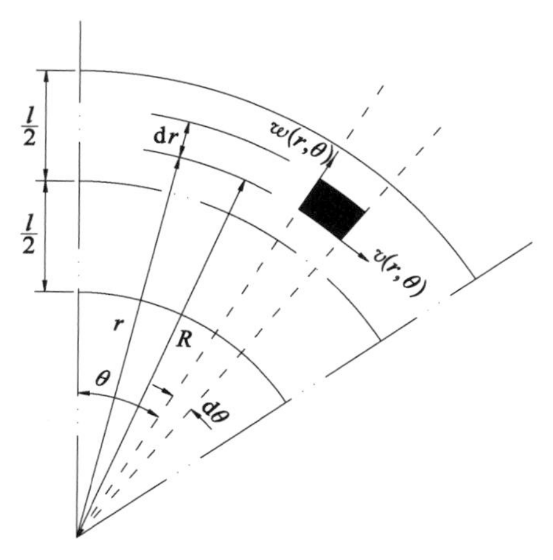

图 10.3　圆环极坐标系下位移分量示意图[8]

如图 10.3 所示，w 为径向位移，v 为环向位移，根据 Soifer[9]、El-Bayoumy[10]等人的研究，对平面应力问题的薄壁圆环有如下假定：

$$\sigma_{zz}=0;\ \sigma_{rr}\ll\sigma_{\theta\theta} \tag{10.24}$$

$$\varepsilon_{zr}=\varepsilon_{z\theta}=\varepsilon_{r\theta}=0 \tag{10.25}$$

与经典屈曲相同,采用非线性环理论,其环向应变的一般表达式为

$$\varepsilon_{\theta\theta}=\frac{1}{r}\left(\frac{\partial v}{\partial\theta}+w\right)+\frac{1}{2r^2}\left(\frac{\partial w}{\partial\theta}-v\right)^2+\frac{1}{2r^2}\left(\frac{\partial v}{\partial\theta}+w\right)^2 \tag{10.26}$$

其中同样只考虑中心线环向对位移的影响,以径向向外和切向顺时针为正:

$$w(r,\ \theta)=-\hat{w}(\theta) \tag{10.27}$$

$$v(r,\ \theta)=\hat{v}(\theta)+\rho f(\theta),\ f(\theta)=\frac{1}{R}\left(\frac{\partial\hat{w}}{\partial\theta}+\hat{v}\right) \tag{10.28}$$

式中　$\hat{w}$、$\hat{v}$——圆环中轴线位移。

可假定 $\hat{w}$、$\hat{v}$、$\hat{v}'\ll\hat{w}'$,式(10.28)可化为

$$v(r,\ \theta)=\hat{v}(\theta)+\frac{\rho}{R}\hat{w}' \tag{10.29}$$

将式(10.27)、式(10.29)代入式(10.26),其环向应变可表示为与式(10.7)相同的形式:

$$\varepsilon_{\theta\theta}=\hat{\varepsilon}_{\theta\theta}+\rho\hat{\kappa} \tag{10.30}$$

其中,

$$\hat{\varepsilon}_{\theta\theta}=\frac{1}{R}(\hat{v}'-\hat{w})+\frac{1}{2R^2}(\hat{w}')^2 \tag{10.31}$$

$$\hat{\kappa}=\frac{\hat{w}''}{R^2} \tag{10.32}$$

基于以上假设,薄壁圆环的应变能可以化简为

$$U=\frac{1}{2}\iiint_V\varepsilon_{\theta\theta}\sigma_{\theta\theta}\mathrm{d}V \tag{10.33}$$

式中　V——圆环体积。

假设胡克定律适用,上式可改写为

$$U=\frac{1}{2}\int_{-\varphi}^{\varphi}\left[\iint_A E\varepsilon_{\theta\theta}^2\mathrm{d}A\right]r\mathrm{d}\theta \tag{10.34}$$

式中　A——圆环截面面积。

Glock 屈曲模型中将内环分为屈曲部分Ⅰ和非屈曲部分Ⅱ,如图 10.4 所示。将式(10.30)代入式(10.34),通过简化可得屈曲部分Ⅰ和非屈曲部分Ⅱ的应变能分别为

$$U_1=\int_0^{\varphi}ER(A\hat{\varepsilon}_{1\theta}^2+I\hat{\kappa}_1^2)\mathrm{d}\theta \tag{10.35}$$

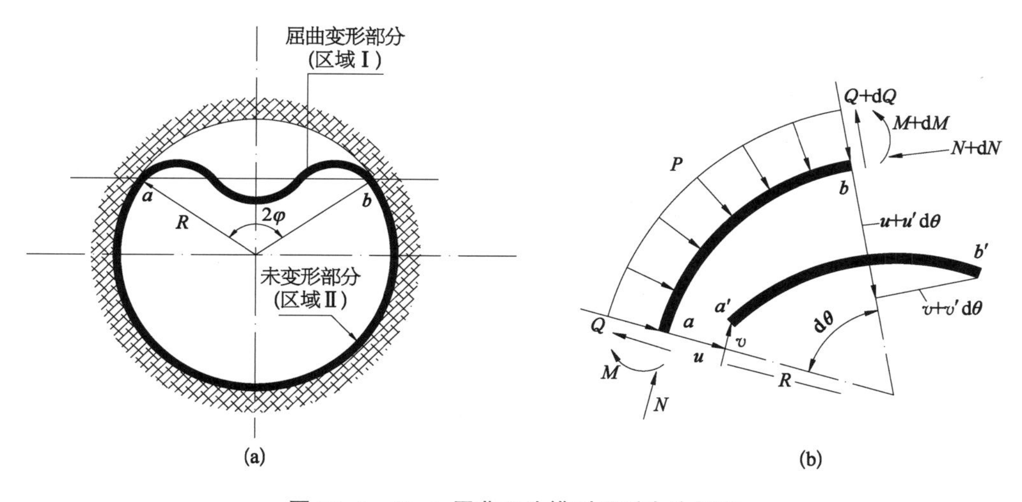

图 10.4　Glock 屈曲理论模型及受力分析图

$$U_2=\int_{\varphi}^{\pi}ER(A\hat{\varepsilon}_{2\theta}^2+I\hat{\kappa}_2^2)\mathrm{d}\theta \tag{10.36}$$

其中，

$$\hat{\varepsilon}_{1\theta}=\frac{1}{R}(\hat{v}_1'-\hat{w}_1)+\frac{1}{2R^2}(\hat{w}_1')^2,\ \hat{\kappa}_1=\frac{\hat{w}_1''}{R^2} \tag{10.37}$$

$$\hat{\varepsilon}_{2\theta}=\frac{\hat{v}_2'}{R},\ \hat{\kappa}_2=0 \tag{10.38}$$

由于非屈曲部分Ⅱ贴紧外部介质，则 $\hat{w}_2=\hat{\kappa}_2=0$。系统总势能为

$$\Pi=U_1+U_2-W=EI\int_0^{\varphi}\hat{\kappa}_1^2R\mathrm{d}\theta+EA\left\{\int_0^{\varphi}\varepsilon_{1\theta}^2R\mathrm{d}\theta+\int_{\varphi}^{\pi}\varepsilon_{2\theta}^2R\mathrm{d}\theta\right\}-2\int_0^{\varphi}P\hat{w}_1R\mathrm{d}\theta \tag{10.39}$$

其中第一项代表屈曲部分环中心线曲率改变产生的内能，第二项为环中心线轴向应变产生的内能。将式(10.37)、式(10.38)代入式(10.39)，得到

$$\begin{aligned}\Pi=&\frac{EI}{2R^3}\int_0^{\varphi}\hat{w}_1''^2\mathrm{d}\theta+EA\left\{\int_0^{\varphi}\left[\frac{1}{R}(\hat{v}_1'-\hat{w}_1)+\frac{1}{2R^2}\hat{w}_1'^2\right]^2R\mathrm{d}\theta+\int_{\varphi}^{\pi}\left[\frac{\hat{v}_2'^2}{R}\right]^2R\mathrm{d}\theta\right\}\\&-2\int_0^{\varphi}P_{\mathrm{o}}\hat{w}_1R\mathrm{d}\theta\end{aligned} \tag{10.40}$$

为了简化总势能表达式，使其只含有一个未知位移量 $\hat{u}_1$，Glock 假定：

$$\left.\begin{aligned}\frac{\partial\hat{v}_1}{\partial w}=0,\ \frac{\partial\hat{v}_2}{\partial w}=0\\\frac{\partial\hat{v}_1}{\partial\theta}=0,\ \frac{\partial\hat{v}_2}{\partial\theta}=0\end{aligned}\right\} \tag{10.41}$$

为弥补采用此假定而去掉的 U_2，Glock 将由环向应变产生的应变能密度进行平均，假定沿整个环的环向力为常数，将其在屈曲部分进行积分再沿整个环进行平均得到

$$\bar{N}=\frac{EA}{R\pi}\left(\int_0^{\varphi}\hat{w}_1''\mathrm{d}\theta-\int_0^{\varphi}\frac{\hat{w}_1^2}{2R}\mathrm{d}\theta\right) \tag{10.42}$$

屈曲部分的径向变形可以假定为

$$\hat{w}_1=\hat{w}_{\mathrm{o}}\cos^2\left(\frac{\pi\theta}{2\varphi}\right);\ 0\leqslant\theta\leqslant\varphi \tag{10.43}$$

将上两式代入式(10.40)，经过积分求解可得

$$\Pi=\frac{EI}{16R^3}\varphi\left(\frac{\pi}{\varphi}\right)^4\hat{w}_{\mathrm{o}}^2+\frac{\bar{N}^2}{2}\frac{R\pi}{EA}-\frac{PR}{2}\varphi\hat{w}_{\mathrm{o}} \tag{10.44}$$

同样采用势能驻值原理，对上式变分，可得

$$\mathrm{d}\Pi=\frac{\partial\Pi}{\partial\hat{w}_{\mathrm{o}}}\mathrm{d}\hat{w}_{\mathrm{o}}+\frac{\partial\Pi}{\partial\varphi}\mathrm{d}\varphi \tag{10.45}$$

$$\frac{\partial\Pi}{\partial\hat{u}_{\mathrm{o}}}=0;\ \frac{\partial\Pi}{\partial\varphi}=0 \tag{10.46}$$

式(10.46)可化简，分别求得

$$\hat{w}_{\mathrm{o}}\left[\frac{EI}{4R^3}\left(\frac{\pi}{\varphi}\right)^4-\frac{\bar{N}}{4R}\left(\frac{\pi}{\varphi}\right)^2\right]=PR-\bar{N} \tag{10.47}$$

$$\hat{w}_{\mathrm{o}}\left[\frac{-3}{8}\frac{EI}{R^3}\left(\frac{\pi}{\varphi}\right)^4+\frac{\bar{N}}{8R}\left(\frac{\pi}{\varphi}\right)^2\right]=PR-\bar{N} \tag{10.48}$$

两式联合可求解出

$$\bar{N}=\frac{5}{3}\frac{EI}{R^2}\left(\frac{\pi}{\varphi}\right)^2 \tag{10.49}$$

将其代入式(10.42)，可得

$$\frac{1}{2}\left(\frac{\pi}{\varphi}\right)\hat{w}_{\mathrm{o}}R-\frac{1}{16}\left(\frac{\pi}{\varphi}\right)\hat{w}_{\mathrm{o}}^2-\frac{5}{3}\frac{EI}{EA}\left(\frac{\pi}{\varphi}\right)^2=0 \tag{10.50}$$

求解该一元二次方程，可得

$$\hat{w}_{\mathrm{o}}=4\frac{\varphi^2}{R}\pm\sqrt{16R^2\left(\frac{\varphi}{\pi}\right)^4-\frac{80}{3}\frac{EI}{EA}\left(\frac{\pi}{\varphi}\right)} \tag{10.51}$$

而将式(10.49)代入式(10.47)，可得

$$\hat{w}_o = -\frac{6PR^4}{EI}\left(\frac{\varphi}{\pi}\right)^4 - 10R\left(\frac{\varphi}{\pi}\right)^2 \tag{10.52}$$

将式(10.51)和式(10.52)联合,并令 $\lambda = \frac{PR^3}{EI}$, $\gamma = \frac{\pi}{\varphi}$, 可得:

$$\lambda = \gamma^2\left[1 \pm \frac{1}{6}\sqrt{16 - \frac{80EI}{3EA}\,\frac{1}{R^2}\gamma^5}\right] \tag{10.53}$$

可通过求解 $\frac{\partial\lambda}{\partial\gamma}=0$ 求出屈曲压力 P_{cr}, 可得

$$2\gamma\left[1 \pm \frac{1}{6}\sqrt{16 - \frac{80EI}{3EA}\,\frac{\gamma^5}{R^2}}\right] \mp \frac{\gamma^2}{12}\,\frac{\frac{400EI}{3EA}\,\frac{\gamma^4}{R^2}}{\sqrt{16 - \frac{80EI}{3EA}\,\frac{\gamma^5}{R^2}}} = 0 \tag{10.54}$$

解得符合条件的根为

$$\gamma_{cr} = 0.856\left(\frac{EA}{EI}R^2\right)^{\frac{1}{5}} \tag{10.55}$$

将其代回式(10.53),最终得到

$$P_{cr} = 0.969\,\frac{EI}{R^3}\left(\frac{AR^2}{I}\right)^{\frac{2}{5}} \tag{10.56}$$

上述主要是针对受限弹性环的屈曲压力求解,Vasilikis[11] 基于内环为弹塑性材料数值求解的结果,发展了塑性铰理论的求解方法,以此来描述屈曲后的压溃行为。假定内衬管为刚塑性材料,不可伸长,变形只发生在塑性铰处,其中包含两个移动的塑性铰和一个静止的塑性铰,如图 10.5 所示。对于单位长度圆筒,忽略轴向压缩对塑性功的影响,其全截面塑性弯矩为

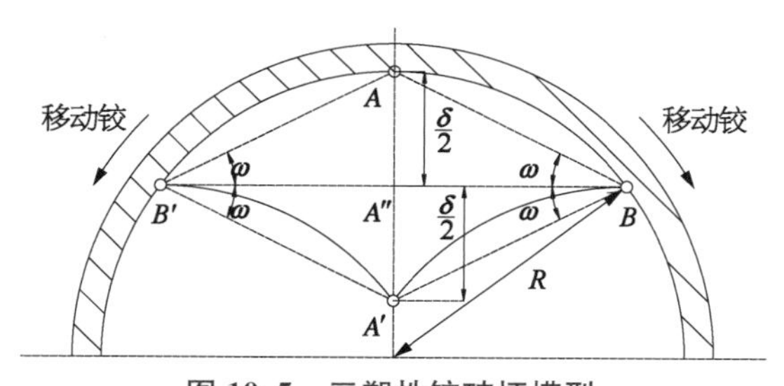

图 10.5　三塑性铰破坏模型

$$M_p = \frac{t^2}{4}\sigma_y \tag{10.57}$$

内部塑性功的速率为全截面塑性弯矩乘以三个塑性铰 $\sum\omega$ 的相对旋转角速率之和:

$$W_{int} = \frac{t^2}{4}\sigma_y\sum\omega \tag{10.58}$$

忽略了移动塑性铰的平移功。而单位长度外功速率为

$$W_{\text{ext}} = P\Delta A \tag{10.59}$$

利用内外塑性功速率相同，得到

$$P = \frac{2t^2\sigma_y}{6R\delta - \delta^2} \tag{10.60}$$

该公式描述了出现三个塑性铰的屈曲规律，但在应用时 δ 不能直接确定，影响具体的压溃值计算。

10.4 受弹性限制圆管稳定理论

关于外部约束体为弹性圆环的研究非常有限，Kyriakides[12] 假定外环为可变形弹性体，对两个同心薄壁光滑接触的圆环在外环外部及两环之间的缺陷处受压的情况进行了研究，如果考虑非粘结柔性管的湿压溃情况，例如 Lamber[13] 所述，具体受力情况则有所不同，压力值 P 只沿内环的环向均匀分布，内外环之间的接触力与压力 P 的关系并不能确定，同时使用 Kyriakides[12] 方法来解决外部约束体为弹性的情况，最终依然落脚在复杂的数值求解方法上。

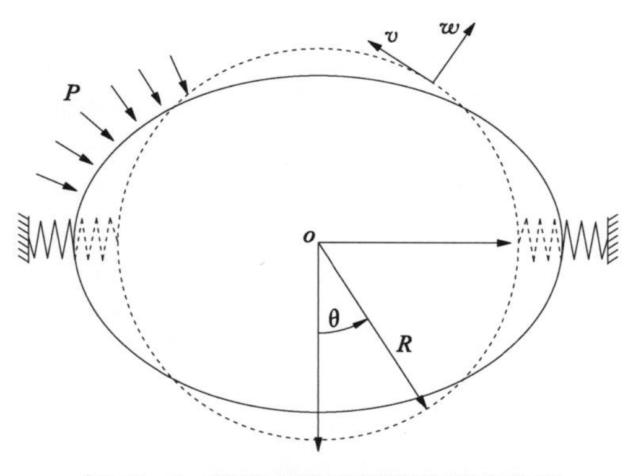

图 10.6　弹簧支撑下圆管的屈曲模型

如上节所述，Malta[14] 所研究的湿压溃内层失稳模式包含了椭圆、心形和过渡形，现研究受弹性限制内层的压溃模式趋于椭圆化失稳的情况，此时外层的约束只集中在两侧的端点上，如图 10.6 所示，可以使用弹簧侧边支撑来模拟该约束，弹簧的刚度取决于外层的抗弯刚度。因此可将这个问题简化为两端有弹簧支撑的内层圆筒在静水压下的屈曲分析，分析过程中采用了势能驻值原理。

将其视为薄壁圆筒，则所有变量只与极坐标系下的 θ 有关，如图 10.6 所示。令 v 和 w 分别表示圆筒中截面的环向和径向位移，这两个变量的表达式可以假设为

$$v(\theta) = -\frac{A}{2}\sin(2\theta) \tag{10.61}$$

$$w(\theta) = A\cos(2\theta) \tag{10.62}$$

为了接下来的分析，首先推导出这些位移分量的变分如下：

$$\delta v(\theta)=-\delta \frac{A}{2}\sin(2\theta) \tag{10.63}$$

$$\delta w(\theta)=\delta A\cos(2\theta) \tag{10.64}$$

同样根据非线性环理论，采用式(10.7)及式(10.8)来描述环向应变 $\varepsilon_{\theta\theta}$，内层的弹性势能可参考式(10.9)及式(10.10)。根据势能驻值原理：

$$D=0 \tag{10.65}$$

而

$$\begin{aligned}
D=&\int_0^\pi(Et\varepsilon_{\theta\theta}^{\circ}\cdot\delta\varepsilon_{\theta\theta}^{\circ}R+EI\kappa_{\theta\theta}\cdot\delta\kappa_{\theta\theta}R)\mathrm{d}\theta\\
&-\int_0^\pi-PR\left\{\delta w+\frac{1}{2R}[2v\delta v+2w\delta w-(v\delta w'+w'\delta v)+(v'\delta w+w\delta v')]\right\}\mathrm{d}\theta\\
&+KA\delta A\\
=&\int_0^\pi\left[-PR^2\frac{w'-v}{R}\delta\left(\frac{w'-v}{R}\right)+EI\left(\frac{w''-v'}{R^2}\right)\delta\left(\frac{w''-v'}{R^2}\right)R\right]\mathrm{d}\theta\\
&-\int_0^\pi-PR\left\{\delta w+\frac{1}{2R}[2v\delta v+2w\delta w-(v\delta w'+w'\delta v)+(v'\delta w+w\delta v')]\right\}\mathrm{d}\theta\\
&+KA\delta A
\end{aligned}$$

其中，
$$\delta\varepsilon_{\theta\theta}^{\circ}=\left(\frac{v-w'}{R}\right)\left(\frac{\delta v-\delta w'}{R}\right)$$

求解式(10.65)，可以得到屈曲压力为

$$P_{\mathrm{cr}}=\frac{3EI}{R^3}+\frac{2H}{3\pi} \tag{10.66}$$

其中，
$$H=\frac{8\pi E_{\mathrm{o}}I_{\mathrm{o}}}{(\pi^2-8)R_{\mathrm{o}}^3}$$

以式(10.1)为基础，Timoshenko 求出在圆环对径压力作用下的圆环抗弯刚度，该方法也是试验确定圆环截面刚度的方法，求解可得到

$$\frac{F}{\delta}=\frac{EI}{R^3}\left(\frac{4\pi}{\pi^2-8}\right) \tag{10.67}$$

式中　F ——对径压力；

δ ——该压力下径向收缩位移。

而从式(10.66)可知，在外压下，环截面抗弯刚度对其屈曲压力有直接影响。受此启发，考虑采用管道整体横截面的抗弯刚度作为约束标准，利用式(10.67)，对于自锁层可采

用式(10.15)来计算等效惯性矩,并可通过抗弯刚度相等求得等效厚度:

$$t_{eq}=\sqrt[3]{12I_{eq}} \tag{10.68}$$

为同时考虑内外层作用,将外环与内环抗弯刚度比作约束等级,可由下式求得:

$$\phi_K=\frac{E_o I_{eqo}}{R_o^3}\bigg/\frac{E_i I_{eqi}}{R_i^3} \tag{10.69}$$

其中 o 表示外层,i 表示内层,eq 表示等效,应根据模型具体情况进行相应计算,若应用于无限长管的平面应变模型问题,需要将式中的 E 用 $\frac{E}{1-\nu^2}$ 代替。

综上,式(10.66)又可表示为

$$P_{cr}=\frac{3E_i I_i}{R_i^3}+\frac{2}{3}\frac{8E_o I_o}{(\pi^2-8)R_o^3}=\frac{3E_i I_i}{R_i^3}(1+0.95\phi_K) \tag{10.70}$$

10.5 本章小结

本章按照非粘结柔性管干压溃和湿压溃采用的不同稳定理论,根据内层为弹性材料或弹塑性材料归纳总结了圆环或圆管外压稳定理论的研究方法和研究结果,在推导圆环屈曲荷载时,研究圆环平衡位置发生微小挠曲时该环保持平衡的均布压力;在推导无限长圆管时,主要结合非线性变形理论应用能量原理,引入屈曲模态建立分枝屈曲方程求得屈曲荷载,非粘结柔性管弹性屈曲压力即可通过前述推导结果利用叠加原理将抗外压相关层的屈曲值加和求解。对于自身含有几何缺陷的弹塑性圆管,延续了使用能量原理求解的方法,引入符合一阶椭圆屈曲模态的缺陷进行求解。受刚性限制圆管屈曲的求解思路也相似,主要在于对屈曲部分和非屈曲部分应变能的处理,而内管为弹塑性材料的情况,目前使用了塑性铰理论对屈曲后的压溃行为进行预测。受弹性限制的圆管稳定理论推导针对的是在湿压溃中出现的椭圆屈曲模态,将外层的限制作用简化为弹簧约束,其有效性需要使用其他分析方法进行验证。

参考文献

[1] Neto A G, Martins C D A, Malta E R, et al. Simplified finite element models to study the dry collapse of straight and curved flexible pipes[J]. Journal of Offshore Mechanics and Arctic Engineering, 2016, 138(2): 021701.1-021701.9.

[2] Timoshenko S P, Gere J M. Theory of elastic stability[M]. 2nd ed. New York: McGraw-Hil, 1961.

[3] API 17J. Specification for unbonded flexible pipe[S]. Washington DC: American Petroleum Institute, 2014.

[4] Kyriakides S, Babcock C D. Large deflection collapse analysis of an inelastic inextensional ring under external pressure[J]. International Journal of Solids and Structures, 1981, 17(10): 981-993.

[5] Kyriakides S, Corona E. Mechanics of offshore pipelines: volume 1 buckling and collapse [M]. Elsevier, 2007.

[6] Cheney J A. Pressure buckling of ring encased in cavity[J]. Journal of the Engineering Mechanics Division, 1971, 97(2): 333-343.

[7] Glock D. Uberkritisches verhalten eines starr ummantelten kreisrohres bei wasserdrunck von aussen und temperaturdehnung[J]. Der Stahlbau, 1977, 7: 212-217.

[8] Omara A M, Guice L K, Straughan W T, et al. Buckling models of thin circular pipes encased in rigid cavity[J]. Journal of Engineering Mechanics, 1997, 123(12): 1294-1301.

[9] Soifer M T, Kerr A D. The linearization of the prebuckling state and its effect on the determined instability loads[J]. Journal of Applied Mechanics, 1969, 36(4): 775-783.

[10] El-Bayoumy L. Buckling of a circular elastic ring confined to a uniformly contracting circular boundary[J]. Journal of Applied Mechanics, 1972, 39(3): 758-766.

[11] Vasilikis D, Karamanos S A. Stability of confined thin-walled steel cylinders under external pressure[J]. International Journal of Mechanical Sciences, 2009, 51(1): 21-32.

[12] Li F S, Kyriakjdes S. On the response and stability of two concentric, contacting rings under external pressure[J]. International Journal of Solids and Structures, 1991, 27(1): 1-14.

[13] Lambert A, Felix-Henry A, Gilbert P, et al. Experimental and numerical study of a multi-layer flexible pipe depressurization[C]//ASME 2012 31st International Conference on Ocean, Offshore and Arctic Engineering. American Society of Mechanical Engineers, 2012: 105-115.

[14] Malta E R, Martins C D A, Neto A G, et al. An investigation about the shape of the collapse mode of flexible pipes[C]//The Twenty-second International Offshore and Polar Engineering Conference. International Society of Offshore and Polar Engineers, 2012.

第 11 章　非粘结柔性管受限压溃数值

对于非粘结柔性管而言，无论发生的是经典压溃模式或受限压溃模式，其屈曲临界值的理论解法主要包括两个步骤：一是将其中的自锁铠装层截面简化为规则形状，二是选择合适的解析公式计算其临界屈曲压力。第一步是分析非粘结柔性管压溃性能时需要解决的前提，为了较准确地将其与规则截面进行等效，国内外多位学者均对其进行了较详尽的研究，一般的研究模式是提出不同的等效准则，并采用有限元或试验的方法对其进行验证。而第二步则是计算屈曲荷载的核心问题，在选择解析公式时需要明确其具体的压溃模式，特别是湿压溃模式，目前对内护套层之外各层的限制作用并没有较系统的研究，也没有可供直接使用的公式来进行计算。因此本章对非粘结柔性管压溃性能的研究主要是其压溃模式而非等效准则，在具体研究的过程中将直接考虑规则的截面形状。

本章针对内层为弹性材料的情况进行无摩擦分析，由于制造过程造成的残余应力或应力引起的材料异性均忽略，所考虑的材料均为线弹性各向同性。为突出主要问题，以压力作用位置为界，将其内外两部分分别简化成两层来进行基础性的受限压溃模型研究，并如前所述将外层与内层的抗弯刚度比作为约束等级标准，在以下研究中，刚度比的变化将由外层弹性模量 E_o 的变化来控制。首先建立两层平面应变模型，研究在刚度比变化下内层的屈曲性能，拟合出相应的数值公式与解析解进行对比，其次建立两层三维模型，根据规范设计要求将内骨架层模拟为具有初始椭圆度的螺旋结构，为设计提供参考。

11.1 受限弹性内层压溃数值研究

11.1.1 研究方法

有限元单元法是工程和研究中广泛应用的针对固体力学问题的数值求解方法。一般采用的是位移法有限元，以加权余量法和变分原理为基础，采用化整为零的思想，选择合适的单元类型将求解域按单元划分，分片假设插值形函数，建立单元刚度矩阵，再通过节点位移连续条件集合成整体刚度矩阵，之后利用边界条件求解刚度方程，得到节点位移，进而可由形函数得到单元各点位移值，相应的应变和应力通过几何方程和物理方程得到。有限元法又可分为线性有限元法和非线性有限元法，一般从几何、材料、边界三方面来区分。线性化假设通常包括节点位移为小量、材料为线弹性、边界条件保持不变，其中任何条件不满足都将成为非线性问题。对于静力学问题，非线性在平衡方程中的体现主要是刚度和等效力是位移或位移关于时间的导数的函数，在求解这样的非线性方程组时，无法直接消元求解，必须使用不同的迭代法，结果需由收敛准则鉴定。

本文研究的弹性受限压溃问题包含了几何非线性和边界非线性，可采用通用有限元软件 ABAQUS 进行非线性屈曲求解。ABAQUS 提供了显式求解器和隐式求解器，前者采用动态方法从一个增量步推至下一个增量步来求解，没有收敛问题，计算较快但易存在精度问题，可在求解过程中通过适当延长分析时间，将其处理为准静力计算过程来解决屈曲问题。后者使用增量迭代法，每一步都需要求解计算整体刚度矩阵，结果较精确，但存在计算量大和收敛问题，对于屈曲失稳问题在隐式中的求解，可使用静态分析。在使用Newton-Raphson 法时，由于该迭代算法本身无法跨越结构非线性平衡路径上的极值点，且所研究的受限问题本身存在大量接触易收敛困难，不能保证得到正确的屈曲结果，可采用在计算中人为增加一个较小阻尼的方法来帮助收敛，但结果和真实值相比要小。除此之外，为应对 Newton-Raphson 法的缺陷，可使用 Riks（弧长法）来解决非线性问题的邻近极值点求解，该方法是求取与解曲线正交的线族与解曲线相交的交点，如图 11.1 所示，由于解曲线自身未知，其正交线族事实上也未知，但在迭代过程中可将前一次增量的收敛解或前次迭代解得路径的切线近似作为下次迭代解的切线。设荷载参数为 λ^k 时位移 x^k 已知，载荷参数增量为 $\Delta\lambda^k$ 时，相应的位移增量为 Δx^k，则

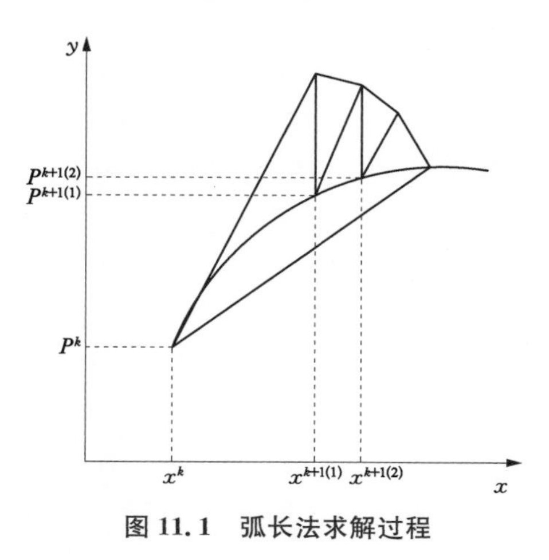

图 11.1　弧长法求解过程

$$\psi(x^k + \Delta x^k,\ \lambda^k + \Delta\lambda^k) = 0 \tag{11.1}$$

对于弧长法而言，上式中 Δx^k 和 $\Delta\lambda^k$ 均为未知，需要加入一个附加条件，即辅助方程 $f(\Delta x^k,\ \Delta\lambda^k) = \Delta l^k$（$\Delta l^k$ 即为增量弧长），才可求解出 Δx^k 和 $\Delta\lambda^k$。

由此看出，运用弧长法求解时可以跨越极值点，且能在迭代求解过程中自动调节增量步长，跟踪各种复杂的非线性平衡路径全过程[1]，能够同时求出最大临界荷载和屈曲后的初始响应。在 ABAQUS 中，一般采用修正的弧长法，无论响应是否稳定都可使用。具体使用该法进行屈曲分析时，需要首先施加一个微小的缺陷，作为引发屈曲的初始扰动，对于干压溃模式等椭圆失稳，一般在弧长法计算之前进行线性屈曲特征值分析，得到一阶屈曲模态，将该模态以位移的形式加在原模型节点坐标上构成带有微小椭圆度的形状，而对于受限压溃模式，该扰动可以以微小集中力[2-3]或位移的形式施加在内层顶部，并在后续弧长法分析步中去除，为保证无缺陷分析前提，初始椭圆度和顶端扰动均需进行敏感性分析。

Riks 方法虽可得到明确的屈曲极值点，但对于存在接触问题的模型来说不易收敛，需要多次调试甚至也有可能无法调试出收敛的结果，因此还可使用隐式动态分析(dynamic implicit)中的准静态法来进行屈曲问题的计算，该法时间积分用的是向后欧拉算子，其中相当大的能量耗散提供了其计算的稳定性，用于确定基本静态解的改进的收敛行为，该方法所得的荷载位移曲线没有明显的下降段，但可通过曲线斜率的变化确定屈曲极值，其结果正确性可通过弧长法计算结果进行验证。在本章的分析中，将根据具体问题的求解情况和适用性，选择使用后两种方法来进行屈曲荷载的计算。

11.1.2　数值分析建模要点

本章的有限元数值分析均基于 5.5″非粘结柔性管来进行，该管基本的物理数据及简化的几何尺寸见表 11.1，内层是以钢材为对象进行分析。

表 11.1　双层非粘结柔性管有限元模型基本参数

层	E/MPa	ν	R/mm	t/mm	b/mm	D/t
内　层	200 000	0.3	72.5	5	10	29
外　层	可变	0.3	80	10	21/10*	16

注：* 表示前者用于螺旋结构，后者用于环结构。

如上所述，为保证运算精度，所有模型均采用隐式计算方法。使用弧长法分析时主要包括两个步骤，第一步为一般静态分析，主要是为了引入初始扰动，如图 11.2 所示，根据其心形失稳模态，在内层顶部 $\theta=180°$ 点 A 处施加垂直向下的微小位移。由于该分析的重点是模型的无缺陷屈曲，施加的位移值应该不影响屈曲压力值，同时又利于计算的收敛，通过参数分析，选用位移值 $\delta_0=0.1\% R_i$ 作为施加的初始竖向位移，同时可由此将初始椭圆度定义为 $\Delta_0=\dfrac{\delta_0}{R_i}$。

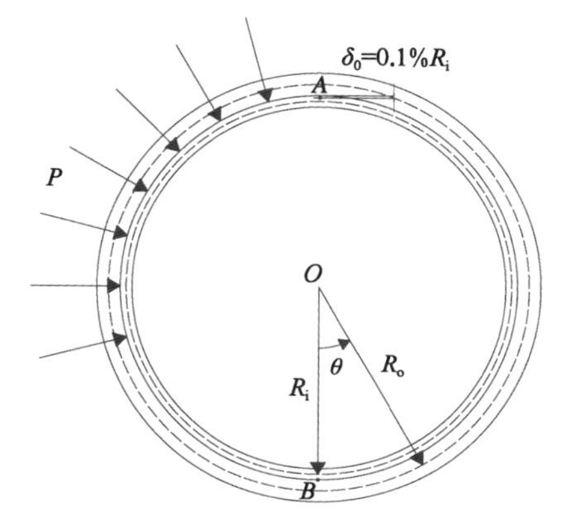

图 11.2　双层模型受限内层的施压与初始扰动

第二步使用静态弧长法计算内层外表面施加径向外压时的响应，上一步的初始位移在第二步开始时即被移除，此时内层的相应部位上已经存在有初始扰动。在使用 Riks 算法时，设置的外压大小是任意的。

使用动态隐式算法主要为解决弧长法在某些情况下难以收敛的问题，与 Riks 分析过程相似，第一步需引入初始扰动，可在第一步静力分析结束后将变形后的几何构型重新导入建模，或不使用静力分析的方法，直接建立带有扰动的几何模型，以此完全消除静力分析产生的初始应力等影响，同时可以更准确地控制初始扰动大小。该方法应用于弧长法时较难收敛，因此仅当初始应力等对屈曲荷载影响很小时才可使用弧长法进行分析。

作为本研究的核心要点，受限约束主要是通过两层之间的接触产生的，且在压力加载过程中，接触状态也在不断发生变化，接触非线性对弧长法计算的收敛性提出了较大挑战，而对动态隐式的收敛性能影响相对要小。本章使用基准面的接触对来进行接触模拟，需判断并设置主从面，由于所选刚度比是通过外层材料弹性模量的变化决定的，为避免主面穿透从面，需根据内外层相对刚度的不同来手动调整主从面，在网格密度相近的情况下，将较硬材料设置为主面。接触面间的相互作用包含法向作用和切向作用，本章中法向作用采用硬接触，允许接触后再发生分离，一旦接触面间出现间隙，接触压力即变为0，正是这种接触压力的突然变化可能会带来收敛问题，而切向作用包括了界面间的滑动和摩擦，本章暂不考虑摩擦影响，为了模拟两层可能发生的任意幅度的相对切向运动，采用了有限滑动追踪方法。二阶单元在确定从面节点力时可能发生混淆，因此本章在包含接触的问题中均采用一阶单元来进行模拟，并通过加密厚度方向上的单元来防止沙漏能的产生。

11.2 受限弹性等效长管压溃数值分析

11.2.1 受限等效长管模型

1）不同弯曲刚度比模型

为了分析不同的压溃失效模式，变化外层的弹性模量从0到$+\infty$中确定出20个刚度比值。对于二维平面模型，需要选择二维平面单元来模拟，ABAQUS提供了各种平面应变单元，分两种情况来选择：当$\phi_K=0$时，没有接触问题，模型中只含内层，为了使用较少的单元获得较好的精确性，同时避免完全积分单元存在的剪力自锁使该单元在发生弯曲时过于刚硬，在该模型中选择了八节点四次减缩积分平面应变单元(CPE8R)来进行屈曲分析；而当$\phi_K\neq0$时，需使用一阶单元，其中非协调模式单元虽可克服以上问题，但其对单元扭曲非常敏感，为避免上述问题，选择四节点双线性减缩积分平面应变单元(CPE4R)模拟两层模型，每个单元只有一个高斯积分点，每个节点上只包含三个平移自由度，为限制沙漏能的扩展，ABAQUS对一阶单元引入了一个小量的人工沙漏刚度，应用时在厚度方向细分单元以加强计算精度及限制沙漏能，同时采用了扫掠网格划分技术，将几何平面模型划分为800个矩形单元。对于约束条件，将内层的A点和B点X方向约束，除此之外：

(1) 当$\phi_K=0$时，为了使该层只发生径向位移，除了将A、B处的X方向进行约束外，对位于层外表面上90°、270°部位节点的Y方向进行约束。

(2) 当$\phi_K=+\infty$时，外层内表面上的所有节点在所有方向上都被约束，以此来模拟刚体约束。

(3) 当$0<\phi_K<+\infty$时，外层的边界条件与模型$\phi_K=0$一致。这类模型的耦合和边界条件如图11.3所示。

2）不同径厚比模型

$$\frac{P_G}{P_{c'}}=\frac{1}{2}\left(\frac{D}{t}\right)^{0.8}=\frac{1}{2}(\phi_D)^{0.8} \tag{11.2}$$

式中　ϕ_D——平均直径和厚度的比值，即径厚比。

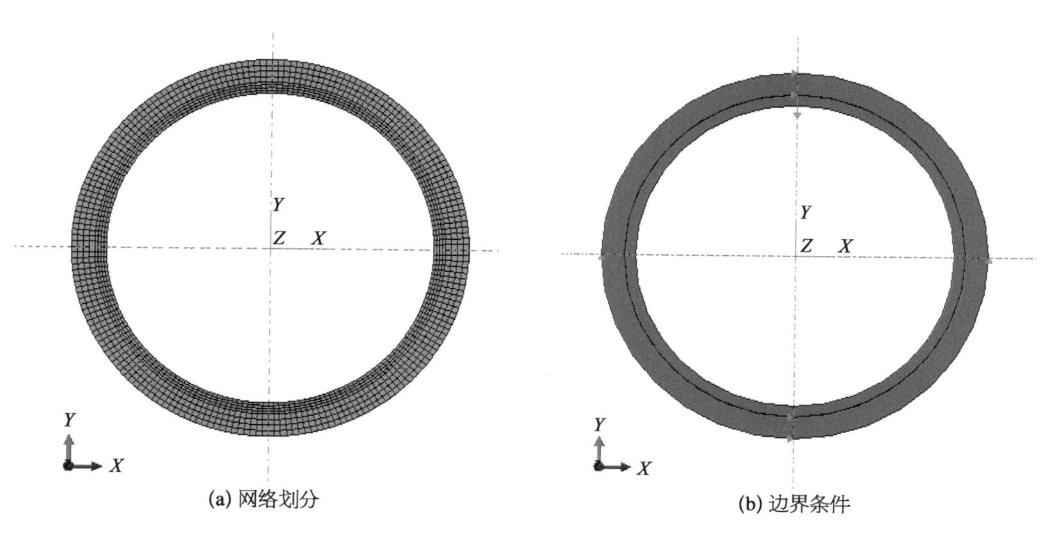

(a) 网络划分　　(b) 边界条件

图 11.3　平面应变模型网格划分及边界条件

基于该比值，可以看出约束等级的不同对屈曲压力的影响与径厚比的指数存在一定关系，因此对于无缺陷无摩擦模型的研究，除了考虑不同的抗弯刚度比外，模型中内层 ϕ_D 的影响也应予以考虑。具体来说，本章按照级差 1 改变内层的内半径来改变 ϕ_D 值，所考虑的径厚比分别为 $\phi_D=20.4$，24，36.5，49，研究不同弯曲刚度比下不同 ϕ_D 的结果之间的关联性以预测受限屈曲临界压力。

11.2.2　抗弯刚度比对受限压溃的影响

依上所述，对于 $\phi_K=0$ 和 $\phi_K=+\infty$ 的情况，可以直接与已有理论公式进行比照，来对该模型在弹性受限条件下的有效性进行验证。需要注意的是，由于有限元的外压施加在内层的外表面，而理论是以中心线位置为计算标准的，因此可以简单使用平衡方程将理论结果转换到外层：

$$P_{c\text{-}out}=P_{c\text{-}mid}\frac{R_{mid}}{R_{out}} \tag{11.3}$$

式中　$P_{c\text{-}out}$——作用在层外侧压力；

$P_{c\text{-}mid}$——作用在层中心线处压力。

计算结果总结见表 11.2。

表 11.2　平面应变模型理论与有限元结果比较

ϕ_K	Timoshenko/MPa	Glock/MPa	有限元/MPa	误差/%
0	17.42		17.42	0
$+\infty$		128.82	137.01	6.4

表中的误差表示有限元和理论计算结果的差异，可看出平面模型的屈曲压力与Timoshenko的理论计算结果非常接近，而刚性受限屈曲压力与Glock理论存在一定误差，初步判断是受到径厚比的影响，因此可以推测刚度比处于0和$+\infty$之间的模型在很大程度上也是适用的。由Timoshenko计算结果和有限元结果之比可以看出，使用顶部加压的方式引入缺陷也可作为经典屈曲分析的方法，但需要说明的是，该方法不会发生分枝型屈曲，且第一次到达拐点后进入了一段平台阶段，因此该有限元结果是根据拐点估读出来的，这也和Vasilikis[4]的结论相一致。

图11.4选出11个有代表性的抗弯刚度比ϕ_K绘出内层A点向下的位移与所施加压力的平衡路径曲线，所涉及抗弯刚度比列于图表右侧，将向下的位移设为正值，考虑到可能出现的对顶点自接触，将内层半径值70 mm作为水平坐标的最大值。各条曲线表示了不同约束条件下受限压溃从屈曲前到屈曲时再到初始屈曲后的全过程。

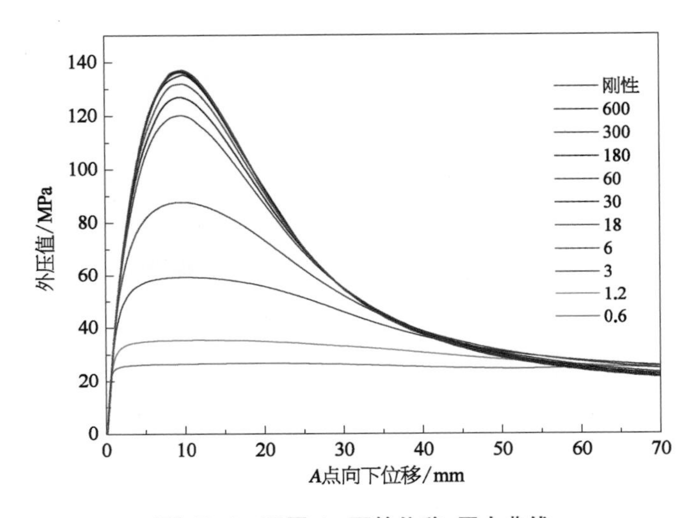

图11.4　不同ϕ_K下的位移-压力曲线

从图中可以看出，该问题的失稳属于非线性极值型失稳，图中所有的平衡路径均可以分为两大阶段，首先讨论第一阶段，在该阶段中，各平衡路径很快上升至极限外压，上升过程中随着ϕ_K变大，A点在极限屈曲处的位移逐渐向10 mm位置处靠近。

两个阶段的分界点是外压达到极限的时候，根据图11.4的结果，可将极限外压值随ϕ_K的变化趋势绘于图11.5，将数值方法得出的极限外压值进行标准化，即$P_{crn}=\dfrac{P_{cr}}{P_{c'}}$。观察结果发现，在$\phi_K=+\infty$时，$P_{crn}=7.60$；而$\phi_K=595$时，$P_{crn}=7.58$。两者相差0.26%，极为接近，因此这里只给出$0\leqslant\phi_K\leqslant600$范围的结果，刚度比大于600的情况可直接根据$\phi_K=595$来进行估算。为表达清晰，$0\leqslant\phi_K\leqslant60$的部分在图中单独列出。从图11.5可以观察到，在整体趋势中，屈曲压力随ϕ_K增大而增大，该曲线大致可分为三个阶段，当$0\leqslant\phi_K\leqslant3$，$P_{crn}$呈现较陡的线性上升形式，而超过$\phi_K=60$，$P_{crn}$趋于一近似的水平直线。

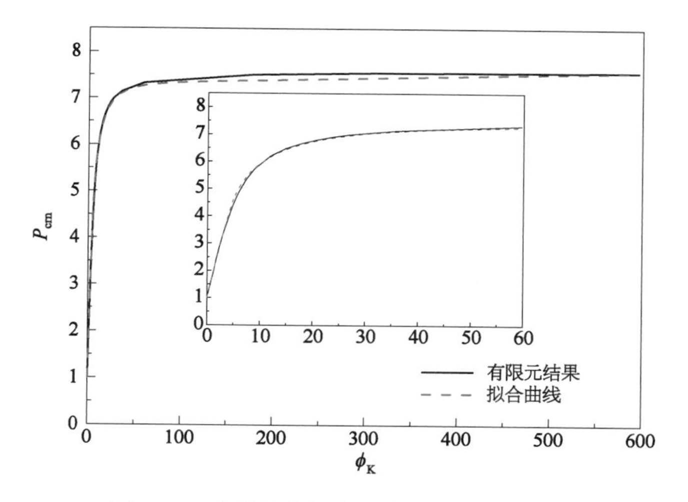

图 11.5　有限元和拟合公式的 $\phi_K - P_{crn}$ 曲线

这两段中间 $3 \leqslant \phi_K \leqslant 60$ 由一弧线相连，三段曲线可使用曲线拟合软件 DataFit 得出一组拟合计算公式，该组各个公式由修正的多重确定系数来进行拟合优度评估，该值越接近 1，拟合优度越好。再按照各个区间端点的连续性，调整每个公式的系数，并使各点数值计算结果和拟合结果的差值小于 5%，最终得到修正的拟合公式[式(11.4)～式(11.6)]，P_{crn-29} 代表径厚比为 29 的 P_{crn}。

$$P_{crn-29} = 0.77\phi_K + 1 \quad (0 \leqslant \phi_K \leqslant 3) \tag{11.4}$$

$$P_{crn-29} = 7.64e^{-\frac{2.51}{\phi_K}} \quad (3 \leqslant \phi_K \leqslant 60) \tag{11.5}$$

$$P_{crn-29} = (4.75 \times 10^{-4})\phi_K + 7.29 \quad (60 \leqslant \phi_K \leqslant 600) \tag{11.6}$$

11.2.3　受限等效长管模型压溃模态分析

达到临界压力，受限长管发生屈曲，继而进入图 11.4 的第二阶段，随着 A 点位移的增大，外压力开始进入下降段。从图 11.4 各条曲线可以看出，随着 ϕ_K 值的降低，压力的下降速率逐渐趋缓，并在各个路径的最后部分均趋于水平，根据这种情况，可以推断不同的受限约束等级产生了不同的失稳模态，对模态的分析可以为理论求解提供相应的依据。为详细评定其变形情况，选择内层点 B 和点 A 位移的比值($\phi_{\delta AB}$)为标准来进行分析，绘出不同 ϕ_K 下 $\phi_{\delta AB}$ 随 A 点位移的变化情况，如图 11.6 所示，仍将向下的位移设为正值，考虑到曲线发展基本趋于稳定，将横坐标的最大值设为 50 mm，利用该图并结合屈曲发生时的 A 点位移大小可以确定屈曲模态。

在图 11.6 中，曲线越接近上方的 $\phi_{\delta AB} = 0$，则说明该时刻越趋于单轴对称形态，即心形；而如果曲线越接近下方的 $\phi_{\delta AB} = -1$，则说明该时刻趋于双轴对称形态，即椭圆形。各曲线在最初阶段都有短暂的上升，说明最先施加的小扰动对点 B 的位移产生了一定影

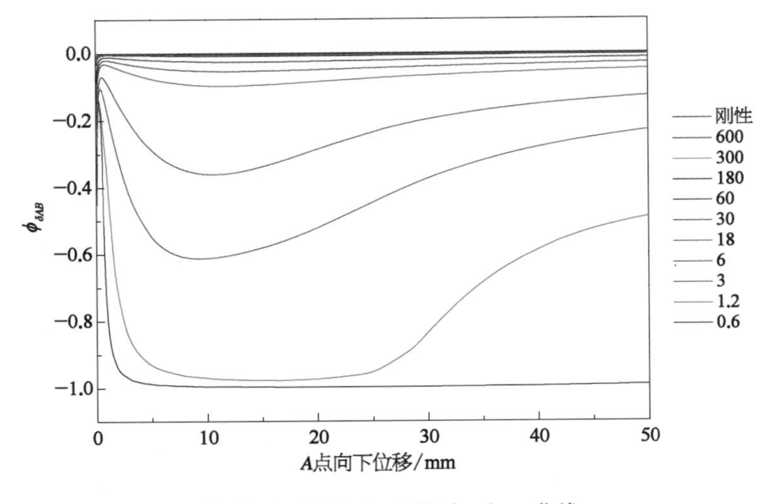

图 11.6 不同 ϕ_K 下位移- $\phi_{\delta AB}$ 曲线

响,并在初始施加外压时减小了该影响。过了该阶段后,对于 $\phi_K = 0.6$ 的情况,曲线快速下降到 $\phi_{\delta AB} = -1$,并在所选位移范围内始终保持在该线附近,说明此时的屈曲模态保持为双轴对称的椭圆形态并逐渐强化成哑铃形;而对于 $\phi_K \geqslant 60$ 的情况,曲线则保持在 $\phi_{\delta AB} = 0$ 附近,说明其屈曲模态为单轴对称的心形。在这两种情况之间,其余曲线均经历了先下降到不同水平后再上升的过程,且依 ϕ_K 的大小决定了其下降和保持在低位的程度,曲线的最后趋稳部分可以表示出各自的最终压溃模式。以上分析说明了随着 ϕ_K 变化,压溃失效的变形形状会发生改变。为表达清晰,图 11.7 选取了当 A 点位移为 50 mm 时,四个有代

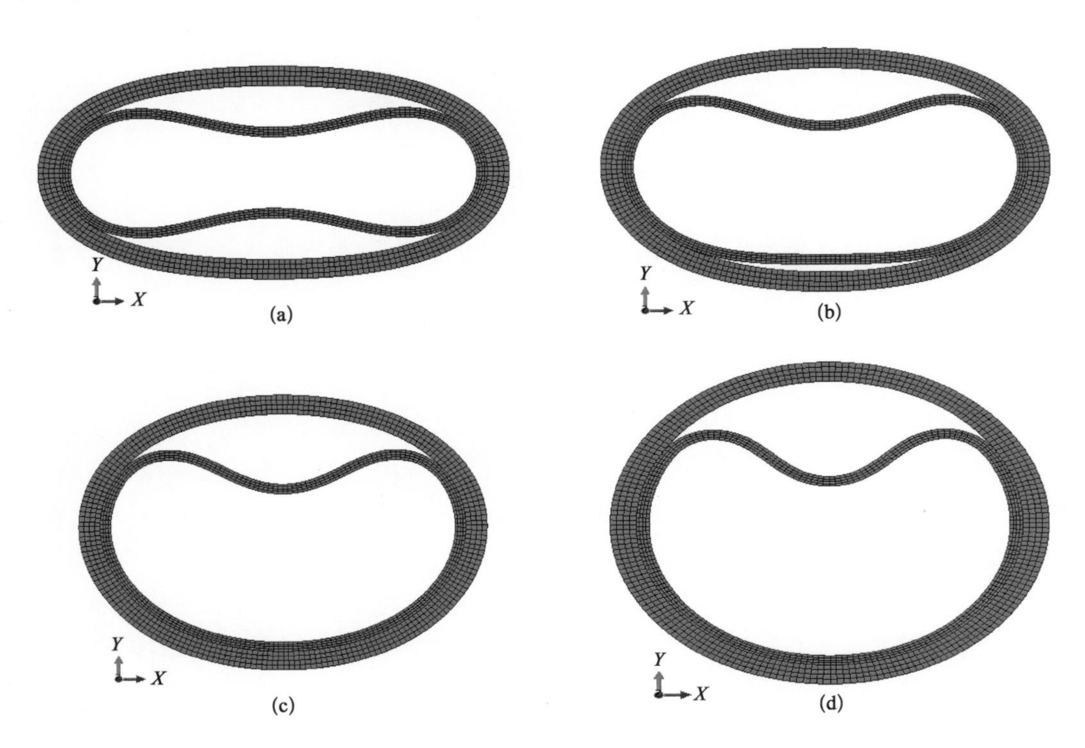

ϕ_K	(a) 0.6	(b) 1.2	(c) 3	(d) 刚性
$\phi_{\delta AB}$	−0.997	−0.504	−0.223	9.03×10^{-7}

图 11.7　$\phi_D = 29$ 时不同 ϕ_K 的后屈曲模态

表性的 ϕ_K 的压溃模式，外层均随其刚度变大由椭圆逐渐变为圆形，可以粗略认为双轴对称形状只在 $\phi_K < 1$ 的情况下存在，过渡模式包含了随节点 B 附近间隙逐渐减小的所有形态。

11.2.4　径厚比对受限压溃的影响

根据设计要求不同，内层的径厚比也会不同，基于上一节的研究方法，本节进行 $20 \leqslant \phi_D \leqslant 50$ 范围内的受限屈曲性能研究。首先将刚性约束的结果与 Glock 计算所得相比，验证所研究径厚比范围内 Glock 公式的适用性。Glock 结果已经过式(11.3)进行了转换。

表 11.3　刚性约束下不同径厚比模型有限元与解析结果对比

ϕ_D	有限元结果/MPa	Glock 结果/MPa	误差/%
49	41.245 45	41.189 19	0.14
36.5	80.432 31	78.199 85	2.9
29	137.011 8	128.821 9	6.4
24	211.585 2	193.997	9.1
20.4	307.217 6	274.605 9	11.9

从表 11.3 中可以看出，在所研究径厚比范围内，Glock 公式对于受限屈曲的计算均比较保守，可作为屈曲荷载的下限解来考虑，且径厚比越小结果差异越大，这符合了 Glock 公式限于薄壁结构的假定，推导时只考虑了环向应变。由表中数据可知，当 $\phi_D > 30$ 时差异小于 5%，适用于直接使用 Glock 公式进行刚性约束下的屈曲值预测，这与 Aggarval 和 Cooper[5]、Guice 等[6]在试验中所取的 ϕ_D 范围是一致的，而其试验均与 Glock 公式吻合较好。

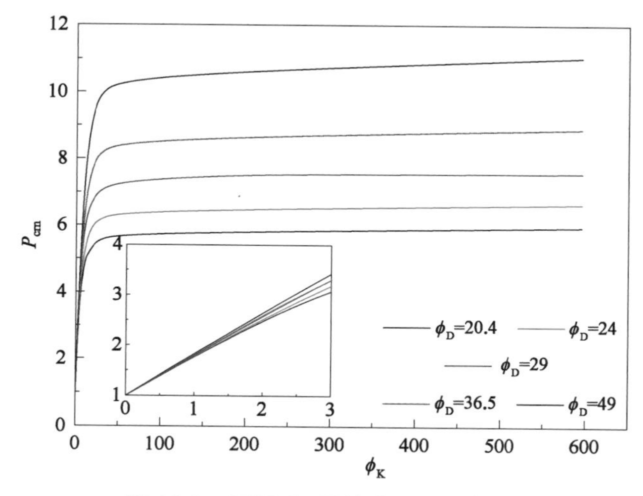

图 11.8　不同 ϕ_D 下的 ϕ_K - P_{crn} 曲线

图 11.8 列出了不同径厚比模型在不同刚度比下的有限元结果。在所取径厚比范围内，各曲线的变化趋势是相似的，曲线的切线斜率均由大变小。具体来说，从图中小图可见，在最初阶段，各曲线基本呈单调上升，说明刚度较小时，受限屈

曲荷载与刚度比之间的比例关系较稳定，而各曲线的斜率则随 ϕ_D 变大而增大；由于各曲线转折在相似的刚度比区间发生转折，该特点从随后的曲线转折位置更能清楚看出，ϕ_D 越大，曲线转折的位置越高，即受限屈曲荷载与其相应的自由单管屈曲值的比值越大，说明外部约束的影响随 ϕ_D 的增大而越加明显。为了量化 ϕ_D 的影响并与 $\phi_D=29$ 时的结论相联系，将以上获得的结果通过 $\phi_D=29$ 的数据进行标准化。图 11.9 表示了不同 ϕ_K 下标准化后的 $P_{crn\text{-}D}$ 与 ϕ_D 的关系曲线。

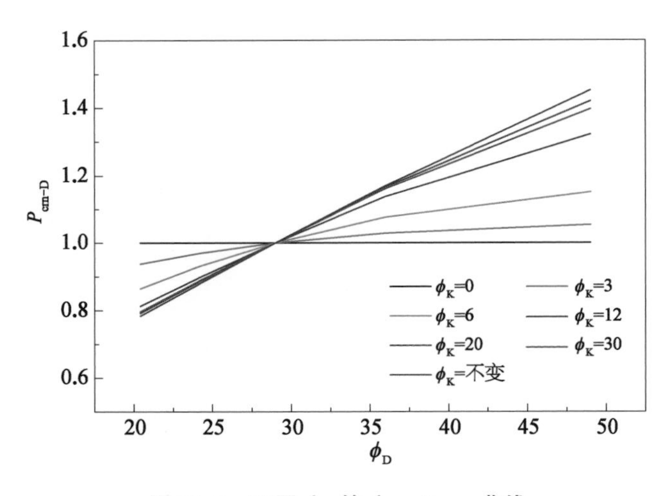

图 11.9　不同 ϕ_K 的 ϕ_D - $P_{crn\text{-}D}$ 曲线

图 11.9 表明了在所研究的 ϕ_D 范围内，ϕ_D 和 $P_{crn\text{-}D}$ 之间的关系基本保持直线，而随着抗弯刚度比的不断增大，曲线斜率也在随之变大。对于径厚比小于 29 的模型来说，这说明了 $P_{crn\text{-}D}$ 随着刚度比的增大而减小；而对于大于 29 的模型来说，说明了 $P_{crn\text{-}D}$ 随着刚度比的增大而增大。ϕ_K 与不同曲线的斜率 K 之间的关系可以拟合为

$$K=0.027e^{-\frac{5.79}{\phi_K}} \tag{11.7}$$

可见不同径厚比的模型间遵循和式(11.5)相似的规律。将该结果与式(11.4)～式(11.6)结合，可以推出考虑不同径厚比的受限屈曲压力计算公式：

$$P_{cr}=[1+K(\phi_D-29)]P_{crn\text{-}29}P_{c'} \tag{11.8}$$

其中 $P_{crn\text{-}29}$ 通过式(11.4)～式(11.6)计算而得。其正确性将通过与解析解、试验结论相比较进行验证。

11.2.5　数值计算结果与解析解的比较

试将解析公式应用于受限长管压溃模式为椭圆的模型中，该屈曲模态的刚度比取值在 $0\leqslant\phi_K\leqslant1$ 区间内，此区间内的有限元拟合公式为式(11.4)和式(11.8)的结合，此处仅比较 $\phi_D=29$ 的情况。可以看出，用解析方法计算得到的系数略高于有限元方法，两者的最

大误差为 5%,证明了该理论方法在该区间是可行的,将两者结果的比较绘于图 11.10 中。

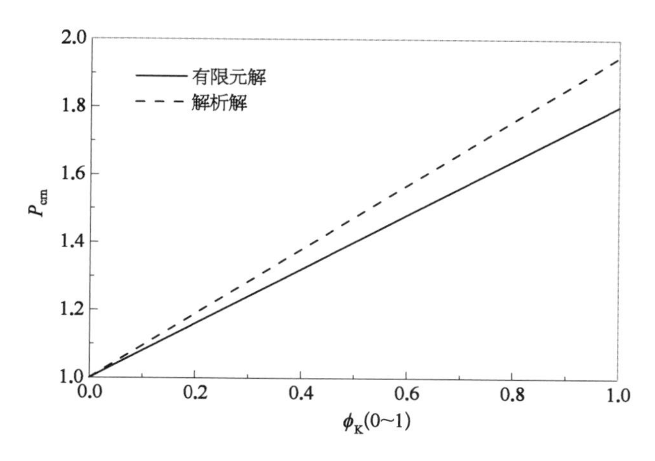

图 11.10　有限元解与解析解的比较

11.3　受限弹性螺旋结构压溃数值分析

11.3.1　受限螺旋结构压溃模型

非粘结柔性管中的自锁层本质上为螺旋结构,在本节的研究中不考虑自锁层真实的异形截面形状,将内层模拟成轴向长度为一个螺距的矩形截面螺旋结构,具体参数见表 11.1,缠绕角度为 88.57°,由于没有互锁,因此该缠绕角度相比同等外围大小的骨架层较小。在 $0\sim+\infty$ 的区间里,选取适量由小到大的刚度比 ϕ_{Kh}。由于该模拟对象为三维模型,此处选择三维实体单元进行求解。同平面模型相似按照两种情况选用适当的实体单元:一种是当 $\phi_{Kh}=0$ 时,可使用计算精度较高的二阶减缩积分单元 C3D20R,以避免完全积分单元存在的剪力自锁使该单元在发生弯曲时过于刚硬;另一种情况是当 $\phi_{Kh}\neq0$ 时,由于模拟中存在层间接触,选择一阶减缩积分单元 C3D8R 来对模型进行划分,该单元是六面体八节点减缩积分单元,每个单元只有一个高斯积分点,每个节点上只包含三个平移自由度,通过扫掠划分将内层划分为 4 320 个单元。为了模拟螺旋结构在轴向的连续性,设置运动耦合将两个端面上的自由度连于一点,如图 11.11a 所示。对于约束条件,为了消除刚体位移,内外层在 Z 轴正向的表面处 Z 向位移被约束,图 11.2 平面模型中内层的点 A 和点 B 在螺旋结构沿 Z 轴扩展为线,将 A 线和 B 线所在的 X 方向约束,除此之外:

(1) 当 $\phi_{Kh}=0$ 时，为了使该层只能发生径向位移，除了将 A、B 处的 X 方向进行约束外，对位于层外表面上 90°、270°部位的节点集的 Y 方向进行约束。

(2) 当 $\phi_{Kh}=+\infty$ 时，外层内表面上的所有节点在所有方向上都被约束，以此来模拟刚体约束。

(3) 当 $0<\phi_{Kh}<+\infty$ 时，外层的边界条件与模型 $\phi_{Kh}=0$ 的设置一致。这类模型的耦合和边界条件如图 11.11 所示。

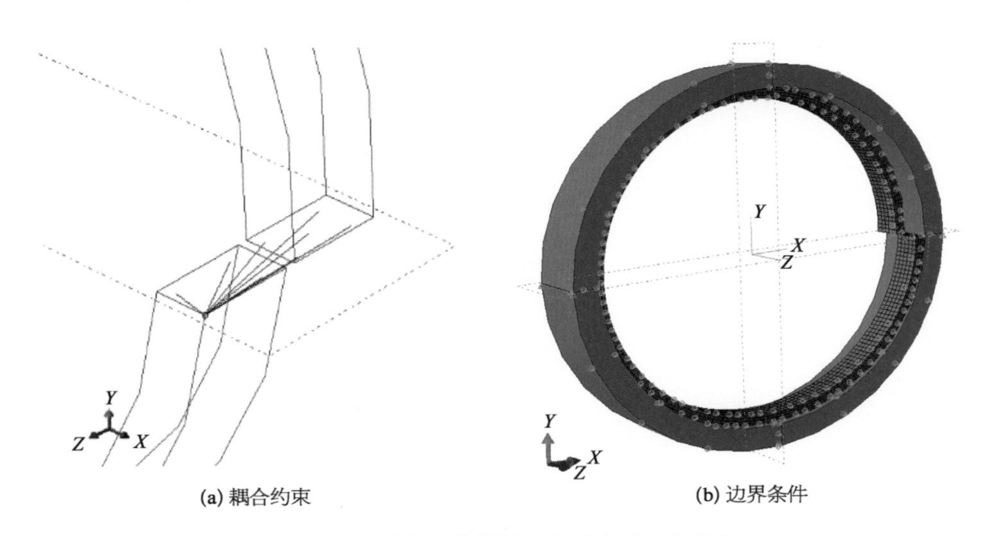

(a) 耦合约束　　(b) 边界条件

图 11.11　受限螺旋模型耦合约束及边界条件

规范[7]规定若骨架层的实际几何参数未给出，在设计时至少考虑 0.2%的初始椭圆度。针对这一设计要求，本节将依照上一节的求解方法，主要考虑包含 0.2%初始椭圆度的模型的计算，当初始椭圆度为 0.2%时，$\delta_0=0.15$ mm。本节使用动态隐式算法中的准静态算法，图 11.11b 中的螺旋层是已经加过 0.15 mm 缺陷后再导入模型中的带网格构型，该模型在计算时不受初始应力等影响，为保证各模型具有可比性，导入各模型的带缺陷螺旋层均是在刚性限制下计算得出的。

11.3.2　抗弯刚度比对受限压溃的影响

在正式分析前，本节首先介绍加入初始扰动的三维螺旋模型与三维环模型在受限时的压溃特性关系，确定螺旋模型的理论基础，同时与缺陷为 0.2%的三维螺旋模型进行比较，研究初始设计缺陷对屈曲性能的影响，之后再对设计缺陷模型的压溃进行详细分析。建立的三维环模型参数可见表 11.1，保持内外层宽度相同，单元选择、划分原则及边界条件与螺旋模型相同，网格划分和边界条件如图 11.12 所示。

表 11.4 列出了不同求解模型的屈曲荷载，选择的刚度比为式(11.4)～式(11.6)中各区间端点的模型计算结果，该结果已由式(11.3)进行了转换，其他则采用式(11.4)～式(11.6)，用于标准化的屈曲压力为平面应力模型经典屈曲的结果。

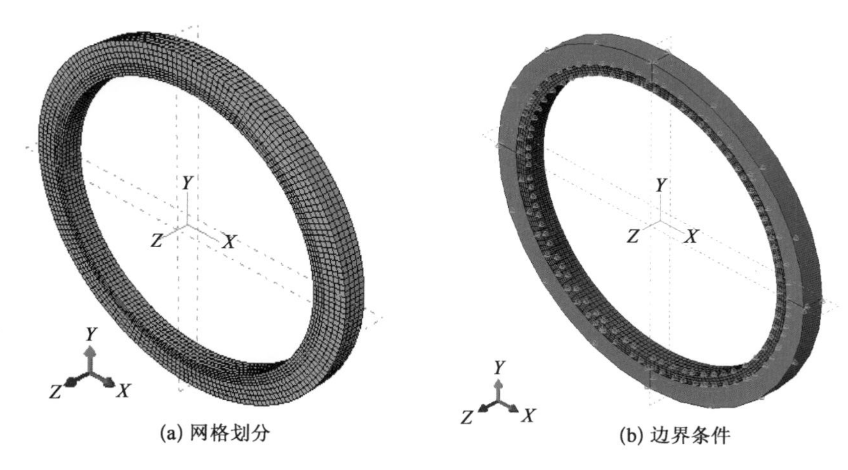

(a) 网格划分　　(b) 边界条件

图 11.12　三维环模型网格划分及边界条件

表 11.4　不同受限模型屈曲荷载比较

ϕ_K	公式 /MPa	环模型 /MPa	误差 1 /%	螺旋模型 /MPa	误差 2 /%	带缺陷的螺旋模型/MPa	误差 3 /%
0	15.85	15.96	0.69	16.03	0.44	15.75	−1.75
3	54.29	54.21	−0.15	54.37	0.29	54.06	−0.57
60	120.17	119.27	−0.75	115.81	−2.90	114.79	−0.88
600	124.24	123.39	−0.68	119.71	−2.99	118.66	−0.87
+∞	117.23	124.65	6.33	120.07	−3.67	119.09	−0.82

表中误差 1 表示的是环模型与公式结果的差值，与表 11.4 中的情况相似，使用 Glock 公式计算的结果与环模型相差稍大，而 Timoshenko 公式结果与环模型相差小于 1%，再次说明了径厚比对刚性受限的影响更大，也说明使用顶部加压的方式引入缺陷可作为经典屈曲分析的方法；拟合公式的结果均小于 1%，说明其应用于该受限环模型是可行的。误差 2 表示的是螺旋模型与环模型的差异，一方面可以看出所有的误差均小于 5%，说明在受限的情况下，缠绕角接近 90°的螺旋结构与环模型屈曲性能相似，这与之前学者对骨架层的简化研究中得出的结论相同；另一方面在刚度比较小时，两者结果非常接近，而在刚度比较大时，螺旋模型结果均略小于环模型，可以看出螺旋结构对自身屈曲性能有微笑影响。误差 3 为螺旋模型与带设计缺陷螺旋模型的差值，可知随着椭圆度的增大，屈曲荷载随之变小。下面针对初始椭圆度为 0.2% 的模型结果进行详细分析。

同样从所计算的模型中挑选 11 个不同抗弯刚度比 ϕ_{Kh} 的模型，将内层 A 点向下的位移与所施加压力的平衡路径曲线绘于图 11.13，所取抗弯刚度比列于图表右侧，根据曲线的稳定走向取 −30 mm 作为水平坐标的最大值。由于使用了动态隐式算法，荷载位移曲线没有下降段，因此只研究各条曲线中到达水平之前的部分，这部分表示了不同约束条件下受限压溃从屈曲前到屈曲的过程，选取各曲线斜率在 1%附近的点作为屈曲极值，经部分模型与弧长法计算结果比较，两者数值非常接近，证明了该取法的正确性。在所研究的部分中，各个模型的曲线走向与平面模型相似，以不同的平衡路径上升至极限屈曲值，在上升过程中随着 ϕ_{Kh} 变大，A 点在极限屈曲处的位移逐渐向 10 mm 位置处靠近。

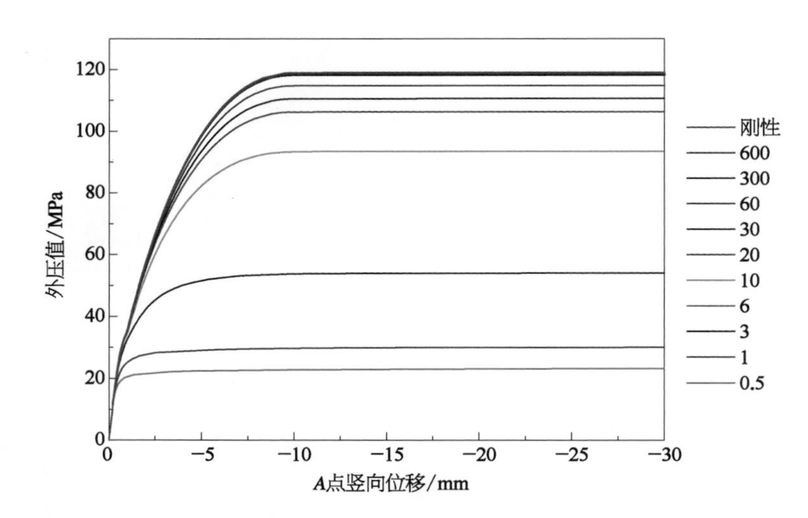

图 11.13　不同 ϕ_{Kh} 的位移-荷载曲线

根据图 11.13 的结果，可将带缺陷螺旋结构极限外压值随 ϕ_{Kh} 的变化趋势绘于图 11.14，将数值方法得出的极限外压值进行标准化，即 $P_{crn}=\dfrac{P_{cr}}{P_c}$。观察结果发现，在 $\phi_K=+\infty$ 时，$P_{crn}=7.26$，而 $\phi_K=600$ 时，$P_{crn}=7.21$，两者相差 0.7%，较为接近，因此这里只给出 $0\leqslant\phi_K\leqslant600$ 范围的结果，$0\leqslant\phi_K\leqslant60$ 的部分在图中单独列出。从图 11.14 可以观察到，在整体趋势中，极限压力随 ϕ_{Kh} 增大而增大，同样该曲线大致可分为三个阶段：当 $0\leqslant\phi_{Kh}\leqslant3$，$P_{crn}$ 呈现线性上升形式；而超过 $\phi_{Kh}=60$，P_{crn} 趋于一近似的水平直线；这两段中间 $3\leqslant\phi_{Kh}\leqslant60$ 则由一弧线相连。三段曲线可得到三个受限螺旋含 0.2%初始椭圆度时的拟合计算公式[式(11.9)～式(11.11)]，公式由修正的多重确定系数(R^2)来进行拟合优度的评估，该值越接近 1 拟合优度越好。经验证，数值计算结果和拟合结果的差值小于 5%。另外在图 11.14 中加入了平面模型的数值和拟合曲线，结合表 11.4 可知，含缺陷螺旋模型的结果低于平面模型的结果，其原因包括螺旋结构自身的受力特性及缺陷等影响。

$$P_{crn\text{-}29h}=0.76\phi_{Kh}+1\quad(0\leqslant\phi_{Kh}\leqslant3)\tag{11.9}$$

$$P_{crn\text{-}29h}=7.3e^{-\frac{2.4}{\phi_{Kh}}}\quad(3\leqslant\phi_{Kh}\leqslant60)\tag{11.10}$$

$$P_{crn\text{-}29h}=(4\times10^{-4})\phi_{Kh}+6.96\quad(60\leqslant\phi_{Kh}\leqslant600)\tag{11.11}$$

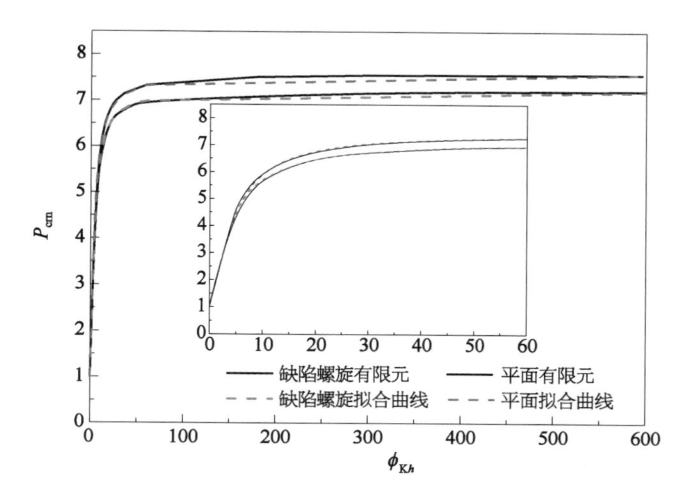

图 11.14　不同结构有限元与拟合公式 $\phi_{Kh}-P_{crn}$ 曲线对比

11.3.3　受限螺旋结构压溃模态分析

与平面模型类似，不同模型的螺旋内层呈现出不同的屈曲和后屈曲模态。为详细评定其变形情况，同样选择内层点 B 和点 A 位移的比值（$\phi_{\delta AB}$）为标准来进行分析，绘出不同 ϕ_{Kh} 下 $\phi_{\delta AB}$ 随 A 点位移的变化情况，如图 11.15 所示，$\phi_{Kh}=0$ 时的后屈曲部分曲线没有列出，将横坐标的最小值设为－50 mm。

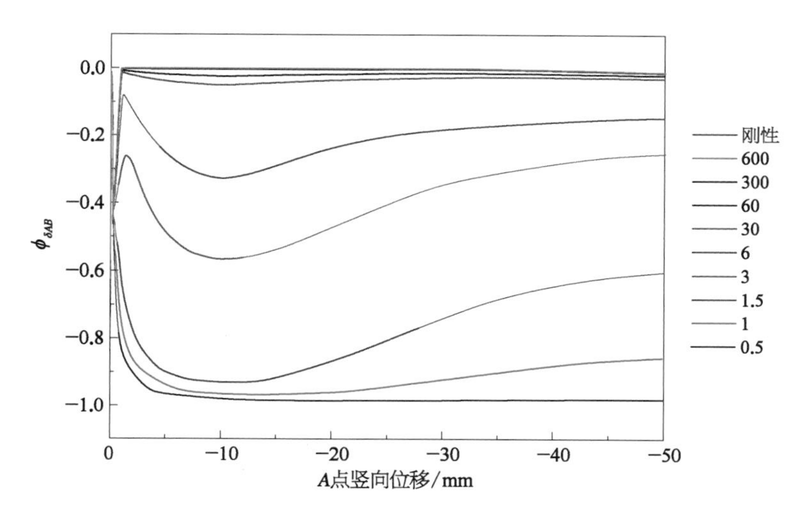

图 11.15　不同 ϕ_{Kh} 下 A 点竖向位移- $\phi_{\delta AB}$ 曲线

与平面模型类似，在图 11.15 中，各曲线在最初 A 点位移很小的范围内都有短暂的波动；过了该阶段后，对于 $\phi_{Kh}=0.5$ 的情况，曲线快速下降到 $\phi_{\delta AB}=-1$，并在所选位移范围内始终保持在该线附近，说明此时的屈曲模式保持为双轴对称的椭圆形态并逐渐强化成哑铃形；而对于 $\phi_{Kh} \geqslant 60$ 的情况，曲线则保持在 $\phi_{\delta AB}=0$ 附近，说明其压溃形态为单轴对称的心形；在这两种情况之间，其余曲线均经历了先下降到不同水平后再上升的过程，且依 ϕ_{Kh} 的大小决定了其下降和停留的程度，曲线的最后趋稳部分可以表示出各自的压溃模式。以上分析说明了随着 ϕ_{Kh} 变化，屈曲失效的变形形状会发生改变，且随着刚度比的改变，考虑设计初始缺陷的螺旋结构也没有明显改变屈曲模态。为表达清晰，图 11.16 选取了当 A 点位移为 -50 mm 左右时，四个有代表性的 ϕ_{Kh} 的竖向位移变化图来说明其不同的后屈曲模态。外层均随其刚度变大由椭圆逐渐变为圆形，可以粗略认为双轴对称形状只在 $\phi_{Kh}<1$ 的情况下存在过渡模式，例如图 11.16b、c 包含了随节点 B 附近间隙逐渐减小的所有模式。需要说明的是，由于动态隐式算法没有下降段，因此后屈曲部分的变形与实际变形情况可能有所差异。

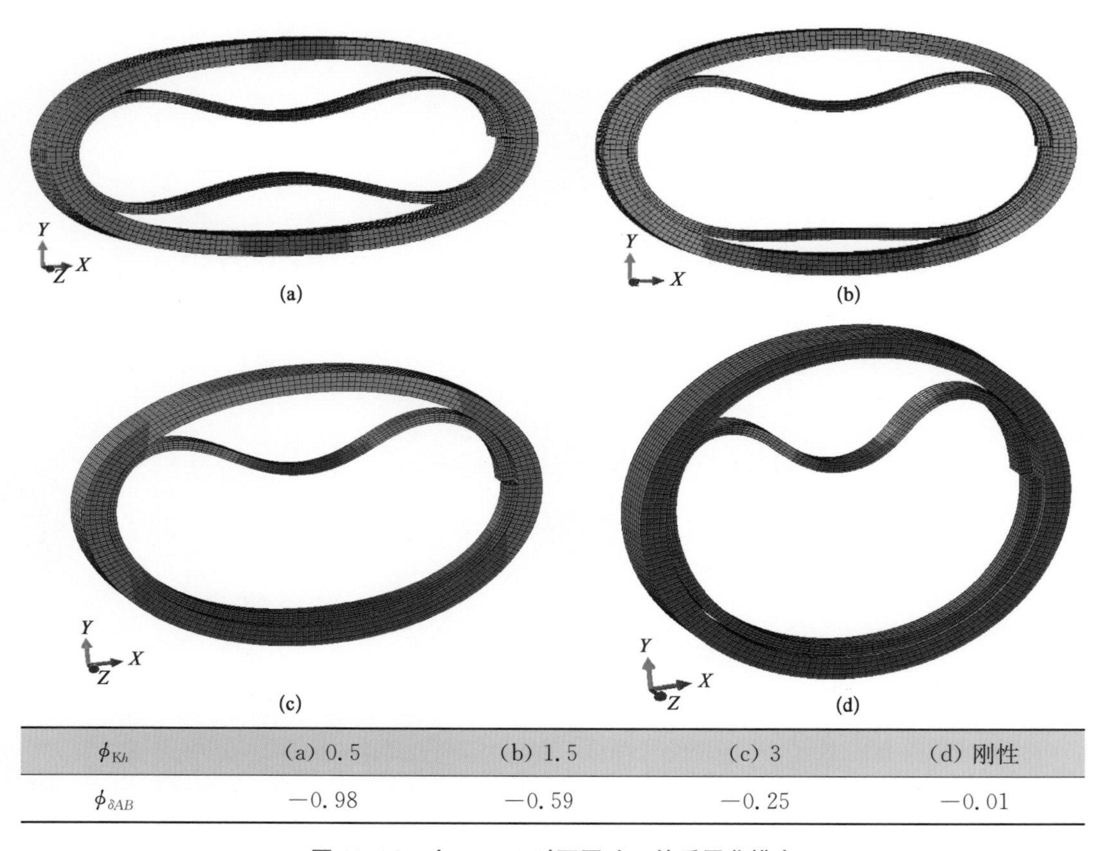

ϕ_{Kh}	(a) 0.5	(b) 1.5	(c) 3	(d) 刚性
$\phi_{\delta AB}$	−0.98	−0.59	−0.25	−0.01

图 11.16　$\phi_{Dh}=29$ 时不同 ϕ_{Kh} 的后屈曲模态

11.3.4　径厚比对受限压溃的影响

经截面等效后的铠装层可能会产生不同的径厚比，基于上一节的研究方法，依一定步长改变内层内半径得到不同的径厚比值 ϕ_{Dh}，建立与之前相似的模型，本文进行的是 $20 \leqslant \phi_{Dh} \leqslant 50$ 范围内的研究。所得到不同径厚比模型，刚度比与标准化后的屈曲外压值之间的关系如图 11.17 所示。

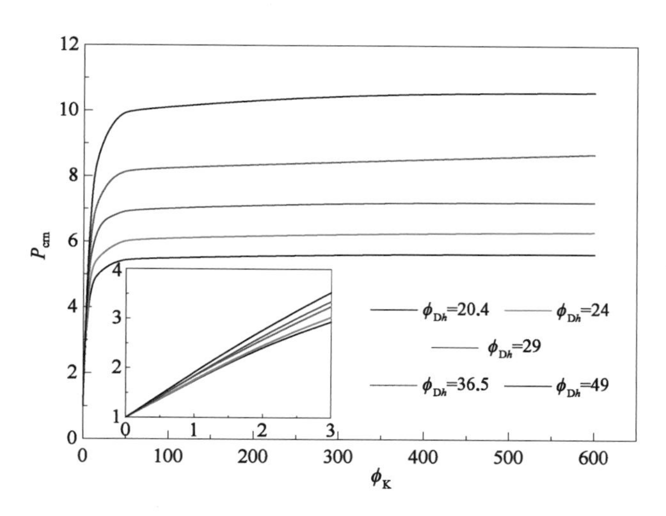

图 11.17　不同 ϕ_{Dh} 下的 ϕ_{Kh} - P_{crn} 曲线

如图所示，在所取径厚比范围内，各曲线的位置均比平面模型低，变化趋势与平面模型相似，此处不再赘言。为了量化 ϕ_{Dh} 的影响，同样将以上获得的结果通过 $\phi_{Dh}=29$ 的数据进行标准化。图 11.18 表示的是在不同 ϕ_{Kh} 下 $P_{crn\text{-}D}$ 与 ϕ_{Dh} 的关系曲线。

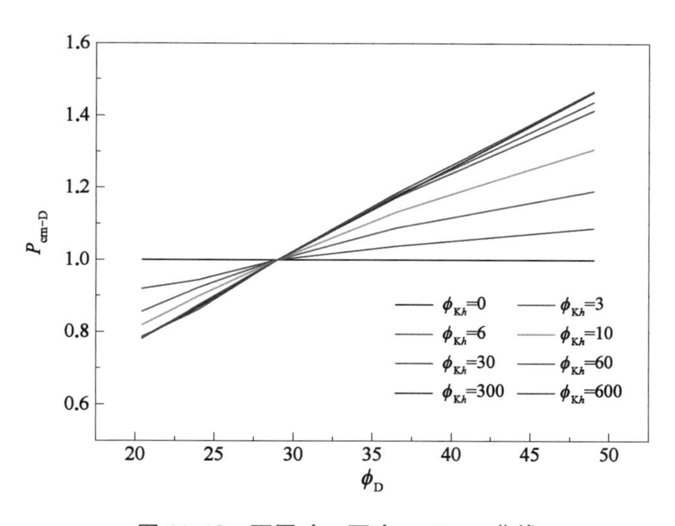

图 11.18　不同 ϕ_{Kh} 下 ϕ_{Dh} - $P_{crn\text{-}D}$ 曲线

图 11.18 表明了在所研究的 ϕ_{Dh} 范围内，随着抗弯刚度比的增加，曲线斜率变大，但曲线是基本保持线性的。将图 11.18 中各曲线的斜率 K_h 与 ϕ_{Kh} 进行拟合，可以得到

$$K_h = 0.024\,6e^{-\frac{4.19}{\phi_{Kh}}} \tag{11.12}$$

进而可以推出不同径厚比受限螺旋构件屈曲压力的计算公式为

$$P_{crh}=[1+K_h(\phi_{Dh}-29)]P_{crn\text{-}29h}P_c \tag{11.13}$$

其中 $P_{crn\text{-}29h}$ 可以通过式(11.9)～式(11.11)计算得到。该设计公式可为螺旋构件的受限屈曲设计提供参考。

11.4 本章小结

本章分别对双层非粘结柔性管的平面应变模型和螺旋模型在受限状态下的屈曲压溃性能进行了研究，使用内外层的刚度比作为限制等级，选取不同刚度比、径厚比，采用弧长法与动态隐式准静态方法计算相应的屈曲压力，拟合出数值计算公式，分析了不同受限等级的屈曲及后屈曲模态，并将平面模型的部分结果与解析解进行了对比分析，取得良好的一致性。另外，将受限螺旋结构在有无缺陷下的屈曲压力与平面模型拟合公式进行了对比，得到受限螺旋结构屈曲压力略低于平面模型的结论；同时对设计规范规定的带有初始缺陷的螺旋模型进行了详细的受限屈曲分析，总结拟合出适用于设计的数值计算公式，为受限螺旋结构或非粘结柔性管中的骨架层屈曲设计提供参考。

参考文献

[1] ISO. Metallic materials—tensile testing—part 1: method of test at room temperature: ISO 6892-1: 2009[S]. 2009.

[2] Li F S, Kyriakjdes S. On the response and stability of two concentric, contacting rings under external pressure[J]. International Journal of Solids and Structures, 1991, 27(1): 1-14.

[3] Vasilikis D, Karamanos S A. Mechanics of confined thin-walled cylinders subjected to external pressure[J]. Applied Mechanics Reviews, 2014, 66(1): 010801.

[4] Vasilikis D, Karamanos S A. Stability of confined thin-walled steel cylinders under external pressure[J]. International Journal of Mechanical Sciences, 2009, 51(1): 21-32.

[5] Aggarval S G, Cooper M J. External pressure testing of insituform linings[R]. Coventry: Coventry (Lanchester) Polytechnic, 1984.

[6] Guice L K, Straughan T, Norris C R, et al. Long-term structural behavior of pipeline rehabilitation systems[R]. Ruston: Louisiana Tech University, 1994.

[7] API RP 17B. Recommended practice for flexible pipe[S]. Washington DC: American Petroleum Institute, 2014.

海洋柔性管

第 12 章　非粘结柔性管受限压溃试验

以往关于受限压溃试验主要针对的是内衬修护管的抗外压性能，属于外部抗弯刚度较大的约束情况，Aggarval 和 Cooper[1] 在 1984 年对 49 个受限圆筒进行了外压试验，这些试件的 ϕ_D 在 30～90，材料也各有不同，弹性模量在 895.7～2 521.74 MPa 变动。试验中，圆筒首先被插入一个钢管中，之后压力以大约预测失效值 10%的增量施加在圆筒和钢管中间直到最终失效，发现试验结果比 Timoshenko[2] 计算结果大很多，而与 Glock[3] 结果非常接近。Lo 等[4] 于 1993 年对不同环氧树脂制成的受限圆筒屈曲压溃值进行了试验验证，试验试样外径相同但厚度不同，结果同样和 Glock 的计算值吻合较好。另外，1994 年 Guice 等[5] 对受限圆筒在静水外压下的长期效应进行了试验研究，包括五家公司的七个不同产品，同时也进行了短期试验，采用了图 12.1 的试验设备。将衬管置于钢管内，并在两管之间进行注水施压，要求管长至少为管道内直径的 6 倍，以消除端部影响，其所用试验试件均为 12 in，ϕ_D 在 30～60，试验结果和理论结果吻合很好，并分析了长期压溃与材料黏弹性的关系。

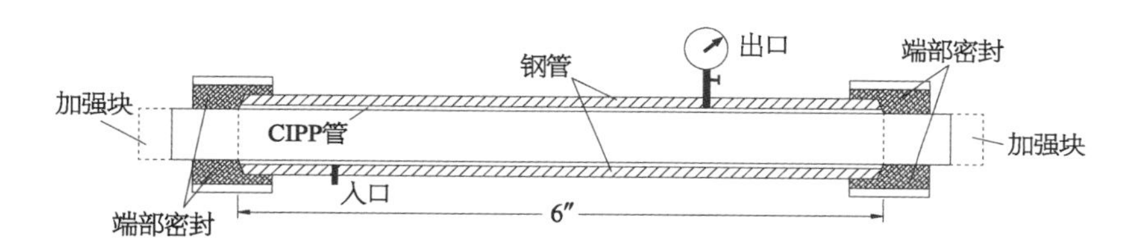

图 12.1　受限压溃液压试验系统[5]

相对而言，对于外部约束与内部刚度相差不大的情况，目前鲜有试验研究。为了验证解析分析和数值分析的适用性，本章将选用一种结构较简单的非粘结柔性管对其进行受限压溃试验。该管为非粘结钢带缠绕增强热塑性管（简称 SSRTP），如第 1 章所述，其结构较典型非粘结柔性管简单，其截面如图 12.2 所示。一般来说，该管的主要组成部分如下：

（1）防止外来损伤的外层 HDPE。

（2）偶数层的连续螺旋缠绕加强钢带层，主要为整管提供承载力，如图 12.2 所示包含了四层加强层。

（3）提供对于运输材料泄露防护和腐蚀抵抗的内层 HDPE。另外，在钢带的最外层包裹着一层螺旋缠绕的纸质聚酯带（PET），主要起隔离防护作用。

图 12.2　非粘结钢带缠绕增强热塑性管截面

本章将采用两种型号的 SSRTP 进行试验研究，分别为 T74 管和 T78 管，表 12.1 和表 12.2 列出了两种管的 HDPE 层及钢带的几何参数。PET 层的厚度与外层 HDPE 相比很小，为了简化，直接将 PET 的厚度归加到外层上。

表 12.1　内外层 HDPE 几何参数

HDPE 层		型　号	内半径/mm	厚度/mm	ϕ_D
T74	内层	PE100	25	6	9.3
	外层	PE100	33	4	
T78	内层	PE100	25	5	10.2
	外层	PE80	39	5	

表 12.2　钢带几何参数

参数名称	型　号	
	T74	T78
钢带加强层	4	6
每层钢带数	2	1/2
钢带厚度/mm	0.5	0.45/0.75
钢带宽度/mm	52	52

需要说明的是，钢带层的螺旋缠绕方式为每两个加强层同向交错缠绕，如图 12.3 所示。对于 T74 管，只含有一种钢带Ⅰ，从内到外为四层、每层两根、先顺时针后逆时针均以 54.7°螺旋缠绕的钢带层；T78 管包含两种钢带Ⅱ、Ⅲ，从内到外依此为两层、每层一根、以顺时针 73°缠绕的钢带层，四层、每层两根、先逆时针再顺时针 54.7°缠绕的钢带层。

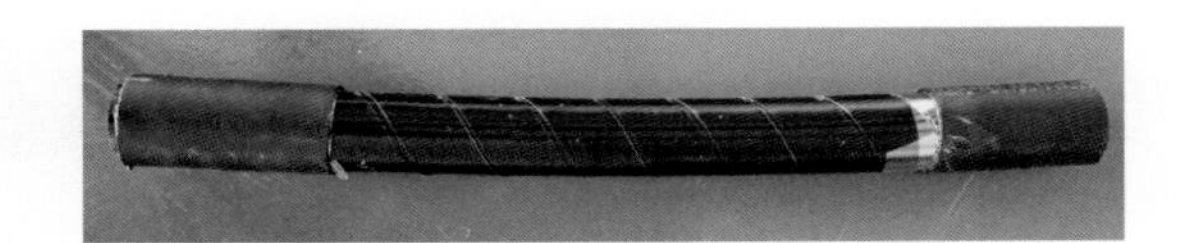

图 12.3　剥去部分外护套的 SSRTP

本章探讨了直接针对该非粘结柔性管整管的受限压溃研究方法，将得到的非粘结柔性管在静水外压下的受限压溃破坏形式和极限承载力与前述的拟合公式、理论公式及原型数值模拟结果进行对比，来验证前述研究的正确性；同时与非粘结柔性管在普通加压方式下的屈曲压力值进行对比，讨论不同加载方式对管道性能的影响。在接下来的研究中，将首先对两型号管道所用材料进行试验，得出相关特性参数，然后对该类非粘结柔性管进行外压下的受限压溃试验研究。

12.1　材 料 试 验

如上所述，该非粘结柔性管主要用到的材料是 HDPE 与钢带，两者的材料特性将采用电子万能试验机通过单轴拉伸试验获得，该试验机最大压力为 2.5 t。试验前需先制备合适的试件，对于 HDPE 材料进行拉伸试验，两种型号的材料均按照规范 ISO 527：2012[6]结合《塑料拉伸性能的测定》(GB/T 1040—2006)[7]的要求制成哑铃形试样，如图 12.4a 所示。根据规范 ISO 527：2012[6]塑料拉伸性能测定，预加拉力 20 N 以保证试样与试验机夹具接触良好。《塑料拉伸性能的测定》[7]中对压制成型的热塑性增强塑料试件建议从 2 mm/min、5 mm/min、10 mm/min、20 mm/min、50 mm/min 中选择加载速度。本节根据试样尺寸和规范建议按照加载速度 20 mm/min 进行试验，试验过程如图 12.4a 所示。由于加载过程中试件变形很大，此处不使用引伸计进行测量，拉断的结果如图 12.4b 所示。而对于三种钢带材料，根据 ISO/FDIS 6892 - 1：2008[8]，制作其试件如图 12.4c 所示。在试验中需使用引伸计夹持在试件标距两端以测定其变形，轴向变形速度设定为 0.2 mm/min，如图 12.4b 所示。试验以试件最终拉断为结束，如图 12.4d 所示。对每种材料进行五组试验，取平均值作为其试验结果。

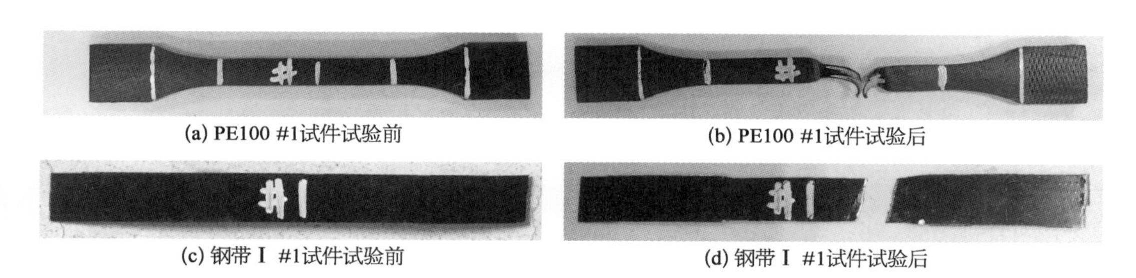

(a) PE100 #1试件试验前　(b) PE100 #1试件试验后

(c) 钢带Ⅰ #1试件试验前　(d) 钢带Ⅰ #1试件试验后

图 12.4　试件材料试验前后样图

如图 12.5 所示，经相关程序处理即可得到两种材料的试验结果，所得结果为名义应力与名义应变，可通过下式将其转化为真实应力与真实应变：

$$\varepsilon_{\text{true}} = \ln(1 + \varepsilon_{\text{nom}}) \tag{12.1}$$

$$\sigma_{\text{true}} = \sigma_{\text{nom}}(1 + \varepsilon_{\text{nom}}) \tag{12.2}$$

图 12.6 列出了 T74 与 T78 的钢带材料单轴拉伸试验结果，根据真实应力-应变曲线关系，采用曲线拟合的方法可得到钢带的弹性模量及比例极限应力，见表 12.3。

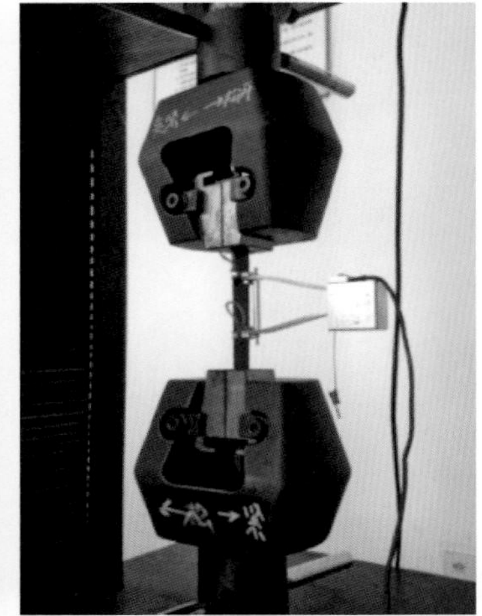

图 12.5　试件单轴拉伸试验

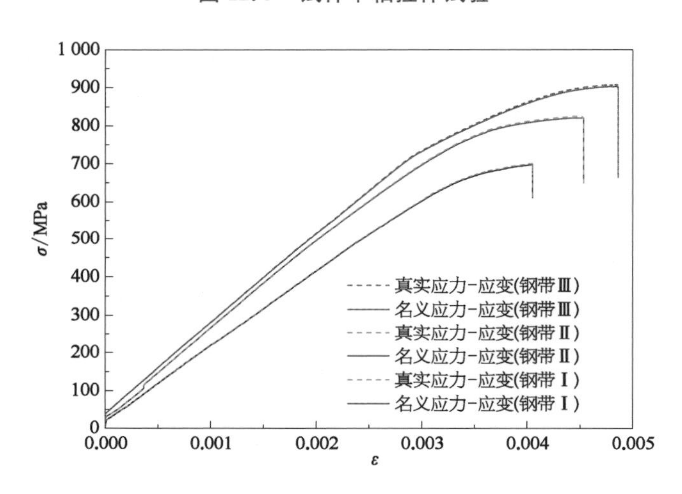

图 12.6　三种钢带单轴拉伸试验应力-应变曲线

图 12.7 为所用两个等级 HDPE 的单轴拉伸试验，根据国际标准 ISO 527：2012[6]，计算出在真实应变为 0.05%和 0.25%之间的割线模量，以此作为 HDPE 的弹性模量，比例极限选择图线线性上升部分的最高点，得到所使用的材料参数见表 12.3。

表 12.3　材料物理参数

参　　数	材　　料				
	钢带Ⅰ	钢带Ⅱ	钢带Ⅲ	PE80	PE100
弹性模量/MPa	199 000	208 000	213 000	1 020	1 040
比例极限/MPa	596	689	720	9.5	10.94
泊松比	0.26	0.26	0.26	0.4	0.4

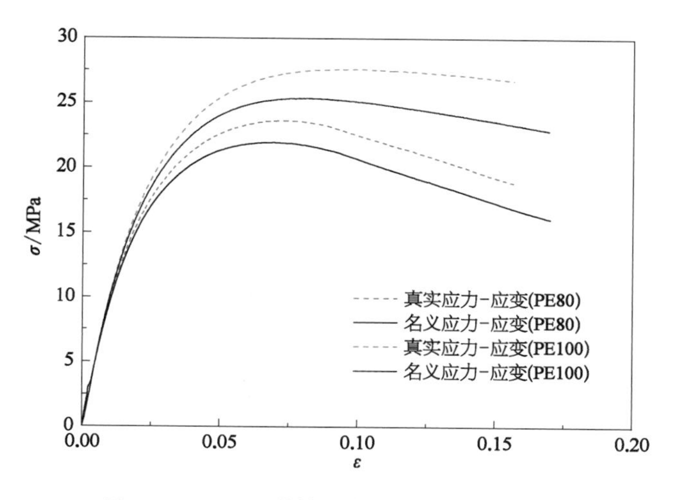

图 12.7　HDPE 单轴拉伸试验应力-应变曲线

12.2　压 溃 试 验

对非粘结柔性管的一般外压试验主要参考的规范有前述的 API RP17B[9] 及美国材料与试验协会《管道外部压力性能的标准试验方法》(ASTM－D2924)[10]。管道外压极限承载力的测试一般是通过静液外压试验进行的，典型做法是将一段管道试样密封后放入压力容器中，以水或油作为施压介质，通过观察压力的突降或试样体积的突变来判断管道失效，可根据试样在试验过程中是否承受轴向力，主要分为有轴向力和无轴向力外压试验两种，如图 12.8 所示。国内外很多学者使用上述两类装置对管道承受外压性能进行了试验研究：Kyriakides 等[11]利用一个外压承载力为 69 MPa 的压力容器对钢管进行外压试验；

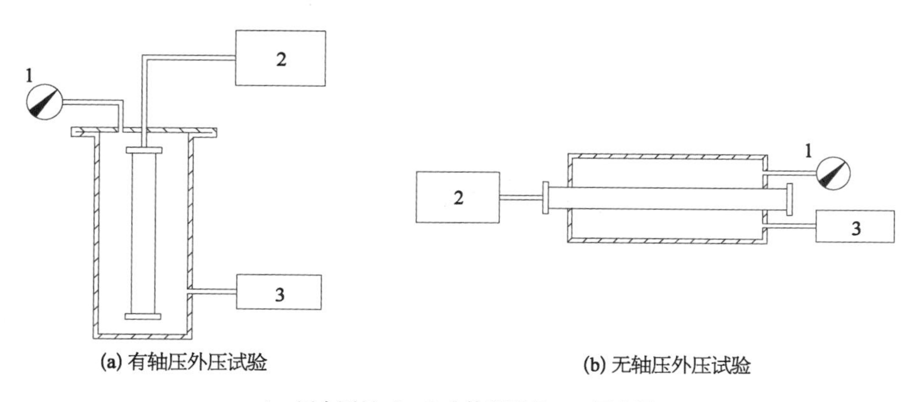

1—压力测量；2—出水体积测量；3—压力源

图 12.8　静水外压试验装置简图[10]

Paumier[12-13]也用了相同的设备对直和弯的非粘结柔性管进行了外压试验；Yang[14]使用无轴压的复合管外压屈曲试验对比了其理论研究结果；朱彦聪等[15]利用外液压试验装置和真空试验装置对钢丝缠绕增强塑料管进行了试验研究，得到在外压作用下的荷载-变形曲线；Gong 等[16]利用有缺陷的钢管静水外压试验研究了钢管的屈曲传播等。相比而言，图 12.8a 的试验方法更适宜模拟水下整管压溃的实际情况，因此本章将在其基础上进行改进以适应试验目的。

12.2.1 试验过程

本章主要进行的是 SSRTP 外护套受损的湿压溃试验，同时进行该管的无破损干压溃试验与湿压溃结果进行对比。将两型号的 SSRTP 分为 A、B 两组，A 组进行湿压溃试验，B 组进行干压溃试验，T74 型管每组 3 根，T78 型管 A 组 3 根，B 组由于试验条件选取 1 根。根据 ASTM - D2924[14]的规定，在试验之前，将管段放置在室温下至少 2 h，不计两端接头，测得选取管段的平均长度为 1 100 mm，为外直径的 17 倍，符合 ASTM - D2924[14]规定的试验中每根管长度至少为外直径的 7.5 倍的要求；同时按一定间隔标记并测量管身不同位置的最大和最小直径，其初始椭圆度可由式(2.6)计算。以 T78 - A - 3 为例的试验用管如图 12.9 所示。

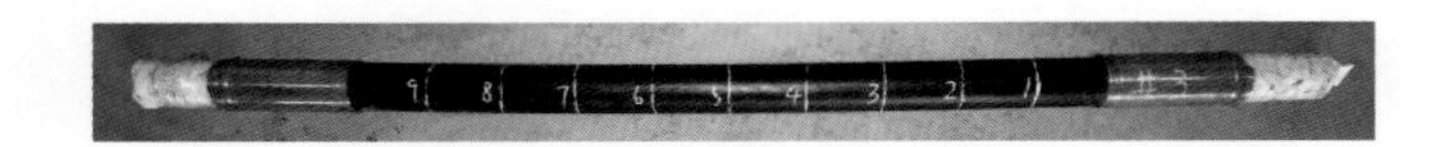

图 12.9 SSRTP 样管

在进行受限外压试验之前，需对 A 组管段进行特殊处理，以保证外液压能够顺利进入管壁内部，直接作用在内护套的外表面。为此使用切割机在靠近管端的附近将外护套及 PET 层环切去掉，使最外层螺旋钢带暴露出来，外部液体便可通过同层相邻螺旋钢带之间的缝隙层渗入内护套外侧进行施压。为增强这一效果，同时避免 T78 管中贴近钢带 Ⅱ 的 PET 层密封作用组织水流渗入，在每个接头的特定位置上使用手枪钻打出两个小孔，使得外液最大限度地贯穿管壁腔。经上述处理过的管端如图 12.10 所示。B 组管段进行的是常规外压试验，因此不需进行特殊处理。

图 12.10 A 组管处理后的管端细节

用于管道压溃的全尺寸试验测试设备主要包括三部分，分别是压力加载系统、外压缸及数据处理软件。加压系统的加压泵由相关程序控制以确保稳定的加载速率。A 组管段经过自身处理后，为进一步确保外液有效渗入，在加压前需要先以一端堵头封闭、一端开放的方式将管段放入满水外压缸内进行 48 h 浸泡，之后在保证管道内充满水的状态下将开放的一端封堵，并将管段重新放入外压缸。试验前最后的放管及外压缸密封如图 12.11 所示。

(a) 放管

(b) 密封

图 12.11 管道压溃试验外压缸

从图 12.11b 可以看出，一共有两个软管连接在外压缸顶盖上，其中之一用于向高压缸进行注水，另一个则通过堵头连通试验管内部。这样做的目的有二：一是平衡管外未加压时的静水压，确保屈曲的发生全由试验加载的压力决定；二是当压力达到屈曲值时会使管道截面发生较大变形，管内水会突然从出水软管流出，可作为视觉上判断其失效的标准。将外压缸盖合并，将其与增压系统连接进行加压，由压力传感器来检测缸内压力变化，该传感器与计算机相连进行数据采集。增压的速率应缓慢稳定，本试验中选用了 0.025 MPa/s 的增压速率进行自动加压。

12.2.2 试验结果

加载结束后即可从数据处理软件中得到试验的时间-压力曲线，图 12.12、图 12.13 中列出了 T74 及 T78 两组试验管道的时间-压力图。管道的屈曲压溃可由曲线的突然下降来判断。对于 B 组管道，这三条曲线呈现出良好的一致性，由于 T78 管三条曲线非常接近，因此只画出其 B 组中之一予以说明。由于在封闭外压缸的过程中不可避免会留下空气，在加载的 20 s 之前，有一段很明显的短弧线出现。接着压力呈单调线性上升，直至到达顶点后突然下降，所记录下的顶点压力即为屈曲压力。与 B 组不同的是，A 组的曲线是分散的，但其趋势均是一样的。相同的加压速率表明单位时间内注水量是相同的，因此除了上述对开始阶段现象的解释理由。曲线斜率逐渐减小也说明了在管道壁内依旧有一定的空间需要进行注水，这种情况会导致降低加压速率；而另一方面，与 B 组的失效不同，A 组管道需要更多的水来触发其失效模式。A 组三条曲线不同的初始斜率表明三种管道的管壁腔内情况可能有所不同，这可能是由于生产和运输引起的。

由上述各曲线极值点得到的六个管段试验屈曲压力值及四组结果的平均值列于表 12.4。各组中最大与最小结果的误差 I 小于 15%，说明各组内的试验结果变化较小，证

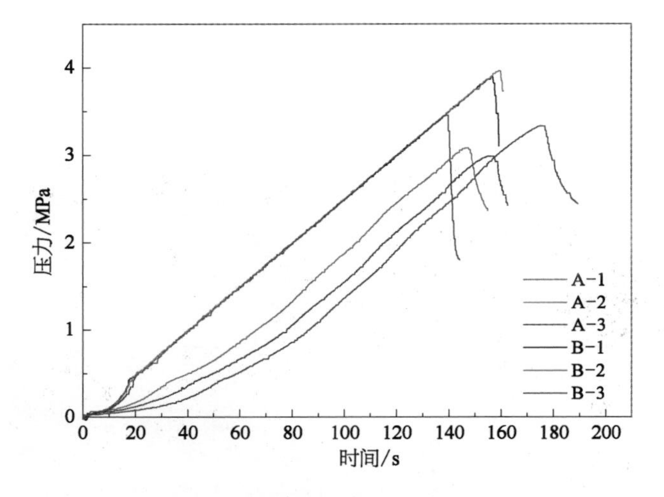

图 12.12 T74 管试验时间-压力曲线

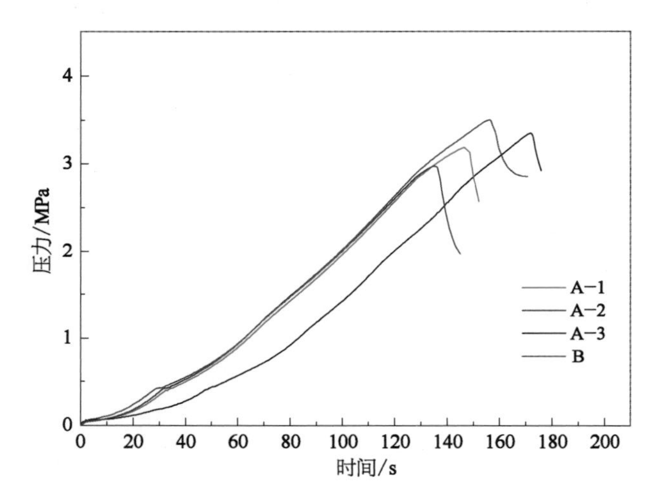

图 12.13 T78 管试验时间-压力曲线

表 12.4 两组试验结果对比

管段标号		试验结果/MPa	误差Ⅰ/%	均值/MPa	误差Ⅱ/%
T74	A-1	3.333	11.5	3.136	20.3
	A-2	3.085			
	A-3	2.989			
T74	B-1	3.901	14.6	3.772	
	B-2	3.959			
	B-3	3.456			
T78	A-1	3.192	12.6	3.173	10.4
	A-2	2.975			
	A-3	3.351			
T78	B	3.503		3.503	

明了所有试验的可行性和可重复性。T74 和 T78 管段的 A、B 两组结果平均值的误差Ⅱ表明，当外压施加在内层上时管段的抗外压能力分别降低约 20%和 10%，说明湿压溃与干压溃相比将降低管道的压溃性能，降低的程度不同主要是由于两种尺寸管内部结构不同造成。

从管段截面椭圆度的变化可以初步评估该管的失效模式，图 12.14 为 T78 两组试验后的管段变形情况。目测可知，T78 B 组的管段中部变形比 T78 A 组明显要大。表 12.5 和表 12.6 列出了各组中每个试验管段对其外表面测量计算所得到的初始椭圆度和最终椭圆度。其中最终椭圆度为试验后测出的椭圆度中的最大值，初始椭圆度是与最终椭圆度最大值位置近似对应的标记处测量值。可以看到，整体来说，A 组管段椭圆度变化程度与 B 组不同，相比 A 组管段，B 组管段的形状在试验后变化更大，可推断两组的失效模式是不同的。另外，T78 A 组的变形后椭圆度比 T74 A 组小，这与两种型号管的内部结构情况不同有关。

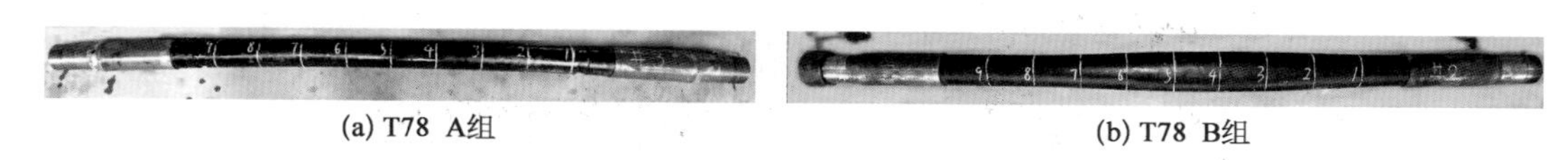

(a) T78　A组　　(b) T78　B组

图 12.14　两组管段试验后变形情况

表 12.5　试验管段 T74 椭圆度变化

椭 圆 度	T74 管段标号					
	A－1	A－2	A－3	B－1	B－2	B－3
初始值/%	0.58	0.51	0.46	0.65	0.47	1.07
最终值/%	10.06	13.10	11.02	25.89	23.69	26.11
误差/%	16.34	24.69	22.96	38.83	49.40	23.40

表 12.6　试验管段 T78 椭圆度变化

椭 圆 度	T78 管段标号			
	A－1	A－2	A－3	B
初始值/%	0.61	0.77	0.50	0.68
最终值/%	2.66	5.33	4.85	29.24
误差/%	3.36	5.92	8.7	42

为了更清楚地观察两组管道的失效模式，从各组中分别选取一个试验管段，放空管腔内的水后，将它们从测量得到的最大椭圆度处切开。在切割管段的过程中，发现从 A 组管壁中流出了一定量的有压水，如图 12.15 所示，这可从侧面表明在试验中注入的水进入了管壁腔内并施加在了内层 PE 的外表面上，而在对 B 组切割的过程中并没有发现有水从管壁腔中流出。

图 12.15　A 组切割管壁时的出水现象

切开后的管段截面如图 12.16 所示。比较 A 组和 B 组可知，A 组管段的 PE 外层形状变化不大，而 PE 内层呈现出了明显的单瓣心形压溃模态，与前述章节分析相比，可知这是受限压溃的典型失效模式；而对于 B 组来说，基本呈现的是经典的整管椭圆形压溃，内层基本随外层一起发生了椭圆变形。对比两种型号管之间的差别，可以看出相较 T78 管来说，T74 外层的椭圆度变化较大，这与前述章节对于随刚度比变化会产生不同的屈曲及后屈曲模态分析相对应。

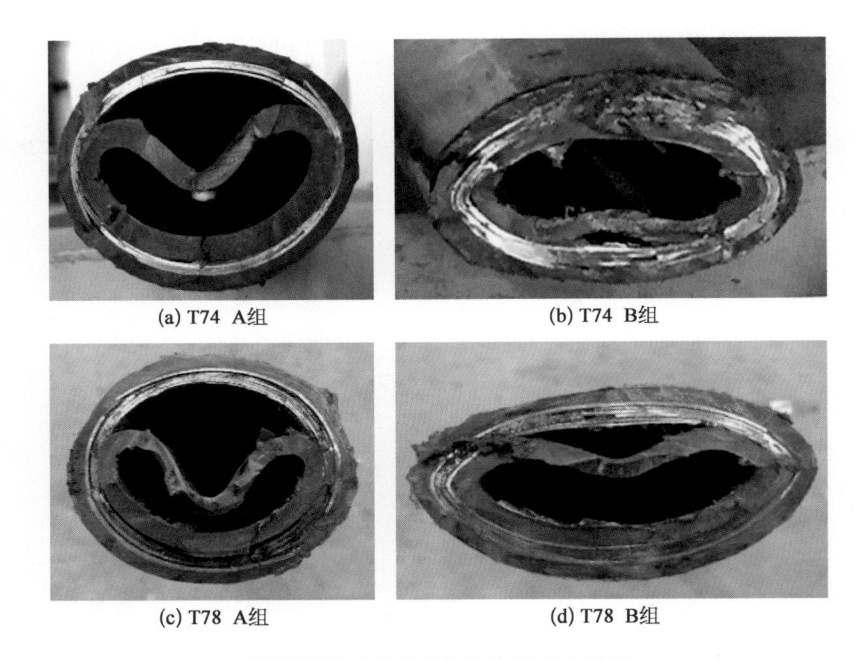
(a) T74 A组　(b) T74 B组　(c) T78 A组　(d) T78 B组

图 12.16　管道屈曲后截面压溃形状

12.3　试验管段的数值模拟

12.3.1　试验管段有限元模型

为进一步验证该类管的试验结果，本节针对 T74 A 组使用平均初始椭圆度 0.52%建立有限元原型模型，因对管内的初始变形等缺陷无法预估，因此将每层椭圆度均设置与外层相同，并假设该初始椭圆度沿管轴方向是均匀的。同样采用 ABAQUS 有限元软件，由于该模型层间接触较多，且接触形式复杂，此处同样通过 ABAQUS/standard 分析模块中的动态隐式准静力求解法来计算屈曲极值。由于模型中存在接触非线性，无法直接通过计算其一阶模态引入初始椭圆度，与平面模型引入缺陷的方法类似，需通过绘图的方式建立带有初始椭圆度模型的几何构型。为了得到较高效的计算模型[17]，在计算之前应建立不同管长的模型进行结果比对，在计算结果相似的情况下选择长度相对较短的模型以提高分析效率，发现长度约为 1/4 钢带螺距的模型和 2 倍钢带螺距的模型之间结果只相差 2.1%。因此选用 1/4 螺距长度(35 mm)作为该模型的轴向长度，建立的模型如图 12.17 所示。为示内部结构清晰，将部分外层隐去。

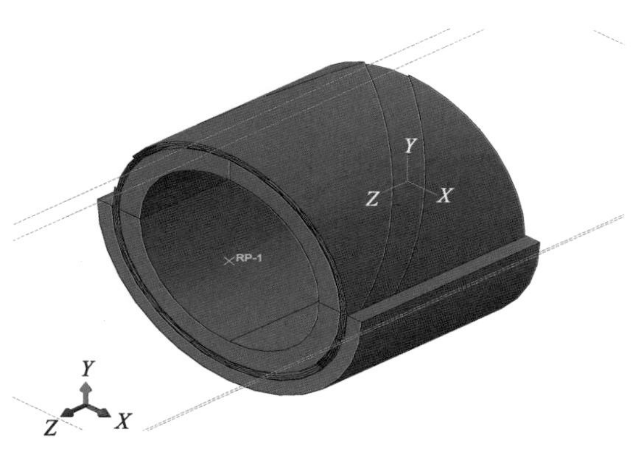

图 12.17　SSRTP 有限元模型内部构造

钢带使用的是弹性材料，PE 则使用了由试验得到的材料应力-应变曲线。对于层与层之间的接触均采用了面-面的离散方法，且将较柔的 PE 圆筒表面设置为从面，并进行了更精细的网格划分以防止主面侵入。接触面的法向作用同样设置为硬接触，并允许接触后分离，切向作用引入了罚摩擦公式，并将钢带之间的摩擦系数设为 0.35，而依据相关试验结果[17]，将钢带与 PE 之间的摩擦系数设为 0.22。对于模型的边界条件，如图 12.18 所示，管段的一端设置为关于 Z 轴对称，而另一端则将各层的 Z 轴方向自由度耦合于参考点 RP－1，使各层沿 Z 轴的运动与参考点一致。除此之外，为了使模型各点只发生径向位移，将模型顶端与底端的 X 方向约束，同时将左右两端 Y 方向约束。虽此模型本身已包含了初始缺陷，但为分析比较，分析步的设置仍与前述相同，采用和受限螺旋结构加初始扰动相同的方法，为防止在顶点施加位移时引起其他部位位移发生变化，在内层中仅留顶部附近区域可竖向移动而将其他部分施加固定约束，该约束在第二步屈曲分析中将被释放，选用位移值 $\delta_0=0.01\%\,R_i$ 作为施加的初始位移。

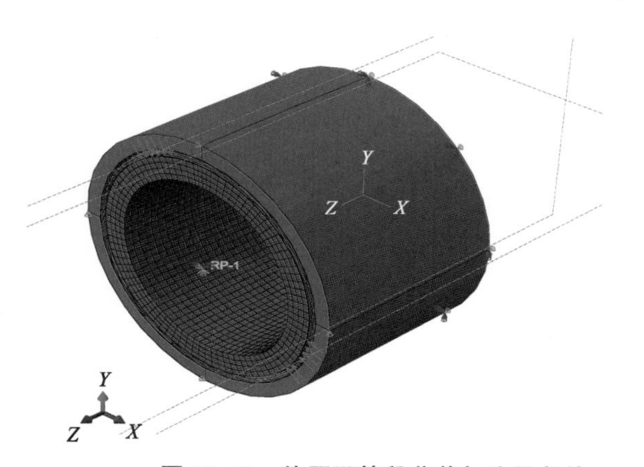

图 12.18　外压下管段荷载与边界条件

在该模型中，对于 PE 制成的内外圆筒结构均采用三维八节点减缩积分实体单元 C3D8R。如前所述，该类单元可以用于复杂的非线性分析，且计算效率较高。为简化计算，中间四层钢带均使用四节点壳单元 S4R，该单元同样采用了减缩积分，且使用了有限薄膜应变来考虑大变形的影响。该模型具体的网格划分情况如图 12.19 所示。

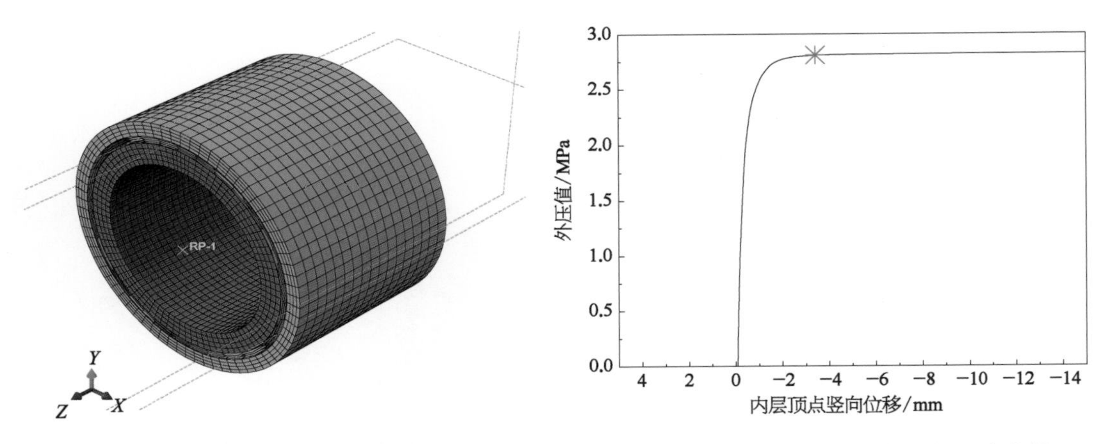

图 12.19　管段有限元模型网格划分

图 12.20　试验管段受限屈曲位移-压力曲线

12.3.2　试验管段有限元结果

通过有限元模拟，可以得到该模型在外压作用下的位移压力曲线如图 12.20 所示，标记点即为屈曲外压值 2.81 MPa。将该结果与表 12.4 中 A 组平均值结果相比，发现该值比试验结果小 11.6%，其屈曲模态如图 12.21 所示。该模态仍为椭圆屈曲模态，并不是试验的心形压溃结果，主要原因是由于外层的椭圆度并不能完全代表内层具体的形态。另外，T74 管内外层刚度比为 0.33，根据前述章节的模态分析，该值所处的区间受限压溃本身即是椭圆屈曲失稳。

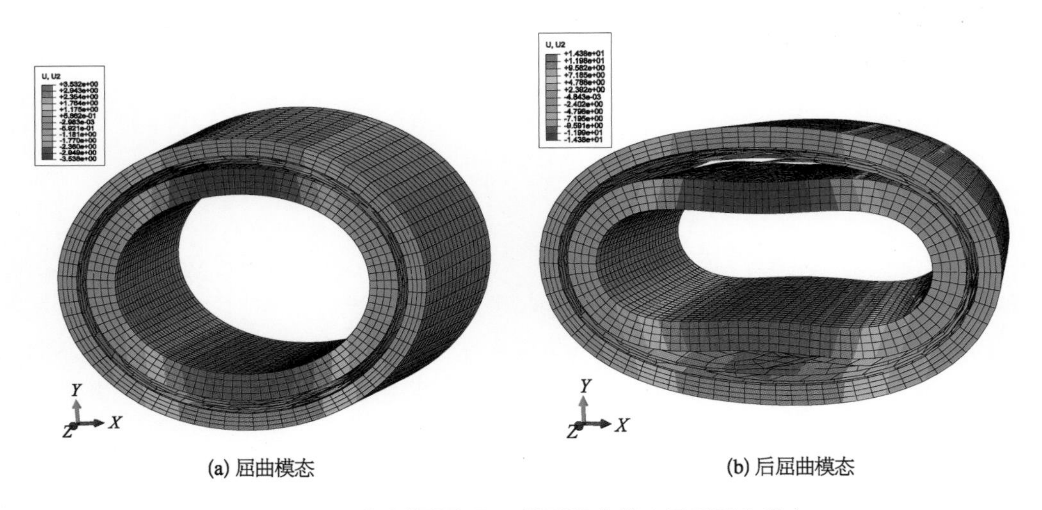

(a) 屈曲模态

(b) 后屈曲模态

图 12.21　试验管段有限元模型屈曲模态及后屈曲模态

12.4　试验结果与理论解的比较

本章试验结果可用于验证前述章节中所得到的理论公式与数值拟合公式的有效性，相关参数可以参考表 12.1～表 12.3，代入解析公式、拟合公式进行求解。在计算中需注意，外层的等效弯曲刚度来自外层 PE 及所有的加强钢带层。对于 T74 与 T78 管，ϕ_K 分别为 0.36 和 1.79，均小于 3，符合 $0 \leqslant \phi_K \leqslant 3$，因此应选择式(3.4)、式(3.7)、式(3.8)进行计算。考虑到材料的非线性，内层 PE 的塑性椭圆失稳压力可使用相关文献[17]提出的切线模量方法计算得到，该方法基于 Timoshenko 和 Gere[2] 的理论通过迭代求解。屈曲外压可由下式解得：

$$P_{\mathrm{T,\,PE}} = \frac{3E_{\mathrm{t}}^{i} I^{i}}{R_{i}^{3}} \tag{12.3}$$

式中　i——第 i 增量步；

E_{t}——内层筒的切线模量；

I——截面等效惯性矩；

R_i——不断迭代更新的圆筒平均半径。

如果在第 i 步中假设压力与计算压力的结果相等，那么这个计算外压就作为塑性压溃压力。具体方法可以参考相关文献[17]。基于式(12.3)，两种管的内层 PE 屈曲压力分别是 T74 为 2.265 MPa，T78 为 1.504 MPa，将其代入公式计算出解析结果及有限元拟合结果。表 12.7 列出了三种方法得到的受限压溃压力。

表 12.7　三种解法之间的比较

T74 A 组/MPa	误差/%	T78 A 组/MPa	误差/%
E 3.136	E 与 A 3.2	E 3.173	E 与 A 21.6
A 3.04	E 与 F 8.2	A 4.05	E 与 F 10.3
F 2.898	A 与 F 4.7	F 3.50	A 与 F 15.7

注：E 代表试验，A 代表解析解，F 代表拟合公式。

由表 12.7 可知，与未约束情况(2.265 MPa、1.504 MPa)相比，试验管段在受限状态下的屈曲压力显著提升。表 12.7 罗列了三种结果之间的误差，从两组管道的比较中可以看到，试验结果与拟合公式结果差异在可接受范围内且较为稳定，考虑到拟合公式本身的误差很小，说明使用拟合公式对于解决本问题也具有一定的适用性。解析公式在 T74 A 组中与试验值、拟合公式的值误差不超过 5%，但在 T78 A 组中的误差均较大，可知适用性较差，这主要是因为 T78 A 组的刚度比大于 1，已经超出了解析公式的适用范围。此外，还可能是由于在理论方法中忽略了 ϕ_D 的影响而引起的。两种理论公式与试验的误差一方面可能是由于在有限元模型和解析解方法中忽略了摩擦所引起，另一方面如前所述，在试验加压过程中管道两端会受到轴向压力，该压力在理论方法中均被忽略，另外管道在生产和运输过程中产生的初始缺陷也对结果有一定影响。值得注意的是，A 组管道的压溃后截面呈现出心形而不是有限元和理论研究中根据 ϕ_K 预测的椭圆形。根据与拟合公式的比较，可推测屈曲发生时管段截面应是近似椭圆，但由于初始缺陷的影响，在后屈曲阶段演变成了心形。总的来说，三种结果的一致性证明了所提出的有限元拟合公式和解析方法的准确性和可靠性。

12.5 本章小结

本章针对非粘结钢带缠绕增强热塑性管的干压溃和湿压溃进行了试验研究，选取了刚度比不同、径厚比不同的两种型号管段。首先进行了材料试验，得到相关的物理参数；之后进行干压溃和湿压溃试验，在做湿压溃试验之前需要先根据管段构造特点对其进行一定的处理。本章对试验样管分别进行了剥去部分外皮和在接头特定位置打孔的方法，这样做的目的是为了使外部以水压形式加载的压力能够作用在内层护套外表面。为加强这种效果，在正式加压之前需将试验管段浸入满水压力缸中一段时间，使得在静水压力状态下，外部水能够充分浸入管壁腔。经以上处理后，可对压力缸进行密封加压，直到管段发生屈曲失效。通过本章试验可知，外压下管段的湿压溃值低于干压溃值，说明外皮破损将降低管段的受外压承载力；通过切割管体椭圆度最大部位横截面，观察内层的压溃模态，初步估计其受限失稳机制。另外，与相关的有限元模拟、理论公式进行了比较，经验证，有限元结果、理论公式在其计算区间内基本和试验取得了一致的结果，证明了理论的正确性。

参考文献

[1] Aggarval S G, Cooper M J. External pressure testing of insituform linings[R]. Coventry: Coventry (Lanchester) Polytechnic, 1984.

[2] Timoshenko S P, Gere J M. Theory of elastic stability[M]. 2nd ed. New York: McGraw-Hil, 1961.

[3] Glock D. Uberkritisches verhalten eines starr ummantelten kreisrohres bei wasserdrunck von aussen und temperaturdehnung[J]. Der Stahlbau, 1977, 7: 212 - 217.

[4] Lo K H, Chang B T A, Zhang Q, et al. Collapse resistance of cured-in-place pipes[J]. Proceedings of the North American No-Dig, 1993, 93.

[5] Guice L K, Straughan T, Norris C R, et al. Long-term structural behavior of pipeline rehabilitation systems[R]. Ruston: Louisiana Tech University, 1994.

[6] ISO. Plastic-determination of tensile properties: ISO 527: 2012[S]. 2012.

[7] 全国塑料标准化技术委员会. 塑料拉伸性能的测定：GB/T 1040—2006[S]. 北京：中国标准出版社,2007.

[8] ISO. Metallic materials—tensile testing—part 1: method of test at room temperature: ISO 6892 - 1: 2009[S]. 2009.

[9] API RP 17B. Recommended practice for flexible pipe[S]. Washington DC: American Petroleum Institute, 2014.

[10] ASTM. Standard test method for external pressure resistance of "fiberglass" (glass-fiber-reinforced thermosetting-resin) pipe: ASTM - D2924[S]. 2012.

[11] Kyriakides S, Ju G T. Bifurcation and localization instabilities in cylindrical shells under bending—Ⅰ. experiments[J]. International Journal of Solids and Structures, 1992, 29(9): 1117 - 1142.

[12] Paumier L, Averbuch D, Felix-Henry A. Flexible pipe curved collapse resistance calculation [C]//ASME 2009 28th International Conference on Ocean, Offshore and Arctic Engineering. American Society of Mechanical Engineers, 2009: 55 - 61.

[13] Paumier L, Mesnage O. PSI armour wire for high collapse performance of flexible pipe[C]// ASME 2011 30th International Conference on Ocean, Offshore and Arctic Engineering. American Society of Mechanical Engineers, 2011: 239 - 246.

[14] Yang C, Pang S S, Zhao Y. Buckling analysis of thick-walled composite pipe under external pressure[J]. Journal of Composite Materials, 1997, 31(4): 409 - 426.

[15] 朱彦聪. 钢丝缠绕增强塑料复合管外压失稳研究[D]. 杭州：浙江大学,2007.

[16] Gong S F, Sun B, Bao S, et al. Buckle propagation of offshore pipelines under external pressure [J]. Marine Structures, 2012, 29(1): 115 - 130.

[17] Bai Y, Liu T, Cheng P, et al. Buckling stability of steel strip reinforced thermoplastic pipe subjected to external pressure[J]. Composite Structures, 2016, 152(9): 528 - 537.

第 13 章　不同水深下非粘结柔性管结构设计

柔性管道的设计必须考虑可能发生层间泄漏的极端情况。大多数情况下，柔性管制造需要依据高静水压力和根据规范要求来设计自锁结构骨架层。这项工作旨在预测骨架层失效的临界屈曲载荷，骨架层的剖面可以认为是一个薄壁。本章假设外部压力直接施加在最内层的骨架层上。压溃行为受初始几何缺陷的影响，因此在分析时必须考虑初始几何缺陷的问题。本章的数值模拟旨在重现结构的实际力学性能，从而验证理论模型。本章所分析的案例还与两个 SSRTP 进行了比较，以评估在何种复杂工况下需要添加骨架层，以保证管道运行的安全性。由于理论模型与有限元模型之间的结果差异相对较小，由此可初步认为理论模型是正确的。

13.1 结构设计简介

非粘结柔性管由于其众多的结构配置和对海上应用的适应性而被广泛用于海上领域。此外，它们还具有方便运输和安装的特点。实际上，与均质钢管相比，它们不仅可以提供相同的强度，同时具有非常高的弯曲柔韧性，如相关文献[1]中所述。它们由多层不同材料组成。一个典型的例子是 SSRTP，如图 13.1 所示。它通常由内层 PE、钢带缠绕增强层和外保护层组成。内层 PE 的主要作用是避免腐蚀和泄漏，外保护层是防止海水与钢筋直接接触。钢带缠绕增强层由可变数量的螺旋钢带层沿管长度连续缠绕组成，可用来承受内外压及轴向拉力等，如 Bai 等[2]所述。

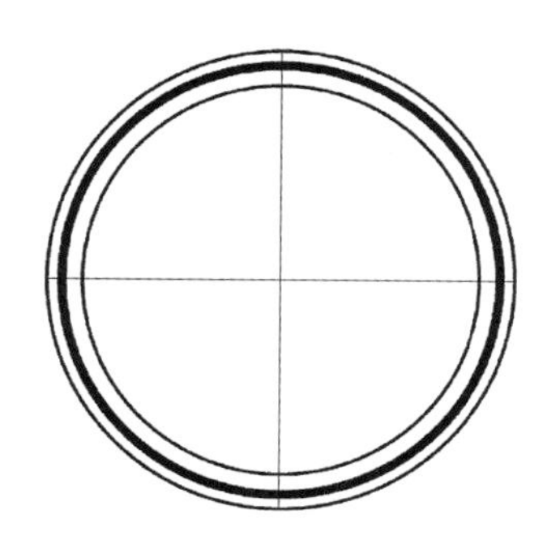

图 13.1 SSRTP 的纵向剖面图和横截面图

在深海环境下，管道需要足够的增强层来抵抗外压。例如骨架层、抗压铠装层和抗拉铠装层。在本章中主要研究骨架层在外压环境下的力学性能。

骨架层作为管道的最内层，是与液体直接接触的唯一组件。其主要目的是承受静水压力和快速减压。它是通过螺旋缠绕角度接近 90°的波纹金属制造的，以便在径向方向上提供刚度和强度，如 Bai 等人[3]所述。

在过去几十年中，关于柔性增强管的研究取得了巨大进展，受到外压时管道的压溃行为对于结构完整性的最终允许极限状态标准至关重要，如相关文献[4-5]中所述。自锁结构的压溃行为与管道屈曲严格相关。Sanchez[6]证明了对于这种情况必须考虑初始缺陷，防止低估临界屈曲载荷。因为壳结构相对于横截面的椭圆度具有高度敏感性，因此在有限元模型中可采用壳结构。除了外部压力之外，组合载荷还可能使管道产生较低的临界点。Gay Neto 等人[7]分析了一项关于外压对自锁骨架层影响的研究，比较了 3D 全管和 3D 环模型的有限元结果，发现可利用环模型来节省计算时间。这两种模型同时也考虑了缺陷的影响，它们在横截面周围对称分布，因此可只考虑环的一半。Bai 等人[2]讨论了受外压荷载下复合管的力学行为，与相应的试验和数值模拟相比，理论模型中 SSRTP 的屈曲压力较小。管道抗外压能力由钢带层和 HDPE 层一起提供，因为 HDPE 层的屈服应力低，因此考虑了塑性行为。除了其他参数研究之外，还包括考虑初始缺陷的影响。Bai 等人[8]深入研究了非粘结多层管道的湿压溃，考虑了初始缺陷，将理论结果与不同压溃模式的试验测试和 2D 有限元分析进行了比较。唐等人[9]使用应变能量方法来获得自锁骨架层的压溃载荷，考虑了具有等效刚度的均质壳体上的缺陷，将结果与三维有限元模型进行比较，得出了临界压力与等效厚度有关的结果。Gay Neto 等人[10]开展了一项关于干压溃和湿压溃的研究，包括抗压铠装层和自锁骨架层，根据数值结果给出了直管和弯管的压溃压力。

在这项工作中，Timoshenko 等人[11]研究局部屈曲之后便开发了一个分析模型来研究螺旋元件。它将位移视为管的几何形状和作用在其上弯矩的函数，如相关文献[1]中所述。通过考虑将外压直接施加在骨架层表面上来研究压溃性能。根据相关文献[1]中的建议，考虑到最大水深处的静水压力并假定管道为空管道，在设计中必须考虑骨架层在压溃时能够承受的极端载荷。通过研究数值和理论方法，主要目的是了解在何种工况下需要添加额外的增强层，从而比较实际应用下 SSRTP 和自锁骨架层的最终极限状态结果。为此，本章对理论分析模型提出了创新修改，以便在对骨架层湿压溃的情况下评估临界压力时提供更准确的方法。

13.2 解析方法

13.2.1 初始缺陷

Timoshenko 等人[11]著名的微分方程在这项工作中使用了薄条的螺旋形状，此方法可考虑具有原始缺陷的钢环上的弯矩。在这里，只考虑了径向问题，忽略了切向位移[11]：

$$\frac{\mathrm{d}^2 u_R}{\mathrm{d}\theta^2}+u_R=-\frac{MR^2}{EI} \tag{13.1}$$

式中　u_R——径向位移，被认为是足够小的；

M——作用在每个横截面上的弯矩；

E——材料的杨氏模量；

I、R——横截面的惯性矩和内半径，如图 13.2 所示。

考虑到初始缺陷的假定，每个横截面的弯矩可以如下计算：

$$M=pR[u_R+u_{R1}\cos(2\theta)] \tag{13.2}$$

式中　u_{R1}——初始径向位移；

p——施加在杆外表面上的均匀压力。

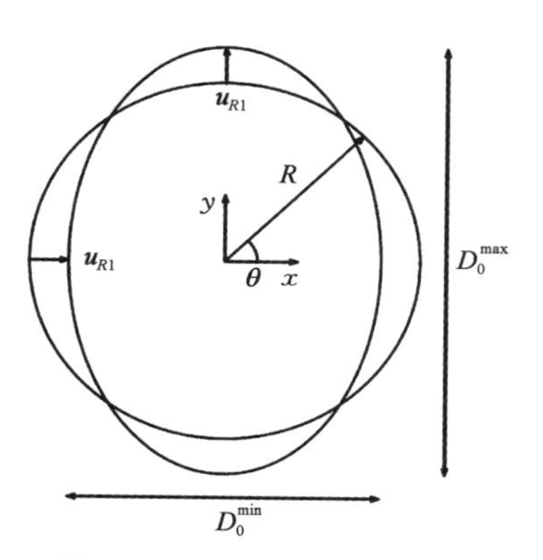

图 13.2　椭圆化计算示意图

初始位移是圆周参考坐标(R，θ)和初始椭圆度的函数，因此

$$u_{R1}=\delta_1 R \tag{13.3}$$

最初的椭圆度是由制造误差或弯曲载荷引起的，根据 API 17B[12]，它至少等于 0.002，这可以表示为

$$\delta_1=\frac{D_0^{\max}-D_0^{\min}}{D_0^{\max}+D_0^{\min}} \tag{13.4}$$

式中　$D_0^{\max}$、$D_0^{\min}$——初始最大和最小直径，这可以表示初始位移，如图 13.2 所示。

由式(13.1)与式(13.2)可得

$$\frac{\mathrm{d}^2 u_R}{\mathrm{d}\theta^2}+u_R=-\frac{p[u_R+u_{R1}\cos(2\theta)]R^3}{EI} \tag{13.5}$$

$$u_R=\frac{u_{R1}p\cos(2\theta)}{p_{\mathrm{cr}}-p} \tag{13.6}$$

考虑到以最大位移 $u_R^{\max}$ 的函数来计算椭圆度，因此可得

$$u_R^{\max}=\frac{u_{R1}p}{p_{\mathrm{cr}}-p} \tag{13.7}$$

椭圆度显示短轴和长轴的变化，通过逐步计算荷载增量下直径位移的变化。根据相关文献[2]中计算的压溃值，保守地将其极限值视为初始值的 20 倍，即 $L=0.04$。超出这个值之后，管道可以被认为已经失效了。正如理论和数值模拟所示，管道可以被认为在 $L=0.04$ 时，在稳定的压力下它已经表现出最大的椭圆化发展。

13.2.2 骨架层屈曲

如果在管道配置中不考虑抗压铠装层，如相关文献[1]中所述，则环的临界载荷可表示为

$$p_{cr} = \frac{3EI_{eq}}{R^3} \tag{13.8}$$

式中 EI_{eq}——每单位长度管道每层的等效环弯曲刚度。

对于自锁骨架层，有

$$EI_{eq} = Kn\frac{EI_{2'}}{L_p} \tag{13.9}$$

式中 n——层中钢带数量；

L_p——节距长度；

K——与缠绕角度和截面惯性矩的函数关系的因子(对于骨架层，$K=1$)；

$I_{2'}$——可以计算的横截面的最小惯性矩，如图 13.3 所示，可得

$$I_{2'} = \frac{I_3 + I_2}{2} - \frac{\sqrt{(I_3 - I_2)^2 + 4I_{32}^2}}{2} \tag{13.10}$$

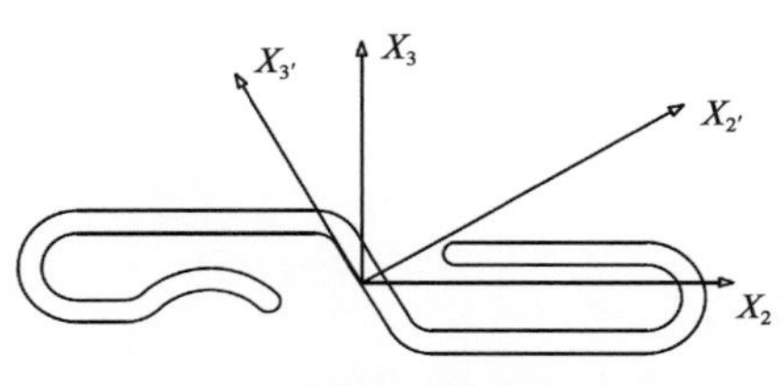

图 13.3 骨架层截面示意图

为了更好地控制模型并比较结果，实际载荷相对于理论屈曲载荷进行调整，该载荷考虑了 L 处的缺陷，它等于

$$\mu = \frac{p}{p_{cr}} \tag{13.11}$$

最后，需要一个适合实际应用的可靠理论模型，以评估自锁骨架层加强 SSRTP 抵抗外压的性能。正如 Bai 等人[2]所证明的那样，通过试验证明和数值模拟，SSRTP 的临界屈曲载荷通过总和每层的贡献来估算。因此这里考虑的 SSRTP 横截面几何形状的压溃载荷通过以下公式计算：

$$p_{cr} = \sum_{i=1}^{N_i} p_{cr,\ steel}^{i} + \sum_{j=1}^{N_j} p_{cr,\ PE}^{j} \tag{13.12}$$

式中 i、j——钢带层和 PE 层的数量。

$$p_{cr,\ steel}^{i} = \frac{KnE_i bh^3}{4L_{p,\ i}R_i^3} \tag{13.13}$$

$$p_{cr,\ PE}^{j} = \frac{3E_{j,\ t}^{f} I_j^{f}}{R_j^3} \tag{13.14}$$

式中 n——层中钢带数量。

钢带被视为弹性的，而内层和外层 PE 被认为是弹塑性的。为了表示塑性材料的非线性，在每个增量步骤中需要更新切向模量 $E_{j,i}$，等效惯性矩 I_j 和平均半径 R_j。

13.3　数值模型

在本章中，使用商业有限元软件 ABAQUS[15] 模拟骨架层在外压下的力学性能。用有限元法(FEM)模拟验证压溃行为的理论结果，从而在管道骨架层受到静水压力影响时预测每个载荷步骤的径向位移。建立的模型假设所有外护套都被损坏，外部压力直接作用于骨架层，因此骨架层必须设计成承载满载。采用的模型是一个 3D 环模型，假设可以忽略缠绕角度。如相关文献[12] 中所讨论的，当计算骨架层的压溃压力时，更简单的 3D 环模型模拟得到的结果与全 3D 管道模型具有良好的一致性。同时 3D 环模型显著减少了计算时间。如果认为初始缺陷在横截面上对称分布，则计算时间进一步减小。因此可以考虑沿管纵向的对称性，以便进一步减少操作次数。

所选择的几何形状轮廓基于 API17B[12]，如图 13.4 所示。实际上，该轮廓考虑了完整的波纹横截面，如图 13.5 所示。所选择的尺寸在表 13.1 中已列出。表 13.2 列出了计算所需的材料属性和其他参数。计算上述横截面尺寸的惯性矩阵，可得

$$I=\begin{bmatrix} I_{11} & I_{12} & I_{13} \\ I_{21} & I_{22} & I_{23} \\ I_{31} & I_{32} & I_{33} \end{bmatrix}=\begin{bmatrix} 0 & 0 & 0 \\ 0 & 4\,456.60 & -370.14 \\ 0 & -370.14 & 217.49 \end{bmatrix} \tag{13.15}$$

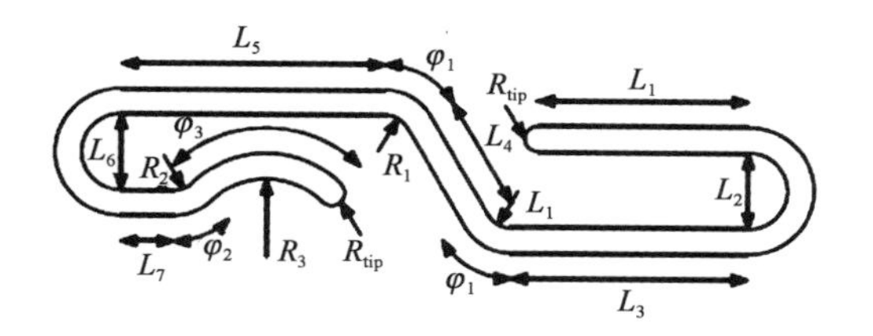

图 13.4　骨架层截面参数

图 13.5　整体骨架层形状

表 13.1　自锁骨架层截面几何参数

参　数	数　值	参　数	数　值
L_1/mm	8.00	R_1/mm	1.00
L_2/mm	3.00	R_2/mm	1.00

（续表）

参　　数	数　　值	参　　数	数　　值
L_3/mm	9.00	R_3/mm	3.00
L_4/mm	4.50	R_{inn}/mm	0.50
L_5/mm	10.00	φ_1/°	60
L_6/mm	3.00	φ_2/°	45
L_7/mm	2.00	φ_3/°	90

表 13.2　自锁骨架层材料参数

参　　数	数　　值	参　　数	数　　值
K	1	L_p/mm	16.00
E/MPa	200 000	R_{inn}/mm	76.20
s_p/MPa	600	t/mm	6.40
n	0.3		

使用螺旋路径来模拟管道初始缺陷，该螺旋路径可以使用扫描命令模拟沿 X 和 Y 方向的初始位移，用于两个不同的初始半径，考虑椭圆度等于 $L=0.04$。横截面在 XZ 平面中导入，并遵循椭圆路径的一半。沿 Y 方向为较大直径，较小直径沿 X 方向，如图 13.6 所示。

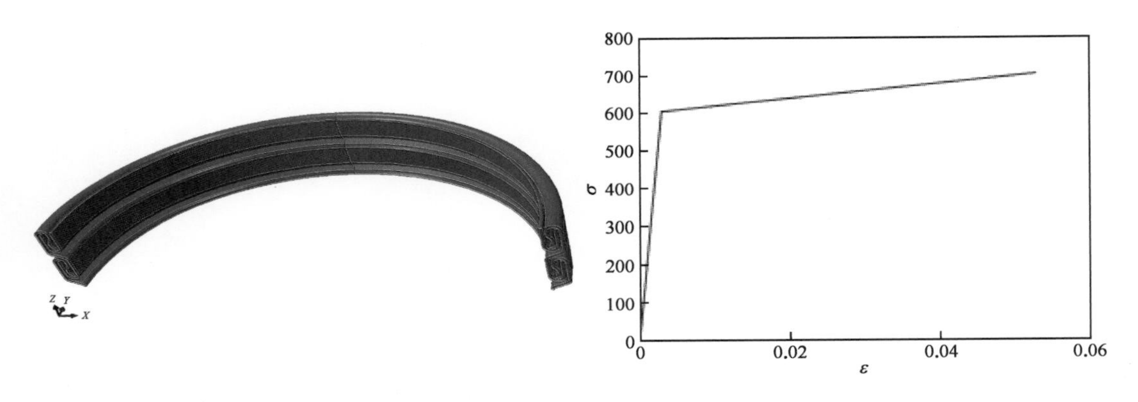

图 13.6　骨架层模型　　　图 13.7　钢带应力-应变曲线

由于骨架层复杂的形状和接触的复杂性，选择“一般接触”来模拟三个部分之间的相互作用，直到达到屈曲压溃。对于这种无粘结条件，选择“无摩擦”切向行为和“硬接触”正常行为，“接触后允许分离”。后者由 $p-h$ 模型定义，p 表示接触压力，h 表示接触面的重合程度。当 $h<0$ 时，表示没有接触压力，而对于任何正接触 h，设定为等于零，如相关文献[13]中所述。

此外，考虑材料的塑性行为以研究压溃发生在弹性区域还是塑性区域。如图 13.7 所示，骨架层的材料特性考虑了线性弹性行为，在第一阶段遵循胡克定律，在塑性区域采用塑性切线模量来模拟高应变对低应力增量的情况，它解释了各向同性硬化定律，如相关文献[7]中所述。

外压沿宽度方向被认为是恒定的，在 Z 方向上直接施加在外表面上。为了避免刚体位移需要设定边界条件。利用相对于 XZ 平面对称的特点，允许在环的基部处沿 X 方向(U_1)的位移。为了模拟环的局部屈曲发生，环中间唯一允许的位移是在 Y 方向(U_2)，如图 13.8 所示。

图 13.8　荷载及边界条件

本模型采用动态隐式法分析，该方法在无摩擦接触导致非线性的情况下可以捕捉刚度的变化，此外还需考虑几何非线性，以便模拟压溃时的大变形。由图可见，直到压溃点出现，整个模型的动能(ALLKE)和应变能(ALLSE)之间的比率保持在 0.1 以下，因此所采取的动态分析是合理的(图 13.9)。

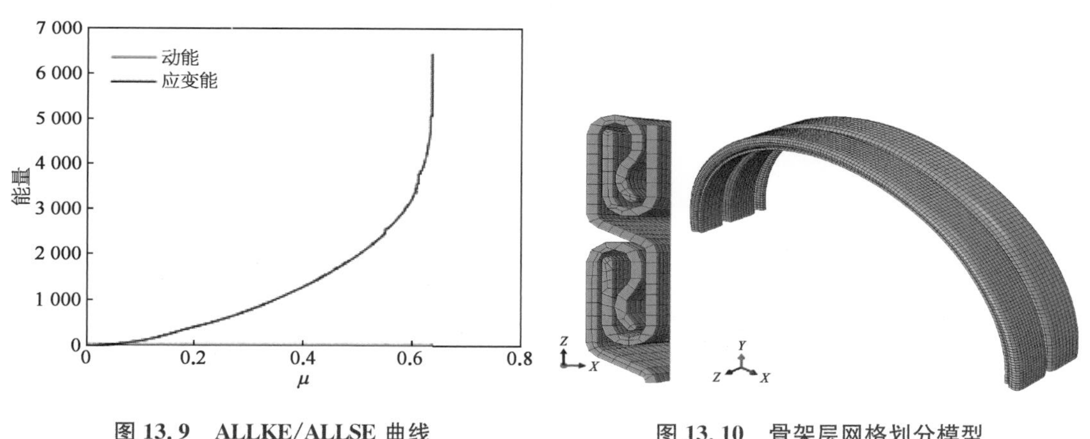

图 13.9　ALLKE/ALLSE 曲线

图 13.10　骨架层网格划分模型

在本模型中，网格采用 C3D8R 单元类型，如图 13.10 所示。这类单元可用于线性和复杂的非线性分析，在考虑塑性和非线性几何时可产生高精度结果，如相关文献[14]中所述。

13.4　结果讨论

柔性管道的设计案例的两个钢带增强热塑性管道的内径相同，其中一个添加了骨架层来增强抵抗外压的能力。对于理论和数值模型,所选择的参考表面都是外表面,并且研究分析沿 X 和 Y 方向的两个位移。对于数值模拟,选择中心体作为参考,是模型中唯一的完整轮廓。两个方向位移可能彼此不同,因为它模拟了实际的几何形状,如图 13.11 和图 13.12 所示。虽然对于某些理论认为它们在两个方向上是重合的,通过模拟结构的力学性能可以得到屈曲压力。

首先,利用式(13.10)和式(13.14),可以计算横截面的最小惯性矩:$I_{2'}=185.41\ \text{mm}^4$。然后通过式(13.9)计算每单位长度的等效刚度 $EI_{eq}=2\,317\,671.93\ \text{MPa}\cdot\text{mm}^3$。最后,得到无椭圆度环的临界屈曲压力 $p_{cr}=13.89\ \text{MPa}$。由图 13.13 可以看出,当结构承受压溃压力时突然失效。

当考虑初始缺陷时作为最小要求,椭圆化的初始值是 $\delta_1=0.002$,初始位移可由式(13.3)计算,$u_{R1}=0.165\,2$。最终可以绘制理论模型的结果曲线,如图 13.13 所示,椭圆度计算如下所示:

$$\delta=\frac{D_{max}-D_{min}}{D_{max}+D_{min}} \tag{13.16}$$

式中　D_{max}、D_{min}——分别沿 X 和 Y 方向的最大和最小直径。

以同样的方式,有限元模型的结果是通过提取 U_1 和 U_2 来计算的,它们的曲线也绘制在图 13.13 中。如前所述,可以看出外表面沿 X 和 Y 方向显示不同的位移大小,如图 13.11 和图 13.12 所示。

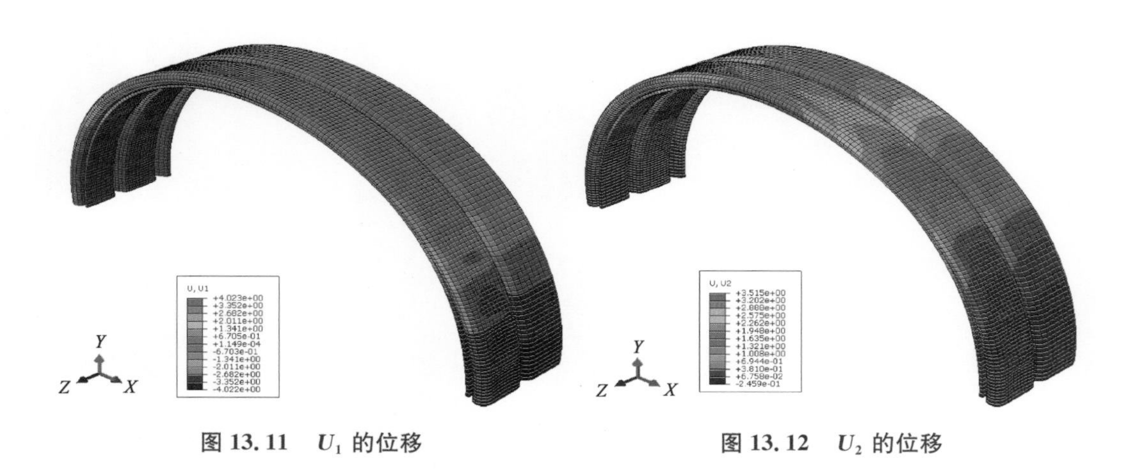

图 13.11　U_1 的位移　　**图 13.12　U_2 的位移**

正如 Gay[7] 所示,预屈曲行为彼此匹配,误差非常小。在图 13.13 中,可以观察到对于较小的外部压力值,椭圆度线性增加。在这个阶段,理论模型视为等效环可能会导致理论模型和数值模型之间有微小差异。反之亦然,实际的几何形状显示了不同部分之间的间隙,因此结果显示刚度略有不同。当压力增加时,两个模型都显示出非线性趋势。数值结果表明,与分析结果相比,相同载荷的椭圆度更宽,因为理论极限是没有考虑到初始缺陷的临界载荷。实际上,从图 13.13 中可以看出,在考虑初始缺陷时,理论模型和数值结果的压溃压力之间的误差约等于 36%(表 13.3)。

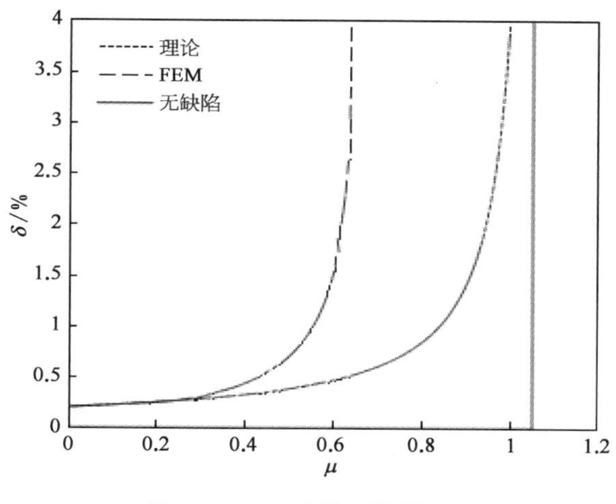

图 13.13　三种模型的椭圆度

表 13.3　不同模型下的压溃压力

模　　型	压溃压力/MPa
无缺陷	13.89
理论	13.19
FEM	8.43

此外,当椭圆度等于 0.04 时,外部压力不再增加,而椭圆度保持急剧上升,因此可以确定 L 可以被视为不稳定点。

为了给出屈曲压力方面的相似性,通过保持横截面的弯曲刚度恒定并改变管道的半径,比较一系列数值和理论模拟进行研究。p_{cr} 表现出一种有效的公式,可以保证理论结果更接近实际情况,因此有限元结果也符合 Gay 等人[7]和唐[9]的结论。

基于薄壁假设的理论公式认为,高 D/t 值具有较低误差的结果。相反,理论结果和数值结果之间的差距随着径厚比的降低而增加,如图 13.14 所示。因此从该现象可以看出,对于高 D/t 比率可不考虑误差,并且理论模型是正确的。

对于相同的骨架层横截面和材料,总共分析了八个模型,同时具有不同的 D/t 比率。在图 13.15 中,当管道达到椭圆极限时,将压溃载荷相对于不同的 D/t 绘制曲线。正如预期的那样,随着管直径的增加,临界屈曲载荷减小。此外可以看到增加 D/t 比率,数值模型和理论结果之间具有渐近行为。图 13.16 显示了各模型在不同 D/t 比率情况下的误差曲线。

一旦消除了误差,就可以获得考虑缺陷的实际压溃载荷,并且它们的关系如图 13.17 所示。提取的多项式趋势线描述了新理论模型的指导原则,得出以下公式:

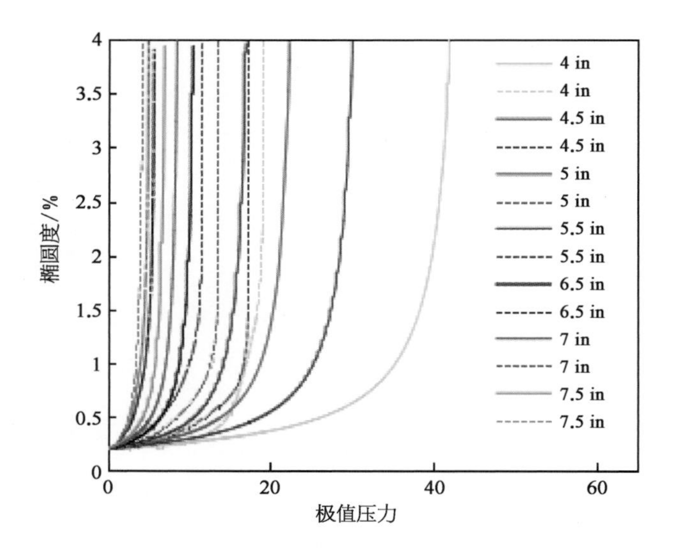

图 13.14　不同尺寸下的椭圆度曲线

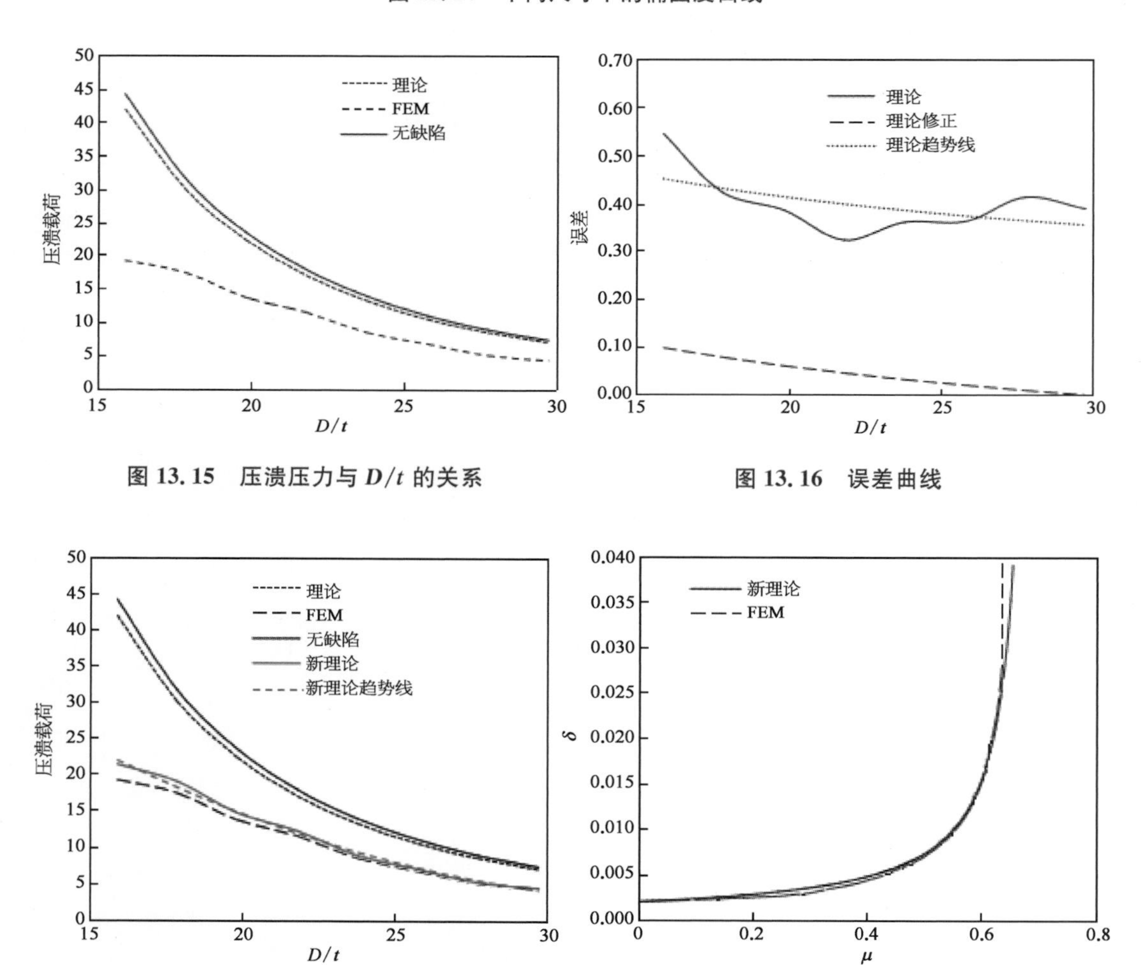

图 13.15　压溃压力与 D/t 的关系

图 13.16　误差曲线

图 13.17　所有模型中压溃压力与 D/t 的关系

图 13.18　FEM 模型与修正理论模型的比较

$$p_{cr}=0.0512\left(\frac{D}{t}\right)^2-3.6206\frac{D}{t}+66.3 \tag{13.17}$$

为了使预测更接近实际，式(13.17)利用式(13.16)作为获得临界屈曲载荷的理论推导，对于 $D=6$ in 的情况，$p_{cr}=9.12$ MPa。如前所述，对于理论模型和数值模型都绘制了无量纲载荷和椭圆度曲线，如图 13.18 所示。

修正理论模型与 FEM 模型曲线结果相近。如果考虑管道或环几何形状，局部应力的理论预测是精确的，但是由于横截面的复杂轮廓，骨架层的局部应力难以预测，而有限元分析可以获得较精确的结果。结构的实际应力大小不是恒定的，事实上在分析的两个不同点上达到了不同的值。值得注意的是，在达到的最高应力值上，该应力值等于约 400 MPa，远低于 600 MPa 的比例极限应力。因此可以认为骨架层仅考虑弹性的理论模型假设是正确的。

在本章中，将自锁骨架层的压溃结果与钢带增强热塑性管的结果进行比较，以便了解在多少水深下需要进一步添加骨架层来保证管道正常运行。SSRTP 整体设计由可变数量的薄钢带层制成，这两层薄钢带以相反的缠绕角度进行缠绕，并由内外层 HDPE 包围。

钢带只考虑了弹性性能，其杨氏模量等于 206 000 MPa。而 HDPE 层考虑了弹塑性性能，其中杨氏模量等于 930 MPa，屈服应力等于 6.52 MPa，如图 13.19 所示。第一个分析案例为 SSRTP - 1，包括内外层 HDPE，以及中间的四层钢带缠绕增强层。几何参数列于表 13.4 中，其中 t 是塑料层的厚度，a 是条带和管轴之间的缠绕角度，b 和 h 是条带横截面尺寸。

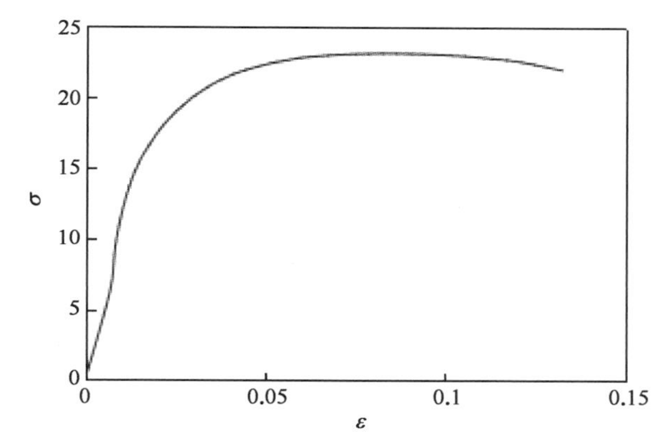

图 13.19　HDPE 层应力-应变曲线

表 13.4　SSRTP - 1 几何参数

参　数	数　值
t_{in}/mm	6.00
t_{out}/mm	4.00
a/°	54.7
h/mm	0.50
b/mm	48.00

提出的第二个案例为 SSRTP - 2，是一种改进的配置，可承受更高的拉伸载荷和外部压力。它包含了另外两个具有更大缠绕角度的钢带层，以便在径向方向上提供更高的强度。

整体设计包括了内外层 HDPE 及六层钢带层。在表 13.5 中,列出了相关的几何参数。

表 13.5　SSRTP-2 几何参数

参　数	数　值	参　数	数　值
R_{in}/mm	76.20	R_{out}/mm	90.10
$t_{in}=t_{out}$/mm	5.00	b/mm	48.00
$a_1=a_2$/°	73	$a_5=a_6=a_3=a_4$/°	±54.7
$h_1=h_2$/mm	0.45	$h_3=h_4=h_5=h_6$/mm	0.75
$n_1=n_2$	3	$n_3=n_4=n_5=n_6$	6

该案例分析源自 Bai 等人[2]已经验证的理论模型,并且适用于两种设计案例,结果见表 13.6。SSRTP-2 与 SSRTP-1 相比,抗压溃压力大大提高,但正如预期的那样,它仍远低于考虑到骨架层的压溃压力。钢带作为条状元件主要适用于承受拉伸和扭转载荷,在抵抗外压时塑料层的贡献不可忽略,其中 SSRTP-1 和 SSRTP-2 的塑料层的贡献等于总抗力的 71%和 32%。

表 13.6　两种设计案例的压溃压力

模　型	压溃压力/MPa
SSRTP-1	0.20
SSRTP-2	0.37
Reinforced	9.12

考虑到对于每米水深,相应的外部压力作用等于 0.01 MPa,可以初步认为具有自锁骨架层的 6 英寸内径柔性管适合 900 m 以上的深度。另一方面,分析显示钢带增强热塑性管的抗外压能力非常低,这意味着它们主要适用于陆地或浅海区域。可大致估计 SSRTP-1 和 SSRTP-2 适用于 20 m 和 37 m 的水深。

13.5　本章小结

在本章中,对自锁骨架层的压溃性能进行了模拟,并从理论和数值上对结果进行了研究。本章对以往的理论模型进行了修改,对实际应用更有意义。为此需要一系列用于校准的数值模型,从而推出经验公式。对于初始椭圆化的定义值,后者在预屈曲和压溃条件方面都是有效的,计算临界压力可以忽略两个模型的层之间摩擦。在相同要求下将结果与另外两个钢带增强热塑性管进行比较，以了解在何种情况下需要添加骨架层。由于精确可靠的结果显示了数值模型和理论模型之间的微小差异，本研究可以为工厂工程师提供设计借鉴意义。

参考文献

[1] Fergestad D, Løtveit S A. Handbook on design and operation of flexible pipes[Z]. NTNU, 4 Subsea and MARINTEK, 2014.

[2] Bai Y, Liu T, Cheng P, et al. Buckling stability of steel strip reinforced thermoplastic pipe subjected to external pressure[J]. Composite Structures, 2016, 152(9): 528 - 537.

[3] Bai Q, Bai Y, Ruan W D. Flexible pipes: advances in pipes and pipelines[M]. John Wiley & Sons, 2017.

[4] Corona E. Mechanics of offshore pipelines: buckling and collapse[M]. Elsevier Science & Technology, 2007.

[5] Bai Y, Bai Q. Subsea pipelines and risers[M]. Elsevier, 2005.

[6] Sanchez S H A, Salas C C. Risers stability under external pressure, axial compression and bending moment considering the welded as geometrical imperfection[C]//Proceedings of the 25th International Conference on Offshore Mechanics and Arctic Engineering. Hamburg, 2006: 149 - 158.

[7] Neto A G, Martins C D A. A comparative wet collapse buckling study for the carcass layer of flexible pipes[J]. Journal of Offshore Mechanics and Arctic Engineering, 2012, 134(3): 031701.1 - 031701.9.

[8] Bai Y, Yuan S, Cheng P, et al. Confined collapse of unbonded multi-layer pipe subjected to external pressure[J]. Composite Structures, 2016, 158(2): 1 - 10.

[9] Tang M G, Lu Q, Yan J, et al. Buckling collapse study for the carcass layer of flexible pipes using a strain energy equivalence method[J]. Ocean Engineering, 2016, 111: 209 - 217.

[10] Neto A G, Martins C D A, Malta E R, et al. Wet and dry collapse of straight and curved flexible pipes: a 3D FEM modeling[C]//The Twenty-second International Offshore and Polar Engineering Conference. International Society of Offshore and Polar Engineers, 2012.

[11] Timoshenko S P, Gere J M. Theory of elastic stability[M]. New York: McGraw-Hill International Book Company, 1961.

[12] American Petroleum Institute. API recommended practice 17B, information handling services [S]. Washington D C: API, 2002.

[13] An C, Duan M, Filho R D T, et al. Collapse of sandwich pipes with PVA fiber reinforced cementitious composites core under external pressure[J]. Ocean Engineering, 2014, 82(5): 1 - 13.

[14] Kim T S, Kuwamura H. Finite element modeling of bolted connections in thin-walled stainless steel plates under static shear[J]. Thin-Walled Structures, 2007, 45(4): 407 - 421.

[15] ABAQUS. User's and theory manual version[Z]. 2014.

第 14 章　不同内径下高压非粘结柔性管结构设计

柔性管被广泛应用于石油和天然气工业中来运输石油产品。当较大的内部流体压力作用在管道上时，管道可能爆破失效，后果是灾难性的。为了确保应用中柔性管的安全性和可靠性，应仔细研究承受高压负荷管道的机械响应。本章的主要目的是研究在承受高内压载荷时的管道爆破。本章比较了数学分析和有限元模型的分析结果，研究了抗压铠装层的力学行为。在虚功原理的基础上，建立了管道应力和应变的理论模型，并考虑了材料的可塑性。此外，利用 ABAQUS 软件建立有限元模型来验证理论模型的可行性。根据两种模型的比较，提出一种能够在给定内径与内压下设计管道结构的计算软件，能够经济安全地设计柔性管断面结构。数学分析和 ABAQUS 模型对于爆破压力的预测和柔性管道的设计具有重要意义。

14.1 解析方法

到目前为止，很多研究人员已经发表了关于柔性管爆破分析的研究，研究了各种数值模型和理论模型。对于爆破压力的研究，Fernando 等[1]使用两种模型研究了承受内部压力的压力层：仅包括内部压力负载的 2D 对称模型和 3D 模型。Net 等[2]提出了一种线性分析公式，考虑到抗压铠装层的等效厚度，假设抗压铠装层与薄壁圆筒完全相同。Oliviera 等[3]提出了一种最简化的分析模型，考虑其轴向和环向变形来估算爆破强度。Zhu 等[4]提出了平均剪切应力屈服准则，并将预测值与试验结果进行比较，结果发现 Mises 准则的预测值与材料的实际值非常吻合。Chen[5]通过两步法分析了柔性管爆裂失效机理，第一步是研究抗压铠装层的性能，第二步是研究抗压铠装层失效后抗拉铠装层的力学性能，并通过环压缩理论得到一个简单的爆破压力公式。此外，Fergestad[6]使用弯曲梁理论来研究抗压铠装层在承受内压时的力学性能，并用极限强度作为破坏准则。他们都采用了简单的径向和轴向平衡关系，并且仅考虑螺旋层的轴向应力来抵抗内压。在这些研究的基础上，Kebadze[7]推导和总结了不同层的理论解模型，并将它们组合成各种解决方案，以实现模型的理论解。

关于承受内部压力的柔性管的结构分析，许多研究人员已经为这一领域做出了贡献。本章根据 Kebadze 的研究，理论分析考虑了铠装层的材料非线性和几何非线性。在理论推导之前，将提出几个简化的假设：

（1）所有材料均匀、各向同性，具有线性弹性。

（2）几何变形小。

（3）假设各层中的厚度变化在每层中是均匀的。

（4）在相同的螺旋层中相邻螺旋条带之间没有接触。

（5）各层保持接触。

(6) 在无应力(初始)状态下,相邻层之间不允许有间隙。

(7) 每个横截面的所有层管道伸长量和扭转量相同。

14.1.1 聚合物层

如上所述,本章在理论分析中使用了 Kebadze 提到的薄壁圆筒理论来模拟圆柱壳层。在圆柱壳构件中定义圆柱坐标系,各符号的定义如图 14.1 所示,1 方向为管体轴向,2 方向为管环向,3 方向为管径向。在薄壁圆筒理论中,同时考虑平均径向应变。

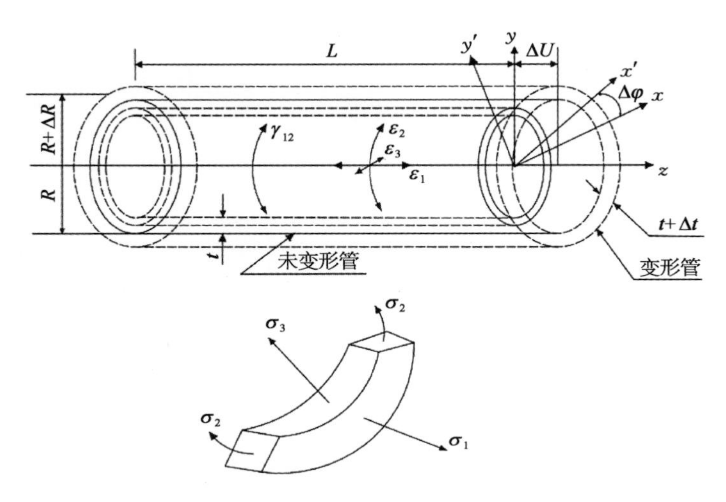

图 14.1 聚合物层数学参数定义

内部应变能为

$$U=\frac{1}{2}\iiint(\varepsilon_1\sigma_1+\varepsilon_2\sigma_2+\varepsilon_3\sigma_3+\tau_{12}\gamma_{12})\mathrm{d}v \tag{14.1}$$

该圆柱壳层中各应力分量可以表示为

$$\sigma_1=\lambda(\varepsilon_1+\varepsilon_2+\varepsilon_3)+2G\varepsilon_1$$

$$\sigma_2=\lambda(\varepsilon_1+\varepsilon_2+\varepsilon_3)+2G\varepsilon_2$$

$$\sigma_3=\lambda(\varepsilon_1+\varepsilon_2+\varepsilon_3)+2G\varepsilon_3$$

$$\tau_{12}=G\gamma_{12}$$

$$\lambda=\frac{vE}{(1+v)(1-2v)}$$

$$G=\frac{E}{2(1+v)}$$

外力所做的功需考虑内压 P_i 和外压 P_o 分别在内体积变化 ΔV_i 与外体积变化 ΔV_o 上

所做的功，另外还需考虑轴力在轴向位移所做的功与扭矩在扭转角度上所做的功，将上述各轴向荷载所做的功相加而得：

$$W=\left(N\frac{u_L}{L}\right)L+\left(T\frac{\Delta\varphi}{L}\right)L+(P_{\mathrm{i}}\Delta V_{\mathrm{i}}-P_{\mathrm{o}}\Delta V_{\mathrm{o}}) \tag{14.2}$$

利用虚功原理，即外力做功等同于内能的变化，推导出平衡方程：

$$\delta U=\delta W \tag{14.3}$$

由此可得到薄壁圆筒理论下的平衡方程，写成刚度矩阵的形式：

$$\begin{pmatrix}(2G+\lambda)A & 0 & \lambda A & \lambda A\\ 0 & GJ & 0 & 0\\ \lambda A & 0 & (2G+\lambda)A & \lambda A\\ \lambda A & 0 & \lambda A & (2G+\lambda)A\end{pmatrix}\begin{pmatrix}\dfrac{u_L}{L}\\ \dfrac{\Delta\varphi}{L}\\ \dfrac{u_r}{R}\\ \dfrac{u_t}{t}\end{pmatrix}=\begin{pmatrix}N+\pi P_{\mathrm{i}}R_{\mathrm{i}}^2-\pi P_{\mathrm{o}}R_{\mathrm{o}}^2\\ T\\ 2P_{\mathrm{i}}\pi R_{\mathrm{i}}R-2P_{\mathrm{o}}\pi R_{\mathrm{o}}R\\ -P_{\mathrm{i}}\pi R_{\mathrm{i}}t-P_{\mathrm{o}}\pi R_{\mathrm{o}}t\end{pmatrix} \tag{14.4}$$

14.1.2　螺旋缠绕钢质层

由不同截面钢条缠绕而成的螺旋层是非粘结柔性管的主要受力结构，对于非粘结柔性管的力学性能有着重要影响。对于异形截面的铠装螺旋层，在进行理论计算时，首先需要对其截面进行等效简化(图 14.2)。本章在简化过程中为保持径向的连续性，使用了与

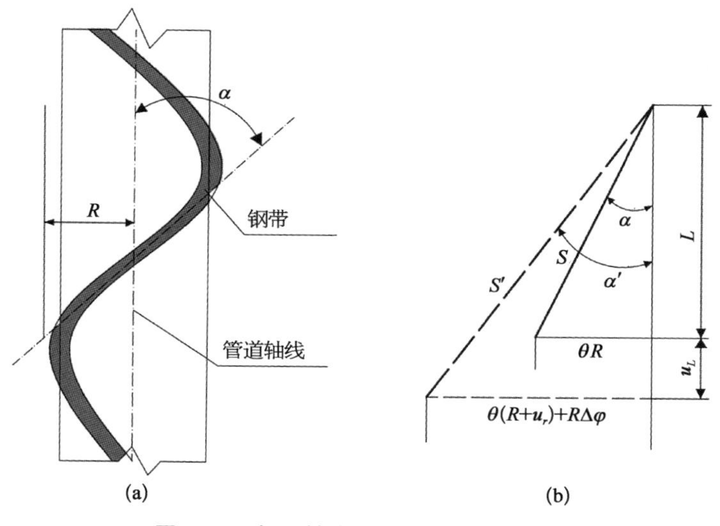

图 14.2　螺旋缠绕钢质层数学参数定义

原型截面相同的厚度，由于主要考虑的是螺旋线的轴向刚度，因此采取和原型截面面积等效的方法。螺旋单元的轴向应变 ε_h 表达式由 Knapp[8] 提出，为了计算简便有效，在应用时仅保留了其表达式中的线性项，将其简化为

$$\varepsilon_1 = \frac{u_L}{L}\cos^2\alpha + \frac{u_r}{R}\sin^2\alpha + R\,\frac{\Delta\varphi}{L}\sin\alpha\cos\alpha \tag{14.5}$$

径向应变推导为

$$\varepsilon_2 = \frac{u_t}{t} \tag{14.6}$$

因此螺旋层的应变能可由上述两部分叠加得到：

$$U = \frac{nEA}{2(1-v^2)\cos\alpha}\int(\varepsilon_1^2 + 2v\varepsilon_1\varepsilon_2 + \varepsilon_2^2)\,\mathrm{d}z \tag{14.7}$$

类似地，可以推导出螺旋层的刚度矩阵：

$$\begin{pmatrix} k_{11} & k_{12} & k_{13} & k_{14} \\ k_{21} & k_{22} & k_{23} & k_{24} \\ k_{31} & k_{32} & k_{33} & k_{34} \\ k_{41} & k_{42} & k_{43} & k_{44} \end{pmatrix} \begin{pmatrix} \dfrac{u_L}{L} \\ \dfrac{\Delta\varphi}{L} \\ \dfrac{u_R}{R} \\ \dfrac{u_t}{t} \end{pmatrix} = \begin{pmatrix} N + \pi P_i R_i^2 - \pi P_o R_o^2 \\ T \\ 2P_i\pi R_i R - 2P_o\pi R_o R \\ -P_i\pi R_i t - P_o\pi R_o t \end{pmatrix} \tag{14.8}$$

其中刚度系数为

$$k_{11} = \frac{nEA_m}{1-v^2}\cos^3\alpha \quad k_{22} = \frac{nEA_m}{1-v^2}R^2\sin^2\alpha\cos\alpha$$

$$k_{33} = \frac{nEA_m}{1-v^2}\,\frac{\sin^4\alpha}{\cos\alpha} \quad k_{44} = \frac{nEA_m}{1-v^2}\,\frac{1}{\cos\alpha}$$

$$k_{12} = k_{21} = \frac{nEA_m}{1-v^2}R\sin\alpha\cos^2\alpha \quad k_{13} = k_{31} = \frac{nEA_m}{1-v^2}\sin^2\alpha\cos\alpha$$

$$k_{14} = k_{41} = \frac{nEA_m}{1-v^2}v\cos\alpha \quad k_{23} = k_{32} = \frac{nEA_m}{1-v^2}R\sin^3\alpha$$

$$k_{24} = k_{42} = \frac{nEA_m}{1-v^2}vR\sin\alpha \quad k_{34} = k_{43} = \frac{nEA_m}{1-v^2}\,\frac{v\sin^2\alpha}{\cos\alpha}$$

14.1.3　管道整体刚度矩阵

非粘结柔性管是通过端头或接头将各层联系在一起的，在轴对称荷载的作用下，可认为各层的轴向伸长和扭转变形是协调相等的。基于此分析，各层所承担的轴向力之和等于管道所受的总轴向力，各层所承担的扭矩之和等于管道所受的总扭矩。假设管道的所有层从 1(最内层)到 N (最外层)连续编号，其中 N 是管道的总层数。将刚度矩阵组合在一起，得出方程式：

$$\sum_{j=1}^{N}(k_{11})_j \frac{u_L}{L}+\sum_{j=1}^{N}(k_{12})_j \frac{\Delta\varphi}{L}+\sum_{j=1}^{N}\left[(k_{13})_j \frac{(u_R)_j}{R_j}+(k_{14})_j \frac{(u_t)_j}{t_j}\right]$$

$$=N+\sum_{j=1}^{N}(\pi P_i R_i^2-\pi P_o R_o^2) \tag{14.9}$$

$$\sum_{j=1}^{N}(k_{21})_j \frac{u_L}{L}+\sum_{j=1}^{N}(k_{22})_j \frac{\Delta\varphi}{L}+\sum_{j=1}^{N}\left[(k_{23})_j \frac{(u_R)_j}{R_j}+(k_{24})_j \frac{(u_t)_j}{t_j}\right]=T \tag{14.10}$$

$$(k_{31})_j \frac{u_L}{L}+(k_{32})_j \frac{\Delta\varphi}{L}+(k_{33})_j \frac{(u_R)_j}{R_j}+(k_{34})_j \frac{(u_t)_j}{t_j}=2\pi(P_i)_j R_i R-2\pi(P_o)_j R_o R \tag{14.11}$$

$$(k_{41})_j \frac{u_L}{L}+(k_{42})_j \frac{\Delta\varphi}{L}+(k_{43})_j \frac{(u_R)_j}{R_j}+(k_{44})_j \frac{(u_t)_j}{t_j}=-\pi(P_i)_j(R_i)_j t_j-\pi(P_o)_j(R_o)_j t_j \tag{14.12}$$

根据圆柱层和螺旋层的具体排列组装顺序推导平衡方程，以形成总刚度矩阵。但是总矩阵依旧存在多余未知数。因此引入层间位移的连续性边界条件来解决这一问题：

$$\frac{u_{R,j}-u_{R,j+1}+(u_{t,j}+u_{t,j+1})}{2}=0\quad (j=1,\ 2,\ \cdots,\ N_t-1) \tag{14.13}$$

求解各方程组，即可得到柔性管在轴对称荷载下的轴向伸长、扭转变形、各层的环向和径向应变，以及各层的接触压力。需要注意的是，在某些荷载条件下，得到的层间接触压力的结果可能为负值，说明此时相关的两层之间已经发生了分离，此时应将该处接触压力设为零，并减少相关两层对应的连续性方程，重新进行求解，直至得到的所有界面处的接触压力均为正值为止。

14.1.4　爆破失效准则

为了使用上述方法求解非粘结柔性管的爆破压力，需要在程序中引入失效标准。API17J[9] 中规定，结构承载力可以采用材料的屈服强度，或根据试验的准确性选用 0.9 倍极限拉伸强度为标准进行判定。若考虑屈服强度为失效标准，则需要考虑抗压铠装层达到其屈服强度以后是否退出工作，如果是则将该层从整体刚度矩阵的对应位置删除，再进行后续求解。本章为了模拟实际所用钢材性质，使用常用的 Ramberg-Osgood 模型来描述铠装层的非线性应力应变关系：

$$\varepsilon=\frac{\sigma}{E}\left[1+\frac{3}{7}\left|\frac{\sigma}{\sigma_y}\right|^{n-1}\right] \tag{14.14}$$

其中 $\sigma_y=600$ MPa，$E=207$ GPa，$n=13$。

考虑铠装层材料的硬化特性，对于本模型来说，抗压铠装层的极限强度为 630 MPa。具体来讲，在使用上述程序进行计算时，按照其本构关系，将总荷载分解为有限的增量进行加载，需注意增量步的步长应取足够小来保证结果的收敛性，计算求解出各层的应力，根据应力结合本构关系曲线，进行下一增量步的计算。本章使用 Mises 应力作为失效的判断准则，在加载过程中当 Mises 应力达到极限强度时即可认为该层失效。

14.2 有限元分析

本章采用 ABAQUS 模型研究内压下柔性管的力学性能，验证理论分析的正确性。有限元模型包括一个 Z 形自锁的抗压铠装层、两层缠绕角度相反的抗拉铠装层及相应的聚合物层，具体尺寸信息见表 14.1、表 14.2。

表 14.1 有限元模型的几何材料参数

序号	层名	参数
1	内护套	内半径：76 mm 厚度：6 mm 杨氏模量：1 040 MPa 泊松比：0.45
2	抗压铠装层	厚度：10 mm 螺旋条带数量：1 截面尺寸：如图 14.3 所示 缠绕角度：+88.8° 杨氏模量：207 000 MPa 泊松比：0.3
3	抗磨层	厚度：1.5 mm 杨氏模量：301 MPa 泊松比：0.45

（续表）

序　号	层　名	参　数
4	抗拉铠装层	厚度：5 mm 螺旋条带数量：46 截面尺寸：5 mm×11 mm 缠绕角度：+54.7° 杨氏模量：207 000 MPa 泊松比：0.3
5	抗磨层	厚度：1.5 mm 杨氏模量：301 MPa 泊松比：0.45
6	抗拉铠装层	厚度：5 mm 螺旋条带数量：47 截面尺寸：5 mm×11 mm 缠绕角度：−54.7° 杨氏模量：207 000 MPa 泊松比：0.3
7	外护套	厚度：4 mm 杨氏模量：1 040 MPa 泊松比：0.45

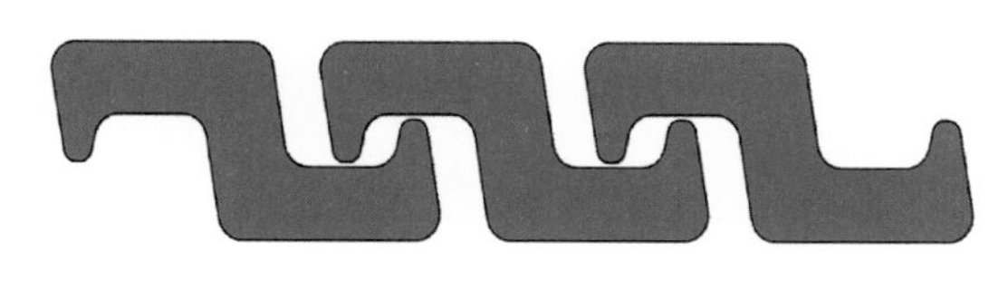

图 14.3　抗压铠装层 Z 形截面

表 14.2　抗压铠装层截面几何参数

参　数	数　值
内径	164 mm
截面面积	102.53 mm^2
最小惯性矩	79.67 mm^4
螺距	11.87 mm
厚度	10 mm
截面长度	18.50 mm

由于该类柔性管各层之间为非粘结，在受到内压的过程中层与层之间会发生接触、滑移，抗压铠装层也会发生自接触的现象，接触情况比较复杂。因此在模型中采用了 ABAQUS 软件中的“All with itself”算法，该算法能自动识别接触对，且能考虑可能发生的层间分离，接触法向设置为硬接触“hard contact”，切向设置为无摩擦。

为了方便控制模型的边界条件，在模型两端截面中心分别设置了一个参考点（RP－1 和 RP－2），将端截面中各层所有自由度均与参考点设置了运动耦合（kinematic coupling）。图 14.4 为该模型在 RP－2 点上的耦合。有关端面整体的约束条件施加在两个参考点（RP－1 和 RP－2）。其中 RP－1 上所有自由度均被约束，另外约束了 RP－2 沿 Z 轴（模型轴向）的扭转方向。模型的内压荷载是通过在内护套（pressure sheath）的内表面施加均匀的径向分布压力而实现的。

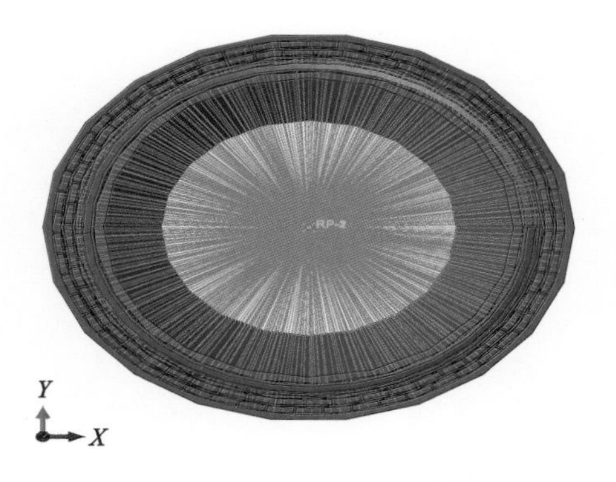

图 14.4　RP-2 的运动耦合

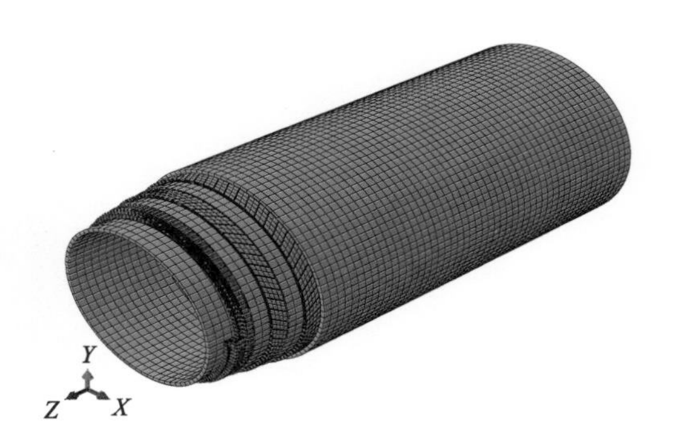

图 14.5　非粘结柔性管模型的网格划分

为了较准确地得到各层的厚度变化及沿厚度方向的应力变化，模型各层均采用实体单元进行模拟。其中圆柱壳层采用了 C3D8I 单元，网格大小设置为 10。该类单元为非协调模式单元，能够克服在完全积分的一阶单元中的剪力自锁，可以利用较少的单元获得精度较高的结果，但其对单元的扭曲较为敏感。因此在所有的螺旋铠装层中采用的是 C3D8R 单元，网格大小为 6，更精细的网格划分可以避免该类单元可能存在的沙漏问题。该模型具体的网格划分情况如图 14.5 所示。

由于模型的结构复杂，并且存在大量的接触问题，采用隐式静态分析一方面非常耗时，一方面会带来很大的收敛问题，因此本章使用动态显式法来进行准静态分析。将显式动态过程应用于准静态问题时，一方面为了较经济的解答，必须采取方式来加速模拟。本章在模拟过程中使用了质量放大的方式。另一方面，加载速度增加会使得惯性力的影响更加显著，不能达到准静态分析的目的。而评估模拟是否产生了正确的准静态响应，最具有普遍意义的方式是研究模型中的能量。一般规律是当变形材料的动能不会超过其内能的 5%～10%，即可说明此模拟中的准静态分析消除了惯性的影响，结果是可靠的。为此提取了本模型计算过程中动能与内能的比值，如图 14.6 所示。可以看到，在模拟过程中，动能与内能的比值始终在 10%以内，说明此模拟的正确性。且在经过图中所示超过 72 MPa 左右的位置时曲线开始上升，说明从此开始模型出现了逐渐增大的动态响应。另外由于使用了大量的减缩积分单元，为确保沙漏能的影响很小，提取了伪应变能与总应变

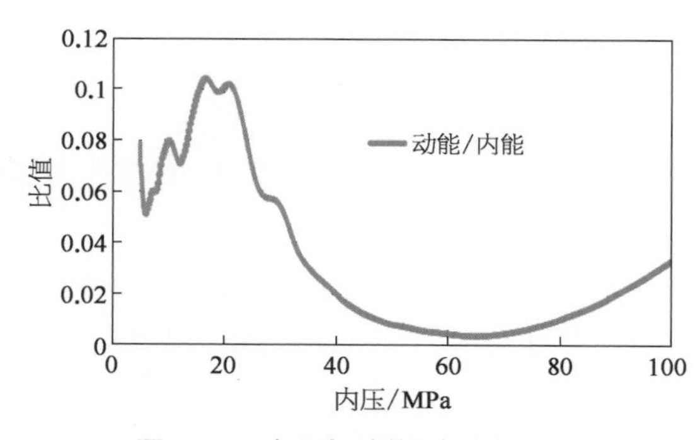

图 14.6　内压与动能/内能的关系

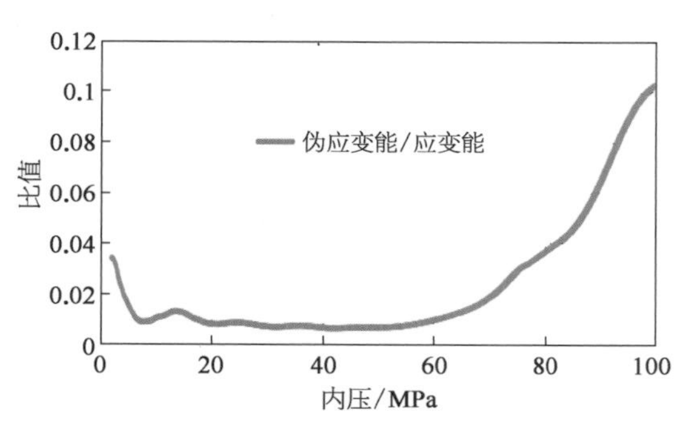

图 14.7　内压与伪应变能/应变能的关系

能的比值，如图 14.7 所示。可以看出两者比值小于 5%，说明伪应变能占总应变能的极小部分，沙漏能得到了较好的控制，分析结果是可靠的。

14.3　结果讨论

值得注意的是，本章仅限于预测抗压铠装层承受内压时的力学性能，管道制造时所产生的残余应力不予考虑。理论模型遵循一系列限制性假设，而有限元模型不限于此。因此这两种分析方法之间会存在一定的误差。由于边界条件的限制，参考点附近的应力结果数值不适用，因此选取柔性管中间段的数值结果。

抗压铠装层（图 14.8）是非粘结柔性管承受内压的主要结构。其在内压加载过程中，除了端部附近外，其他部位的 Mises 应力变化较一致且均匀，现选择中部附近的一个 Z 形截面进行研究。图 14.9 为抗压铠装层的 Mises 应力随内压增大时在该截面的变化情况，为表达清晰将图例的应力变化范围固定在 600 MPa。由图可知，Z 形截面的应力从下至上逐渐减小，符合内压作用时应力沿截面厚度方向变化的一般规律。而由于 Z 形截面本身的形状，应力的最值点往往发生在左右两端部。随着内压增大，抗压铠装层的应力也不断增加，截面的最内侧率先达到屈服，然后逐渐向外部扩展。当内部压力在 70～80 MPa 时，全截面达到屈服。

图 14.8　抗压铠装层模型

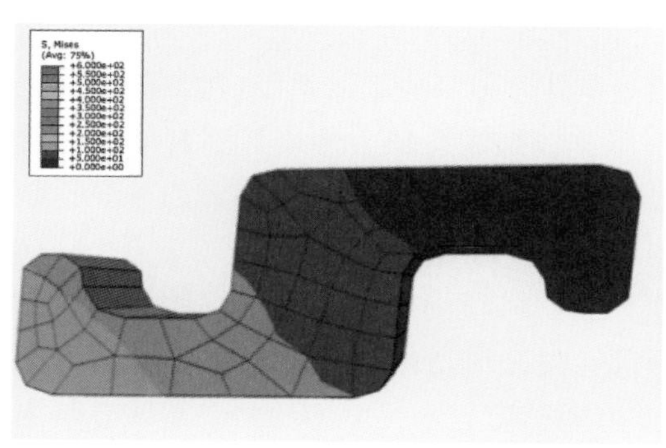

(a) 10 MPa

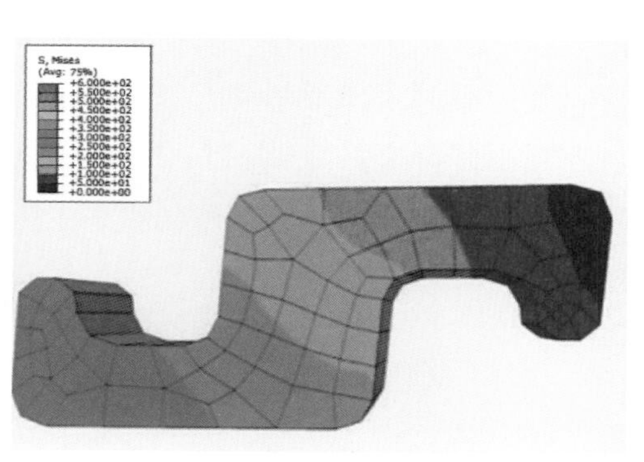

(b) 20 MPa

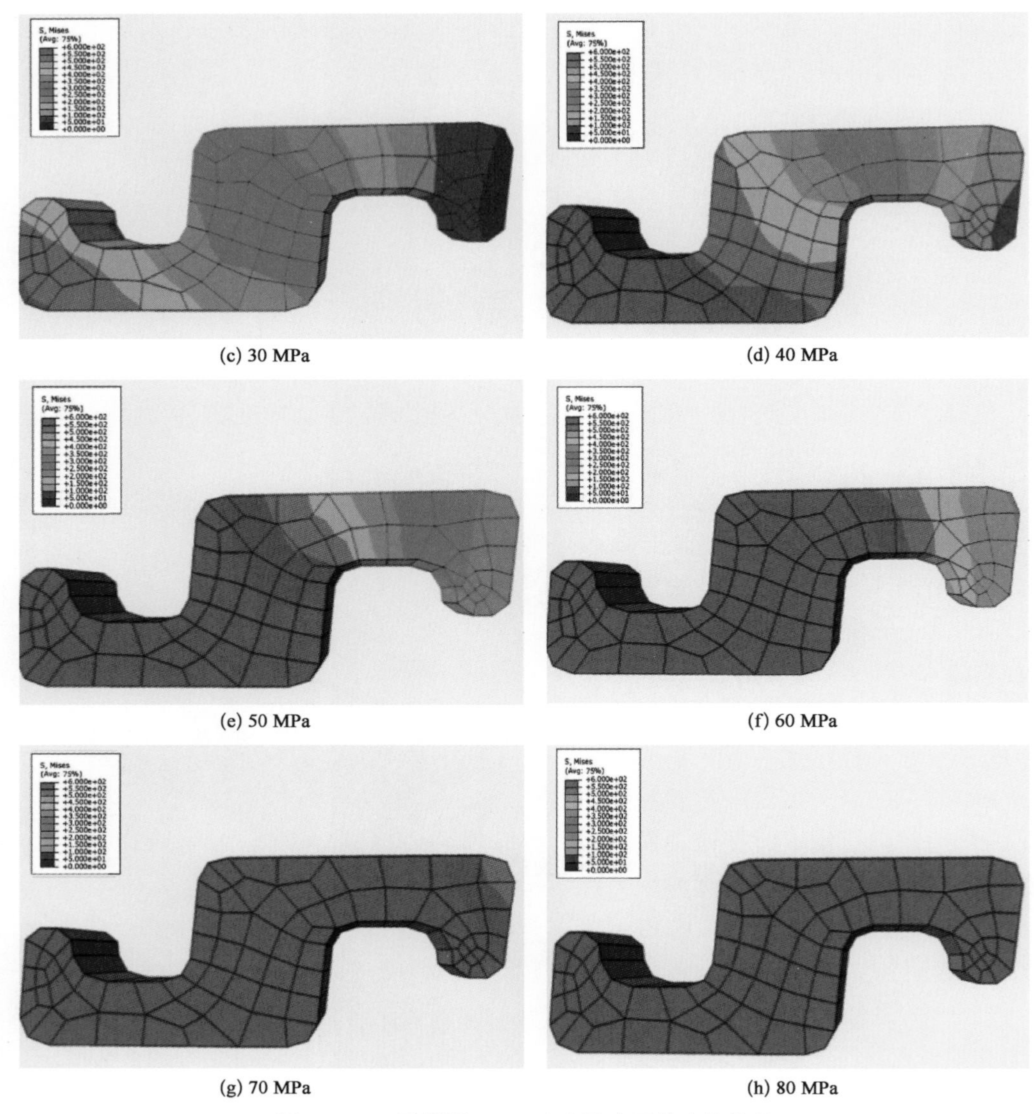

(c) 30 MPa　(d) 40 MPa

(e) 50 MPa　(f) 60 MPa

(g) 70 MPa　(h) 80 MPa

图 14.9　Z 形截面 Mises 应力随内压的变化趋势

图 14.10 显示了抗压铠装层 Mises 应力与内压之间的关系。从图中可以看到，在抗压铠装层屈服前，两种方法的结果具有较好的一致性。但当屈服发生后，两者开始出现误差。与之前分析相似，主要是由于有限元中抗压铠装层的自锁会使得截面发生应力重分布，导致应力难以预测，而理论方法无法考虑这种变化。但总的来说，两者的差异不是很大。理论分析结果为 71 MPa，ABAQUS 数值结果为 74 MPa。

图 14.11 和图 14.12 分别显示了轴向位移与内压、径向位移与内压之间的关系。有限元模型中的轴向位移取耦合点 RP－2 的值，有限元模型中的径向位移取管道中段的值。可以发现，理论曲线与有限元曲线处于同一趋势，但有限元模型的结果曲线总是滞后于理论曲线。这是因为抗压铠装层截面的变形将受到其自锁结构的限制，但理论上不考虑

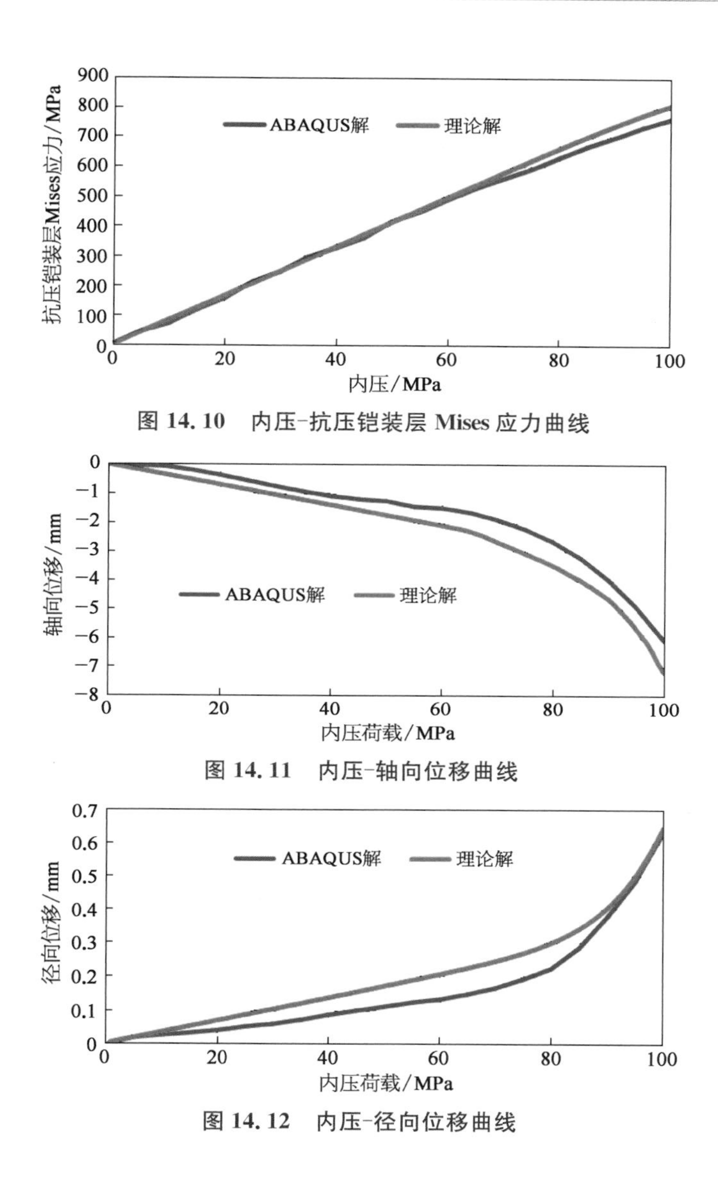

图 14.10　内压-抗压铠装层 Mises 应力曲线

图 14.11　内压-轴向位移曲线

图 14.12　内压-径向位移曲线

这种影响。因此在随后的变形发展中，有限元模型的变形曲线总是滞后于理论模型的变形曲线。当内部压力继续增加并且当抗压铠装层屈服发生时，轴向位移和径向位移开始急剧增加。这也表明抗压铠装层是主要的内部抗力结构，当它失效时，管道很快就会失效。

14.4　结 构 设 计

从上述分析结果可以发现两个模型的结果非常吻合，理论模型的准确性得到了验证。

该理论模型能够在给定内径与内压的情况下快速设计管道截面结构，并具有较高的准确性，由此该模型可能是制造工厂工程师所感兴趣的。Handbook[6]中提出了较简化的公式，抗拉铠装层对抗爆破压力的贡献表示为

$$p_{h}=\frac{t_{tot}}{R}F_{f}\sigma_{u}\sin^{2}a \tag{14.15}$$

式中 t_{tot}——抗拉铠装层的总厚度；

R——平均半径；

a——缠绕角度；

σ_{u}——极限强度。

抗拉铠装层对抗端部压力的贡献表示为

$$p_{a}=2\frac{R}{R_{int}^{2}}t_{tot}F_{f}\sigma_{u}\cos^{2}a \tag{14.16}$$

式中 R_{int}——内半径。

抗压铠装层对抗爆破压力的贡献表示为

$$p_{p}=\sum_{j=1}^{N_{P}}\frac{t_{j}}{R}F_{fj}\sigma_{uj} \tag{14.17}$$

式中 t_{j}——第 j 层的厚度；

F_{fj}——第 j 层的填充系数。

总的环向抗力由每层相加得到：

$$p_{hoop}=p_{p}+p_{h} \tag{14.18}$$

管道的爆破压力取 p_{hoop} 和 p_{a} 的较小值：

$$p_{b}=\min(p_{hoop},\ p_{a}) \tag{14.19}$$

由这些公式可以看出，R、t_{tot} 和 a 在影响爆破压力方面起着重要作用。在设计过程中，可以调整这些参数以满足设计要求。在浅水中，钢带增强热塑性管（相关材料见表14.3）往往能够满足设计要求。Bai[10]也对压力载荷下SSRTP的力学响应进行了相关研究。为了经济安全地设计管道结构，本章采用两种理论模型来预测更多模型的爆破压力（表14.4、表14.5），以说明在不同服役条件下的设计过程。

表14.3 钢带几何材料参数

参　数	数　值	参　数	数　值
杨氏模量	207 GPa	截面尺寸	0.5 mm×52 mm
极限强度	960 MPa	缠绕角度	54.7°
泊松比	0.3		

表 14.4　不同内半径下的管道模型

模　型	内半径/mm	管　道　结　构
A1	25	内护套＋四层钢带＋外护套
A2	25	内护套＋六层钢带＋外护套
B1	50	内护套＋抗压铠装层＋抗拉铠装层＋外护套
B2	100	内护套＋抗压铠装层＋抗拉铠装层＋外护套

表 14.5　两种理论模型的预测爆破值　　单位：MPa

模　　型	理　论　1	理　论　2
A1	43	38
A2	55	53
B1	134	99
B2	38	30

从表 14.5 可以看出，理论 2 预测的压力爆破值总小于理论 1 所预测的，这主要由于理论 2 忽略了圆柱层对抵抗内压的贡献值，仅仅考虑了螺旋层的贡献值。从表 14.4 和表 14.5 可以得出如下设计过程：

如果是较小的半径和压力，例如 25 mm 和 30 MPa，四层 SSRTP 可以满足这个要求。当内部压力增加到约 50 MPa 时，需要调整缠绕角度或增加更多钢带层以满足要求。当给定半径大于 50 mm 或压力大于 60 MPa 时，SSRTP 可能不满足此条件，需要采用抗压铠装层及抗拉铠装层来替代钢带层。如果半径或压力要求不断增加，则调整抗压铠装层和抗拉铠装层的缠绕角度和厚度。基于这些结论，当内部压力增加时，很容易设计出一种软件来设计管道结构，流程图如图 14.13 所示。

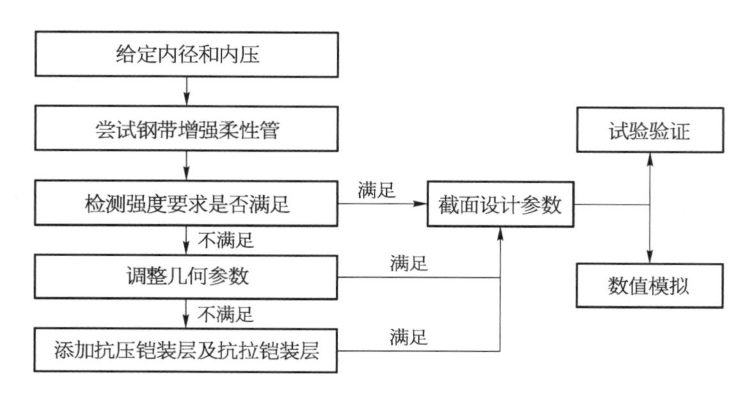

图 14.13　非粘结柔性管的计算机设计流程图

14.5 本章小结

在本章中,通过理论模型和数值模拟研究了非粘结柔性管的爆破性能。通过理论模型和数值模拟中获得的两组结果之间的比较,可以验证理论模型的准确性和可靠性。同时给出了一个简化的计算软件来设计给定半径和内压的管道结构截面,可以为工厂工程师提供一些参考。从研究中可以了解到:

(1) 理论模型的结果表明非粘结柔性管内压下具有良好的线性。这里采用的理论模型在计算上述物理量时基本上是有效的。但理论模型并没有考虑到抗压铠装层的自锁情况,因此在比较中存在一定的误差。

(2) 理论模型和数值模型的结果表明,当抗压铠装层屈服时,轴向位移和径向位移开始急剧增加,这表明抗压铠装层是主要的内压抗力结构。可以认为当它失效时,管道很快就会失效。

(3) 非粘结柔性管中抗压铠装层为主要承受内压的结构,随着内压增大,抗压铠装层Z形截面应力从内而外逐渐增大,并在内侧靠近端部的部分率先达到屈服。

(4) 本章提出了一种软件来设计具有给定半径和压力的管道结构。当内压较小时,钢带增强热塑性管能满足设计要求并且比较经济。当内压增大且内半径增大时,需要增加抗压铠装层及抗拉铠装层。

(5) 在未来的研究工作中,还需要进行试验来对 ABAQUS 和理论模型进行验证。

参考文献

[1] Fernando U S, Sheldrake T, Tan Z, et al. The stress analysis and residual stress evaluation of pressure armor layers in flexible pipes using 3D finite element models[C]//Proceedings of ASME 23rd International Conference on Offshore Mechanics and Arctic Engineering. 2004.

[2] Neto A G, Martins C D A, Pesce C P, et al. Prediction of burst in flexible pipes[J]. Journal of Offshore Mechanics and Arctic Engineering, 2013, 135(1): 011401.1 - 011401.9.

[3] De Oliveira J G, Goto Y, Okamoto T. Theoretical and methodological approaches to flexible pipe design and application[C]//Offshore Technology Conference. New York, 1985, 3: 517.

[4] Zhu X K, Leis B N. Average shear stress yield criterion and its application to plastic collapse analysis of pipelines[J]. International Journal of Pressure Vessels and Piping, 2006, 83(9): 663 - 671.

[5] Chen B, Nielsen R, Colquhoun R S. Theoretical models for prediction of burst and collapse and their verification by testing [C]//Flexible Pipe Technology-International Seminar on Recent

Research and Development. Norway, 1992.

[6] Fergestad D, Løtveit S A. Handbook on design and operation of flexible pipes[Z]. NTNU, 4 Subsea and MARINTEK, 2014.

[7] Kebadze E. Theoretical modelling of unbonded flexible pipe cross-sections[D]. London: South Bank University, 2000.

[8] Knapp R H. Derivation of a new stiffness matrix for helically armoured cables considering tension and torsion[J]. International Journal for Numerical Methods in Engineering, 1979, 14(4): 515 - 529.

[9] API 17J. Specification for unbonded flexible pipe[S]. Washington DC: American Petroleum Institute, 2014.

[10] Bai Y, Chen W, Xiong H, et al. Analysis of steel strip reinforced thermoplastic pipe under internal pressure[J]. Ships and Offshore Structures, 2016, 11(7): 766 - 773.

第 15 章　非粘结柔性管拉伸性能

柔性管的设计必须考虑到环境的极端情况，因此需要相应的金属螺旋层来应对严峻的负载和环境条件。在拉力较大的情况下需要添加抗拉铠装层，同时抗拉铠装层也能承受一定的内压和外压。本章通过理论分析和数值分析研究了管道在拉力下的力学行为，利用理论分析研究了外压对轴向问题的影响。由于管道沿纵向的变形很大程度上取决于横截面的径向刚度，因此在初始阶段需要仔细评估抗压铠装层的力学性能，并通过其自身的数值结果验证其径向刚度。钢带层和聚合物层的塑性性能可通过割线模量法来考虑。此外，本章采用理论模型对不同配置的管道进行比较，从而来研究拉伸刚度的影响参数。由于从理论和数值模拟中获得的结果之间的差异相对较小，所以本章对管道实际生产中具有一定的借鉴意义。

15.1 拉伸性能概述

非粘结柔性管由于其对不同环境要求的适应性而被广泛运用于海上油田工业。与均质钢管相比，这种管道的优势在于提供了高弯曲灵活性，从而更容易运输和安装，节省了成本，如相关文献[1]中所述。它们由多层不同的材料和几何形状组装而成，每层都有其独立的功能。柔性管最简单的例子是钢带缠绕柔性管。它们由内部和外部高密度聚乙烯层组成，并且中间层是连续缠绕的可变数量的钢带层。钢带缠绕柔性管更详细的结构配置可以在相关文献[2-3]中找到。

当环境条件极端恶劣时，例如在深水处，管的重量不仅由于其长度而增加，而且还增加了其他钢带层的重量。实际上，当抵抗强静水压力时，必须添加骨架层来防止坍塌。此外，抵抗爆破的能力需要额外的抗压铠装层来提供，而抗拉铠装层提供所需的拉伸强度。所增加的增强层将会导致更大的重力负荷，从而对确定柔性立管的悬挂点造成困难。因此非粘结柔性管在承受拉伸时的力学性能需要被充分研究。

在过去的几十年中，相关研究主要集中在受轴对称载荷条件下的柔性管的机械响应。Knapp 等[4-5]使用能量法研究了在拉伸和扭转载荷下螺旋增强层的刚度矩阵，并得出了螺旋结构的应力和应变的一些经典公式。Feret 等[6]提出了一种简化的公式来计算轴对称载荷下不同层间的应力和接触压力。Ramos 等[7-8]考虑了管道承受内压和外压时对轴向位移的影响，对管道响应做出了一些额外的贡献。Sævik[9-11]开发了一种预测轴对称效应应力的模型，该模型基于同位旋运动，允许大位移和小应变。Dong[12]和 Guo[13]从虚功原理的角度对柔性管的力学模型进行了进一步的研究。De Sousa[14]研究了 6 英寸柔性管在纯拉力下的结构响应，考虑了试验和有限元方法的受损条件。根据力的平衡，Yue 等[15]提出了一种更简单的公式，它适用于拉伸载荷下管道的弹性阶段。

对于受到纯拉伸载荷的 MSFP 的机械响应，Bai 的团队[16]也通过试验和数值方法进行了一些研究，并且简化了涉及 HDPE 材料非线性特性的理论模型，这项工作受到了 Yue[15] 的启发。然而上述大多数分析方法都是基于虚功原理，主要集中在弹性阶段，不易直接获得管道的极限抗拉强度。

管道的拉伸能力取决于管道的径向刚度[15]，并且每层的径向刚度都需要被考虑。在本章理论模型中也考虑了材料的可塑性，并且使用商业软件 ABAQUS 进行了有限元模拟。通过比较两组方法的数据结果，证明了所提出方法的可靠性。此外，还使用理论分析模型研究了外部压力及结构配置对轴向问题的影响。

15.2 理论模型

本章分析的增强层包括一个抗压铠装层和两个相反缠绕的抗拉铠装层，如图 15.1 所示。理论模型基于以下两个主要假设：

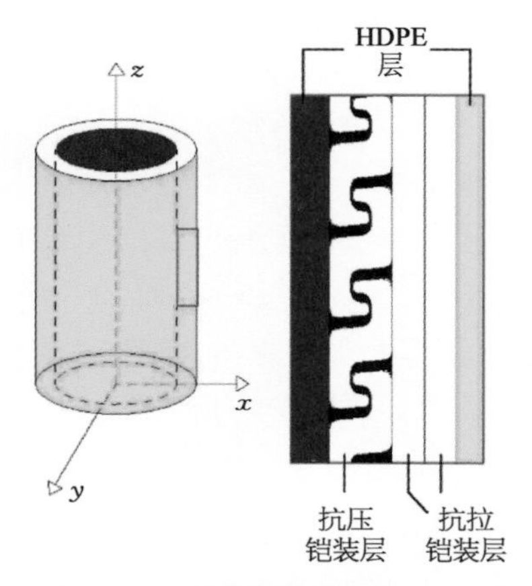

图 15.1 柔性管纵向剖面示意图

(1) 如 De Sousa[14] 所讨论的那样，当抗压铠装层的缠绕角度接近 90°时，其抗拉强度可以忽略不计。

(2) 忽略了最内层和最外层塑料层对径向刚度的贡献，因为抗压铠装层提供了最主要的径向刚度。

因此径向方向的计算减少为两个部分：抗压铠装层和抗拉铠装层。假设不同层之间没有初始间隙并且不计摩擦[15]，同时考虑拉力和外压来研究管道的拉伸响应。由于最外侧 HDPE 层承受外压内力弱，可以认为外压 P_{ext} 直接施加在最外层的抗拉铠装层的外表面上。但是 HDPE 圆柱体的拉伸贡献依旧包括在计算总拉伸阻力中。

如 Yue 等人所讨论的，外压可导致各层径向收缩，从而降低柔性管的拉伸刚度[15]。因此可以分别研究抗拉铠装层和抗压铠装层以便考虑径向位移。P_C 指的是抗压铠装层和内层抗拉铠装层之间的接触压力，而 P_W 代表抗拉铠装层之间的接触压力，如图 15.2 所示，其中 R_{m1} 和 R_{m2} 是抗拉铠装层的平均半径，R_1 和 R_2 分别是抗压铠装层的内半径和外半径。

15.2.1 抗压铠装层力学模型

当管道受到拉伸载荷时，由于抗压铠装层的螺旋结构，柔性管的阻力受其径向刚度的影响。本章的第一项工作是研究抗压铠装层的径向刚度，以获得该轴向问题相对准确的结果。由于其复杂的形状，在纵向和横向上显示出不同的特性，因此使用等效的理论模型

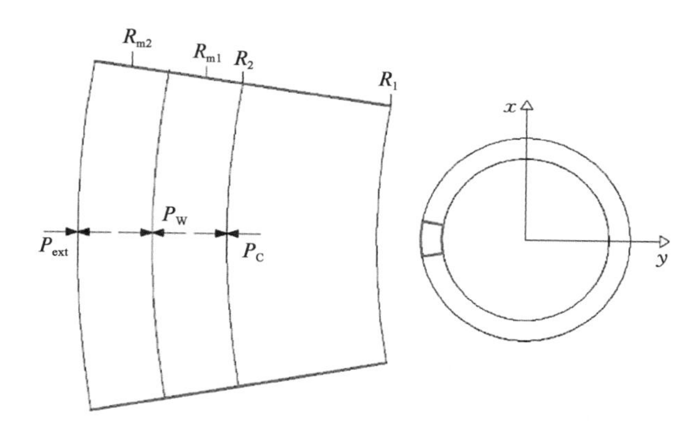

图 15.2　层与层之间的接触压力

来简化计算。实际上，它可以看作是一个正交各向异性的圆柱体，其杨氏模量沿纵向方向等于零，而在径向方向上，其等效厚度 h_{eq} 和杨氏模量 E_{eq} 的计算方法与 De Sousa 先前所做的相同[14]：

$$h_{eq}=\sqrt{\frac{12I_{eq}}{A'}} \tag{15.1}$$

$$E_{eq}=\frac{nA'}{h_{eq}L_p}E \tag{15.2}$$

式中　I_{eq}——每单位长度的等效惯性矩；

A'——根据 API 17B[17] 所计算得出的抗压铠装层的横截面积；

n——每层的筋腱数；

L_p——节距长度；

E——材料的杨氏模量。

I_{eq} 的计算方法与相关文献[1]相同：

$$I_{eq}=\frac{knI_{2'}}{L_p} \tag{15.3}$$

式中　k——横截面的倾斜角和惯性矩影响参数；

$I_{2'}$——最小惯性矩，可以参考图 15.3 计算如下：

$$I_{2'}=\frac{I_3+I_2}{2}-\frac{\sqrt{(I_3-I_2)^2+4I_{32}^2}}{2} \tag{15.4}$$

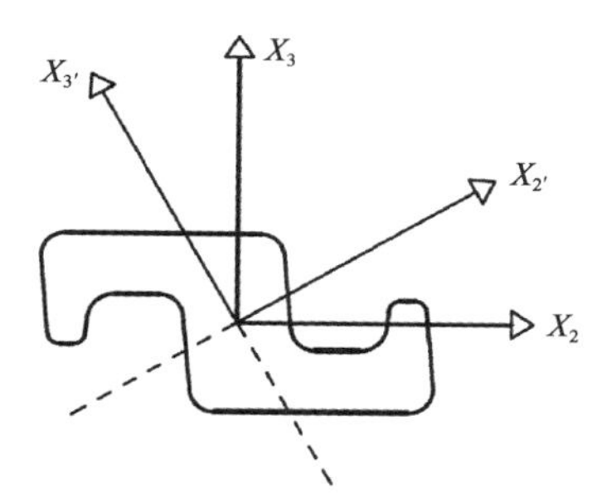

图 15.3　抗压铠装层 Z 形截面计算示意图

根据 Yue[15] 所讨论的，如果正交各向异性圆柱体由相邻的抗拉铠装层引起径向围压 P_C 加载，则可以在相同的压力下将其简化为平面环。抗压铠装层的等效杨氏模量 E_{eq} 和厚度 h_{eq} 可用于计算该模型，其中等效圆柱体的平均半径

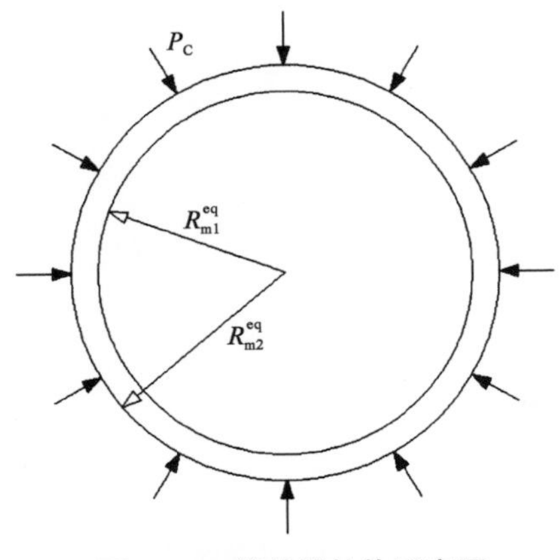

图 15.4　等效圆柱体示意图

保持与其实际值相同，如图 15.4 所示。

由此可以计算出抗压铠装层的径向刚度，由 Lu[18]定义：

$$K = \frac{P_C}{\Delta R_C} \tag{15.5}$$

其中 D_{RC} 是由 P_C 引起的圆柱体外表面的径向位移。根据薄壁管的弹性理论，径向刚度可表示如下：

$$K = \frac{(\nu+1)[(1-2\nu)R_2^{eq2}+R_1^{eq2}]R_2^{eq}}{E_{eq}(R_2^{eq2}-R_1^{eq2})} \tag{15.6}$$

式中　ν ——材料参数泊松比。

15.2.2　抗拉铠装层力学性能

由于抗拉铠装层钢带的螺旋形状，一旦它们承受拉伸载荷，它们就会沿着线轴向呈现伸长应变 ε_i（$i=1, 2$，分别代表内外铠装层）。它可以表示为 D_L（沿纵向的位移）和 D_{RW}（径向上的位移）的组合，如图 15.5 所示，其中 s 和 s' 分别表示螺旋线的未变形长度和变形长度。这里采用的数学模型引自 Knapp[4]。忽略旋转，表达式可写为

$$\varepsilon_i = \varepsilon_{l,i} + \varepsilon_{r,i} = \frac{\Delta L}{L}\cos^2\alpha - \frac{\Delta R_W}{R_{m,i}}\sin^2\alpha \tag{15.7}$$

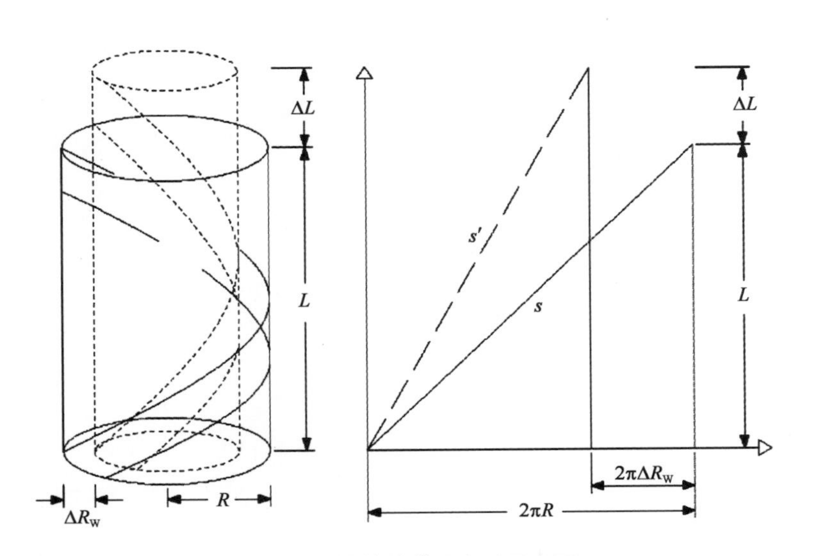

图 15.5　抗拉铠装层变形示意图

式中　α ——螺旋线的缠绕角度；

$R_{m,i}$ ——平均半径；

L ——管道长度。

沿螺旋轴向的拉力可分为两个部分：管的环向和管的轴向。每条线的环向应力可表示为

$$\sigma_{\mathrm{h},\,i}=E_{\mathrm{s}}\varepsilon_{i}\cos^{2}\alpha \tag{15.8}$$

式中　E_{s}——构成材料的割线杨氏模量。

应该指出的是，在增量过程中，E_{s} 在每个步骤中都会发生变化，以便考虑材料的可塑性。由于在当前步骤中使用的 E_{s} 来自前一步骤，其值实际上更大，因此所获得的总拉力可能大于其实际情况。但是如果增量足够小，则该误差将被控制在可接受的范围内。

抗拉铠装层的环向应力将导致压力限制或挤压到其相邻层。由于同一层中的钢带之间的间隙，引入填充因子 β_i，其表现由钢带填充的区域与间隙之间的关系。等效的抗拉铠装层圆柱体的平衡状态如图 15.6 所示，接触压力可以推导为

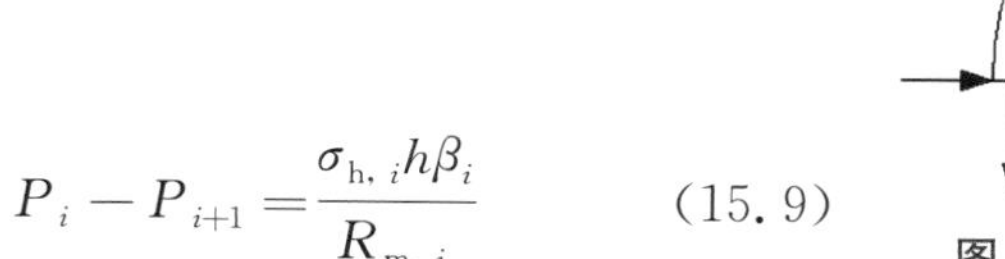

$$P_{i}-P_{i+1}=\frac{\sigma_{\mathrm{h},\,i}h\beta_{i}}{R_{\mathrm{m},\,i}} \tag{15.9}$$

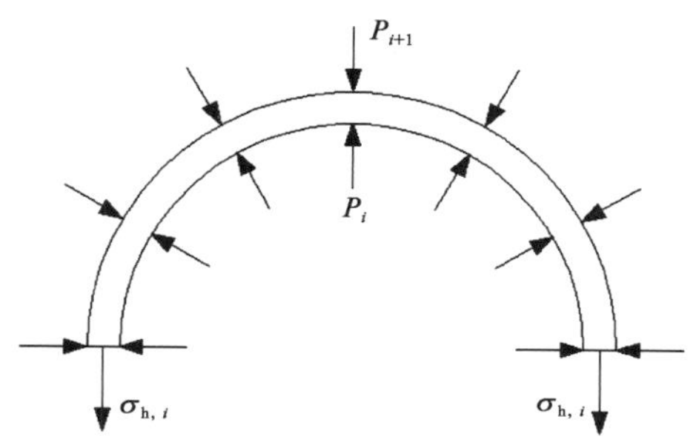

图 15.6　抗拉铠装层平衡状态示意图

式中　h ——钢带的厚度。

以内层抗拉铠装层为例，通过将式(15.7)代入式(15.8)和式(15.9)，并考虑外层抗拉铠装层产生的约束压力的影响，可以得到接触压力 P_{C}：

$$P_{\mathrm{C}}=\Omega_{1}\Delta L-\Omega_{2}\Delta R_{\mathrm{W}}+P_{\mathrm{ext}} \tag{15.10}$$

其中，

$$\Omega_{1}=h\beta E_{\mathrm{s}}\sin^{2}\alpha\cos^{2}\alpha\left(\frac{1}{R_{\mathrm{m1}}}+\frac{1}{R_{\mathrm{m2}}}\right)\frac{1}{L} \tag{15.11}$$

$$\Omega_{2}=h\beta E_{\mathrm{s}}\sin^{4}\alpha\left(\frac{1}{R_{\mathrm{m1}}^{2}}+\frac{1}{R_{\mathrm{m2}}^{2}}\right) \tag{15.12}$$

15.2.3　整体力学性能

在层与层之间没有分离的假设中，对于每层径向位移可以被认为是相等的。通过求解式(15.5)和式(15.10)，可以得到径向变形 D_{RW} 和接触压力 P_{C}。一旦知道了这两个参数，就可以用式(15.7)计算每根螺旋线的应变。管道的总抗拉强度可以通过将每根螺旋线的抗拉力相加，以及内部和外部 HDPE 层的贡献来得到：

$$F=\sum_{i=1}^{2}n_{i}\varepsilon_{i}E_{\mathrm{s}}A\cos^{2}\alpha+\sum_{j=1}^{2}A_{\mathrm{P}j}\frac{\Delta L}{L}E_{\mathrm{P}} \tag{15.13}$$

式中　A——单根螺旋线的横截面积；

A_{Pj}——内外层 HDPE 横截面的面积；

E_P——HDPE 材料的割线杨氏模量。

15.3　数值模型

在本节中，使用有限元软件 ABAQUS[19] 模拟柔性管的拉伸性能，以验证理论模型的可靠性和准确性。

15.3.1　抗压铠装层刚度

首先需要验证抗压铠装层径向刚度理论公式的有效性，因为理论值 K 的准确性将直接影响最终结果。根据 API 17B[17] 选择用于模拟的抗压铠装层的截面尺寸，其相对尺寸如图 15.7 所示。两个节距长度的模型用于验证理论公式的有效性，其纵向截面也在图 15.7 中示出。

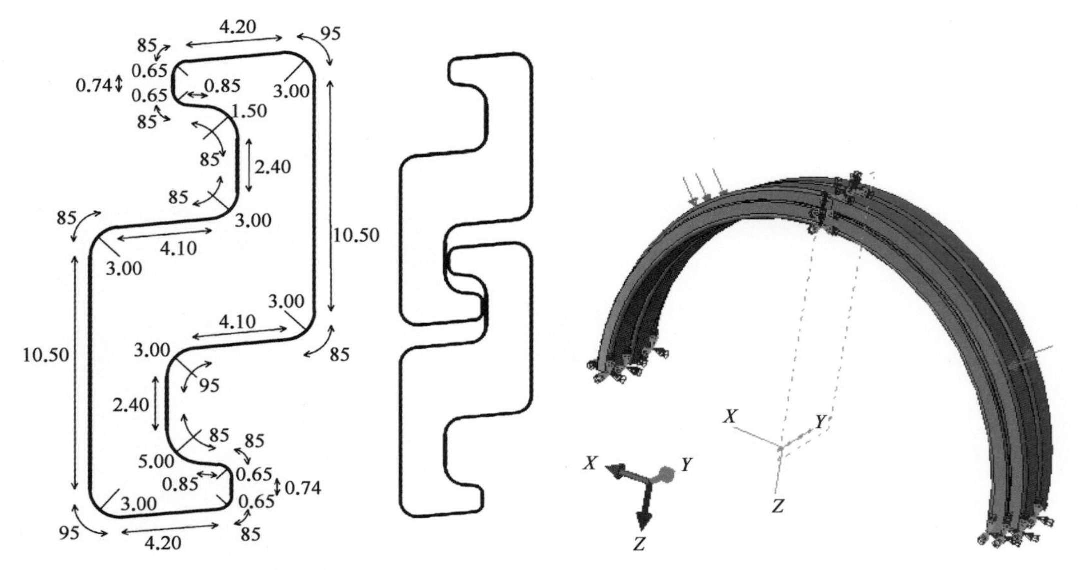

图 15.7　抗压铠装层截面示意图　　图 15.8　抗压铠装层边界条件

数值模拟考虑了三维环模型，其中忽略了倾斜角。正如 Neto[20] 等人所讨论的那样，该模拟说明了在解决径向问题时，即使未考虑初始缺陷，其结果与全 3D 管道模型具有良好的一致性，如图 15.8 所示。由于环与 XY 平面对称，因此可以取 3D 环的半环进行模拟，可以进一步提高模拟速度。另外需要指出的是，在该模拟中没有引入初始缺陷或椭圆，因为其基本目的仅仅是获得环的径向位移与外压之间的关系。

抗压铠装层横截面的惯性矩阵可以参考图 15.3，相应结果示于式(15.4)中，可以利用式(15.4)计算其最小惯性矩：

$$I=\begin{bmatrix} I_{11} & I_{12} & I_{13} \\ I_{21} & I_{22} & I_{23} \\ I_{31} & I_{32} & I_{33} \end{bmatrix}=\begin{bmatrix} 0 & 0 & 0 \\ 0 & 1\,000 & 1\,148 \\ 0 & 1\,148 & 3\,694 \end{bmatrix} \tag{15.14}$$

表 15.1 中列出了计算所需的材料属性和其他参数。抗压铠装层被认为是线弹性的。基于之前所示的计算公式，径向刚度可以计算为 253.08 MPa/mm。

表 15.1　抗压铠装层几何参数

参　数	数　值	参　数	数　值
钢带数 n	1	L_p/mm	14.86
系数 K	1	内半径 R_{inn}/mm	76.20
杨氏模量 E/MPa	200 000	厚度 t/mm	9.84
泊松比 ν	0.3		

由于所输入的横截面和潜在触点的复杂形状，“常规接触”用于模拟两个部分之间的相互作用。如相关文献[16]中所讨论的，选择“无摩擦”切向行为和“接触后允许分离”的“硬接触”正常行为。后者由 $p-h$ 模型定义，p 表示表面之间的接触压力，h 表示接触表面之间的覆盖。当 $h<0$ 时，表示没有接触压力，而对于任何正接触 h，设定其等于零，如相关文献[21]中所述。

外压被认为是恒定的并且直接施加在外表面上。管的移动受边界条件控制，并且环相对 XY 平面对称。在模拟期间，节距长度保持不变。在环的基部($z=0$)允许 U_1 位移，而在环的中间表面($x=0$)允许 U_2 位移，如图 15.8 所示。

网格采用 C3D8R 单元(具有降低积分和沙漏控制的八节点连续线性单元)，如图 15.9 所示。这些单元可用于线性和复杂的非线性分析，如 Kim 等人[22]所讨论的那样，当考虑接触和非线性几何时，具有较高的精度。

由于无摩擦接触及非线性特性，本模型采用“动态隐式”来模拟。为了从动态分析中获得相对准确的准静态分析结果，整个模型

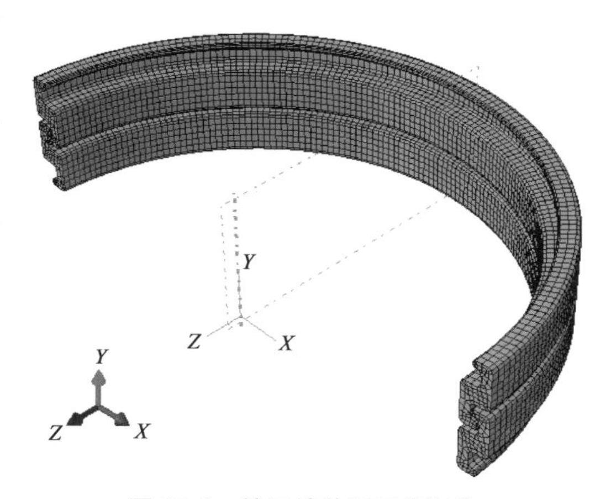

图 15.9　抗压铠装层网格划分

的动能（ALLKE）和应变能（ALLSE）之间的比例应该足够低，图 15.10 显示的数值结果证明本模型是可靠的。

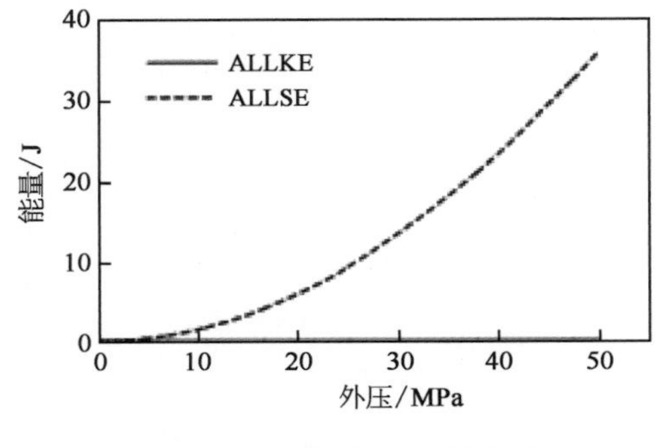

图 15.10　能量与外压的关系

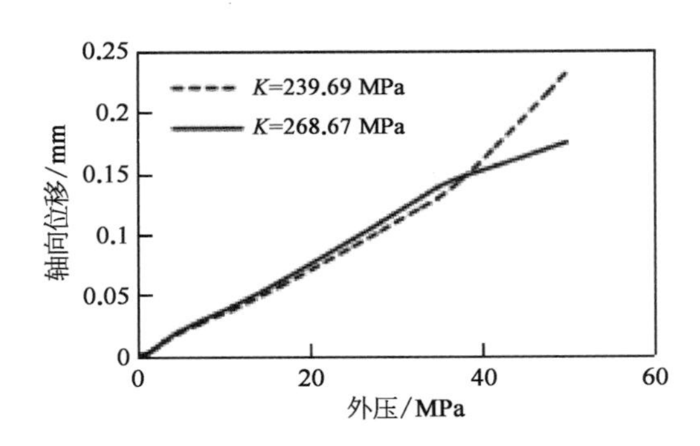

图 15.11　两个参考点的轴向位移与外压的关系

从环的外表面提取 12 个点来分析环的径向位移。其中两个代表点的位移如图 15.11 所示，它们表现出可能的线性关系，受到非线性的轻微影响，这可认为是由于横截面之间存在间隙。将每条曲线线性化，可以获得相应的径向刚度。对于抗压铠装层，其径向刚度取 12 个点的平均值，为 256.22 MPa/mm。将该值与理论结果 253.08 MPa/mm 进行比较，它们呈现出较小的差异，误差约为 1.23%。

一旦验证了抗压铠装层的径向刚度误差很小，就可以认为整个模型的理论估算方法是正确的。

15.3.2　管道整体

FEM 模型中抗压铠装层的截面尺寸与图 15.7 相同。其中总长度超过 33 个节距，约为 500 mm。内层 PE 厚度为 6 mm，外层 PE 厚度为 4 mm。抗拉铠装层的几何参数见表 15.2。

表 15.2　抗拉铠装层几何参数

参　数	数　值	参　数	数　值
钢带厚度 h/mm	5.00	内层钢带数 n_1	19
钢带宽度 b/mm	17.50	外层钢带数 n_2	20
缠绕角度 α/°	54.7		

考虑到钢材和 HDPE 的弹塑性行为，从试验结果中分别引用它们的应力-应变曲线，如图 15.12 和图 15.13 所示，抗压铠装层与抗拉铠装层由相同的材料制成，屈服应力等于 578 MPa。

动态显示分析法允许定义一般接触条件，并且适合具有复杂接触条件的准静态分析，如相关文献[19]中所述。对于这种情况，为了方便将载荷和边界条件应用于模型，在管道的两个端面处需要设置两个参考点，如图 15.14 所示。

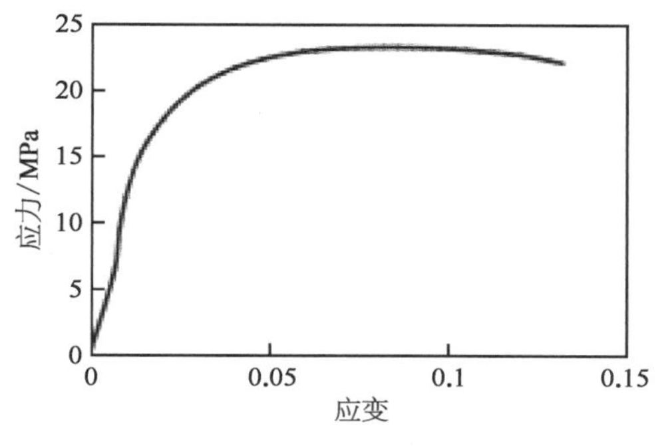

图 15.12　钢材应力-应变曲线

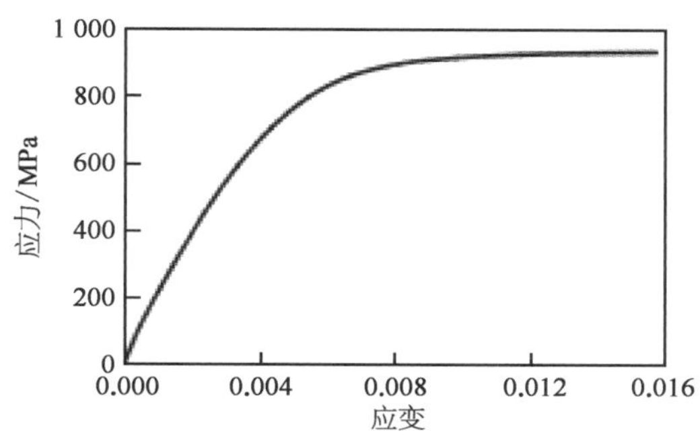

图 15.13　HDPE 应力-应变曲线

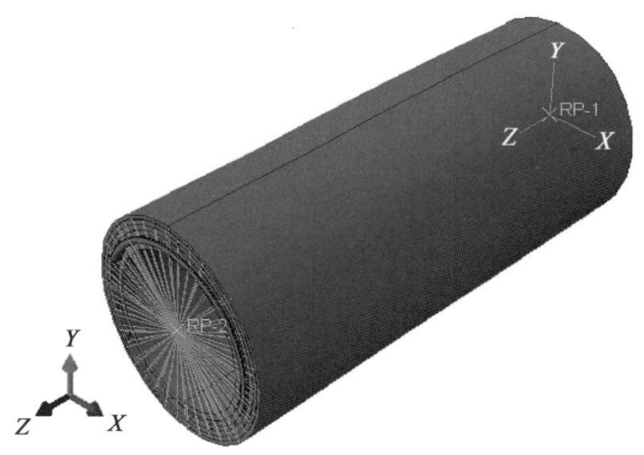

图 15.14　参考点示意图

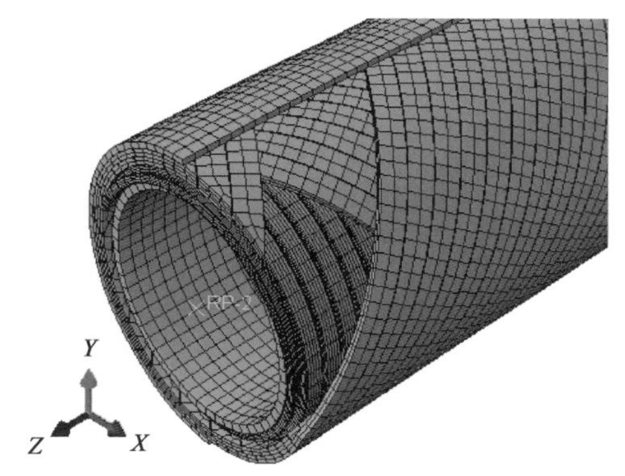

图 15.15　网格划分图

在 RP-2 处施加沿 Z 方向的位移以模拟拉伸载荷。对称边界条件设置在 RP-1，其中 $U_3 = U_{R1} = U_{R2} = 0$。该模型也采用 C3D8R 单元，其复杂的几何形状和结构如图 15.15 所示。图 15.16 表示的是管道的动能和应变能当伸长长度达到约 12 mm 时显示出相对较好的结果。

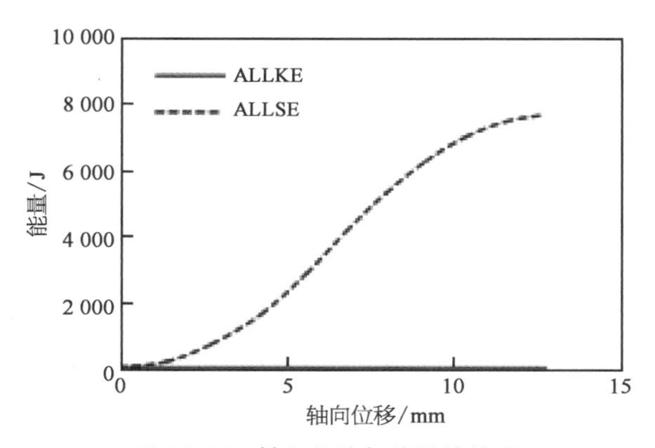

图 15.16　轴向位移与能量的关系

15.4 结果讨论

从理论分析和数值模拟得到的拉伸力与伸长应变曲线可以看出，对于弹性和塑性阶段，这两条曲线几乎完全一致，误差仅为4.50%(图15.17)。误差可以归因于在理论分析中，假定抗压铠装层是弹性的。实际上，由于抗拉铠装层的钢带之间存在空隙，可能产生约束压力和应力分量不均匀分布，使抗压铠装层某些区域达到塑性阶段。

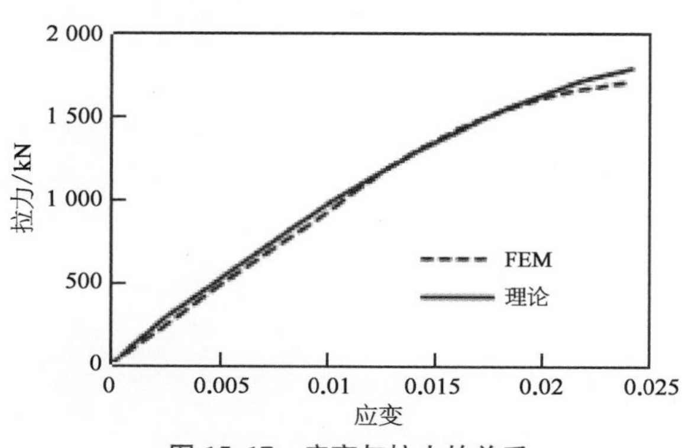

图15.17　应变与拉力的关系

为了避免固端效应，提取抗压铠装层中跨的应力进行分析。外表面承受更严重的加载条件，由于应力的不均匀分布，在一个节距长度中选取两个区域来进行应力分析，它们的应力变化如图15.18所示。其中点A代表最严格的应力条件区域，而点B则表示较不苛刻的应力条件区域。从该图可以看出，一些积分点应力已超过材料的极限应力，在后期阶段可能导致数值模型中的拉力较小。

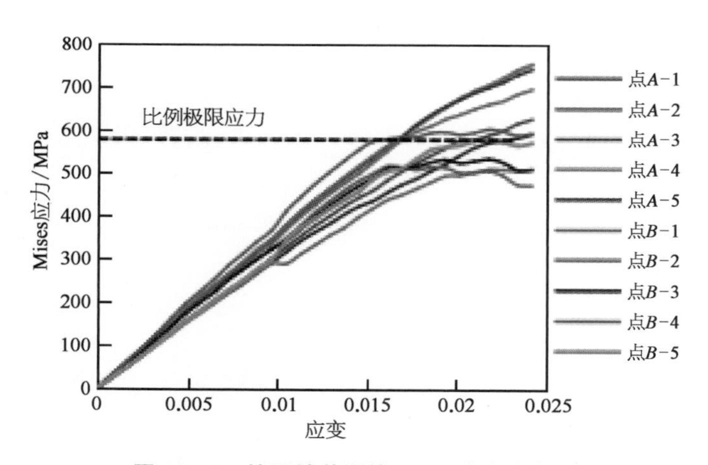

图15.18　抗压铠装层的Mises应力分布图

从理论模型可以发现，塑料层对于总拉伸强度的贡献仅为5.74%，如图15.19所示，其中W代表抗拉钢带强度，而WP代表HDPE层。这一结果表明，忽略HDPE层对拉力的影响是合理的。

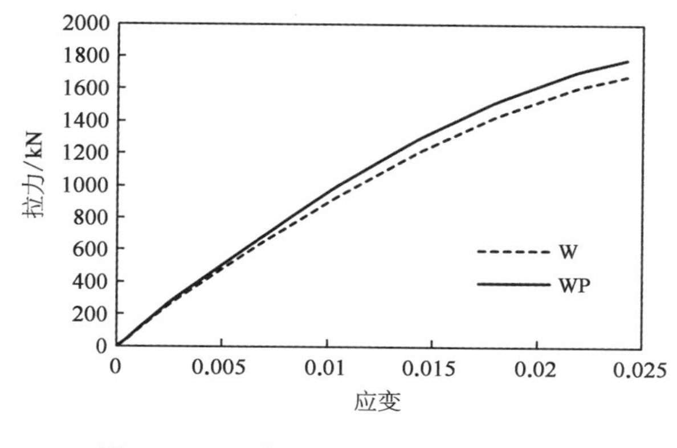

图 15.19　W 与 WP 下应变与拉力的关系

图 15.20　接触压力分析的选取点

如果管道中包含自锁的抗压铠装层，则径向位移方面的比较不能提供可靠的结果。原因有以下几条：首先，假设了压力铠装层作为正交各向异性圆柱体，假设几何形状都是连续的，而在 FEM 模型中的抗压铠装层表面上出现间隙；此外，它们也可能受到不同层厚度变化的影响，这在理论分析模型中没有考虑。为了从 FEM 模型中获得准确的结果，选择连续的点来研究接触压力，所选择的点在图 15.20 中示出。

将平均结果与理论结果进行比较，如图 15.21 和图 15.22 所示，可以看出它们显示出良好的一致性，因此式(15.9)可用作粗略估计两层之间的接触压力。

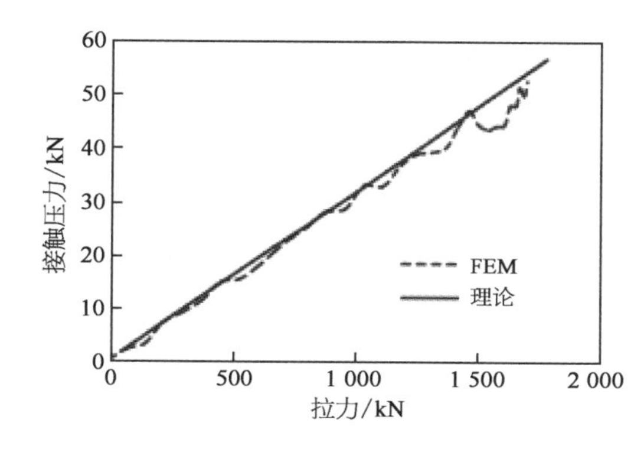

图 15.21　抗压铠装层与抗拉铠装层的接触压力

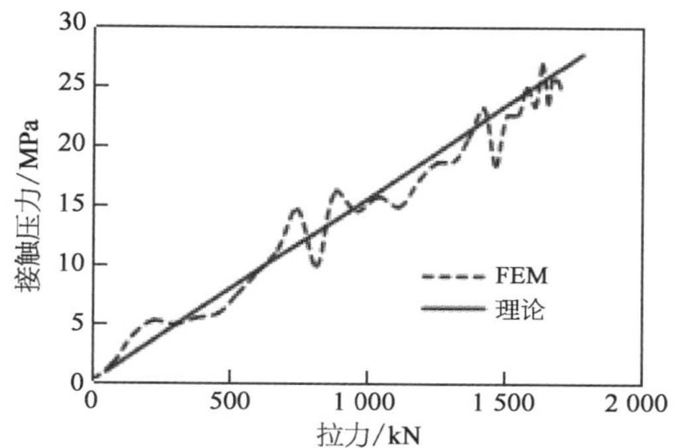

图 15.22　抗拉铠装层之间的接触压力

抗拉铠装层在纵向上提供大部分强度。理论模型假设应变和应力是轴对称的，也就是说，假设相同横截面中同一层中每根钢带的应力是相同的。外层抗拉铠装层的 Mises 应力曲线如图 15.23 所示。即使某些区域存在一些不均匀性，该图像的积分也非常一致。选择钢带位于该中跨横截面的点，并将其应力-应变与理论结果进行比较，如图 15.24 所示，可以观察到即使存在一些波动，其波动幅度不高。

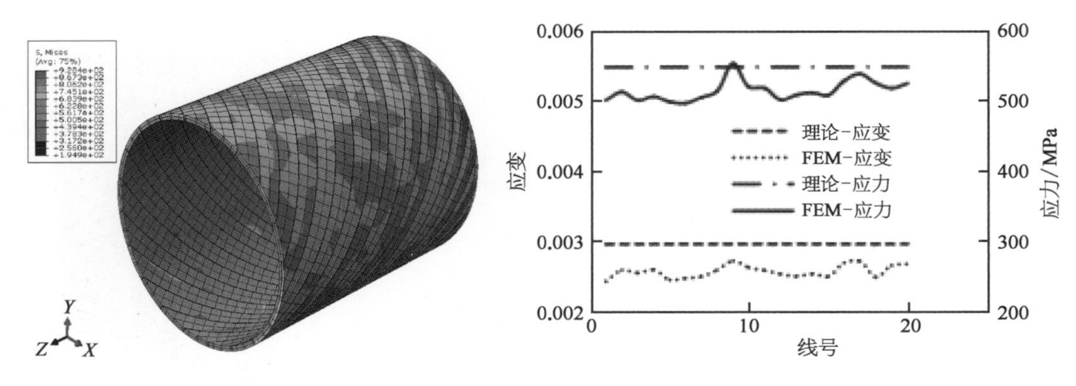

图 15.23　外层抗拉铠装层的应力分布图　　图 15.24　外层抗拉铠装层的应力-应变分布图

选择内外抗拉铠装层的各一条钢带来研究 Mises 应力和伸长率之间的关系，如图 15.25 与图 15.26 所示，理论模型与数值模拟模型具有良好的一致性。

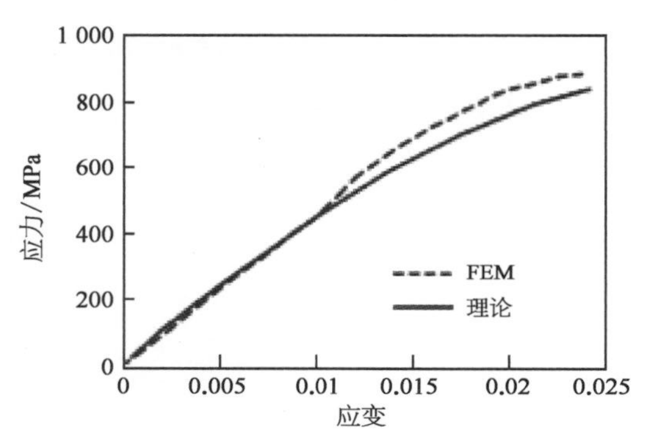

图 15.25　内层抗拉铠装层的应变-应力关系

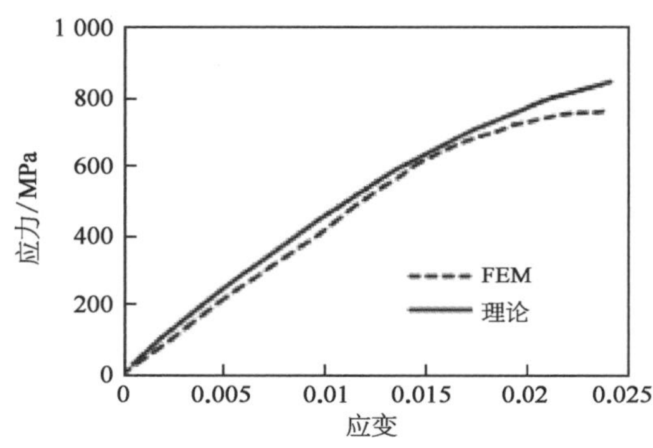

图 15.26　外层抗拉铠装层的应变-应力关系

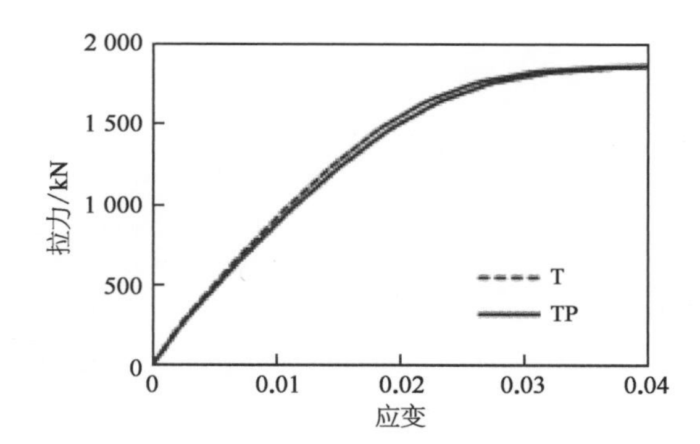

图 15.27　T 与 TP 下应变与拉力的关系

一旦证明了理论模型的有效性，就可以考虑外压的影响。20 MPa 的恒定压力施加在抗拉铠装层的外表面上，纵向位移以恒定速率施加直到 20 mm。只考虑抗拉铠装层的影响，如图 15.19 所示。正如预期的那样，管道中抗压铠装层的存在使得结构在径向方向上足够坚硬，因此静水压力可以忽略。如图 15.27 所示，管道的拉伸能力显著降低，其中 T 代表纯拉伸载荷，TP 代表组合拉伸和外部压力载荷。

15.5　案 例 分 析

在本节中，包括了案例 1“受纯拉伸载荷的‘金属带柔性管’”，该研究已由相关文献[16]发表。对于一系列不包括抗压铠装层的 MSFP，拉力主要由 PE 层贡献。基于 MSFP 的结构，在其内部横截面设计中增加了额外的抗压铠装层，如案例 2 所示，由抗压铠装层引起的对整体径向刚度的贡献很大，从而忽略最内层 PE 和最外层 PE 的贡献。管道可看作由抗压铠装层和四层钢带加强层组成，钢带厚度为 $h=0.5$ mm，它代替了本节研究案例 3 中的抗拉铠装层。案例 2 的详细纵向剖面如图 15.28 所示，为了对结果进行合理判断，内径和载荷条件与前一种情况相同。理论模型扩展到新几何形状，式(15.11)和式(15.12)应通过考虑层数和厚度的变化来修改，可表示为

$$\Omega_1 = h\beta E_s \frac{\sin^2\alpha\cos^2\alpha}{L}\left(\frac{1}{R_{m1}}+\frac{1}{R_{m2}}+\frac{1}{R_{m3}}+\frac{1}{R_{m4}}\right) \tag{15.15}$$

$$\Omega_2 = h\beta E_s \sin^4\alpha\left(\frac{1}{R_{m1}^2}+\frac{1}{R_{m2}^2}+\frac{1}{R_{m3}^2}+\frac{1}{R_{m4}^2}\right) \tag{15.16}$$

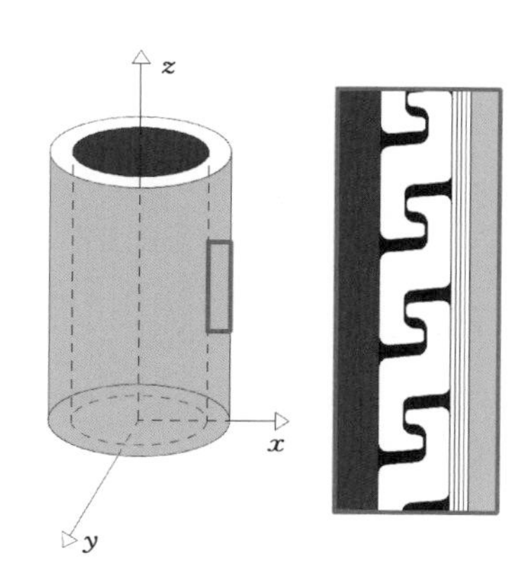

图 15.28　案例 2 的纵向剖面图

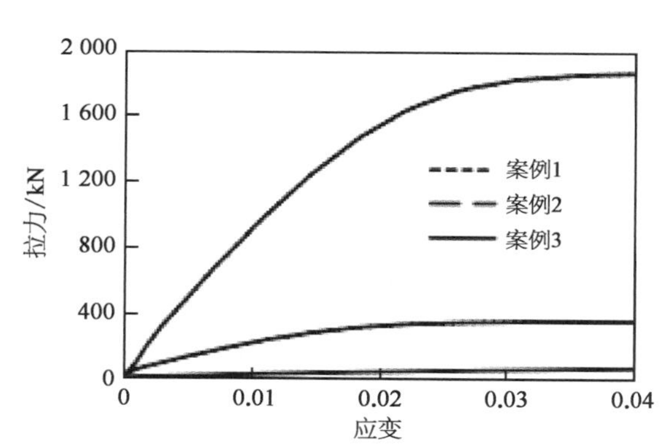

图 15.29　各案例应变与拉力的关系

图 15.29 显示了具有三种不同配置管道的拉伸力比较。正如预期的那样，MSFP 提供的强度最小。实际上，对于相同内径，与包含两层抗拉铠装层的管道相比，MSFP 的轴向抗力只有其的 81.07%。同时通过案例 1 与案例 2 的比较，可以看出当 MSFP 中加入了抗压铠装层，其抗拉强度得到了明显改善。当管道设计中包含抗压铠装层和抗拉铠装

层，径向刚度由两者共同提供。因此如果减少钢带厚度，不仅影响了抗拉强度，也减少了承受外压的能力。

由以上结论可以得出，在浅水区可以采用钢带增强管，在水深区宜使用较厚的抗拉铠装层。在案例2和案例3中可以看出，抗压铠装层引起的径向刚度的贡献在管道轴向强度上起着非常重要的作用。

15.6 本章小结

在本章中，通过数值模拟验证了一种简单的理论方法来估算非粘结柔性管的拉伸刚度。采用割线模量来实现材料的塑性行为，该理论模型适用于高荷载条件，可为管道工程师提供相对精确的拉伸强度。可以得出以下结论：

（1）当考虑管道内的抗压铠装层和抗拉铠装层时，外压对其拉伸能力不会有很大影响，因为抗压铠装层的径向刚度足以抵抗外压引起的径向变形。

（2）MSFP仅适用于浅水区应用。在MSFP的结构中添加抗压铠装层，其抗力能力几乎可以增加8倍。为了避免材料浪费，可以根据水深调整抗压铠装层的截面尺寸及厚度，这可以使MSFP在更深的水深区进一步适用。

（3）在之后的工作中应考虑切线模量，以获得更准确的结果。在未来的工作中还应考虑互锁结构的影响，以验证其径向刚度是否导致管道的拉伸能力显著增加。

参考文献

[1] Fergestad D, Løtveit S A. Handbook on design and operation of flexible pipes[Z]. NTNU, 4 Subsea and MARINTEK, 2014.

[2] Bai Y, Liu T, Cheng P, et al. Buckling stability of steel strip reinforced thermoplastic pipe subjected to external pressure[J]. Composite Structures, 2016, 152(9): 528 - 537.

[3] Bai Y, Liu T, Ruan W, et al. Mechanical behavior of metallic strip flexible pipe subjected to tension[J]. Composite Structures, 2017, 170: 1 - 10.

[4] Knapp R H. Nonlinear analysis of a helically armored cable with nonuniform mechanical properties in tension and torsion[C]//OCEAN 75 Conference. IEEE, 1975: 155 - 164.

[5] Knapp R H. Derivation of a new stiffness matrix for helically armoured cables considering tension and torsion[J]. International Journal for Numerical Methods in Engineering, 1979, 14(4): 515 - 529.

[6] Feret J J. Bournazel C L. Calculation of stresses and slip in structural layers of unbonded flexible pipes[J]. Journal of Offshore Mechanics and Arctic Engineering, 1987, 109(3): 263 - 269.

[7] Ramos R, Martins C A, Pesce C P, et al. Some further studies on the axial-torsional behavior of flexible risers[J]. Journal of Offshore Mechanics and Arctic Engineering, 2014, 136(1): 1 - 11.

[8] Ramos R, Kawano A. Local structural analysis of flexible pipes subjected to traction, torsion and pressure loads[J]. Marine Structures, 2015, 42(1): 95 - 114.

[9] Sævik S, Bruaseth S. Theoretical and experimental studies of the axisymmetric behaviour of complex umbilical cross-sections[J]. Applied Ocean Research, 2005, 27(2): 97 - 106.

[10] Sævik S. Theoretical and experimental studies of stresses in flexible pipes[J]. Computers & Structures, 2011, 89(23): 2273 - 2291.

[11] Sævik S, Gjøsteen J. Strength analysis modelling of flexible umbilical members for marine structures[J]. Journal of Applied Mathematics, 2012, 2012(1): 1 - 18.

[12] Dong L, Zhang Q, Huang Y. Energy approaches based axisymmetric analysis of unbonded flexible risers[J]. Journal of Huazhong University of Science and Technology (Nature Science Edition), 2013, 41(5): 122 - 126.

[13] Guo Y, Chen X, Fu S, et al. Mechanical behavior analysis for unbonded umbilical under axial loads[J]. Journal of Ship Mechanics, 2017, 21(6): 739 - 749.

[14] De Sousa J R M, Campello G C, Kwietniewski C E F, et al. Structural response of a flexible pipe with damaged tensile armor wires under pure tension[J]. Marine Structures, 2014, 39(12): 1 - 38.

[15] Yue Q, Lu Q, Yan J, et al. Tension behavior prediction of flexible pipelines in shallow water [J]. Ocean Engineering, 2013, 58(1): 201 - 207.

[16] Jiang K, Liu T, Yuan S, et al. Mechanical behaviors of metallic strip flexible pipe under axisymmetric loads[C]//ASME 2018 37th International Conference on Ocean, Offshore and Arctic Engineering. 2018.

[17] American Petroleum Institute. API recommended practice 17B, information handling services [S]. Washington DC: API, 2002.

[18] 陆明万,罗学富. 弹性理论基础[M]. 2 版. 北京：清华大学出版社,2001.

[19] ABAQUS. User's and theory manual version[Z]. 2014.

[20] Neto A G, Martins C A. Burst prediction of flexible pipes[C]//Proceedings of the 29th International Conference on Offshore Mechanics and Arctic Engineering. 2010.

[21] An C, Duan M, Filho R D T, et al. Collapse of sandwich pipes with PVA fiber reinforced cementitious composites core under external pressure[J]. Ocean Engineering, 2014, 82(5): 1 - 13.

第 16 章　新型柔性管截面设计

非粘结柔性管在油气业日益增长的应用给设计过程带来了极大挑战。柔性管设计包括横截面设计和附件设计(弯曲加强筋等)。本章主要介绍横截面设计程序及非粘结柔性管案例研究。

本章以钢带增强柔性管、非粘结柔性管为主要研究对象，在系统分析和总结国内外研究现状及发展趋势的基础上，通过理论及有限元分析，得到两种管道在各种荷载条件下的力学响应及失效模式，进而对管道的截面进行设计，生成具有可供工程参考的算例分析案例。

16.1 截面设计概述

非粘结柔性管截面一系列主要的力学性能必须通过截面分析进行确定，主要包括爆破压力(burst pressure)、FAT(factory acceptance test)压力下的响应、最小弯曲半径(minimum bend radius, MBR)、压溃深度(collapse depth)、破坏张力(damaging tension)和热学性能等。特别地，截面分析还需为整体分析提供必要的输入参数，包括软管的轴向刚度、扭转刚度和弯曲刚度(线性)或载荷-位移关系(非线性)。当整体分析完成之后，还需通过截面分析来校核软管中的应力和应变是否满足规范要求[1]。柔性管的截面分析可以分为两个阶段：轴对称响应分析(axisymmetric analysis)和弯曲响应分析(flexural analysis)。当前已有设计分析的研究工作主要从理论方法、有限元方法与测试验证三个方向展开。Feret 和 Boumazel[2] 基于材料各向同性、线弹性、小变形等假设，首先建立了矩形截面螺旋钢丝在内压作用下的平衡方程，但该方法无法考虑层间间隙的问题。McNamara 和 Harte[3] 提出一种三维的理论模型用以分析粘结柔性管的结构响应。之所以称之为三维模型，是因为除了轴对称载荷之外沿两个正交轴的弯曲也被考虑进去。利用虚功原理推导出各层的刚度矩阵进而组装成总刚度矩阵，这种思想也同样适用于非粘结柔性管。其中聚合物圆柱壳层被视为薄壁圆筒(thin tube)，即忽略了其径向应变。随后，Harte 和 McNamara[4] 将圆柱壳层处理为厚壁圆筒(thick tube)，提高了模型的精度。Ramos Jr. 等[5] 给出一种柔性软管轴对称响应分析的理论模型，利用静力平衡、变形协调及本构关系列出一系列方程并进行迭代求解 $[6(m+n)+1]$ 个方程，其中 m 和 n 分别为圆柱壳层和螺旋层的数目。不但列出了所有方程所基于的各种假设，而且明确描述了这些假设与方程之间的因果关系。该模型直接将接触压力作为方程的变量之一，因此可以考虑层间间隙的形成。通过与有限元模型的结果进行对比，认为理论模型中采用的简化假设不会导致大的偏差。De Sousa 等人[6] 将骨架层和抗压铠装层等效成薄壁圆筒并用各向异性壳单元进行模拟，抗拉铠装钢丝用梁单元模拟，层间的接触压力通过杆单元(仅具有压缩刚度)进行模拟，ANSYS 软件中建立柔性管道三维梁壳模型，对其轴向拉伸与压缩的力学行为进行了分析，且模型结果通过了测试验证。类似的等效方法与有限元建模方法也被用于模拟浅水经济型柔性管道的拉伸刚度分析中。Bahtui 等人[7]应用 ABAQUS 软件并采用实体单元，建立了海洋柔性立管结构三维精细有限元模型，不仅分析了立管在轴向拉伸、压缩和扭转的力学响应，对立管结构的弯曲性能也进行了研究和预测。

通用有限元分析软件尽管可以对柔性立管结构进行建模分析，但是很难同时达到精度与效率的要求，因此一些国外学者利用有限元方法独立编制海洋柔性管道设计分析专业软件。BFLEX 是一款由挪威 Marintek 公司开发，用于软管抗拉铠装层、抗压铠装层极限荷载分析和疲劳分析的软件，通常应用于距离连接点 10～15 m 的立管进行详细截面分析。该软件内核由挪威科技大学 Saevik 教授基于自己提出的一种能够模拟螺旋单元运动与受力行为的有限单元编写而成。该软件主要功能包括读取控制所有输入数据、抗拉铠装层应力分析、抗压铠装层横截面应力分析、疲劳分析、温度分析等。Helica 是由 UltraDeep 研发、DNV GL 运营的 Sesam DeepC 软件中的柔性管局部分析模块，可以对脐带缆和软管截面进行有限元分析、荷载分配分析、截面刚度计算，轴对称分析时能够考虑到单元间的荷载分配，在分析螺旋单元的弯曲能力时能够考虑到层间的摩擦力。但以上两种软件尚未普及，还处于完善阶段。

通过以上相关综述可以发现，尽管对柔性管的结构力学行为分析预测已经取得了较大进展，但是仍然还存在以下几个难点：

(1) 由于柔性管结构较复杂，目前的理论模型均采用了较多的假设，难以预测柔性管的实际状态，而且许多模型较复杂，理论计算需要通过编程完成。

(2) 由于非粘结柔性管各层之间存在大量的接触问题，在有限元建模分析时过程十分烦琐，且收敛困难的问题严重。

16.2 非粘结柔性管算例分析

非粘结柔性管的设计思路可以概括如下：

(1) 获得柔性管在安装或使用过程中可能受到的不同荷载条件及荷载大小。

(2) 根据荷载条件和工程经验确定各层的几何结构和材料选择。

(3) 确定设计柔性管在不同荷载条件下的极限强度，同时确定设计管道满足相关设计要求。

非粘结柔性管的设计流程如图 16.1 所示。

本节将以一个算例分析对非粘结柔性管的断面设计流程进行阐述。设计要求是基于客户要求，具体要求见表 16.1。

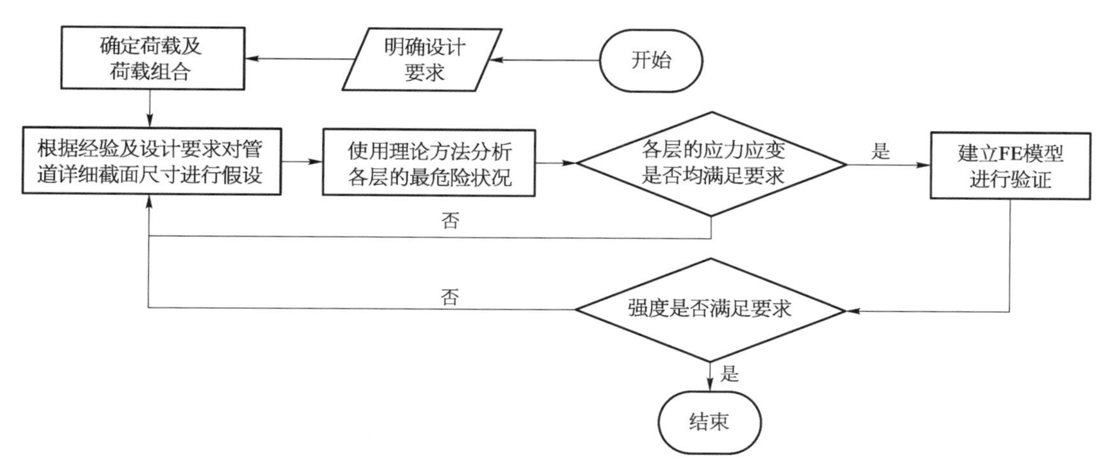

图 16.1　非粘结柔性管设计流程

表 16.1　设计要求

参　　数	数　　值	参　　数	数　　值
尺寸/in	8	设计外压/MPa	1.2
设计内压/MPa	27.73	设计拉力/kN	1 139
水深/m	100		

根据设计要求，表 16.2 给出了所设计各层的几何尺寸，表 16.3 则根据相关文献[8]给出了所用的材料性质。

表 16.2　设计柔性管尺寸

层　　名	尺寸/mm	钢带数	内径/mm	外径/mm	缠绕角度/°
骨架层	28×0.7	1	101.5	106.5	−88.8
压力水密层			106.5	113	
抗压铠装层	19.4×10	1	113	123	−88.46
织物带	76×1.5	1	123	124.5	−80.83
抗拉铠装层 1	11.3×4.5	52	124.5	129	−35
织物带	76×1.5	1	129	130.5	−81.15
抗拉铠装层 2	11.3×4.5	55	130.5	135	35
外保护套			135	140	

表 16.3　设计柔性管材料属性

层　　名	材　　料	屈服强度/MPa	杨氏模量/MPa	泊松比
骨架层	AISI316L	310	2 000 000	0.3
压力水密层	PVDF	40	284	0.45

（续表）

层　名	材　料	屈服强度/MPa	杨氏模量/MPa	泊松比
抗压铠装层		600	2 000 000	0.3
织物带	PVDF	40	301	0.45
抗拉铠装层 1		600	2 000 000	0.3
织物带	PVDF	40	301	0.45
抗拉铠装层 2		600	2 000 000	0.3
外保护套	HDPE	40	600	0.45

对于金属层的允许应力的取值可以参照 API 17J，其中在极端运行情况下，对于骨架层的材料使用系数取为 0.67，对于抗压铠装层和抗拉铠装层的使用系数取为 0.85。对于聚合物层的容许应变则取为 7.7%，见表 16.4。

表 16.4　设计柔性管容许应力与容许应变

容许应力			容许应变
骨架层	抗压铠装层	抗拉铠装层	聚合物层
$0.67\sigma_y$	$0.85\sigma_y$	$0.85\sigma_y$	7.7%

注：σ_y 表示屈服应力。

实际情况中，应事先定义不同的荷载情况，再根据不同的荷载选择不同的材料使用系数。对柔性管在运行情况下需要进行评估的荷载情况，以及在各荷载条件下的材料使用系数在 API 17J 中有详细规定。

轴对称荷载可以分为拉力、内压和外压。不同的荷载条件对于评估柔性管中各层所承受的最大应力或最大应变具有十分重要的作用。表 16.5 展示了该 8 英寸管在运行状况下可能遇到的各种荷载条件。

表 16.5　荷载组合

荷载情况	内压/MPa	外压/MPa	拉力/kN
A	27.73×1.5	0	0
B	27.73×1.25	0	1 139×1.5
C	0	1.48×1.5	0
D	0	0	1 139×1.5

通过第 14 章所提到的理论方法，分别计算在上述四种荷载条件下金属层的 Mises 应力和聚合物层的等效应变。这样可以得到在不同荷载条件下金属层可能产生的应力最大值和聚合物层可能产生的应变最大值，这些最大值将用于验证管道的设计。分析结果见

表 16.6，说明对于所要求的工作条件，所设计管道是合适的。

表 16.6　各层最大应力/应变

层　　名	Mises 应力(等效应变)	$\sigma/\sigma_a(\varepsilon/\varepsilon_a)$	荷载情况
骨架层	350.030 MPa	0.746	D
压力水密层	0.028 3	0.368	A
抗压铠装层	517.416 MPa	0.870	A
织物带	0.006 2	0.081	B
抗拉铠装层 1	276.472 MPa	0.465	B
织物带	0.004 8	0.062	B
抗拉铠装层 2	276.467 MPa	0.465	B
外保护套	0.003 0	0.039	B

注：σ_a 和 ε_a 分别表示允许应力和允许应变。

各层的使用比例以 $\sigma/\sigma_a(\varepsilon/\varepsilon_a)$ 表示，指的是各层强度的使用率。从表 16.6 可知，所有层的使用比率均小于 1.0，说明设计管道能够满足要求，并能在设计条件下安全运行。压溃压力由第 13 章理论公式计算，压溃压力为 7.8 MPa。

16.2.1　有限元分析

总的来说，上述柔性管中各层的使用率说明了设计管道能够满足要求。接下来将建立有限元模型来验证设计管道的性能。

有限元模型的几何参数和材料参数可以分别参照表 16.2 和表 16.3。值得一提的是，Z 形的抗压铠装层被简化为等效的矩形(面积和抗弯惯性矩相等)，来节省计算时间和简化建模复杂度。除此之外，所有的聚合物层的螺旋结构均被忽略，均被简化为圆柱壳层，这是因为聚合物层对于非粘结柔性管的强度贡献很小，可以忽略。另外，骨架层在轴对称荷载响应分析中被忽略，作为余量考虑，这是因为通常认为骨架层不具有抵抗内压的作用，对拉伸强度的提升也很小。只有在外压屈曲分析中才使用等效的方法来简化骨架层。图 16.2 为七层有限元模型，为了更好地展示，各层的一部分被移除。图 16.3 为该模型的网格划分。

为了更好地控制边界条件，在左右两个端截面的中心建立了两个参考点(RP)。端截面的所有节点与相关的参考点耦合在一起。右参考点的所有自由度均被约束(ENCASTRE)，左参考点自由，但当在拉力分析时会施加拉力在该参考点上。内压会施加在压力水密层的内面上，这是因为骨架层是不密封的，内部运输物可以穿过骨架层并将内压直接施加在内层 PE 上。

该有限元模型由实体单元组成，其中圆柱壳单元使用了 C3D8I 单元，螺旋单元使用了 C3D8R 单元，这些单元能够计算管道沿壁厚方向的变化及应力分布。本节使用有限元分析软件 ABAQUS 进行模拟管道可能发生的力学行为，选用 ABAQUS 软件的原因是

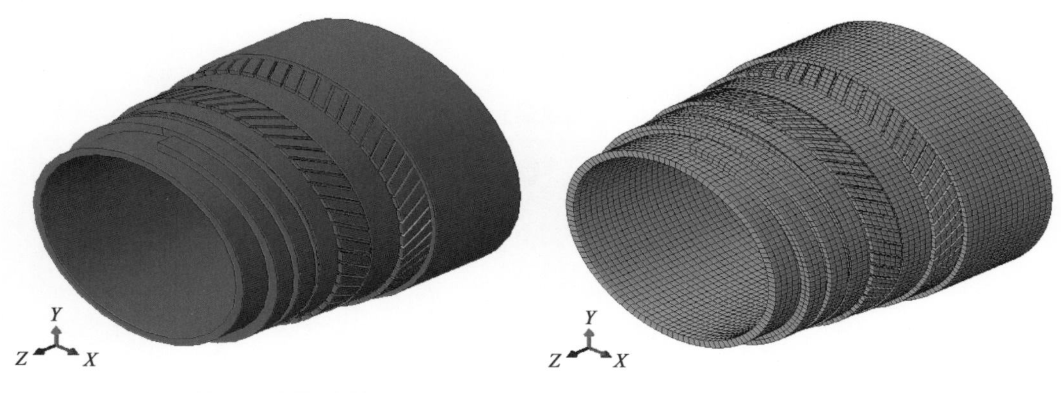

图 16.2　非粘结柔性管有限元模型　　　　图 16.3　非粘结柔性管网格划分

ABAQUS对于分析复杂的接触问题及非线性问题时较其他有限元软件更有优势。在该模型中采用了能够自动识别模型中可能存在的接触对的算法“All with itself”,本节也采用了准静态分析来解决收敛困难的问题。

管道的失效规则定义为当管道中的任何一层达到了它的容许应力或应变即认为失效。图 16.4 表示管道受内压荷载时的失效时刻,此时为抗压铠装层先达到其容许应力。图 16.5 为管道受拉力荷载时的失效时刻,此时为抗拉铠装层先达到其容许应力。

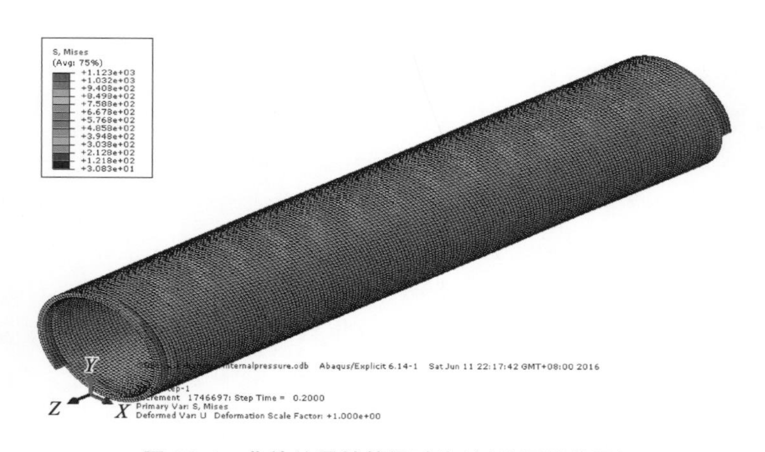

图 16.4　非粘结柔性管爆破失效(抗压铠装层)

另外还建立了一个有限元模型用于模拟管道的湿压溃,得到管道的极限外压。该模型为环模型,只包含内部和外部的缠绕层。其中内部缠绕层代表骨架层,外部缠绕层用于模拟剩余的七层,使用的是等效刚度法。模型的外压失效时刻如图 16.6 所示。

表 16.7 对比了理论结果和有限元结果。可以发现,有限元结果和理论结果的误差较小,这两种方法均可用于预测柔性管的极限强度及在各种荷载作用下的力学行为。

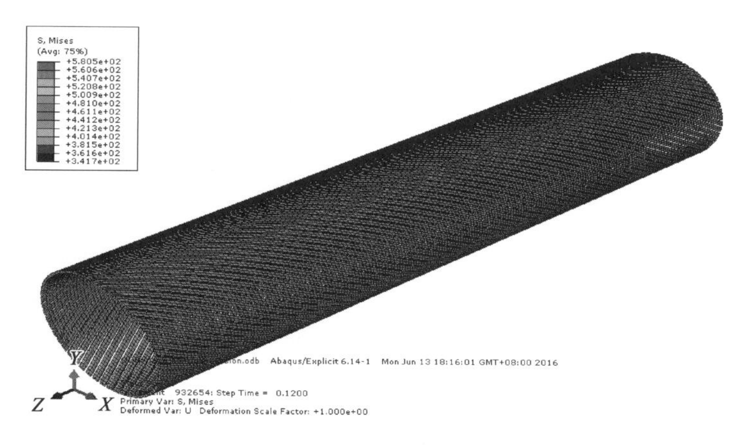

图 16.5　非粘结柔性管拉伸失效(抗拉铠装层)

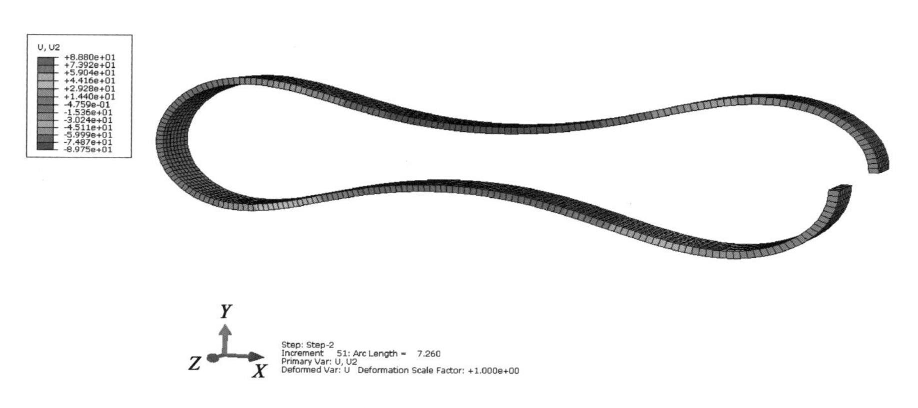

图 16.6　非粘结柔性管外压屈曲失效

表 16.7　理论结果与有限元模型结果对比

失效模式	理论结果	FEM 结果	误差/%
爆　破	51.60 MPa	54.56 MPa	5.43
拉伸失效	2 483.52 kN	2 260.86 kN	9.85
压　溃	1.52 MPa	1.62 MPa	6.17

值得一提的是，爆破压力与设计爆破压力的比值为 1.86，压溃压力与设计压溃压力的比值为 1.27。这些都说明了设计管道均有一定的安全余量，对于设计要求也能成功满足。

16.2.2　结果讨论

本节介绍了一个典型非粘结柔性管的设计流程，同时还进行了一个算例分析。基于设计要求，首先提出了 8 英寸管的截面结构。接着分析可能出现的荷载条件，理论方法被用于计算该设计管道在各种荷载条件下的力学性能。通过理论方法计算得出在不同荷载条件下各层出现最大的应力或应变。同时各层的使用率也被计算出来，各层的使用率均应小于1.0。最后建立有限元模型来验证所设计柔性管道的安全性。可以发现，理论方法和有限元模型所得结果十分相近。理论方法的基本思想是，利用虚功原理获得不同层的平衡方程，再将各层的平衡方程按一定顺序组合在一起。某些聚合物层的螺旋结构（如防摩擦层）被忽略，而将其考虑为圆柱壳单元。在有限元模型中，骨架层和抗压铠装层均使用了等效厚度和等效刚度的方法进行简化，以此来节省计算时间和减少建模难度。结果也证实了这种简化方法的可行性。未来的工作应该包括对于扭转和弯曲的分析。同时扭转和弯曲也应与其他荷载进行组合分析。还应进行相关试验来验证所设计的截面。

16.3 钢带增强柔性管算例分析

为了说明设计过程，本节将对钢带增强柔性管进行案例分析。设计要求如下：6英寸管道，设计寿命为20年，设计温度为20℃，设计压力为30 MPa，工作环境为陆地。基于设计要求和工程经验可对横截面参数做出假定。表16.8为钢带增强柔性管的初始设计尺寸。

表16.8 钢带增强柔性管几何参数

层　名	参　数	数　值
内衬管	内直径/mm	143
	外直径/mm	163
	壁厚/mm	10
内部两层钢带增强层	单层钢带数	2
	缠绕角度/°	75.7
	钢带厚度/mm	0.55
	钢带宽度/mm	60
外部两层钢带增强层	单层钢带数	4
	缠绕角度/°	−54.7
	钢带厚度/mm	1.05
	钢带宽度/mm	72
外包覆层	厚度/mm	6.85
	外直径/mm	183.5

该钢带增强柔性管的钢带增强层包括四层，内两层钢带沿顺时针缠绕。为了防止运输物的泄漏及海水入侵，在密封的过程中使用了聚酯带（PET）。外两层沿逆时针缠绕，聚酯层设置在最外层钢带增强层的外部，这是为了防止在弯曲或拉伸过程中，钢带边缘刺破外包覆PE层。根据第1篇所提到的钢带增强柔性管理论计算方法，可得该钢

带增强柔性管的爆破压力为 22.84 MPa，极限外压为 0.883 MPa，最小弯曲半径为 1.77 m。

16.3.1　有限元分析

本节使用软件 ABAQUS 建立钢带增强柔性管的有限元模型，来验证该管道的各项强度。

管道在外压作用下的位移云图如图 16.7 所示，而管道椭圆度与外压的关系如图 16.8 所示。该曲线的顶点即为管道能承受的最大外压。

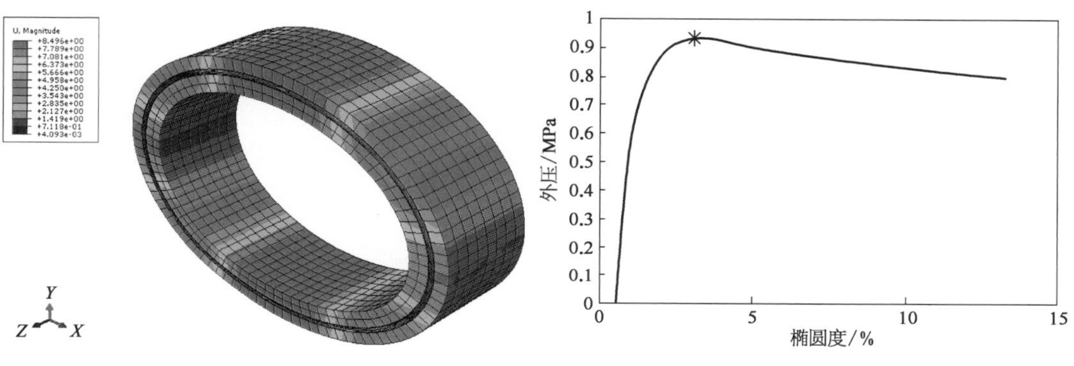

图 16.7　管道在外压作用下的位移云图

图 16.8　管道椭圆度与外压关系曲线

管道在弯曲作用下的力学行为如图 16.9 所示，图 16.10 为曲率与弯矩的关系图。从强度角度而言，管道的最大弯曲曲率对应该截面的最大弯矩。通常而言，由极限强度求得的最小弯曲半径要小于理论以应变求得的弯曲半径。

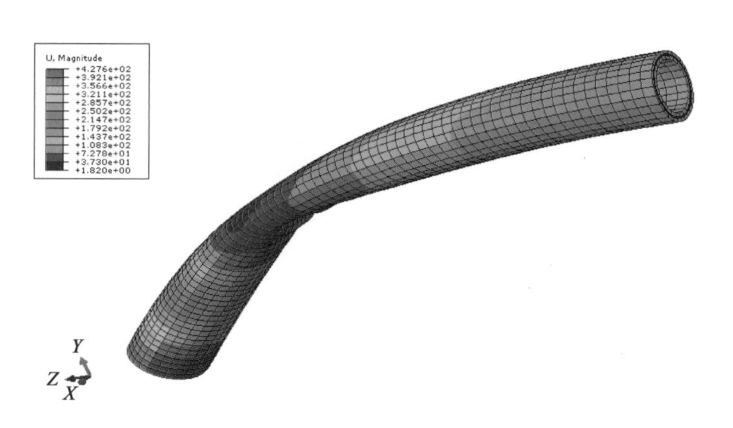

图 16.9　管道在弯曲作用下的位移云图

通常而言，在内压作用下，内部钢带的应力会稍大于外部钢带的应力。因此最内层的钢带在内压作用下会最先到达其极限强度。假设管道在其最内层钢带的 Mises 应力达到屈服应力时失效。最内层钢带的 Mises 应力云图如图 16.11 所示。由于应力集中及 ABAQUS 中的准静态算法使得钢带应力分布不均匀,钢带的 Mises 应力是从 1/5 全长的钢带上提取的值平均而得。Mises 应力与内压关系如图 16.12 所示。

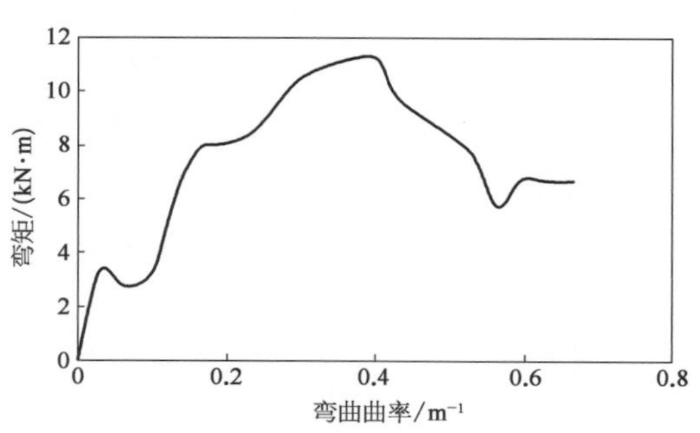

图 16.10　管道弯曲曲率与弯矩关系曲线

图 16.11　内层钢带在内压作用下的 Mises 应力云图

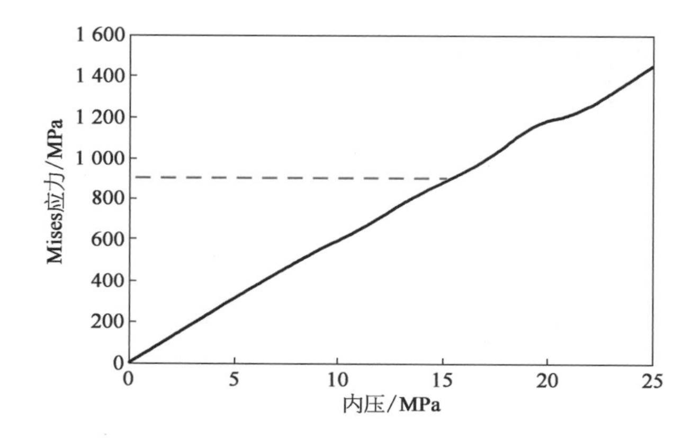

图 16.12　内层钢带 Mises 应力与内压关系曲线

表 16.9 列出了不同荷载条件下的理论与有限元模型对比值。对于外压,理论模型较有限元模型稍小,这可能是因为在理论模型中,各层之间的接触没有被考虑,也就是说层与层之间的摩擦被忽略。对于纯弯,有限元模型中的最小弯曲半径为强度定义,理论方法则是以应变控制计算得出。

表 16.9　有限元模型结果与理论结果对比

荷载条件	理论结果	FEM 结果	误差/%
爆破压力	22.84 MPa	16.5 MPa	27
最小弯曲半径	1.77 m	2.5 m	29
极限外压	0.883 MPa	0.925 MPa	4.54

16.3.2　结果讨论

本节对钢带增强柔性管的三项强度——内压、外压和纯弯进行了分析。同时对一个大口径 6 英寸钢带增强柔性管进行了分析。使用了有限元软件 ABAQUS 建立了相关的有限元模型对该管道的各项强度进行了验证。从结果中可以看出，尽管与其他类型的管道相比，钢带增强柔性管结构较为简单，生产成本较低，但其强度较高，在浅海区域能广泛应用。同样地，简易公式计算所得结果与有限元进行了对比，有限元模型中考虑了接触问题，但是收敛困难，不适用于快速评估，但对于一些复杂问题，有限元模型能为管道的早期设计提供一定依据。未来的研究应该对钢带增强柔性管在组合荷载下的力学响应进行分析。

16.4　本章小结

本章初步探究了钢带增强柔性管和非粘结柔性管的断面设计流程，也分别对两种管道进行了算例分析，为实际的工程提供了一定的参考价值。可以看出，具有骨架层、抗压铠装层及抗拉铠装层的非粘结柔性管适用于深水区域，抗荷载能力强度大。而钢带增强柔性管具有较好的经济性，可以适用在陆地或浅水区域。但钢带增强柔性管的抗外压能力不足，在今后的研究设计中，有必要增强其抗外压能力。上述结论是基于本章所建立钢带增强柔性管和非粘结柔性管的有限元模型及理论模型的模拟和分析所得。在之后的研究中，主要应该在非粘结柔性管的理论模型中考虑其材料非线性，对组合荷载进行分析。同时还应增加非粘结柔性管的弯曲分析。在有限元模型中，对于复杂截面的简化是一个难以处理的问题，本章所用的简化方法有时不能得到很好的计算结果。目前这三种管道在工业中都有着广泛的应用。本章所做的理论分析及算例分析能够为实际工程提供一定的参考价值。

参考文献

[1] API RP 17B. Recommended practice for flexible pipe[S]. Washington D C: American Petroleum Institute, 2014.

[2] Feret J J, Bournazel C L. Calculation of stresses and slip in structural layers of unbonded flexible pipes[J]. Journal of Offshore Mechanics and Arctic Engineering, 1987, 109(3): 263 - 269.

[3] McNamara J F, Harte A M. Three-dimensional analytical simulation of flexible pipe wall structure[J]. Journal of Offshore Mechanics and Arctic Engineering, 1992, 114(2): 69 - 75.

[4] Harte A M, McNamara J F. Modeling procedures for the stress analysis of flexible pipe cross sections[J]. Journal of Offshore Mechanics and Arctic Engineering, 1993, 115(1): 46 - 51.
[5] Ramos Jr R, Pesce C P, Martins C A. A comparative analysis between analytical and FE-based models for flexible pipes subjected to axisymmetric loads[C]//The Tenth International Offshore and Polar Engineering Conference. International Society of Offshore and Polar Engineers, 2000.
[6] De Sousa J R M, Magluta C, Roitman N, et al. A study on the response of a flexible pipe to combined axisymmetric loads[C]//ASME 2013 32nd International Conference on Ocean, Offshore and Arctic Engineering. American Society of Mechanical Engineers, 2013.
[7] Bahtui A, Bahai H, Alfano G. A finite element analysis for unbonded flexible risers under axial tension[C]//ASME 2008 27th International Conference on Offshore Mechanics and Arctic Engineering. American Society of Mechanical Engineers, 2008: 529 - 534.
[8] Neto A G, Martins C D A, Pesce C P, et al. Burst prediction of flexible pipes[C]//ASME 2010 29th International Conference on Ocean, Offshore and Arctic Engineering. American Society of Mechanical Engineers, 2010.

第 17 章　柔性管缠管分析

用于海洋工程的增强柔性管由于其特殊性能，如耐腐蚀性和强柔韧性而变得越来越流行，这种类型的管道更易于运输、安装和操作。在实际运输过程中，现成的柔性管通常缠绕在一个卷绕块周围，如图 17.1 所示，这样可以节省更多空间。此外，由于管道缠绕在卷绕块周围，管道更容易运输。挡块通常小于 4 m，这意味着可以方便地将卷绕的柔性管装载到卡车上，如图 17.2 所示。很明显，挡块的半径越小，运输越容易、越方便，成本也变得更低。然而当半径减小到一定程度时，柔性管倾向于易于弯曲失效。图 17.3 是实际工程中屈曲失效的一个例子。因此在实际运输中，工程师不仅需要考虑成本和便利性，还需要考虑由于多种原因导致的屈曲失效。

图 17.1　缠管卷筒

图 17.2　柔性管装运卡车

图 17.3　柔性管屈曲形状

17.1　缠管概述

尽管在实际情况中已经见证了柔性管在上述过程中的失效条件，但在此之前几乎没有进行过研究。但在以前有关柔性管卷取操作的文献中可以找到可能对本章有用的类似研究。Longva 和 Sævik[1]声称，当管道装载到货船上时，海底承包商在轴距上经历了扭转故障。更确切地说，沿着放置在有限货舱中的垂直轴转台传递的管道发生故障。

由于在低张力下进行装载操作，弯曲引起的扭矩可能引起扭转不稳定性，可能在自由跨度上形成环形，如图 17.4 所示。在他们的研究中，Longva 和 Sævik[1] 给出了四种可能的失效。在 Liu 等人[3] 的文章中可以找到关于拉格朗日-欧拉方法的有关信息。Benson[4] 及 Bayoumi、Gadala[5]、Mainçon[6] 在他们的论文中指出，在不利情况下的卷取操作中，已知扭转会对抗拉铠装层造成螺旋形或各种形式的损坏，从而导致管道损坏。Mainçon[6] 还补充说，在某些条件下，柔性管可能沿其轴线滚动，并且可能产生显著的扭矩，这可能导致“猪尾巴”(pig tailing)失效，如图 17.5 所示，这意味着柔性管产生螺旋形状变形。

图 17.4　自由端的环形变形

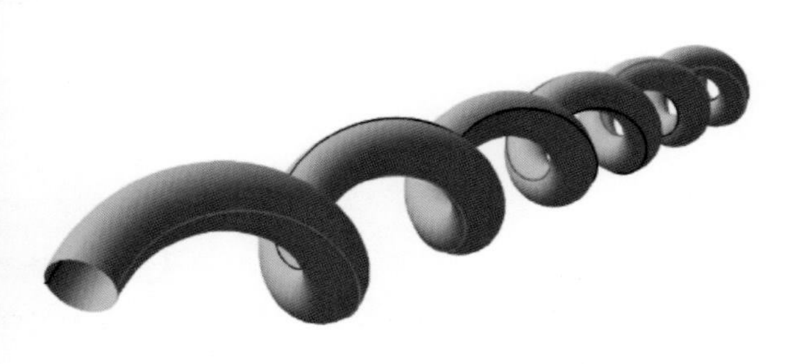

图 17.5　“猪尾巴”失效模式

然而许多研究人员更频繁地研究了关于柔性管的局部分析。Knapp[7] 给出了铝芯的单元刚度矩阵，其中考虑了拉伸和扭转的钢筋电缆。该分析首先考虑了由结构变形产生的“内部”几何非线性。Custódio、Vaz[8] 提出了一种改进的分析模型，该模型考虑了几何、材料和接触非线性，更准确地预测了管道中的应力和应变。Bahtui 等[9] 使用有限元分析软件 ABAQUS 来模拟承受不同载荷的柔性管。在该模型中，在每层之间限定接触元件，而在螺旋铠装层的钢筋束之间不考虑相互作用。Xu 等[10]、Bai 等[11-12] 通过理论方法、试验方法和数值方法分析了非粘结柔性管和粘结柔性管在不同载荷条件下的力学行为。

本章的目的是预测 MSFP 在运输前的卷取操作过程中的全局力学行为。首先，ABAQUS 建立了 MSFP 的局部分析模型。该模型分别受到拉伸、弯曲和扭转。基于材料力学，可以推导出真实结构的简化材料特性和横截面参数。其次，利用获得的数据建立基于卷取操作的全局分析模型，分析模型的全局力学响应。最后，通过 ABAQUS 完成一系列参数分析，以获得影响因素。本章给出的结论可以研究 MSFP 在卷取操作过程中的力学行为，为运输过程提供有价值的参考。

17.2　局部模型分析

本节使用的 MSFP 材料测试已经由 Bai 等人[12]进行，因此相关数据可参考他们的论文。试件几何参数见表 17.1，相应的材料曲线列于图 17.7 和图 17.8 中。

表 17.1　试件几何参数

层　名	内径/mm	外径/mm	条　数	缠绕角/°	钢带宽/mm
内层 PE	25	31			
层Ⅰ	31	31.5	2	+54.7	52
层Ⅱ	31.5	32	2	+54.7	52
层Ⅲ	32	32.5	2	−54.7	52
层Ⅳ	32.5	33	2	−54.7	52
聚酯带	33	33.1			
外层 PE	33.1	37			

注：为了简单起见，层Ⅰ、Ⅱ、Ⅲ、Ⅳ分别表示从里到外的四层钢带，如图 17.6 所示。因为钢带管中的薄聚酯带的厚度仅有 0.1 mm，在有限元建模中为了简化，将其厚度和最外层 HDPE 的厚度放在一起，即最外层 HDPE 的厚度在模型中的实际厚度为 4.1 mm。

由于卷管过程中涉及的管长非常大，如果使用实际的钢带管来模拟将会非常耗时，以现在的计算机可能无法完成这一模拟，因此在本节中将管道简化为梁单元，使用 generalized 截面。为了更好地反映出钢带缠绕管的材料性能，先建立局部模型计算出梁单元所需要的截面特点。需要分别建立拉伸、弯曲和扭转三个局部模型，以此计算出整管的弹性模量 E、剪切模量 G 和惯性矩 I_{11}、I_{12} 和 I_{22}。在实际工程中，拉力、弯矩和扭矩这三种荷载是重点考虑的对象，在后面的整管卷管分析中，这三种荷载同样需要特别关注。

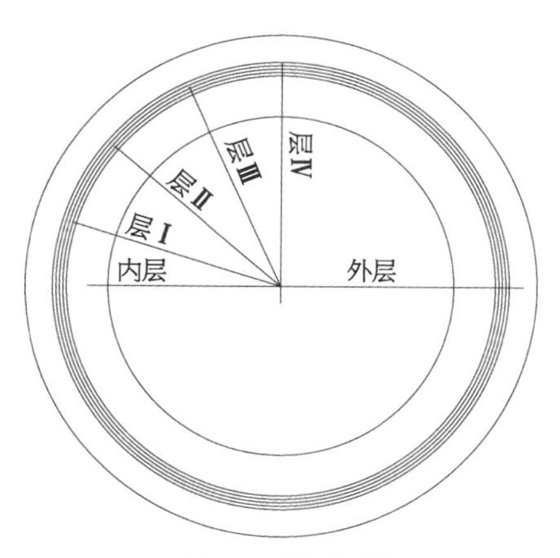

图 17.6　钢带管截面

17.2.1　拉伸模型

本节使用的局部有限元模型建模方法可以参考第 3 章。将边界条件修改为一端完全固定，在另一端的 coupling 点上施加一个沿 Z 方向的轴向位移，如图 17.9 所示。在结果

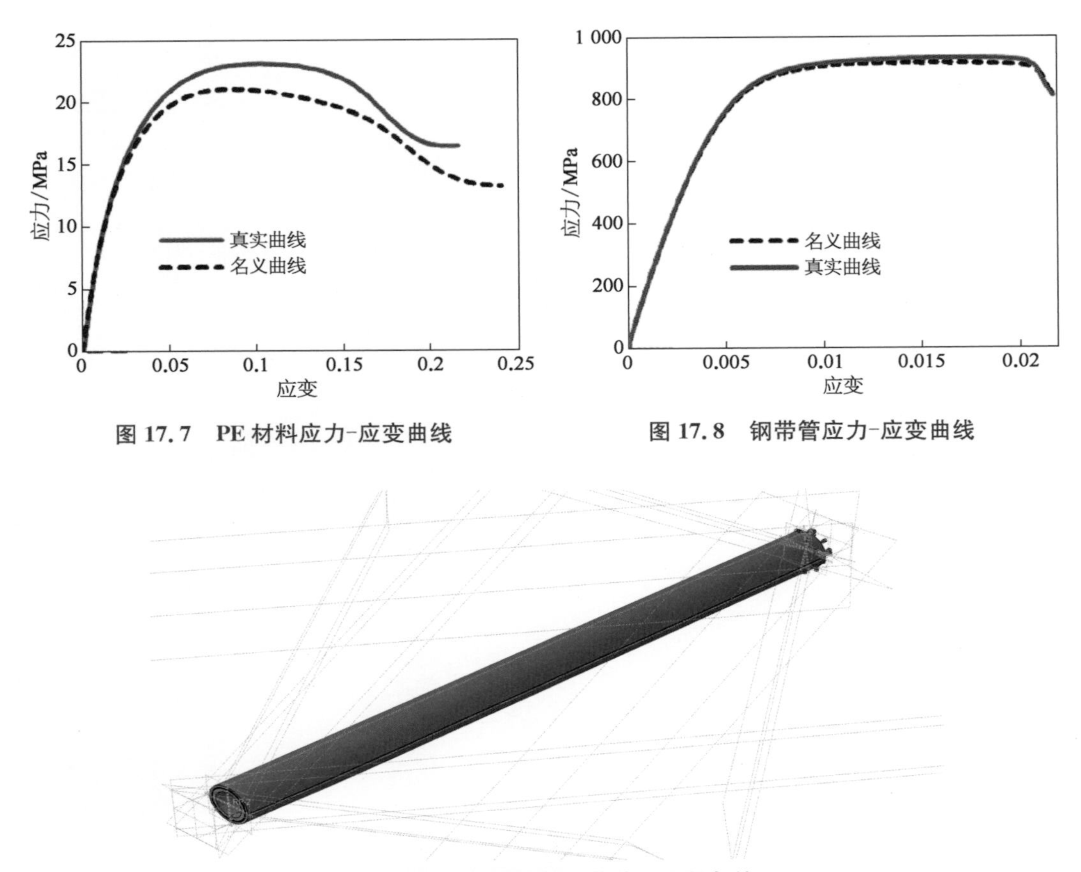

图 17.7　PE 材料应力-应变曲线

图 17.8　钢带管应力-应变曲线

图 17.9　钢带管纯拉伸荷载和边界条件

中提取出整管应变和 coupling 点上荷载之间的关系。其完整应变-荷载关系曲线如图 17.10 所示。由于在实际卷管过程中，管道基本处于弹性阶段，不会产生太大应变，因此在这里仅取应变在 0.01 时的应变-荷载曲线，如图 17.11 所示。对该曲线进行拟合，由此可以得出截面的弹性模量和剪切模量。

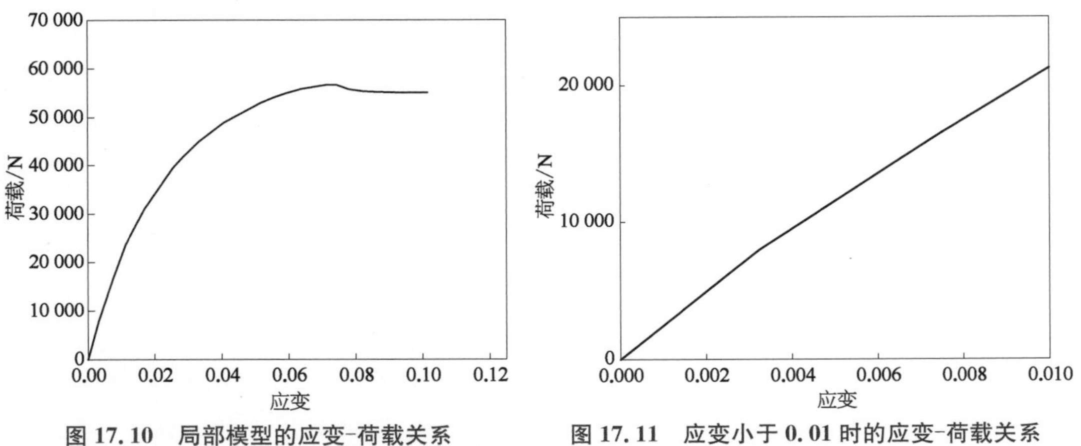

图 17.10　局部模型的应变-荷载关系

图 17.11　应变小于 0.01 时的应变-荷载关系

17.2.2　扭转模型

除荷载条件外,本节使用的模型与前一个模型相同。代替施加拉伸载荷,在同一参考点处施加扭矩,而另一端完全固定。模型的最终变形如图 17.12 所示。记录了参考点的扭矩-扭转角,其关系如图 17.13 所示。可以观察到,扭矩随扭转角的增大而增大,直至最高点后突然下降。类似地,在实际的卷取操作期间,管道不会达到大的扭曲变形,因此图 17.14 仅给出了当扭转角度在 0.2～0.3 时的曲线。扭转常数 J 可以根据材料力学公式得出。

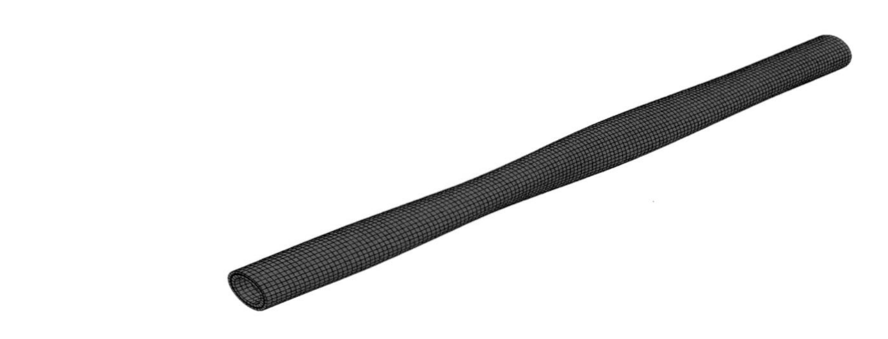

图 17.12　钢带管扭转变形

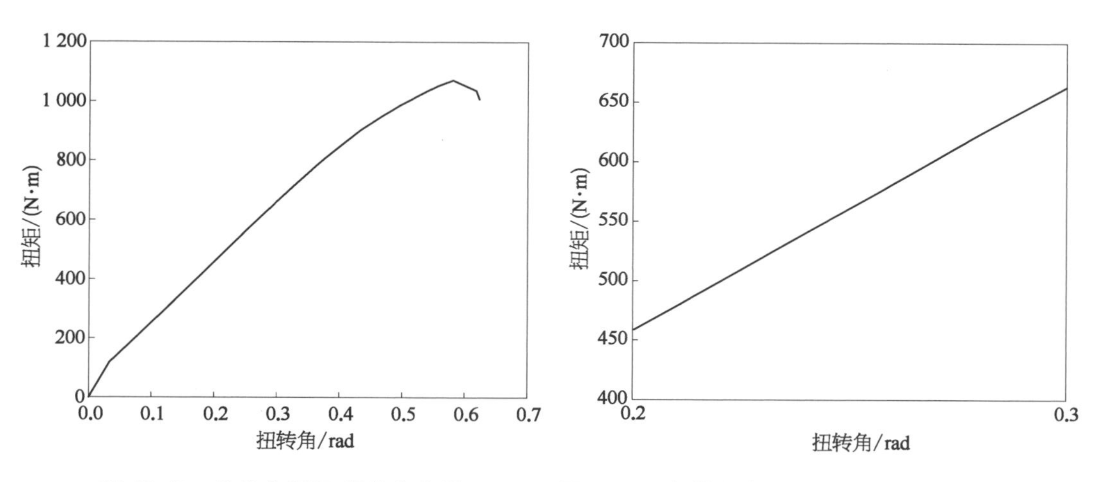

图 17.13　参考点扭矩-扭转角曲线　　**图 17.14　扭转角在 0.2～0.3 时的扭矩-扭转角曲线**

17.2.3　弯曲模型

弯曲模型的长度也是 1.1 m,弯曲位移 U_{R1} 在一端的参考点处施加,并且该横截面可以在 U_2 方向上移动。另一方面,横截面上点的 U_1 和 U_2 方向是固定的,而只有下降点的 U_1 方向是固定的。边界条件如图 17.15 所示。有关此荷载条件的详细建模信息,可参考 Dong 等人[13]的文献。模型的最终变形如图 17.16 所示。管道的曲率和弯矩关系如图 17.17 所示。

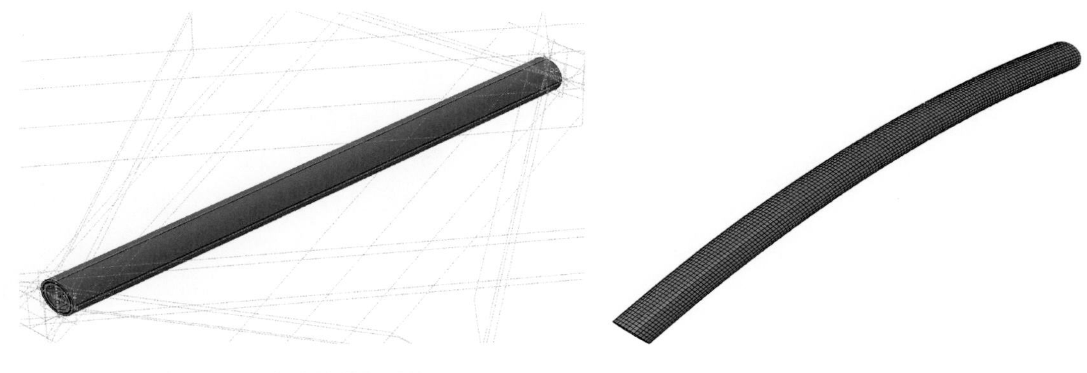

图 17.15　弯曲荷载边界情况　　图 17.16　弯曲荷载下的最终变形

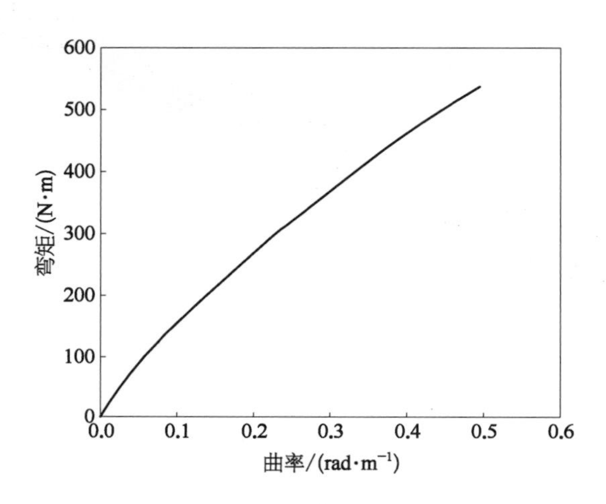

图 17.17　弯曲模型的曲率-弯矩关系

根据材料力学公式可以计算出弹性模量、剪切模量、扭转常数及截面惯性矩等参数，其中泊松比取值 0.35，必要参数见表 17.2。

表 17.2　输入 ABAQUS 内的截面参数

E/MPa	G/MPa	$J/(10^{-6}\cdot m^4)$	$I_{11}/(10^{-6}\cdot m^4)$	$I_{22}/(10^{-6}\cdot m^4)$	I_{12}/m^4
978	362	6.04	1.11	1.11	0

17.3　卷管整体模型

如图 17.18 所示，全局模型包括一个卷绕块、一段由梁元件组成的简化长管和一个限制管道水平和垂直运动的支承板。卷绕块和支承板采用离散的刚性元件，这样在两个部件中不会发生变形。然而长管采用可变形的梁元件。梁方向如图 17.19 所示。方向 1 表示轴向，方向 1、2、3 由右手坐标系组成。

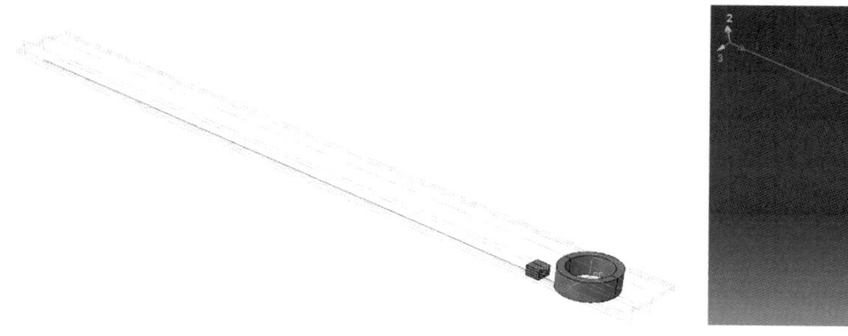

图 17.18　缠管分析整体模型

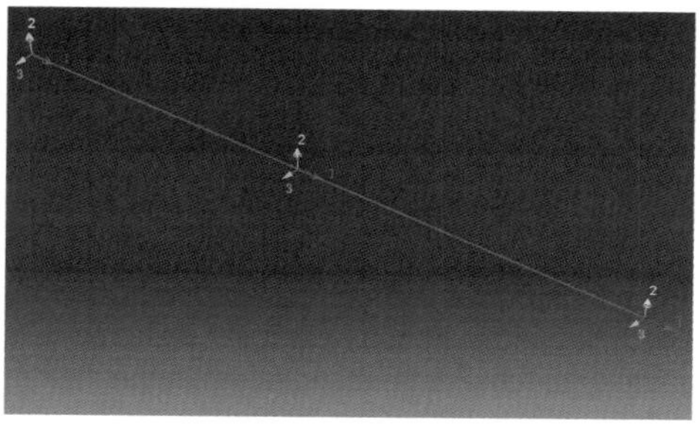

图 17.19　梁单元方向分配

17.3.1　整体模型几何尺寸

由于公路运输引起的卷取半径大小限制，卷取块的半径应不大于 2 m。当管道扭转时，卷绕块将沿 Y 方向缓慢下沉，使得管道可以螺旋方式附着在块体的表面上。为了使模拟更有效、更快速，管道的长度设置为 50 m，其能够围绕卷绕块围绕两个圆圈。轴承板长度 2 m，宽度 1 m，在卷绕操作期间限制管道的水平和垂直移动。

17.3.2　网格划分和接触定义

R3D3 元件用于卷绕块和轴承座，而管道选择三维线性插补梁（B31）。根据 ABAQUS GUI[14]，三维梁在每个节点处具有六个自由度：三个平移自由度（1～3）和三个旋转自由度（4～6）。此外，这种梁中的应力分量还提供了截面上的横向剪切力的估计。全局模型的网格条件如图 17.20 所示。

图 17.20　整体模型网格划分

管道和支承板及管道和卷绕块之间的相互作用被模拟为表面到表面的接触。在该方案中，因为卷绕块和支承板是刚体，所以设定为主表面，其网孔应该比从属表面的网孔粗糙得多。正常的机械性能定义为“硬接触”“接触后允许分离”。卷绕块和管道之间的摩擦系数设定为 0.2，而支承板和管道之间的接触状态是无摩擦的。

17.3.3　荷载步和边界条件

为了模拟实际卷取操作的情况，管子以螺旋方式围绕卷绕块扭转。因此当卷绕块在

Y 方向上扭转时,卷绕块应该沿 Y 方向下沉,使得管道可以以预期的方式扭转。扭转角度为 12.6 rad,下沉距离为 0.2 m,这意味着当管道下沉 0.1 m 时,管道扭转一圈。应该注意的是,在管子末端施加一个张力 10 000 N,使其保持笔直,这与实际的卷取操作相同。在管道的另一端,管道的起始点与卷绕块连接,它们可以一起移动。载荷和边界条件如图 17.21 所示。

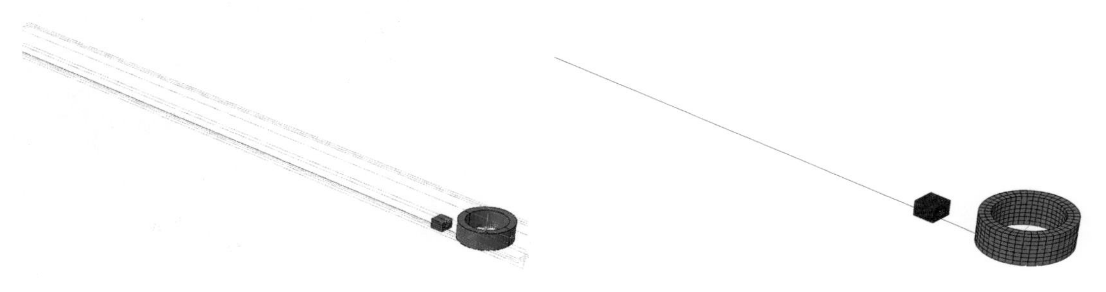

图 17.21　整体模型荷载和边界情况

图 17.22　整体模型的最终变形

17.3.4　模拟结果分析

在管道的末端施加 10 000 N 的拉力,保持管道维持在一条直线上。卷筒的参考点施加了旋转角度 6.29 rad,相当于缠绕了两圈,并且卷筒同时在往下移动 0.2 m,所以最终管道以螺旋状缠绕在卷筒上,如图 17.22 所示。卷绕的柔性管由于端部上的拉力和卷绕块扭转及下沉时轴承板的限制而保持直线。

在整个过程中,管道中轴向拉伸力的数值在各处非常相似,几乎等于在末端施加的拉力。然而另外两个方向上的拉力的数值非常小。图 17.23～图 17.25 显示了卷绕完成时三个方向上的拉力的等高线图。可以观察到,除了管道和支承板接触的区域之外,所有力都是相当平均的。

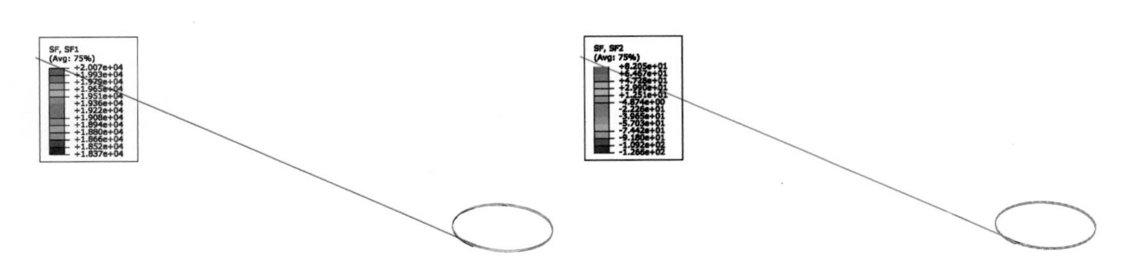

图 17.23　沿着管道的 SF1 分布

图 17.24　沿着管道的 SF2 分布

为了在卷绕后获得管道每个点处的应力值,沿管道的轴向建立一条路径,如图 17.26 所示。节点每隔 0.1 m 分配在管道上。施加在端点 1 处的终点张力是节点 1,并且黏附到卷绕块表面的终点是节点 501。而沿路径的真实距离是从节点 501 定义的,这意味着节点 501 处的真实距离为 0。节点 1 是 50 m。图 17.27 显示了 SF1 沿真实距离的变化。可以观察到，尽管 SF1 具有波动，但变化非常小。最小值 18 544 N 与最大值 20 000 N 之间的差值为 7.3%。

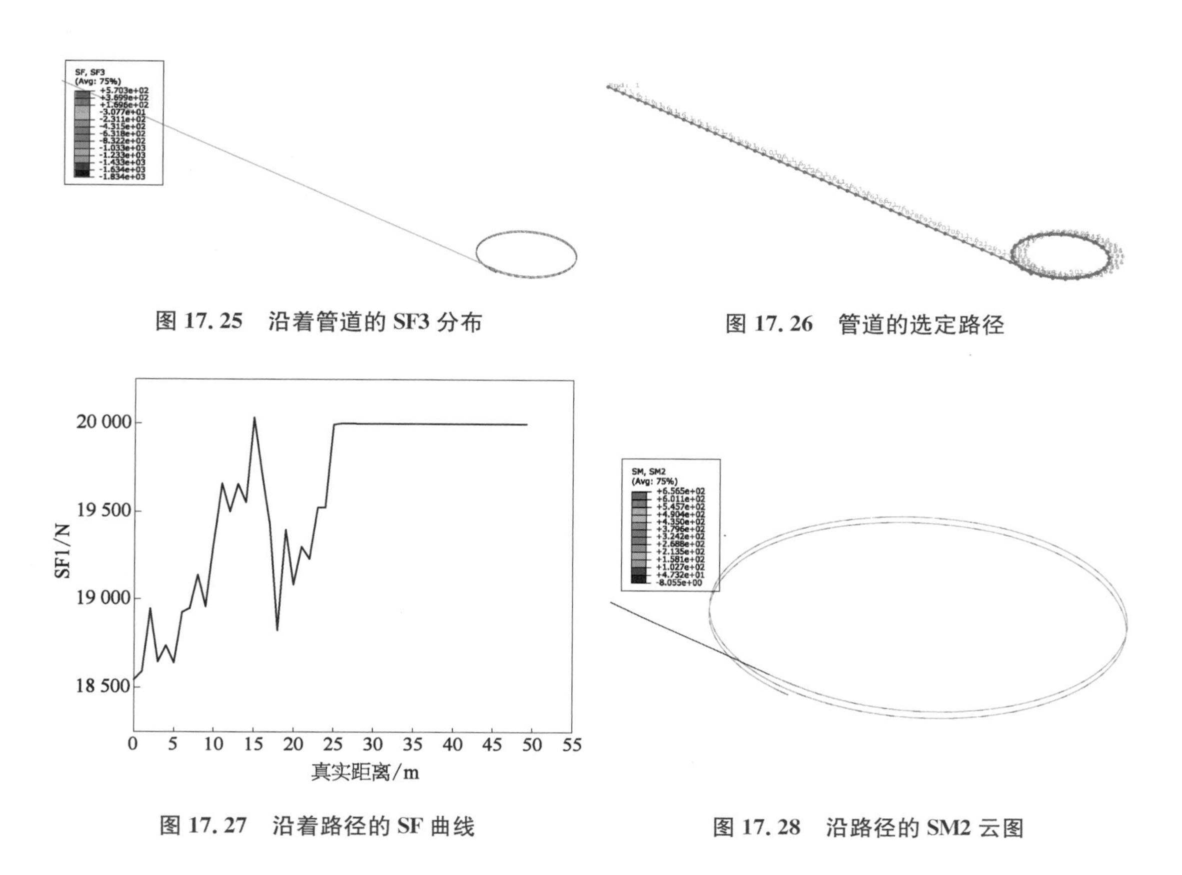

图 17.25　沿着管道的 SF3 分布

图 17.26　管道的选定路径

图 17.27　沿着路径的 SF 曲线

图 17.28　沿路径的 SM2 云图

值得注意的是，另一个负载是垂直于卷绕方向的弯矩，特别是当卷绕块的半径不够长时。小半径导致的曲率过大将导致管道失效。因此提取弯矩进行分析。图 17.28 示出了卷取结束时 SM2 的应力云图，图 17.29 是弯曲力矩 SM2 与沿路径的真实距离的关系。可以看出，沿管道的弯矩分布均匀，约为 540 N · m，只有已经卷绕的管道表明存在弯矩。基于材料力学的卷绕块曲率得到的弯矩为 536 N · m，与模拟结果非常接近，证明了有限元模型的合理性。产生差异可能是因为卷绕管不再是由卷绕块向下移动导致的标准圆。管道中存在的张力也会造成差异。

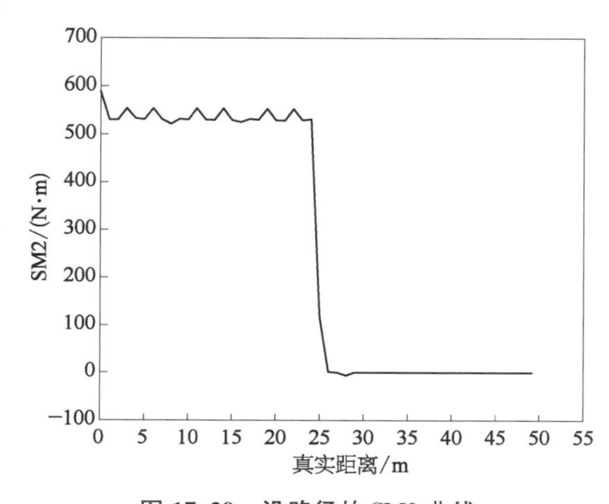

图 17.29　沿路径的 SM2 曲线

需要关注的另一个负载是在另一个方向上弯矩 SM1。图 17.30 显示了当卷取完成时沿管道分布的 SM1 的等高线图。可以观察到,在该方向上的弯矩不是那么大。沿上述路径分布的真实距离与 SM1 的关系如图 17.31 所示。管道起点的弯矩 SM1 为 0,当真实距离较大时弯矩较大。最大弯矩为 45.28 N·m,位于管与板轴承之间的连接点上,SM2 减小到零。因此在实际卷取操作中,工程师应该更加注意卷绕管的末端。

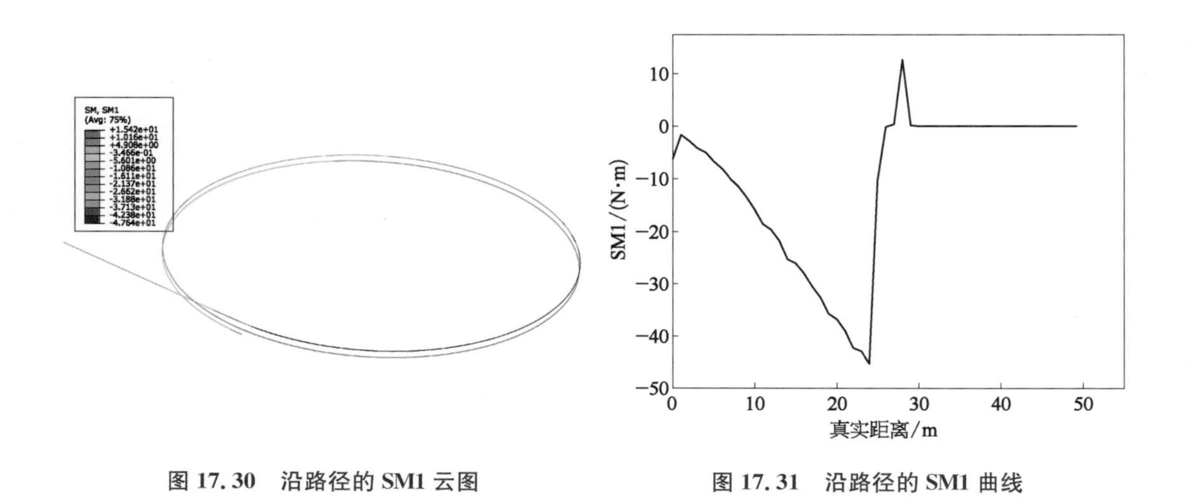

图 17.30 沿路径的 SM1 云图

图 17.31 沿路径的 SM1 曲线

17.4 参数分析

在这节中,通过有限元法研究了影响卷取过程中 MSFP 力学行为的因素。在分析中只改变一个参数,其他参数应保持不变。

17.4.1 卷筒外径影响

在实际卷管过程中,可以通过控制卷筒的外径来改变管道中的受力情况,从而使得卷管运输和退卷操作中更加安全。由于运输中高速路总宽度限制为 4.0 m,随意卷管时卷筒外径也不能超过 4.0 m。对于此类钢带管,曲率半径不能太小,否则会导致内部钢带滑移产生破坏。限制卷筒最小外径为 3.0 m,以卷筒外径 3 m、3.4 m、3.6 m 和 4.0 m 分别作为参数分析,分别令其为工况 1、工况 2、工况 3 和工况 4。

各个工况下的 SF1、SM1 和 SM2 的对比结果如图 17.32～图 17.34 所示。这里较为关注的几个变量为 SF1、SM1 与 SM2。四个分析中的 SF1 变化不大,在管道离开挡板后轴向力 SF1 都增加到施加的轴向力大小 20 000 N。对于弯矩 SM1,四个分析中弯矩都是先线性增大然后下降到接近零的弯矩。可以发现卷筒外径越大，对应的最大弯矩 SM1 越小，且对应的弯矩-距离的曲线斜率也越小。各工况下对应的最大弯矩 SM1 见表 17.3，最大与最小值相差 46%，说明卷筒外径对此结果影响很大。同样地，卷筒外径越大，管道中的最大弯矩 SM2 也越小，这是因为管道的曲率半径变小了，其最大弯矩见表 17.3，最大值与最小值相差 15%。

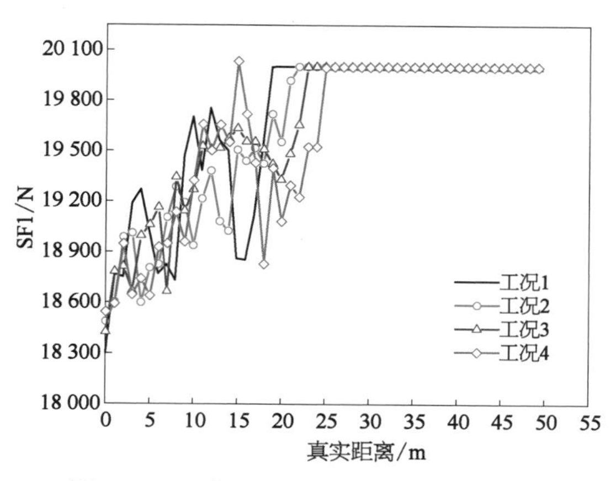

图 17.32　各工况下沿路径的 SF1 曲线

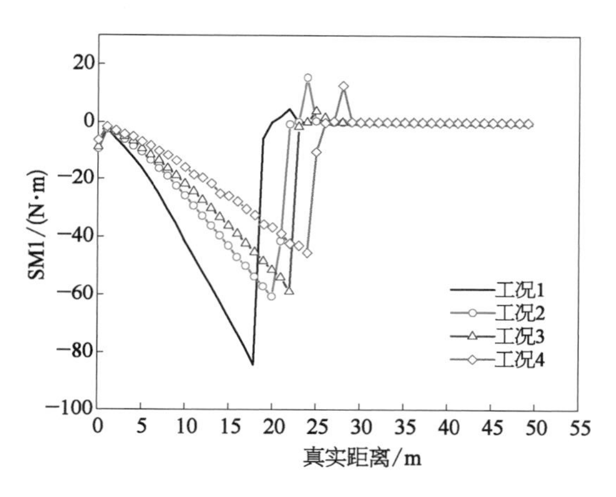

图 17.33　各工况下沿路径的 SM1 曲线

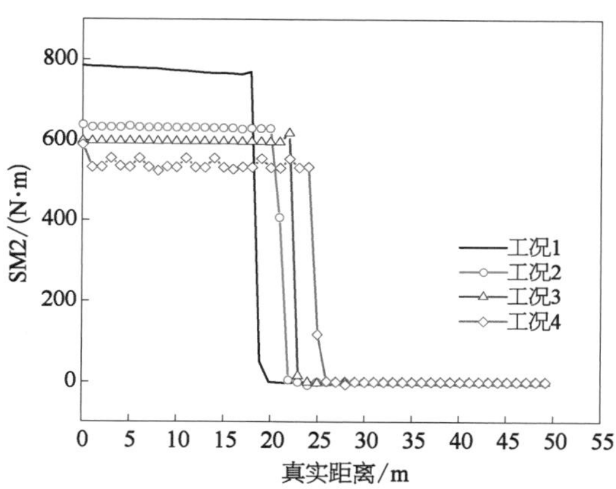

图 17.34　各工况下沿路径的 SM2 曲线

表 17.3　各工况的最大 SM1 和最大 SM2

工　况	SM1/(N·m)	SM2/(N·m)
工况 1	84.23	785.20
工况 2	60.73	639.23
工况 3	58.97	598.99
工况 4	45.28	589.04

17.4.2　下沉距离影响

保持缠绕圈数不变，改变下沉距离则可以改变卷管上卷的角度。在这一分析中，下沉距离分别为 0.15 m、0.2 m、0.25 m 和 0.3 m，分别令其为工况 1、工况 2、工况 3 和工况 4。各个工况对应的 SF1、SM1 和 SM2 随路径变化的对比曲线如图 17.35～图

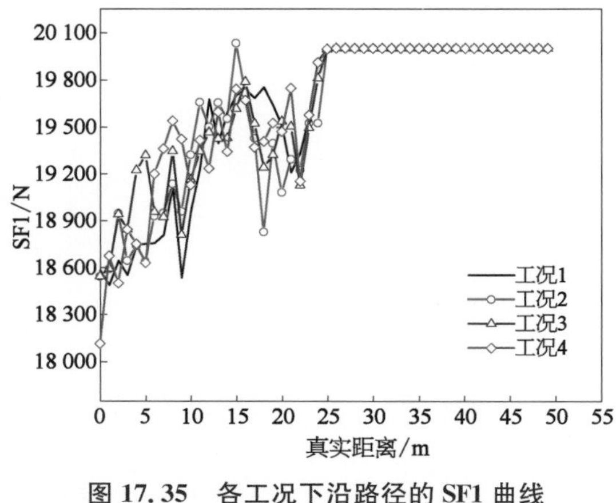

图 17.35　各工况下沿路径的 SF1 曲线

17.37 所示。

可以发现各个工况下轴向力 SF1 变化不大。弯矩 SM1 同样是接近线性增大的，下沉距离越大，其最大弯矩值也越大。因为这种变形类似于悬臂梁，纵向位移越大，变形也跟着增大，在梁与挡板接触的地方产生的最大弯矩就越大，各工况下的最大 SM1 见表 17.4，最大值与最小值相差 50%，说明下沉距离对于 SM1 的影响是很大的。对于 SM2 而言，四个工况的值几乎是重合在一起的。这是因为卷筒外径都是保持一样的，上卷的管道曲率半径也几乎是保持一致的。

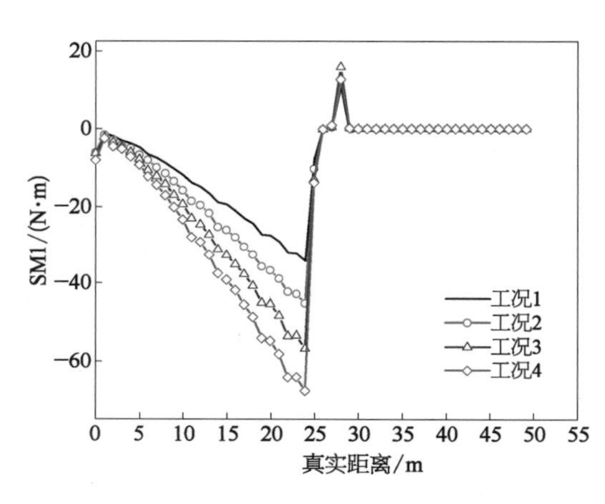

图 17.36　各工况下沿路径的 SM1 曲线

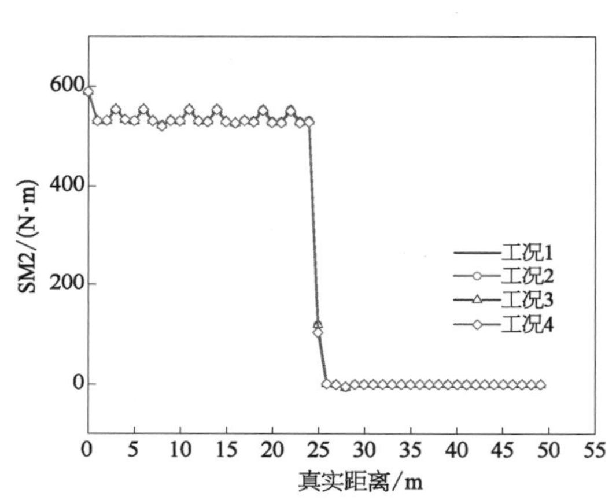

图 17.37　各工况下沿路径的 SM2 曲线

表 17.4　各工况的最大 SM1

工　况	SM1/(N·m)	工　况	SM1/(N·m)
工况 1	34.17	工况 3	56.69
工况 2	45.28	工况 4	67.76

17.4.3　上卷长度影响

在实际卷管中，卷筒上卷管道经常是多圈的，这样能够保证管道的完整性，而且一体化的管道便于运输。实际缠绕中，一个卷筒上可以上卷近十圈，在本分析中，为了加大计算效率，将上卷圈数调整为 2π、3π、4π 与 5π，分别令其为工况 1、工况 2、工况 3 与工况 4，以此来分析各应力的变化趋势。各个工况对应的 SF1、SM1 和 SM2 随路径变化的对比曲线如图 17.38～图 17.40 所示。

对于轴向力 SF1 而言，上卷的长度越长，整管达到最大轴力值 20 000 N 的长度越短，波动区域也越大。而对于弯矩 SM1，上卷长度越长，达到的最大弯矩也越大，各个工况下的最大弯矩值见表 17.5，最大值与最小值相差 23%。在实际缠管中需要注意控制上卷长度的大小，进而控制管道中的最大 SM1 值。对于管道中的最大弯矩 SM2 值，各个工况下的结果是一样的，但是它们保持最大值的管长是有差异的。

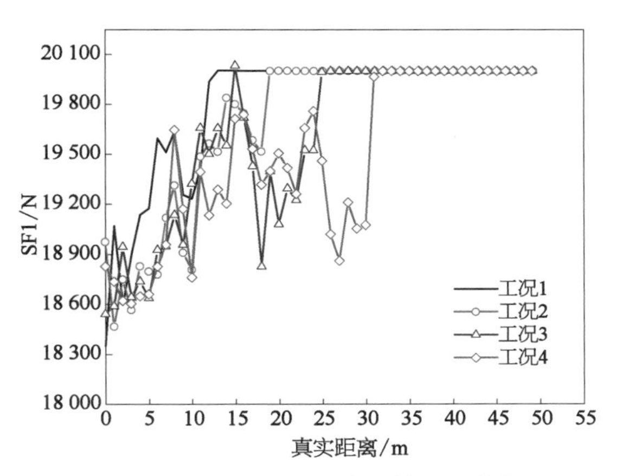

图 17.38　各工况下沿路径的 SF1 曲线

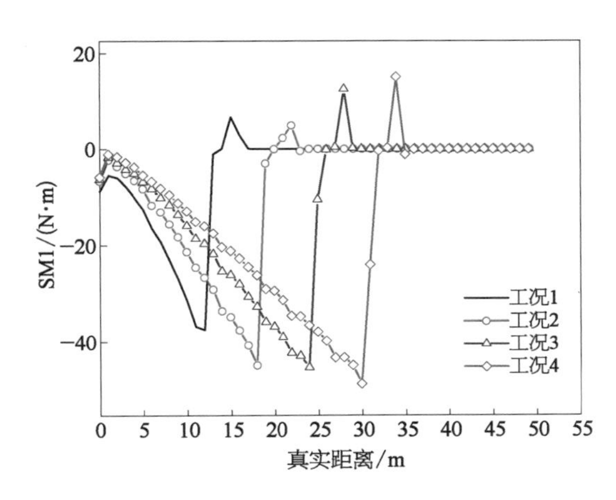

图 17.39　各工况下沿路径的 SM1 曲线

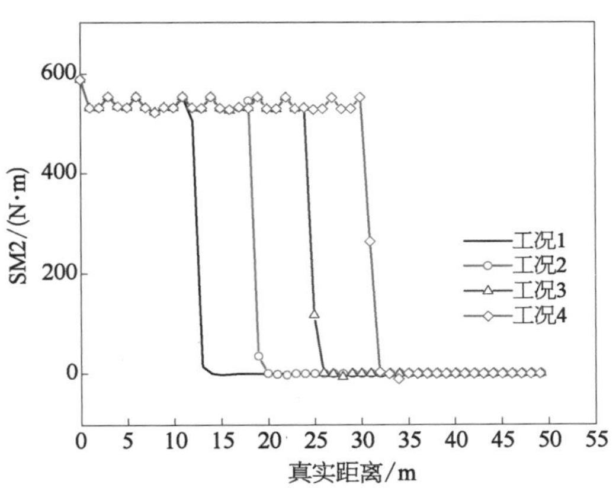

图 17.40　各工况下沿路径的 SM2 曲线

表 17.5　各工况的最大 SM1

工　况	SM1/(N·m)	工　况	SM1/(N·m)
工况 1	37.46	工况 3	45.28
工况 2	44.84	工况 4	48.58

17.4.4　护套位置影响

在实际卷管中，可以通过改变护套的位置来改变管道内产生的内力值，这种方法很值得工程人员参考(图 17.41)。在这一分析中，将护套与管端的距离改为 2.5 m、3 m、3.5 m 和 4 m，分别令其为工况 1、工况 2、工况 3 和工况 4。各个工况对应的 SF1、SM1 和 SM2 随路径变化的对比曲线如图 17.42～图 17.44 所示。

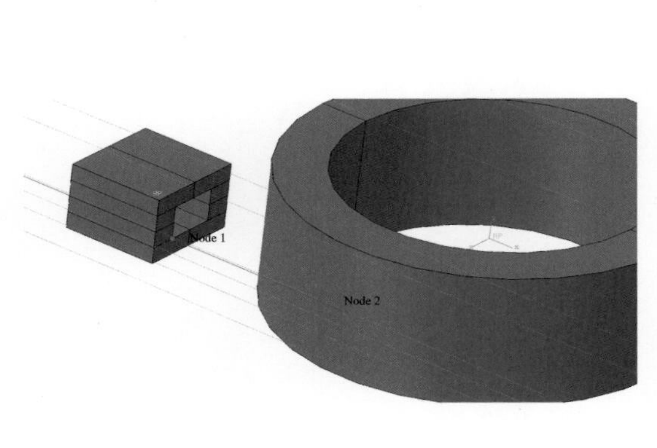

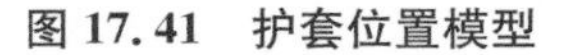

图 17.41　护套位置模型

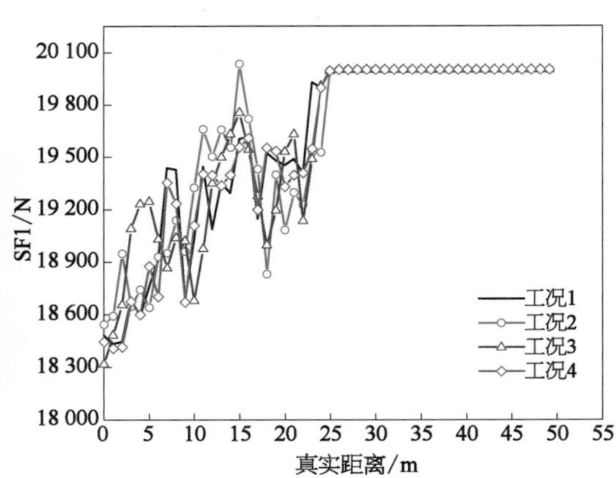

图 17.42　各工况下沿路径的 SF1 曲线

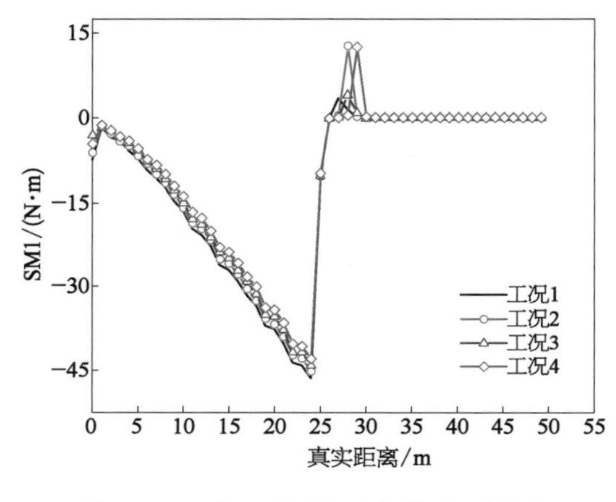

图 17.43　各工况下沿路径的 SM1 曲线

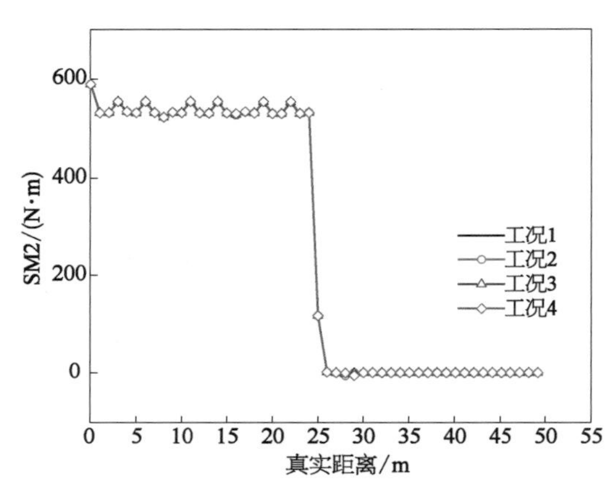

图 17.44　各工况下沿路径的 SM2 曲线

轴向力之间变化不大，在一定波动之后都达到了最大值 20 000 N。可以发现，将护套往外移动的距离越大，产生的弯矩 SM1 值越小，各个工况下的最大 SM1 值见表 17.6，最大值与最小值之间相差 8%，因此也可以通过控制护套位置来影响 SM1 值。另外，对于 SM2 值，四者之间几乎没有差别，说明曲率才是影响 SM2 最重要的参数。

表 17.6　各工况的最大 SM1

工　况	SM1/(N·m)	工　况	SM1/(N·m)
工况 1	46.45	工况 3	44.20
工况 2	45.28	工况 4	42.93

17.5 本章小结

本章为了预测 MSFP 在运输前的卷取缠管操作过程中的力学行为，研究了如下工作内容：

(1) 通过 ABAQUS 有限元模型建立了 MSFP 的局部分析模型，该模型分别受到拉伸、弯曲和扭转。基于材料力学推导出真实结构的简化材料特性和横截面参数。

(2) 利用获得的数据建立了基于卷取操作的全局分析模型，分析模型的全局力学响应。

(3) 通过 ABAQUS 有限元模型完成一系列参数分析，分别研究了卷筒外径影响、下沉距离影响、上卷长度影响、护套位置影响等参数。

本章给出的结论可以研究 MSFP 在卷取操作过程中的力学行为，为实际运输过程中提供有价值的参考。

参考文献

[1] Longva V, Sævik S. On prediction of torque in flexible pipe reeling operations using a Lagrangian-Eulerian FE framework[J]. Marine Structures, 2016, 46(3): 229 - 254.

[2] Longva V, Sævik S. A Lagrangian-Eulerian formulation for reeling analysis of history-dependent multilayered beams[J]. Computers & structures, 2015, 146(1): 44 - 58.

[3] Liu W K, Belytschko T, Chang H. An arbitrary Lagrangian-Eulerian finite element method for path-dependent materials[J]. Computer Methods in Applied Mechanics and Engineering, 1986, 58(2): 227 - 245.

[4] Benson D J. An efficient, accurate, simple ALE method for nonlinear finite element programs [J]. Computer Methods in Applied Mechanics and Engineering, 1989, 72(3): 305 - 350.

[5] Bayoumi H N, Gadala M S. A complete finite element treatment for the fully coupled implicit ALE formulation[J]. Computational Mechanics, 2004, 33(6): 435 - 452.

[6] Mainçon P. Torsion in flexible pipes, umbilicals and cables under loadout to installation vessels [C]//ASME 2017 36th International Conference on Ocean, Offshore and Arctic Engineering. American Society of Mechanical Engineers, 2017.

[7] Knapp R H. Derivation of a new stiffness matrix for helically armoured cables considering tension and torsion[J]. International Journal for Numerical Methods in Engineering, 1979, 14(4): 515 - 529.

[8] Custódio A B, Vaz M A. A nonlinear formulation for the axisymmetric response of umbilical cables and flexible pipes[J]. Applied Ocean Research, 2002, 24(1): 21 - 29.

[9] Bahtui A, Bahai H, Alfano G. Numerical and analytical modeling of unbonded flexible risers [J]. Journal of Offshore Mechanics and Arctic Engineering, 2009, 131(2): 30 - 42.

[10] Xu Y, Bai Y, Fang P, et al. Structural analysis of fibreglass reinforced bonded flexible pipe subjected to tension[J]. Ships and Offshore Structures, 2019, 114(1): 1 - 11.

[11] Bai Y, Yuan S, Tang J, et al. Behaviour of reinforced thermoplastic pipe under combined bending and external pressure[J]. Ships and Offshore Structures, 2015, 10(5): 575 - 586.

[12] Bai Y, Liu T, Ruan W, et al. Mechanical behavior of metallic strip flexible pipe subjected to tension[J]. Composite Structures, 2017, 170: 1 - 10.

[13] Dong L, Huang Y, Zhang Q, et al. An analytical model to predict the bending behavior of unbonded flexible pipes[J]. Journal of Ship Research, 2013, 57(3): 171 - 177.

[14] ABAQUS. ABAQUS users manual 6.11[Z]. 2011.

第3篇

玻纤增强柔性管

第 18 章　玻纤增强柔性管抗内压强度

本章讨论了玻纤增强柔性管在内压荷载下的力学响应。玻纤增强柔性管是指以热塑性材料为基体，通过加入玻璃纤维增强带进行加强的一类粘结复合柔性管。大体上，玻纤增强柔性管可以看作由内层 UHMWPE、外层 HDPE 及玻纤加强层(缠绕的玻纤和粘结剂)三部分组成，三者在内压作用下共同承受外载。

为了研究玻纤增强柔性管在内压荷载下的力学性能，本章在考虑玻纤材料各向异性特性的前提下将管体简化为由内外层 PE 和玻纤加强层组成的平面力学模型，并用数值方法求解玻纤增强柔性管受内压时的应力-应变变化及爆破压力；同时也介绍了一种玻纤增强柔性管有限元模拟方法，建立有效的有限元模型进行模拟分析。为了验证理论方法的可靠性，进行了一组样管的短期爆破内压试验，用所获得的爆破压力与数值方法进行对比。最终采用有限元模型对玻璃纤维的缠绕角度、管道径厚比及加强层层数等进行参数敏感性分析，全面了解玻纤增强柔性管的力学性能。

18.1 数值理论

在本节的理论研究中，认为内压载荷仅是短期持续的，忽略时间与温度对材料属性的影响，假定材料的弹性模量和泊松比为定值。由于在整个内压爆破过程中，材料始终处于小变形阶段，且 PE 对玻纤增强柔性管的内压承载力贡献不大，故认为该变形过程是一个完全弹性过程。因此可以采用弹性力学方法，在建立合理的边界条件后，推导出内外层 PE 和加强层的应力-应变分布。

18.1.1 基本假设

玻纤增强柔性管采用复合结构形式，既具有明显的细观结构特征，又表现出宏观特性。在进行理论分析前，需对玻纤软管的结构和材料性质做如下必要假设：

(1) 内外层均由 PE 构成，加强层为 PE 和玻纤组合构成。

(2) 玻纤和 PE 都是均匀连续，无孔隙和裂纹。

(3) 加强层玻纤与基底是粘结的，在变形过程中没有相对滑移；层与层之间紧密粘结，无相对滑移；层与层间的接触点连续，也不改变形状。

(4) 玻纤管横截面在变形过程中始终保持与中轴垂直。

(5) 在复合加工过程中，材料性质保持不变，且不随时间温度变化。

(6) PE 和玻璃纤维均是线弹性且 PE 为各向同性，玻纤为各向异性，没有初始应力。

18.1.2 理论分析

图 18.1 为玻纤增强柔性管单元的整体坐标系和局部坐标系。其中 Z、θ、r 分别为

整体坐标系下玻纤增强柔性管的轴向、环向和径向。

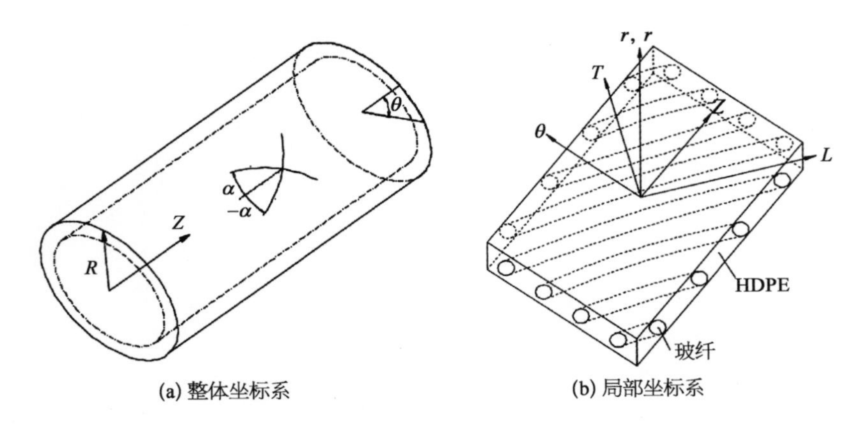

(a) 整体坐标系　　(b) 局部坐标系

图 18.1　整体和局部坐标系

整体柱坐标系下,玻纤增强柔性管的位移场表示为

$$u_r = u_r(r),\ u_\theta = u_\theta(r,\ z),\ u_z = u_z(z) \tag{18.1}$$

式中　u_r、u_θ、u_z——径向、环向和轴向位移。

整体柱坐标系下玻纤增强柔性管第 k 层的本构关系为

$$\begin{bmatrix} \sigma_z \\ \sigma_\theta \\ \sigma_r \\ \tau_{\theta r} \\ \tau_{zr} \\ \tau_{z\theta} \end{bmatrix} = \begin{bmatrix} \bar{C}_{11} & \bar{C}_{12} & \bar{C}_{13} & 0 & 0 & \bar{C}_{16} \\ \bar{C}_{21} & \bar{C}_{22} & \bar{C}_{23} & 0 & 0 & \bar{C}_{26} \\ \bar{C}_{31} & \bar{C}_{32} & \bar{C}_{33} & 0 & 0 & \bar{C}_{36} \\ 0 & 0 & 0 & \bar{C}_{44} & \bar{C}_{45} & 0 \\ 0 & 0 & 0 & \bar{C}_{45} & \bar{C}_{55} & 0 \\ \bar{C}_{16} & \bar{C}_{26} & \bar{C}_{36} & 0 & 0 & \bar{C}_{66} \end{bmatrix}^{(k)} \begin{bmatrix} \varepsilon_z \\ \varepsilon_\theta \\ \varepsilon_r \\ \gamma_{\theta r} \\ \gamma_{zr} \\ \gamma_{z\theta} \end{bmatrix}^{(k)} \tag{18.2}$$

式中　$\bar{C}_{ij}$——off-axis 刚度矩阵。

整体坐标系下,第 k 层应变-位移关系为

$$\left.\begin{aligned} &\varepsilon_r^{(k)} = \frac{\partial u_r^{(k)}}{\partial r},\ \varepsilon_\theta^{(k)} = \frac{1}{r}\frac{\partial u_\theta^{(k)}}{\partial \theta} + \frac{u_r^{(k)}}{r} \\ &\varepsilon_z^{(k)} = \frac{\partial u_z^{(k)}}{\partial z},\ \gamma_{z\theta}^{(k)} = \frac{1}{r}\frac{\partial u_z^{(k)}}{\partial \theta} + \frac{\partial u_\theta^{(k)}}{\partial z} \\ &\gamma_{zr}^{(k)} = \frac{\partial u_z^{(k)}}{\partial r} + \frac{\partial u_r^{(k)}}{\partial z} \\ &\gamma_{\theta r}^{(k)} = \frac{1}{r}\frac{\partial u_r^{(k)}}{\partial \theta} + r\frac{\partial}{\partial r}\left(\frac{u_\theta^{(k)}}{r}\right) \end{aligned}\right\} \tag{18.3}$$

不考虑体积力的情况下，整体柱坐标系下的平衡方程可表示为

$$\left.\begin{aligned}&\frac{\partial\sigma_r^{(k)}}{\partial r}+\frac{1}{r}\frac{\partial\tau_{\theta r}^{(k)}}{\partial\theta}+\frac{\partial\tau_{zr}^{(k)}}{\partial z}+\frac{\sigma_r^{(k)}-\sigma_\theta^{(k)}}{r}=0\\&\frac{\partial\tau_{\theta r}^{(k)}}{\partial r}+\frac{1}{r}\frac{\partial\sigma_\theta^{(k)}}{\partial\theta}+\frac{\partial\tau_{z\theta}^{(k)}}{\partial z}+\frac{2\tau_{\theta r}^{(k)}}{r}=0\\&\frac{\partial\tau_{zr}^{(k)}}{\partial r}+\frac{1}{r}\frac{\partial\tau_{z\theta}^{(k)}}{\partial\theta}+\frac{\partial\sigma_z^{(k)}}{\partial z}+\frac{\tau_{zr}^{(k)}}{r}=0\end{aligned}\right\}\tag{18.4}$$

将式(18.1)代入式(18.3)，可得玻纤增强柔性管第 k 层的应变-位移关系，可简化为

$$\left.\begin{aligned}&\varepsilon_r^{(k)}=\frac{\partial u_r^{(k)}}{\partial r},\ \varepsilon_\theta^{(k)}=\frac{u_r^{(k)}}{r},\ \varepsilon_z^{(k)}=\frac{\partial u_z^{(k)}}{\partial z}\\&\gamma_{z\theta}^{(k)}=\frac{\partial u_\theta^{(k)}}{\partial z},\ \gamma_{zr}^{(k)}=0,\ \gamma_{\theta r}^{(k)}=r\frac{\partial}{\partial r}\left(\frac{u_0^{(k)}}{r}\right)\end{aligned}\right\}\tag{18.5}$$

将式(18.1)、式(18.2)和式(18.5)代入式(18.4)，可得平衡方程为

$$\frac{\partial\sigma_r^{(k)}}{\partial r}+\frac{\sigma_r^{(k)}-\sigma_\theta^{(k)}}{r}=0,\ \frac{\partial\tau_{\theta r}^{(k)}}{\partial r}+\frac{2\tau_{\theta r}^{(k)}}{r}=0\tag{18.6}$$

位移场为

$$\left.\begin{aligned}&u_r^{(k)}=A^{(k)}r+\frac{B^{(k)}}{r}\\&u_\theta^{(k)}=C^{(k)}zr\\&u_z^{(k)}=D^{(k)}z+E^{(k)}\end{aligned}\right\}\tag{18.7}$$

将式(18.7)代入式(18.5)，可得应变为

$$\left.\begin{aligned}&\varepsilon^{(k)}=A^{(k)}-\frac{B^{(k)}}{r^2},\ \varepsilon_\theta^{(k)}=A^{(k)}+\frac{B^{(k)}}{r^2}\\&\varepsilon_z^{(k)}=D^{(k)}\\&\gamma_{z\theta}^{(k)}=C^{(k)}r,\ \gamma_{zr}^{(k)}=0,\ \gamma_{\theta r}^{(k)}=0\end{aligned}\right\}\tag{18.8}$$

玻纤加强层应变为

$$\left.\begin{aligned}&\varepsilon_r^{(k)}=A^{(k)}-\frac{B^{(k)}}{r_k^2},\ \varepsilon_\theta^{(k)}=A^{(k)}+\frac{B^{(k)}}{r_k^2}\\&\varepsilon_z^{(k)}=D^{(k)}\\&\gamma_{z\theta}^{k}=C^{(k)}r_k,\ \gamma_{zr}^{(k)}=0,\ \gamma_{\theta r}^{(k)}=0\end{aligned}\right\}\tag{18.9}$$

柱坐标系下加强层第 k 层的本构关系如下：

$$\begin{Bmatrix}\sigma_z \\ \sigma_\theta \\ \tau_{z\theta}\end{Bmatrix}^{(k)} = \begin{bmatrix} Q_{11} & Q_{12} & Q_{13} \\ Q_{21} & Q_{22} & Q_{23} \\ Q_{31} & Q_{32} & Q_{33}\end{bmatrix}^{(k)} \begin{Bmatrix}\varepsilon_z \\ \varepsilon_\theta \\ \gamma_{z\theta}\end{Bmatrix}^{(k)} \tag{18.10}$$

局部坐标系下加强层第 k 层的本构关系如下：

$$\begin{Bmatrix}\bar{\sigma}_L \\ \bar{\sigma}_T \\ \bar{\tau}_{LT}\end{Bmatrix}^{(k)} = \begin{bmatrix} \bar{Q}_{11} & \bar{Q}_{12} & \bar{Q}_{13} \\ \bar{Q}_{21} & \bar{Q}_{22} & \bar{Q}_{23} \\ \bar{Q}_{31} & \bar{Q}_{32} & \bar{Q}_{33}\end{bmatrix}^{(k)} \begin{bmatrix}\bar{\varepsilon}_L \\ \bar{\varepsilon}_T \\ \bar{\gamma}_{LT}\end{bmatrix}^{(k)} \tag{18.11}$$

通过柱坐标系下式(18.10)和局部坐标系下式(18.11)，可以计算出玻纤增强柔性管的内压载荷应力。因加强层玻纤的弹性模量比内外层 PE 大得多，当玻纤的轴向应力达到最大拉伸强度，玻纤增强柔性管破坏。而此时所对应的内压力即为玻纤增强柔性管的爆破压力。

18.1.3 边界条件

本章设定边界条件为连续性边界条件，则边界应力条件为

$$\sigma^{(1)}(r_0) = -P_0,\ \sigma_r^{(n)}(r_a) = 0 \tag{18.12}$$

$$\tau_{\theta r}^{(1)}(r_0) = \tau_{zr}^{(1)}(r_0),\ \tau_{\theta r}^{(n)}(r_n) = \tau_{zr}^{(n)}(r_n) \tag{18.13}$$

玻纤增强柔性管径向接触面条件为

$$u_r^{(k)}(r_k) = u_r^{(k+1)}(r_k) \tag{18.14}$$

$$u_\theta^{(k)}(r_k) = u_\theta^{(k+1)}(r_k) \tag{18.15}$$

$$\tau_{zr}^{(k)}(r_k) = \tau_{zr}^{(k+1)}(r_k) \tag{18.16}$$

$$\sigma_r^{(k)}(r_k) = \sigma_r^{(k+1)}(r_k) \tag{18.17}$$

$$\tau_{\theta r}^{(k)}(r_k) = \tau_{\theta r}^{(k+1)}(r_k) \tag{18.18}$$

轴向力平衡方程为

$$\sum_{k=1}^{n}\int_{r_{k-1}}^{r_k} \sigma_z^{(k)} \cdot 2\pi r\,\mathrm{d}r = \pi r_0^2 P_0 \tag{18.19}$$

扭转平衡方程为

$$\sum_{k=1}^{n}\int_{r_{k-1}}^{r_k} \tau_{z\theta}^{(k)} \cdot r^2\,\mathrm{d}r = 0 \tag{18.20}$$

式(18.13)、式(18.15)、式(18.16)和式(18.18)在轴向对称载荷下是恒定的。通过连续边界条件可得到 $(2n+2)$ 个方程。

18.2　有限元仿真模拟计算

本节将利用软件 ABAQUS 建立静水内压载荷下玻纤增强柔性管的有限元模型。有限元模型采用加强层嵌入玻璃纤维并将玻纤带以特定缠绕角度缠绕在管道内层上的形式来模拟玻纤增强柔性管在内压载荷作用下的真实受力情况。

18.2.1　材料参数

玻纤增强柔性管模型的外径为 76 mm，内径为 50 mm，根据圣维南原理，当管道长度大于外径 5 倍以上时，可以忽略边界条件对分析过程的影响，因此玻纤增强柔性管模型长度被设定为 1 000 mm。玻纤增强柔性管截面参数见表 18.1，表 18.2 为有限元材料参数。图 18.2 为玻纤增强柔性管复合结构图。

表 18.1　玻纤增强柔性管截面参数

结　构	材　质	内径/mm	厚度/mm	外径/mm
内衬层	UHMWPE(SR－02)	50	4	58
加强层	序号	缠绕角度/°	理论根数	外径/m
	N1	55	18	59.5
	N2	−55	18	61.0
	N3	55	17	62.5
	N4	−55	17	64.0
	N5	55	20	617.5
	N6	−55	20	67.0
	N7	55	20	68.5
	N8	−55	21	70.0
外保护层	HDPE(XRT70)	70	3	76

表 18.2　有限元材料参数

材　　料	位　　置	弹性模量/MPa	屈服强度/MPa
UHMWPE	内衬层	570	21
HDPE	外保护层	850	23
玻璃纤维	结构加强层	33 000	

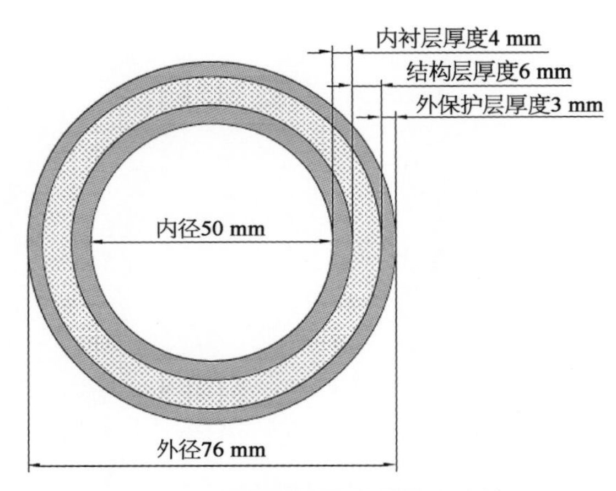

图 18.2　玻纤增强柔性管复合结构图

18.2.2　有限元模型

根据玻纤增强柔性管的受力特点，将加强层嵌入玻璃纤维模拟管道的真实受力。由于玻纤增强柔性管加强层层数多、玻璃纤维带数多，本节利用 Python 语言编写相关程序，从而提高有限元软件 ABAQUS 的计算效率。

1）单元类型

管道内层 UHMWPE、外层 HDPE 及加强层基质均采用 C3D8R 实体单元，玻璃纤维螺旋带采用 Truss 桁架单元。玻璃纤维螺旋缠绕结构和结构加强层基底之间嵌入接触。如图 18.3 所示，八层加强层缠绕角度相同，缠绕方向相反，组成由内而外交替缠绕的网状结构。

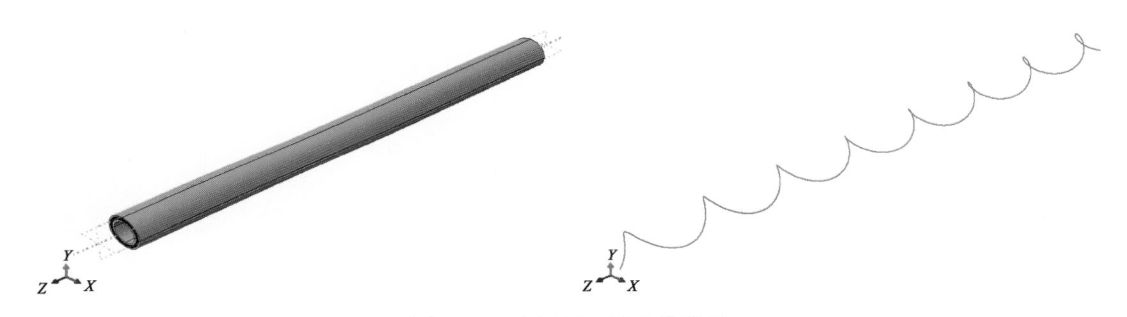

图 18.3　有限元三维实体模型

根据前文提出的基本假定，当对玻纤增强柔性管内部均匀施加内压荷载时，只考虑管道轴向变形而忽略弯曲、扭转和压缩变形，且仅允许管道发生轴向位移，同时限制扭转转角。如图 18.4 所示，管道的左端面仅允许发生轴向位移，管道的右端面固定，不发生任何方向的位移和转角。

根据试验装置的边界条件，对建立的有限元模型一端施加固定约束，但若对一个面施加位移荷载，在现有试验条件下是非常困难的。为了保证另一端面在内压荷载作用下的位移相同，可对 RP－1 的 U_3 方向施加位移荷载。

2）网格划分

将网格尺寸设为 3。图 18.5 为划分网格单元后的玻纤增强柔性管，采用静态分析步进行计算，位移荷载从零开始匀速加载。

18.2.3　仿真结果

玻纤增强柔性管受内压载荷时，内外层和玻纤加强层的变形和受力均匀，横截面仍保

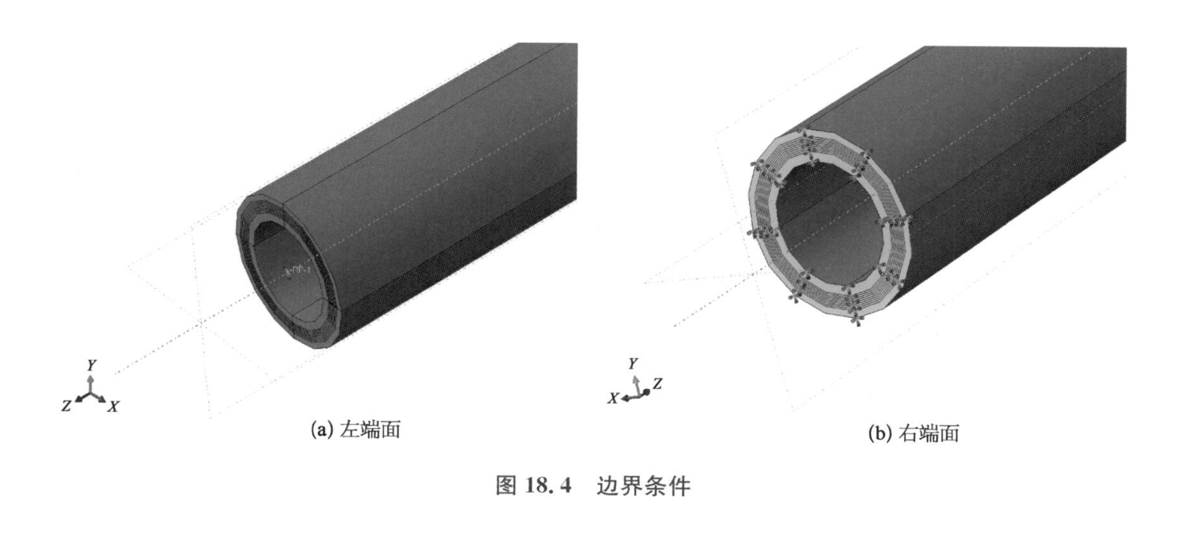

图 18.4　边界条件

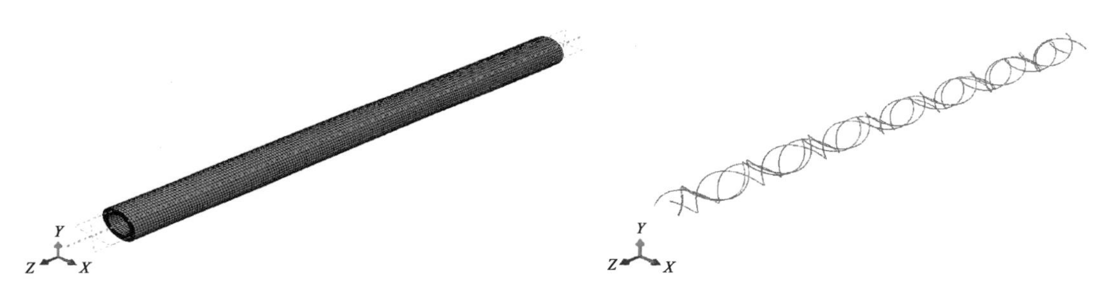

图 18.5　玻纤增强柔性管有限元模型

持圆形。玻纤增强柔性管内外层和玻纤加强层的受力情况如图 18.6～图 18.9 所示。由应力云图可以看出，玻纤加强层轴向应力远大于内层 UHMWPE 和外层 HDPE，并且最内加强层的轴向应力也大于最外加强层的轴向应力。这是因为内层 UHMWPE 和外层 HDPE 的弹性模量远小于玻纤的弹性模量，内外层的抗拉伸能力强于玻纤的抗拉伸能力。

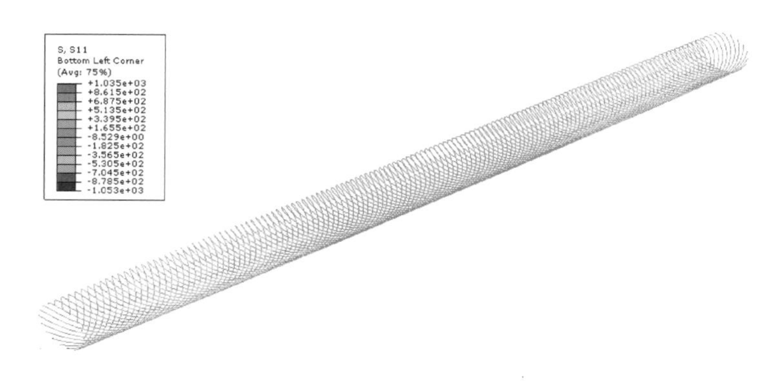

图 18.6　内压载荷下最内加强层轴向应力分布

有限元分析结果验证了玻纤增强柔性管在受内压载荷时，是由玻纤加强层提供主要承载力。采用最内加强层失效作为玻纤增强柔性管的失效准则是可行的。因此当最内加强层的轴向应力达到玻纤的拉伸强度 765 MPa 时，玻纤增强柔性管的爆破压力为 817.5 MPa。图 18.10 为内压载荷下最内加强层轴向位移分布图。

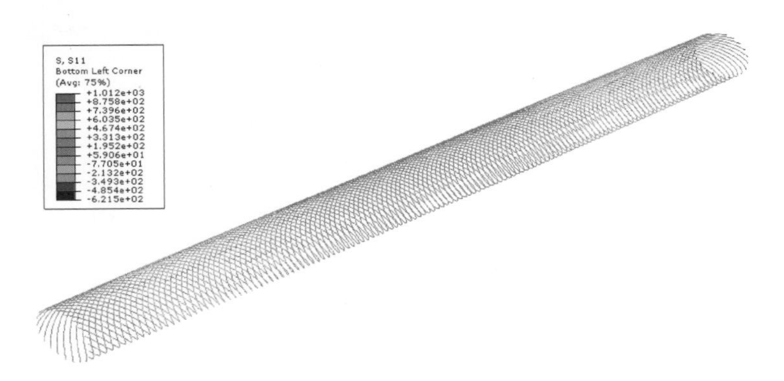

图 18.7　内压载荷下最外加强层轴向应力分布图

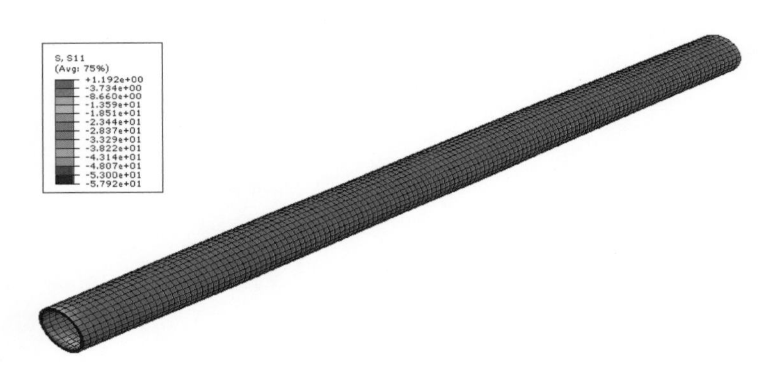

图 18.8　内层 UHMWPE 轴向应力分布

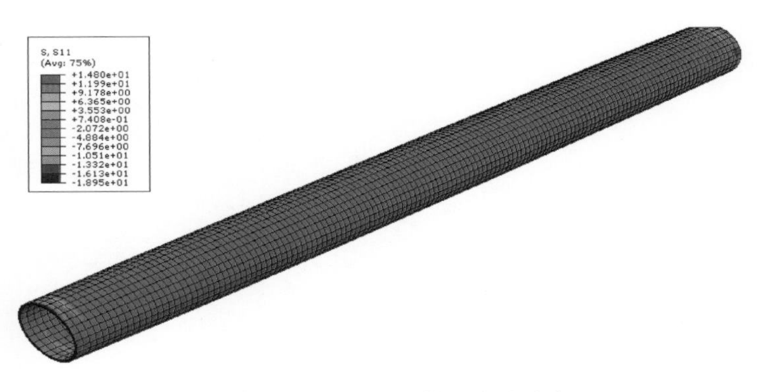

图 18.9　外层 HDPE 轴向应力分布

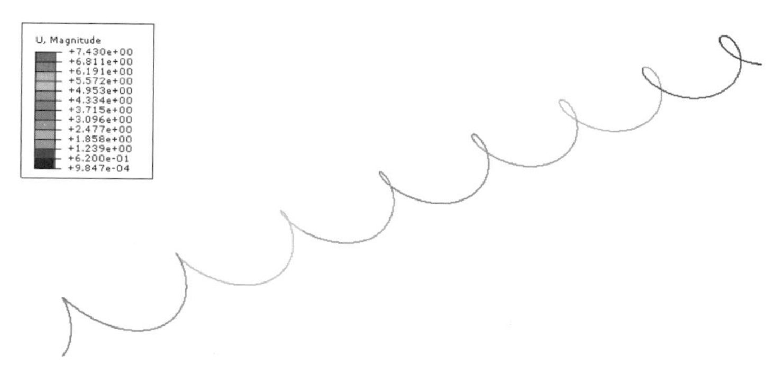

图 18.10　内压载荷下最内加强层轴向位移分布

18.3　短期爆破内压试验

18.3.1　样管参数

如图 18.11 所示，短期爆破压力试验样管是由上海某公司提供的玻纤增强柔性管，三根样管的基本几何参数见表 18.3。样管有效长度大于 5 倍外径，符合试验要求。图 18.12 为连接法兰，法兰上有一个注水孔和一个排气孔，注水孔用于向样管内注水并将管内空气通过排气孔排出。

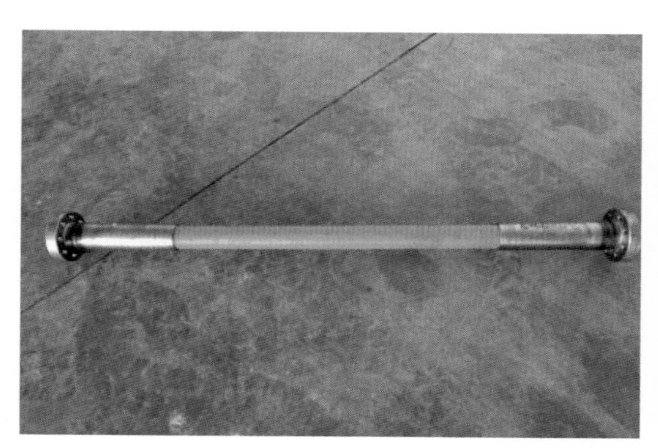

图 18.11　样管实物图

图 18.12　法兰实物图

表 18.3　试验样管几何参数

样 管 编 号	有效长度/mm	外径/mm
1	998	76.12
2	1 002	76.46
3	997	76.38

18.3.2 试验设备

本试验采用图 18.13 的高压爆破试验机，试验机最大压力可达到 120 MPa，加载速率最高可达到 5 MPa/min。

18.3.3 试验步骤

图 18.13 爆破试验系统

玻纤增强柔性管短期内压爆破试验依据 ASTM D1599，该标准可用来测定热塑性增强复合软管承受短期内压的能力，得到短期内时间-压力关系曲线，且该标准可不考虑玻纤增强柔性管的黏弹性。试验步骤如下：

1) 试验设备准备

(1) 设备的驱动气接口、控制气接口分别连接气源，进水口连接自来水。

(2) 连接电源插头，打开设备空开。

(3) 设备通信线与计算机网口连接。

(4) 安装工件。

(5) 按下电源启动。

(6) 检查样管是否破损并测量样管的几何尺寸。

(7) 样管放置在室温下至少 2 h。

2) 注水

(1) 将样管与法兰紧密连接，并通过法兰顶端的注水孔向样管内注水，当样管内空气全部排出后，停止注水，并堵住注水孔。

(2) 将样管放置防爆箱内并密封防爆箱。

3) 设备的操作方式

设备有自动控制、手动控制两种模式，由于手动控制方式多用于调试设备，因此本次试验采用自动控制方式进行内压试验。

(1) 开始试验前按照软件操作说明设定压力、暂停、保压时间、升压速率等参数，点击控制软件中的“开始”按钮开始试验。

(2) 本次内压试验以恒定速度平稳加载，水压逐渐增大，当听到一声巨响后，压力瞬时大幅下降，此时样管爆破失效。试验过程中，时间和压力曲线由计算机进行自动记录。需要注意的是，样管的爆破位置需要距离两端接头均大于 50 mm，如果小于 50 mm，试验失败，需要换试验样管按照前面的步骤重新进行试验。本次内压试验达到试验要求，认定试验成功。

4) 试验结束

(1) 卸除系统压力，观察压力表，待压力降到零时关闭各级开关。

(2) 将样管取出，记录爆破压力、爆破位置。

(3) 复制各阶段测试数据，根据测试数据绘制压力-时间曲线。

(4) 关闭系统计算机。

(5) 按下急停开关，关闭电源。

(6) 长期不使用本设备时，将爆破箱内的水排出。

18.3.4　试验结果

本次内压试验三根样管的恒定加载速度分别为 0.61 MPa/s、0.77 MPa/s 和 0.92 MPa/s。图 18.14 为玻纤增强柔性管失效后的时间-压力曲线，从图中可看到玻纤增强柔性管失效后压力瞬间下降。图 18.15 为爆破失效后的玻纤增强柔性管，爆破处发生明显劲缩，玻璃纤维达到了极限抗拉强度。而样管的爆破位置距离较近一端的刚性接头距离分别为 160 mm、378 mm、202 mm，均超过试验标准中 50 mm。

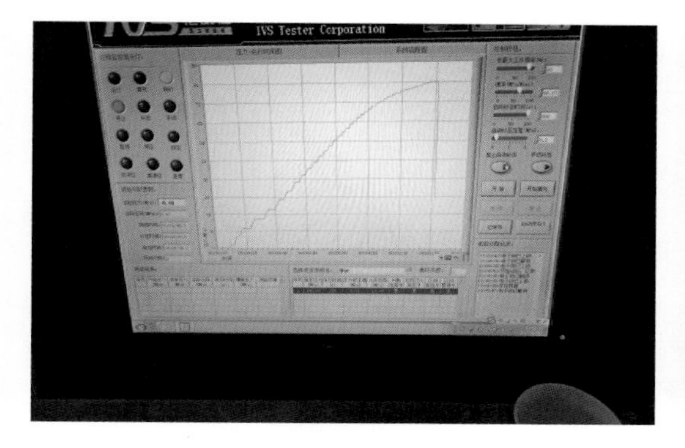

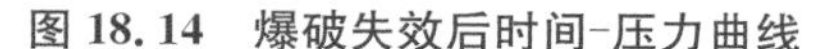
图 18.14　爆破失效后时间-压力曲线

图 18.15　爆破失效后玻纤样管

从图 18.15 可以看出，三根试验样管的爆破位置并不像理想情况在玻纤增强柔性管的中部，而是均靠近一侧接头，这是应力集中导致的。图 18.16 为管接头处示意图。根据薄壁均质管理论，内压条件下管壁外向位移可以通过式(18.21)进行计算：

$$D\frac{\partial^4 w}{\partial x^4}+kw=q_{(x)} \tag{18.21}$$

其中，柔度矩阵为 $D=\dfrac{E_x t^3}{12(1-\nu_{x\theta}\nu_{\theta x})}$，系数为 $k=\dfrac{E_\theta t}{r^2}$。

齐次方程为

$$D\frac{\partial^4 w}{\partial x^4}+kw=0 \tag{18.22}$$

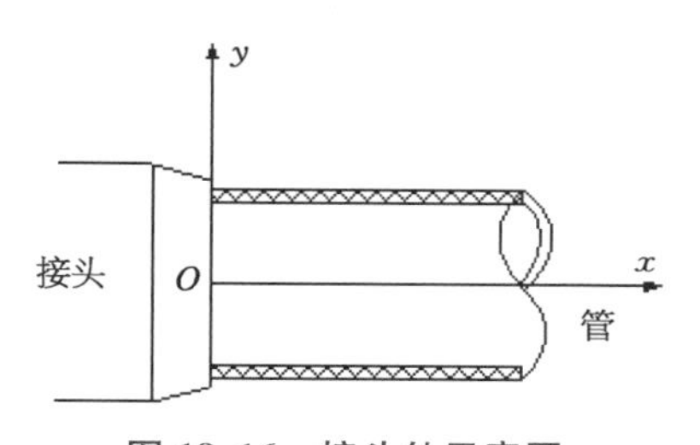

图 18.16　接头处示意图

$$4\beta^4 = \frac{Et}{r^2 D} = \frac{3(1-\nu_{x\theta}\nu_{\theta x})}{r^2 t^2} \tag{18.23}$$

$$\left.\begin{aligned} \psi_1(\beta x) &= \mathrm{e}^{-\beta x}(\cos\beta x + \sin\beta x) \\ \psi_2(\beta x) &= \mathrm{e}^{-\beta x}(\cos\beta x - \sin\beta x) \\ \psi_3(\beta x) &= \mathrm{e}^{-\beta x}\cos\beta x \\ \psi_4(\beta x) &= \mathrm{e}^{-\beta x}\sin\beta x \end{aligned}\right\} \tag{18.24}$$

式(18.22)的通解可表示为

$$w_0 = \mathrm{e}^{\beta x}(C_1\cos\beta x + C_2\sin\beta x) + \mathrm{e}^{-\beta x}(C_3\cos\beta x + C_4\sin\beta x) \tag{18.25}$$

当 x 趋于无穷大，根据相关文献中管壁的应力-应变关系，加强层最内层的径向位移 u_r 可表示为

$$\begin{aligned} \lim_{x\to\infty} u_r(k) &= \lim_{x\to\infty}\sigma_\theta \frac{r^2}{Er_{k-1}}\left(1-\frac{\nu_{\theta x}}{2}\right)\left[\mathrm{e}^{-\beta x}(\cos\beta x + \sin\beta x) - 1\right] \\ &= \lim_{x\to\infty}\sigma_T \sin\alpha \frac{r^2}{Er_{k-1}}\left(1-\frac{\nu_{\theta x}}{2}\right)\left[\mathrm{e}^{-\beta x}(\cos\beta x + \sin\beta x) - 1\right] \\ &= -\sigma_T \sin\alpha \frac{r^2}{Er_{k-1}}\left(1-\frac{\nu_{\theta x}}{2}\right) \end{aligned} \tag{18.26}$$

式中　σ_T——玻纤缠绕方向的拉伸应力。

图 18.17 为爆破位置细节图，管的爆破位置与管轴线呈 55°，与玻纤增强柔性管的缠绕角度是一致的。

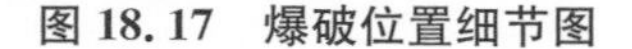

图 18.17　爆破位置细节图

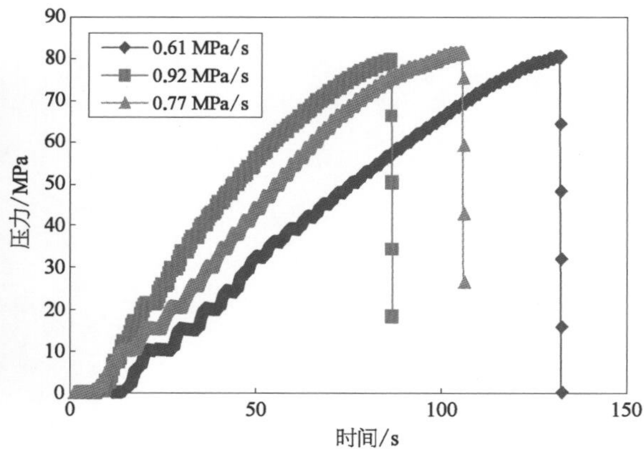

图 18.18　短期爆破试验时间-压力曲线

图 18.18 为试验提取的时间-压力曲线，从图中可以看到，加载速度不同，对最终爆破压力值的影响不大。表 18.4 为试验爆破压力值。

表 18.4　试验爆破压力值

样　管	爆破压力/MPa
样管 1	79.46
样管 2	81.46
样管 3	80.54
平均值	80.49

18.4　结果讨论

图 18.19 为最内加强层玻纤轴向应力-压力变化曲线。从表 18.5 看出，有限元仿真和理论求解得到的爆破压力值的相对误差为 3.13%，分析相对误差的原因是理论分析中，玻纤增强柔性管可在轴向自由伸缩，而有限元方法的边界条件则是一端固定，仅一端轴向可伸缩。

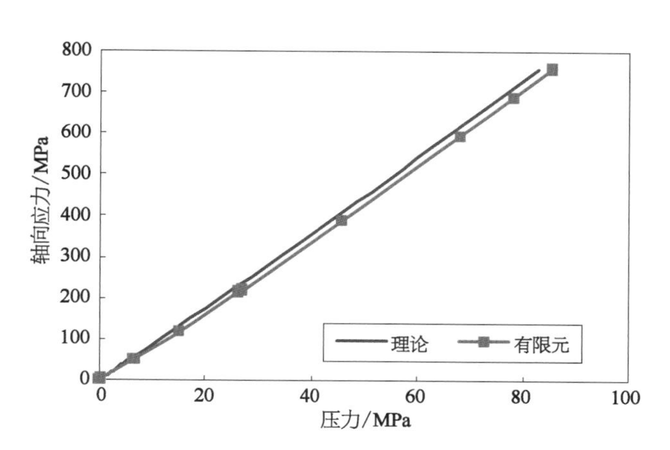

图 18.19　最内加强层玻纤轴向应力-压力变化曲线

表 18.5　有限元和理论方法爆破压力值对比

有限元	理论方法	相对误差
817.5 MPa	82.82 MPa	3.13%

图 18.20 为不同加强层玻纤轴向应力-压力曲线，最内加强层为第二层，最外加强层为第九层。加强层轴向应力随内压线性增长。加强层的轴向应力由加强层数由内而外逐渐递减。图 18.21 为不同加强层玻纤环向应力-压力曲线，各加强层环向应力随内压线性

增长。加强层的环向应力由加强层数由内而外逐渐递减。

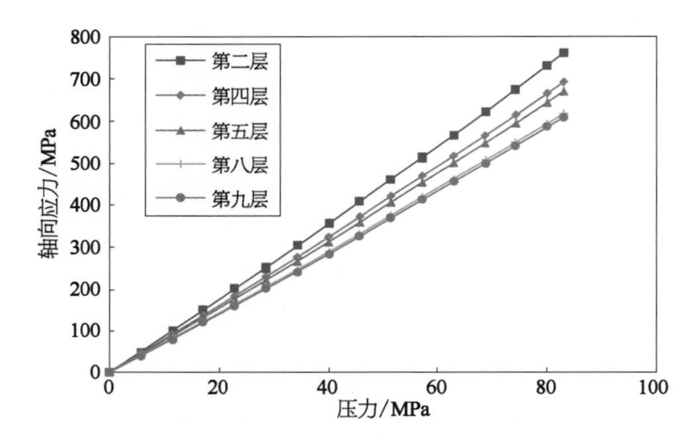

图 18.20　不同加强层轴向应力-压力变化曲线

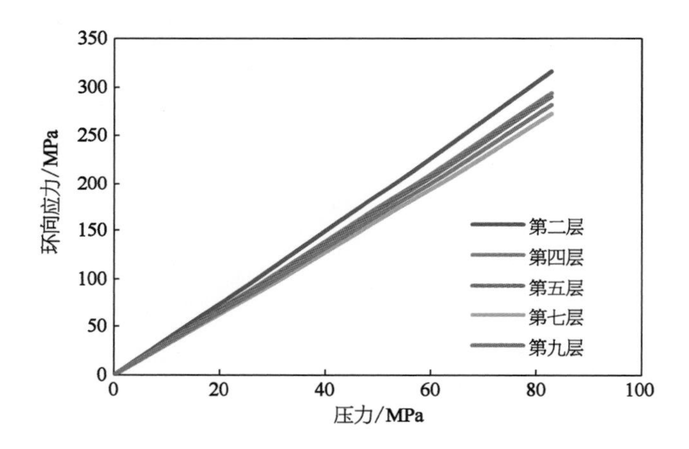

图 18.21　不同加强层环向应力-压力变化曲线

表 18.6 为理论方法和试验方法得到的爆破压力值对比。试验和理论求解得到的爆破压力值的相对误差为 2.81%，理论方法求解得到的爆破压力值比试验方法得到的爆破压力值大，这是由于在理论求解中，理论分析设定的破坏准则为最内加强层玻纤达到其拉伸强度。但在实际生产过程中，由于制作工艺限制，如实际缠绕带数少于设计缠绕带数，缠绕角度和加强层厚度不够均匀等原因均会导致部分玻璃纤维先达到抗拉强度而破坏。

表 18.6　理论和试验方法爆破压力值对比

试验值	理论值	相对误差
80.49 MPa	82.82 MPa	2.81%

18.5　参数分析

18.5.1　缠绕角度

图 18.22 表示玻纤增强柔性管不同缠绕角度下爆破压力的变化。实际工程中，粘结管的缠绕角度一般不小于 40°，因为当缠绕角度小于 40°时，纤维会发生重叠，45°～50°，随着缠绕角度的增加，玻纤增强柔性管的爆破压力缓慢增加。50°～75°，玻纤增强柔性管承受内压的能力急速增加。当缠绕角度超过 80°时，玻纤增强柔性管承受内压的能力缓慢下降。图 18.23 为不同缠绕角度下轴向和环向应变变化曲线。随着缠绕角度的增加，环向应变先快速下降后缓慢上升，而轴向应变在缠绕角度小于 80°时快速增大，缠绕角度超过 80°时缓慢上升。轴向和环向应变相交于 59°，此时轴向和环向两方向变形同比例增加。因此 59°可作为玻纤增强柔性管设计中最优缠绕角度。

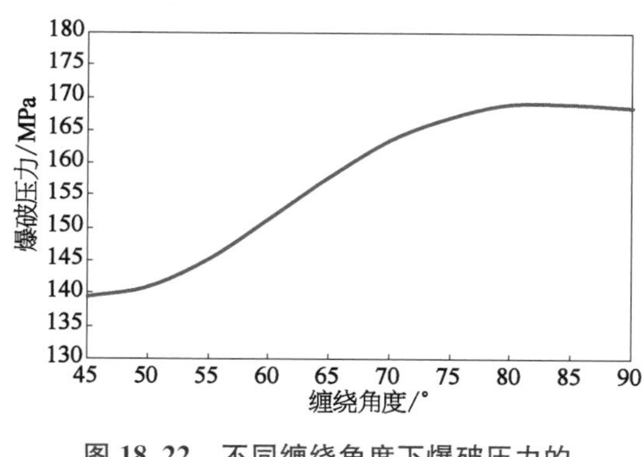

图 18.22　不同缠绕角度下爆破压力的变化曲线

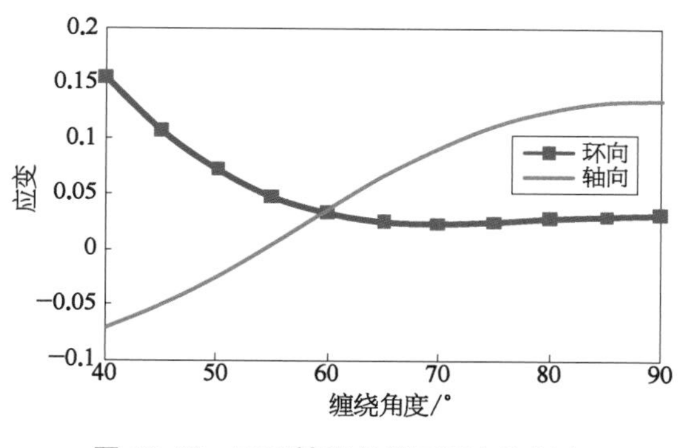

图 18.23　不同缠绕角度下环向和轴向应变变化曲线

18.5.2　径厚比

图 18.24 为不同径厚比对玻纤增强柔性管爆破压力的影响。从图中可以看出，随着径厚比的增大，玻纤增强柔性管的爆破压力显著下降。当径厚比从 4 增长到 10 时，玻纤增强柔性管的爆破压力从 128.82 MPa 降为 47.89 MPa，下降幅度达 64.38%。在保证工程需求的前提下，适当减小管道的径厚比，可以提高管道承受静水内压的能力。

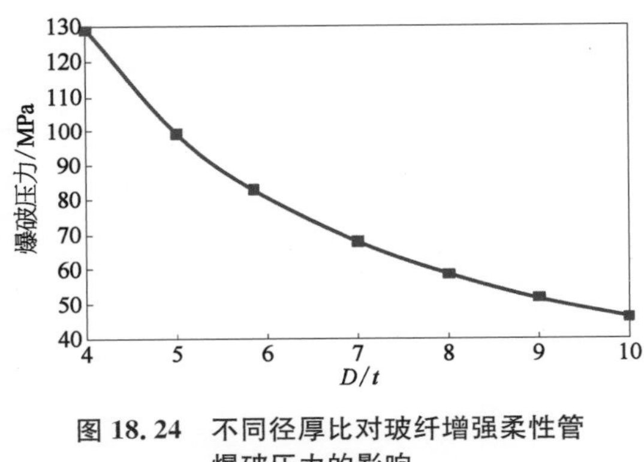

图 18.24 不同径厚比对玻纤增强柔性管爆破压力的影响

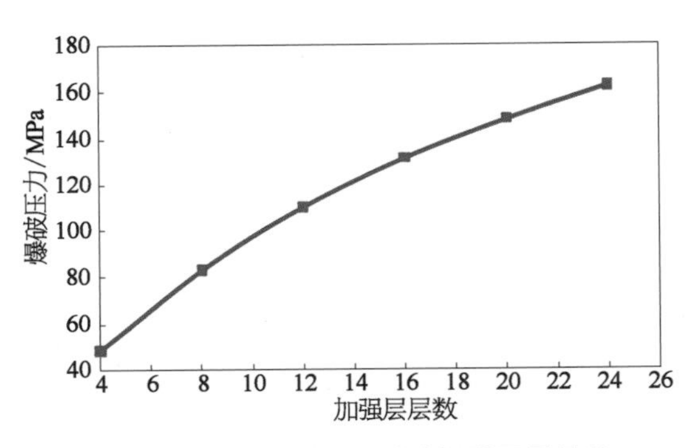

图 18.25 加强层层数对玻纤增强柔性管爆破压力的影响

18.5.3 加强层数

图 18.25 为加强层层数对玻纤增强柔性管爆破压力值的影响。从图中可以看出，随着加强层层数的增加，玻纤增强柔性管承受静水内压的能力得到显著增强。当加强层层数为 4 时，玻纤增强柔性管的爆破压力为 48.45 MPa；当加强层层数为 24 时，爆破压力为 162.17 MPa。

18.6 本 章 小 结

本章研究了内压载荷下玻纤增强柔性管的力学性能。通过理论求解、有限元模拟和内压试验三种方法对玻纤增强柔性管进行研究。具体结论如下：

(1) 通过对理论方法和试验方法得到的爆破压力值对比，发现两者相对误差较小，符合实际工程要求。说明本章的理论方法计算玻纤增强柔性管的爆破压力值是可行的。

(2) 通过理论方法和有限元方法对比，发现两者相对误差相对较小；且在一定内压作用下，最内加强层最先遭到破坏。这说明本章中假设的静水内压下玻纤增强柔性管的失效准则是合理的。玻纤加强层所受到的力远大于内外层 PE，验证了玻纤增强柔性管在受内压时，玻纤加强层提供主要承载力。

(3) 当玻纤缠绕角度大于 45°且小于 80°时，随着缠绕角度的增加，玻纤增强柔性管的抗内压能力逐渐增强。当缠绕角度为 59°时，轴向和环向两方向变形同比例增加，因此 59°可作为玻纤增强柔性管设计中合理的缠绕角度。

(4) 从图中可以看出，随着径厚比的增大，玻纤增强柔性管的爆破压力显著下降。所以在设计玻纤增强柔性管时，在保证工程需求的前提下，适当减小管道的径厚比，可以提高管道承受静水内压的能力。

(5) 随着加强层层数的增加,玻纤增强柔性管承受静水内压的能力得到显著增强。因此在对玻纤增强柔性管做截面设计时,根据工程需求和成本要求设计加强层层数。

参考文献

[1] Bai Y, Liu T, Cheng P, et al. Buckling stability of steel strip reinforced thermoplastic pipe subjected to external pressure[J]. Composite Structures, 2016, 152(9): 528 - 537.

[2] 魏世丞,韩庆,魏绪钧.海洋软管增强层的选择及结合方式[J].材料导报,2003,17(6): 60 - 63.

[3] 熊海超.钢丝缠绕增强塑料复合管道的极限强度分析与研究[D].杭州:浙江大学,2016.

[4] 黄雪驰,马贵阳.非金属管道在煤层气输送中的应用分析[J].当代化工,2015,44(1): 159 - 161.

[5] Arikan H. Failure analysis of (±55°) filament wound composite pipes with an inclined surface crack under static internal pressure[J]. Composite Structures, 2010, 92(1): 182 - 187.

[6] 孙惠兰.玻璃钢管的性能分析[J].水利水电技术,2007,38(5): 34 - 36.

[7] 朱荣东,周建良,张玉亭,等.深水表层无隔水管固井用玻璃纤维管优化设计[J].石油钻采工艺,2015,37(1): 50 - 52.

[8] Bai Y, Chen W, Xiong H, et al. Analysis of steel strip reinforced thermoplastic pipe under internal pressure[J]. Ships & Offshore Structures, 2016, 11(7): 766 - 773.

[9] Bai Y, Lu Y, Cheng P. Analytical prediction of umbilical behavior under combined tension and internal pressure[J]. Ocean Engineering, 2015, 109: 135 - 144.

[10] 范成磊,方洪渊,万鑫,等.玻璃钢-不锈钢衬里复合管道应力变形数值模拟[J].宇航材料工艺,2004,34(4): 51 - 54.

[11] 史建华,马玉录,李海林,等.玻璃钢内衬钢塑复合管道应力分析[J].热固性树脂,2001,16(4): 14 - 15.

[12] Zheng J Y, Gao Y J, Xiang L I, et al. Investigation on short-term burst pressure of plastic pipes reinforced by cross helically wound steel wires[J]. Journal of Zhejiang University-Science A (Applied Physics & Engineering), 2008, 9(5): 640 - 647.

[13] Zheng J, Li X, Xu P, et al. Analyses on the short-term mechanical properties of plastic pipe reinforced by cross helically wound steel wires[J]. Journal of Pressure Vessel Technology, 2009, 131(3): 031401.

[14] Wakayama S, Kobayashi S, Imai T, et al. Evaluation of burst strength of FW - FRP composite pipes after impact using pitch-based low-modulus carbon fiber[J]. Composites Part A: Applied Science and Manufacturing, 2006, 37(11): 2002 - 2010.

[15] Standard A. Standard test method for resistance to short-time hydraulic pressure of plastic pipe, tubing, and fittings: ASTM D1599 - 14[S]. ASTM, 1799.

海洋柔性管

第 19 章　玻纤增强柔性管抗拉强度

玻纤增强柔性管的管长与管径之比较大，在服役过程中，其主要承受沿管长方向的全程轴向拉伸荷载[1]。除此之外，玻纤增强柔性管在安装和运输过程中会引起附加局部拉力。玻纤增强柔性管为带有螺旋缠绕加强层的复合管，当前在分析此类软管的力学性能时，多采用经典的层合板理论[2-4]。在玻纤增强柔性管的实际工程应用中，由于工艺等原因导致纤维与基体存在相对滑移，纤维应力需要单独分析。但经典层合板理论假设材料是弹性的而不考虑材料的弹塑性，且在层合板理论分析时常将加强层看作各向异性的板，纤维全浸溶在加强层中，而不单独考虑纤维本身的作用。

综上所述，为了更准确地对玻纤增强柔性管的力学性能进行研究，本章基于 Knapp 光缆拉扭理论[5-6]，提出一种新的分析方法。将加强层纤维看作是螺旋缠绕的绳结构进行单独分析，综合考虑材料的非线性、截面变形及绳变形，求解平衡方程理论解；建立管道的实体模型进行有限元分析，并将玻纤绳“嵌入”结构加强层实体中，着重分析研究玻璃纤维应力变化；通过位移加载的试验方式，得到了三根样管的荷载-位移曲线。将本章理论解、有限元解和试验结果进行对比，分析误差来源，进行参数分析，得到了不同参数条件下玻纤增强柔性管的力学性能。

19.1 数 值 理 论

许多学者应用经典的层合板理论分析带有螺旋缠绕加强层的复合管，其中相当多的理论模型在应用经典层合板理论时假设材料是弹性的而不考虑材料的弹塑性[2-4]。除此之外，在层合板理论分析时经常将加强层看作各向异性的板，纤维全浸溶在加强层中，而不单独考虑纤维本身的作用。然而在实际工程中，由于加工工艺等原因纤维相对于基体会发生滑移，纤维应力需要单独分析，经典层合板理论不再适用。与此相对应，Knapp 于 1975 年发表了关于光缆在拉扭荷载作用下的非线性分析，并于 1979 年进一步提出利用线性刚度矩阵简化分析过程。

本章采用 Knapp 理论主要有两方面原因：首先，经典层合板理论较少考虑材料的弹塑性，而 Knapp 理论可以考虑材料的非线性；其次，Knapp 将加强层纤维看作是螺旋缠绕的绳结构进行单独分析，在分析管道整体效应的同时可以得到单根纤维的工作性能，便于优化设计。

19.1.1 基本假定

本章在进行理论求解时，基于实际的分析对象和 Knapp 光缆拉扭理论，做出如下假定：

(1) 玻纤增强柔性管内衬层和外保护层采用相同的热塑性塑料，结构增强层由玻璃纤维构成，且增强层的基底与内外层所用塑料相同。

(2) 假定内衬层、外保护层和结构增强层在生产过程中采用热融合技术，所以层与层之间是完全粘结，且不发生任何滑移。

(3) 在施加拉伸荷载时，只考虑管道轴向变形而忽略弯曲、扭转和压缩变形。

(4) 仅允许管道发生径向位移和轴向位移，同时限制扭转转角。

(5) 由于试验管材有八层纤维加强结构，在理论中将结构增强层一分为二，即前四层作为理论分析中结构加强层内层，后四层作为理论分析中结构加强层外层。

19.1.2 截面简化

图 19.1 为结构加强层的截面简化示意图，将结构加强层中的 HDPE 基体(图 19.1b 中黑色实体表示)和玻璃纤维视为交错布置的螺旋缠绕绳结构。上述两类绳结构的缠绕方式相同，截面面积和材料属性不同，整个截面可视为两层 HDPE 圆筒中夹着交错缠绕的 HDPE 绳结构和玻璃纤维绳结构。图中 r_1、r_2、r_3、r_4 分别由内到外代表三层管道的内外半径；R_1 和 R_2 分别代表螺旋绳结构的中心位置所对应的半径大小，即螺距半径。

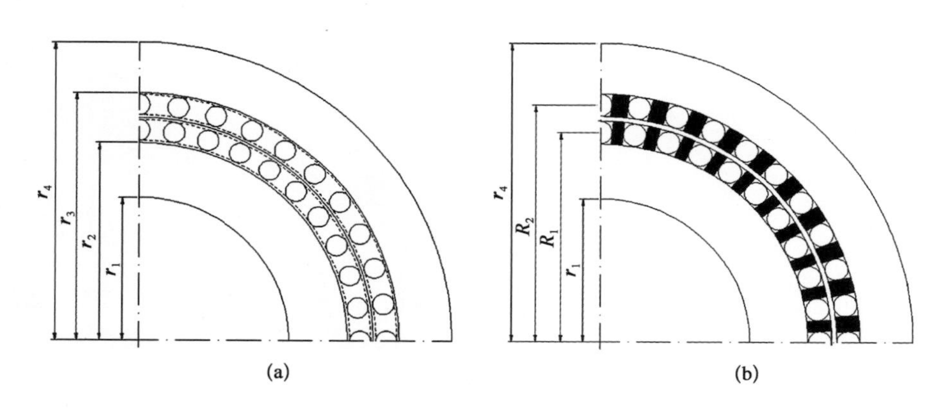

图 19.1 截面简化示意图

19.1.3 轴向变形

在光缆拉扭理论中，对绳结构变形前后的几何关系的描述[5]，即玻纤增强柔性管的轴向变形可以表示为

$$\varepsilon_z = \frac{\Delta u}{L} \tag{19.1}$$

$$\Delta u = u_1 - u_2 \tag{19.2}$$

式中 u_1、u_2——管道两端的轴向位移；

L——管道的总长度。

若不考虑弯曲、压缩和扭转应变，在只考虑拉伸应变的情况下，轴向拉伸应变 ε_i^q 可以由式(19.3)表示：

$$\varepsilon_i^q = [(1+\varepsilon_z)^2\cos^2\alpha_i + \beta_i^2\sin^2\alpha_i]^{\frac{1}{2}} - 1 \tag{19.3}$$

$$\beta_i = \frac{R_i'}{R_i} \tag{19.4}$$

$$\frac{\sin\alpha_i'}{\sin\alpha_i} = \frac{\beta_i}{1+\varepsilon_i^a} \tag{19.5}$$

式中　α_i、α_i'——绳结构变形前后的缠绕角度；

R_i、R_i'——绳结构变形前后的螺距半径；

β_i——螺距半径的变化。

19.1.4　截面变形

在拉伸荷载作用下，随着拉伸位移的增加，截面会不断收缩，玻纤螺旋绳结构会对管道截面产生径向挤压应力。假设 P_1 和 P_2 为内外玻璃纤维加强层中绳结构对管道截面产生的压力，位置如图 19.2 所示，则根据平衡关系及边界条件可以求出压强值为

$$P_1 = \frac{1}{2\pi R_1'}\left[\frac{nN_1\tan\alpha_1\sin\alpha_1'}{R_1(1+\varepsilon_z)} + \frac{nN_2\tan\alpha_1\sin\alpha_1'}{R_1(1+\varepsilon_z)}\right] \tag{19.6}$$

$$P_2 = \frac{1}{2\pi R_2'}\left[\frac{nN_1\tan\alpha_2\sin\alpha_2'}{R_2(1+\varepsilon_z)} + \frac{nN_2\tan\alpha_2\sin\alpha_2'}{R_2(1+\varepsilon_z)}\right] \tag{19.7}$$

其中，$N_1 = E_1\varepsilon_1A_1$，$N_2 = E_2\varepsilon_2A_2$。

式中　N_1、N_2——每根玻璃纤维绳和 HDPE 绳的轴拉力；

E_1、E_2——玻璃纤维绳和 HDPE 绳在弹性阶段的弹性模量；

ε_1、ε_2——每根玻璃纤维绳和 HDPE 绳的轴向应变；

A_1、A_2——每根玻璃纤维绳和 HDPE 绳的截面面积。

在忽略玻璃纤维绳结构对截面刚度影响的条件下，可基于弹性力学理论推导出层面之间的相互作用力[4]。

图 19.2 中层面间的相互作用推导原理类似，只有截面半径和边界条件不同。根据平面应变假设(即 ε_z 为常数)，应用胡克定律和平衡方程(由于管道的几何对称性和荷载对称性，切向位移为 0)，可以得到位移的微分方程为

$$\frac{\mathrm{d}^2u}{\mathrm{d}r^2} + \frac{1}{r}\frac{\mathrm{d}u}{\mathrm{d}r} - \frac{u}{r^2} = 0 \tag{19.8}$$

求解位移的微分方程，将不同位置的边界条件代入，可以求得截面不同位置的径向位移：

在内层 $r = R_1$ 处，

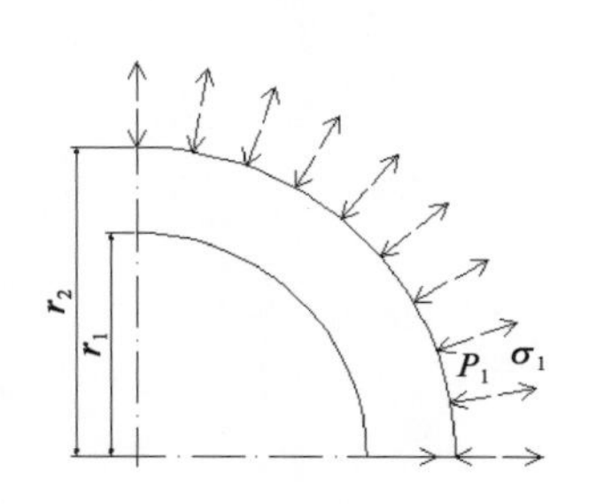

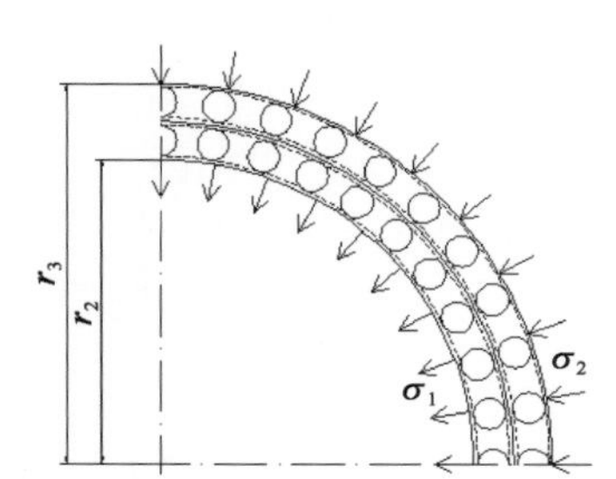

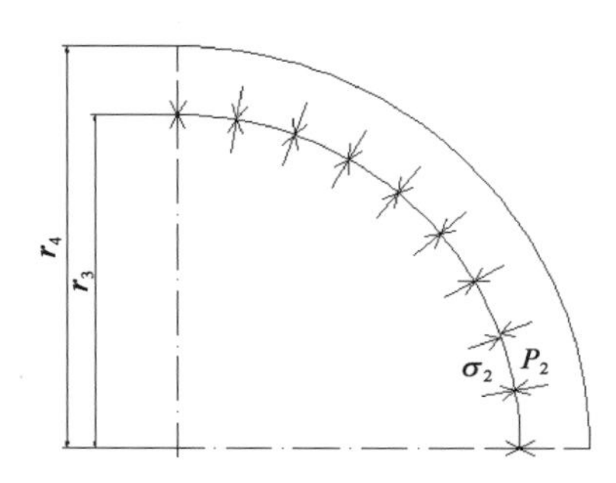

图 19.2　层面间相互作用示意图

$$u_{R_1}=\frac{R_1}{2(\lambda+G)}\left[\frac{-R_1^2(P_1-\sigma_1)}{R_1^2-r_1^2}-\lambda\varepsilon_z\right]+\frac{1}{2G}\frac{r_1^2R_1(-P_1+\sigma_1)}{R_1^2-r_1^2}\tag{19.9}$$

在中间层 $r=R_1$ 处，

$$u_{R_1}=\frac{R_1}{2(\lambda+G)}\left[\frac{-R_1^2(P_1-\sigma_1)}{R_1^2-r_1^2}-\lambda\varepsilon_z\right]+\frac{1}{2G}\frac{r_1^2R_1(-P_1+\sigma_1)}{R_1^2-r_1^2}\tag{19.10}$$

在中间层 $r=R_2$ 处，

$$u_{R_1}=\frac{R_1}{2(\lambda+G)}\left[\frac{-R_1^2(P_1-\sigma_1)}{R_1^2-r_1^2}-\lambda\varepsilon_z\right]+\frac{1}{2G}\frac{r_1^2R_1(-P_1+\sigma_1)}{R_1^2-r_1^2}\tag{19.11}$$

在外层 $r=R_2$ 处，

$$u_{R_1}=\frac{R_1}{2(\lambda+G)}\left[\frac{-R_1^2(P_1-\sigma_1)}{R_1^2-r_1^2}-\lambda\varepsilon_z\right]+\frac{1}{2G}\frac{r_1^2R_1(-P_1+\sigma_1)}{R_1^2-r_1^2}\tag{19.12}$$

由反力互等定理可知，式(19.9)与式(19.10)数值相等，同理可得式(19.11)与式(19.12)数值也相等。可以求得层间相互作用力 σ_1 和 σ_2，进而可以求得径向变形 β_1 和 β_2：

$$\begin{aligned}\beta_1=&\frac{1}{R_1^2(\lambda+2G)(r_1^2-r_4^2)(R_1^2-r_1^2)(\lambda+G)G}(2(R_1^2-r_1^2)((r_1^2-r_4^2)R_1^2G^3\\&+(\frac{1}{4}P_1R_1^4+(((\frac{3}{2}-\frac{1}{2}\varepsilon_z)\lambda+\frac{1}{4}P_1)r_1^2+\frac{1}{2}r_4^2(\varepsilon_z-3)\lambda+\frac{1}{4}(P_1+P_2)r_4^2\\&+\frac{1}{4}P_2R_2^2)R_1^2+\frac{1}{4}r_1^2((P_1+P_2)r_4^2+P_2R_2^2))G^2+\frac{1}{4}\lambda((((2-\varepsilon_z)\lambda\\&+P_1)r_1^2+((\varepsilon_z-2)\lambda+P_1+P_2)r_4^2)R_1^2+2((P_1+P_2)r_4^2\\&+\frac{1}{2}P_2R_2^2)r_1^2)G+\frac{1}{4}r_1^2r_4^2\lambda^2(P_1+P_2)))\end{aligned}$$

$$\beta_2=\frac{2}{R_2^2(\lambda+2G)(r_1^2-r_4^2)(\lambda+G)G}((r_1^2-r_4^2)R_2^2G^3+(\frac{1}{4}P_2R_2^4+(((\frac{1}{2}\varepsilon_Z-\frac{3}{2})\lambda$$

$$+\frac{1}{4}P_2)r_4^2-\frac{1}{2}r_1^2(\varepsilon_z-3)\lambda+\frac{1}{4}(P_1+P_2)r_1^2+\frac{1}{4}P_1R_1^2)R_2^2$$

$$+\frac{1}{4}r_4^2((P_1+P_2)r_1^2+P_1R_1^2))G^2+\frac{1}{4}((((\varepsilon_z-2)\lambda+P_2)r_4^2+r_1^2((2-\varepsilon_z)\lambda$$

$$+P_1+P_2))R_2^2+r_4^2(2(P_1+P_2)r_1^2+P_1R_1^2))\lambda G+\frac{1}{4}r_1^2r_4^2\lambda^2(P_1+P_2))$$

19.1.5 体系平衡方程

根据最小势能原理，当体系达到平衡时，体系的应变能和势能之和为零，可以表示为

$$\delta U+\delta V=0 \tag{19.13}$$

式中　U——系统的应变能；

V——系统的势能。

对于三层管道结构，系统的应变能和势能可以表示为

$$\delta U=\sum_{i=1}^{4n}\delta U_i+\delta U_{ic}+\delta U_{mc}+\delta U_{oc} \tag{19.14}$$

$$\delta V=-T\delta(\Delta u) \tag{19.15}$$

式中　U_i——每一根绳的应变能；

U_{ic}、U_{mc}、U_{oc}——从内到外三层 HDPE 的应变能。

则对式(19.3)～式(19.7)进行求解，可得到拉伸力 T 为

$$T=\sum_{i=1}^{4n}[N_i\cos\alpha'_i]+N_{ic}+N_{mc}+N_{oc} \tag{19.16}$$

式中　α'_i——轴向变形后绳缠绕角度。

19.1.6 数值求解方法

在 Knapp 光缆拉扭理论的基础上，推导适用于玻纤增强柔性管的求解办法。联立绳变形、截面变形和平衡方程，利用 Newton-Raphson 迭代求解。整个过程在 Matlab 中编程求解，求解思路可以用图 19.3 表示。

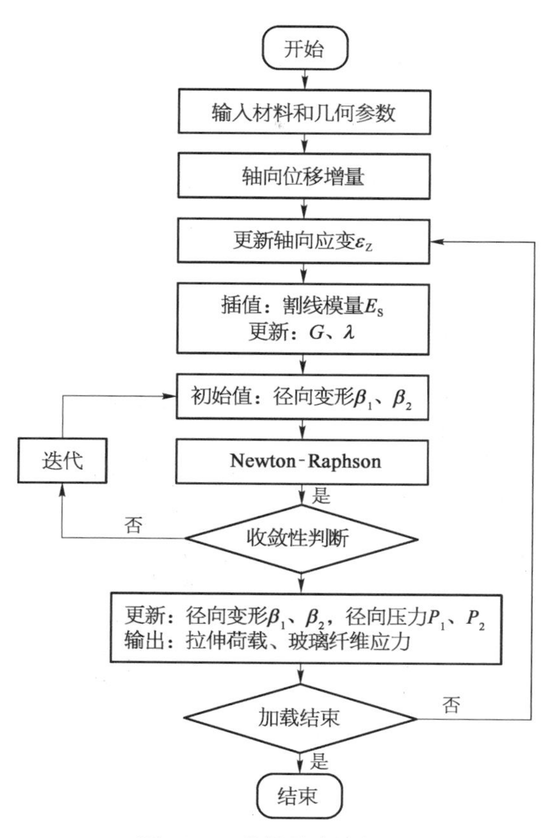

图 19.3　求解思路流程图

19.2 试验研究

试验样管为上海某石油装备技术有限公司提供的三根玻纤增强柔性管，其成型工艺是将玻璃纤维丝浸渍树脂后在光电热一体的高速聚合装置内固化，经牵引拉挤成型。玻璃纤维缠绕方式采用往复式纤维缠绕工艺(属于定长法)。

本试验的环境温度为 1℃，相对湿度为 28%。三根样管的基本几何参数见表 19.1。

表 19.1 试验样管的几何参数

样管编号	有效长度/mm	外径/mm
样管 1	1 013	76.63
样管 2	996	76.55
样管 3	999	76.06

图 19.4 试验加载装置

在拉伸荷载作用下，UHMPE 和 HDPE 圆柱为主要承拉结构[7]。本试验参照《热塑性塑料管材 拉伸性能测定 第 1 部分：试验方法总则》(GB/T 8804.1—2003)中对热塑性塑料管材的拉伸要求[8]，采用型号为 YAW－10000F 的单轴多功能试验机使试验样管在拉伸速率为 1 mm/s 等速控制条件下进行加载(图 19.4)。根据现有的荷载加载设备参数，对样管 1 施加 500 mm 的位移荷载(即最大伸长率为 49.4%)，对样管 2 和样管 3 分别施加 550 mm 的位移荷载(即最大伸长率分别为 55.2%和 55.1%)。

观察三组试验过程可知，当加载位移较小时，随着轴向位移的增大，样管结构加强层玻璃纤维开始发生断裂，随着位移荷载继续增大，样管的结构加强层玻璃纤维断裂也随之增大，直至外保护层观察到 HDPE 有蠕变，进而外保护层 HDPE 突然断裂，结构加强层玻璃纤维被暴露在外。此时的结构加强层已有部分结构被拉断，随后由外至内结构玻璃纤维层逐层被拉断，直至加载完毕，但内衬层始终未发生明显破坏。三组试验过程类似，但听到玻璃纤维断裂的时间和观察到外保护层开始蠕变的时间均不同。

如图 19.5 所示，三根样管外保护层发生断裂的位置均不同，具有一定的随机性。样管 1 断裂位置靠近拉伸端，样管 2 断裂位置靠近地面固定端，样管 3 断裂位置位于中间段。

图 19.5　三根样管外保护层断裂位置对比

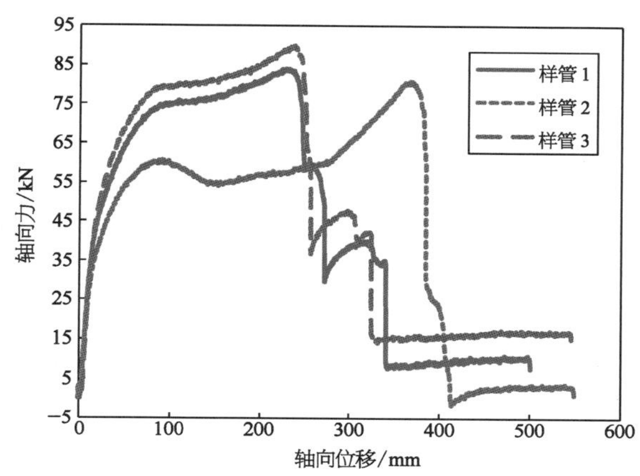

图 19.6　试验全程轴向力-轴向位移关系图

基于试验中记录的数据，拟合出试验全程轴向位移与轴向力的变化曲线，如图 19.6 所示。从图中可以看出，三条曲线均先经历了线性阶段，继而进入屈服阶段，然后经历两个下降阶段，最后暂时进入平台期。三个样管的最大拉伸荷载值分别为 83.94 kN、80.88 kN 和 90.00 kN，且样管 1 与样管 3 达到最大拉伸荷载值的时间接近，而样管 2 较晚达到最大拉伸荷载值。样管 1 与样管 3 的轴向位移-轴向荷载曲线比较接近，而样管 2 的曲线偏差较多。综合之前观察到的试验现象，分析原因是由于各个部件的破坏时间不同，即样管 1 和样管 3 玻璃纤维断裂和外保护层发生蠕变的时间差较小，而样管 2 玻璃纤维断裂和外保护层发生蠕变的时间差较大。

综上分析，玻纤增强柔性管在轴向拉伸荷载作用下的破坏模式为：

第一阶段，玻璃纤维结构层中的少数纤维结构被拉断；

第二阶段，外保护层 HDPE 发生蠕变并突然断裂；

第三阶段，玻璃纤维结构层中的纤维结构由外至内逐层拉断；

第四阶段，内衬层 UHMWPE 发生断裂。

样管 2 明显比样管 1 和样管 3 晚达到最大荷载值，是因为生产过程中玻璃纤维结构层由于生产工艺等原因导致缠绕角度不同或片状缠绕纤维之间的粘结力大小不同所导致。

在绝大多数工程应用中，拉伸伸长率大于 10% 即可认定为失效[9]，如图 19.7 所示，若仅取三根样管轴向位移在 100 mm 以内的荷载-位移曲线分析，误差在允许范围之内，故可以用于比对有限元值与理论值。

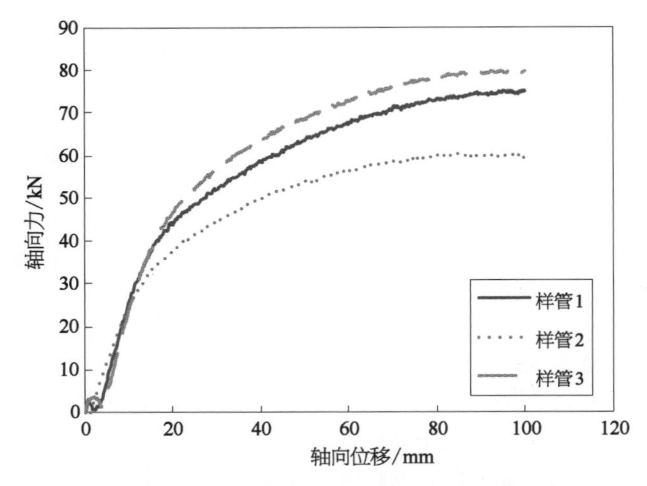

图 19.7　100 mm 轴向位移内轴向力-轴向位移关系

19.3　有限元研究

本节基于玻纤增强柔性管的特性，在 ABAQUS 中建立其有限元分析模型，并对其在轴向拉伸荷载作用下的非线性力学性能进行有限元仿真模拟分析。

19.3.1　几何模型

为便于分析对比，设定样管模型为管长为 1 000 mm、内径为 50 mm、外径为 76 mm 的十层玻纤增强柔性管，模型参数见表 19.2。

表 19.2　有限元模型几何尺寸

结　构	材　质	内径/mm	厚度/mm	外径/mm
内衬层	UHMWPE	50	4	58
结构层	序号	角度/°	理论根数	外径/mm
	1	55	18	59.5
	2	55	18	61.0
	3	55	19	62.5
	4	55	19	64.0
	5	55	20	65.5
	6	55	20	67.0
	7	55	20	68.5
	8	55	21	70.0
外保护层	HDPE	70	3	76

为了便于检查模型的初始参数设置及参数分析，利用 UltraEdit 写出程序化语言，并将脚本文件直接导入 ABAQUS 中。如图 19.8 所示，管道单元采用实体单元(C3D8R)，而玻璃纤维螺旋结构采用桁架单元(Truss)模拟。此外，玻璃纤维螺旋缠绕结构和结构加强层基底之间采用嵌入的接触方式。如图 19.9 所示，八层结构层缠绕角度相同，缠绕方向相反，由内而外交替缠绕形成网状结构。

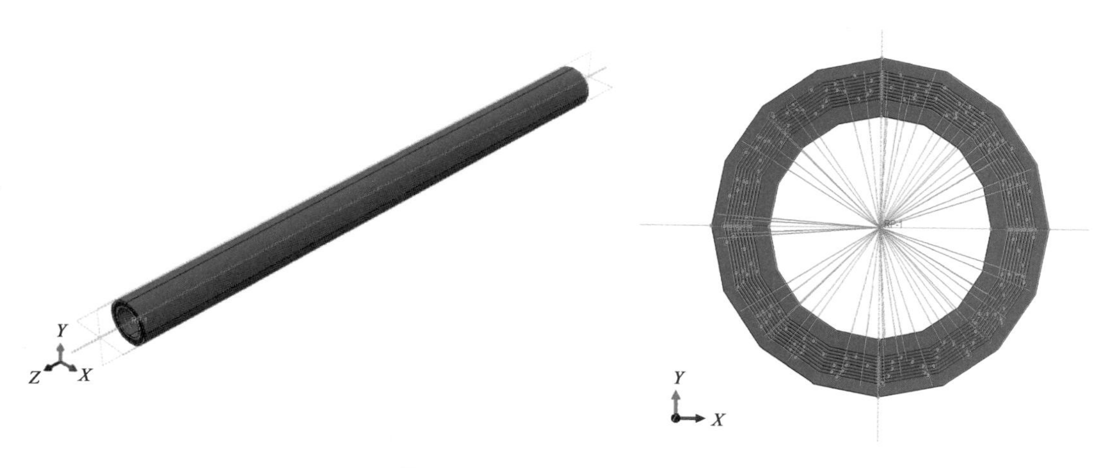

图 19.8　有限元三维实体模型

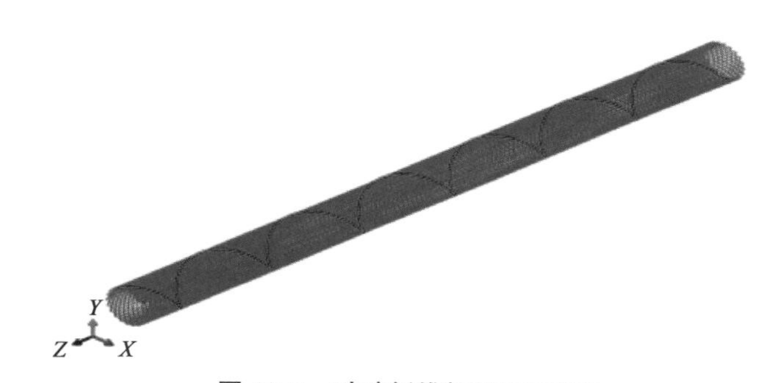

图 19.9　玻璃纤维螺旋网状结构

在力学分析中，桁架(Truss)单元是不传递弯矩和剪力的，只传递轴向力，梁(Beam)单元可以传递弯矩和剪力。ABAQUS 在定义梁单元时，除了定义沿着梁单元的局部切向方向，还要定义梁的横截面垂直于这个局部切线两个矢量；而在定义桁架单元时，无须特别定义桁架截面的方向。所以当忽略弯矩和剪力作用时，采用梁单元和桁架单元分析均可。

在实际生产工艺中，先将一定数量的玻璃纤维融合成片状结构，然后再将片状结构由内而外地缠绕在 UHMWPE 外部，所以相比于 Truss 单元样管实体结构层更接近于 Beam 单元。但玻纤增强柔性管仅在轴向拉伸荷载作用下忽略了弯曲变形等其他方向的变形，只考虑轴向变形；玻璃纤维融合成的片状结构宽度较小，两种单元模拟出的结果并相差不多，这一点已在有限元中试算验证；Truss 单元相比于 Beam 单元较简单，可以大大提高计算效率。

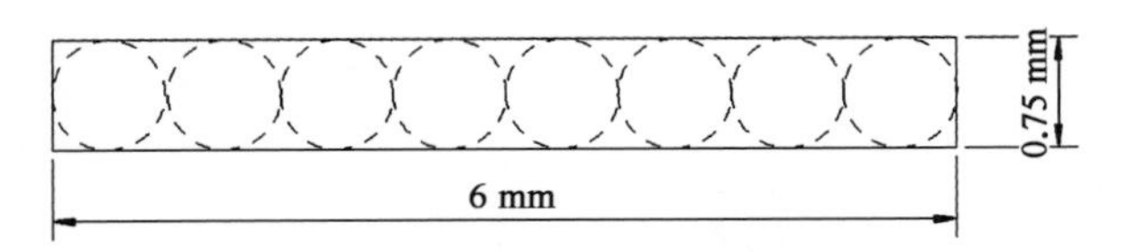

图 19.10　模型截面等效示意图

综上所述，采用桁架单元建立有限元模型。为了更好地模拟螺旋缠绕绳模型，将本来矩形片状结构用并排布置的圆形截面绳结构等效。等效截面示意如图 19.10 所示。

19.3.2　材料参数

考虑到实际工程应用针对内外层不同功用，内衬层热塑性材料采用抗流体压力及腐蚀性能较好的超高分子量聚乙烯 UHMWPE(SR－02)，外保护层热塑性材料采用抗老化及耐久性能较好的高密度聚乙烯 HDPE(XRT70)。内衬层和外保护层 PE 屈服准则均采用第四强度理论，根据 Mises 等效应力来判断 PE 是否进入塑性，强化准则采用双线性随动强化模型。玻璃纤维结构则假设为线弹性材料。材料参数见表 19.3。

表 19.3　有限元材料参数设置

材　料	位　置	弹性模量/MPa	屈服强度/MPa
UHMWPE	内衬层	570	21
HDPE	外保护层	850	23
玻璃纤维	结构加强层	33 000	

19.3.3　耦合作用及边界条件

根据在 19.1.1 节中提出的基本假定，当对管道施加轴向拉伸荷载时，只考虑管道轴向变形而忽略弯曲、扭转和压缩变形，且仅允许管道发生径向位移和轴向位移，同时限制扭转转角。如图 19.11 所示，对左端面用 RP－1 点耦合以便于施加荷载。RP－1 耦合了除径向之外的五个方向，即认为仅允许管壁相对于管道的中心轴发生径向位移。

根据试验装置的边界条件，对建立的有限元模型一端施加固定约束，但若对一个面施加位移荷载在现有的试验条件下是非常困难的。为了保证另一端面在轴向拉伸荷载作用下的位移相同，可对 RP－1 的 U_3 方向施加位移荷载，采用静态分析步进行计算，位移荷载从零开始匀速加载。

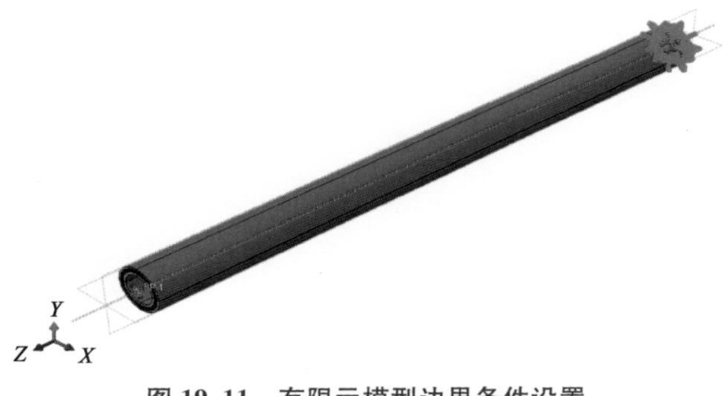

图 19.11　有限元模型边界条件设置

19.4　结果讨论

通过上述对理论、有限元和试验的描述，试验结果考虑工程实际应用取伸长率小于10%的阶段进行分析；理论模型在 Knapp 提出的光缆拉扭模型基础上进行修改；有限元利用 UltraEdit 写出程序化语言，并将脚本文件直接导入 ABAQUS 中。将三者的结果进行比对，并进一步对玻璃纤维应力、截面变形等问题进行分析。

19.4.1　轴向荷载-轴向位移曲线

图 19.12 为轴向拉伸荷载下有限元与理论轴向力-轴向位移曲线对比图。从图中可以看出，不论是理论计算值还是有限元模拟值轴向拉伸荷载-轴向位移曲线走向都接近于 HDPE 材料的拉伸曲线，且在弹性阶段吻合度很高。这是由于理论值和有限元值材料模型都采用的是双折线模型，有限元仿真计算屈服位移为 35.63 mm，理论计算屈服位移为 30 mm，两者的屈服位移比较接近，且有限元计算出的屈服荷载值要大于理论屈服荷载值。屈服点过后，有限元曲线略微下降后保持水平，但理论值保持上升趋势，其主要原因为：在求解理论值时，采用的是抽取 HDPE 拉伸曲线中具有代表性的五个点后，弹性模量用线性插值的方法进行求解，理论的轴向拉伸荷载-轴向位移曲线十分接近于标准的双折线材料模型。但在输入有限元材料参数时，仅输入了拉伸弹性模量和屈服强度，利用 ABAQUS 中自带的双线性随动强化模型进行求解，所以有限元会暂时进入平台阶段，但在当轴向位移大于 200 mm 时，有限元的轴向荷载-轴向位移曲线开始有上升。

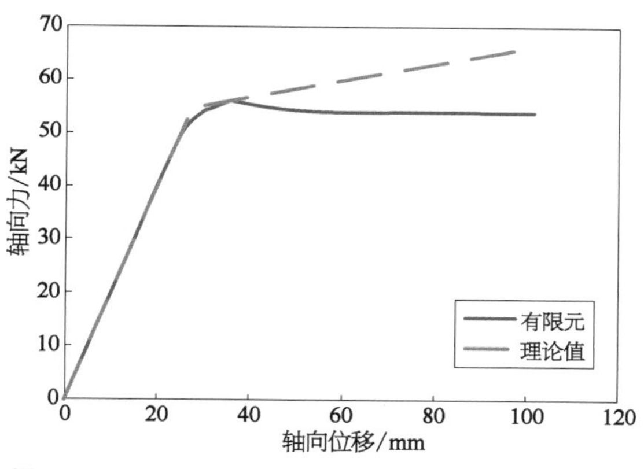

图 19.12　有限元与理论轴向力-轴向位移曲线对比

试验前期的数据较大波动是由于试验前期仪器与管材之间有空隙、油压不稳等原因引起的，为了较为客观地对比有限元仿真值和理论计算值，可舍去前期波动较大不准确的试验数据，取 5 mm 后的试验数据与有限元和理论结果对比，对比结果如图 19.13 所示。

从三者的对比结果可以看出，试验结果的轴向荷载-轴向位移曲线更接近于真实的 HDPE 拉伸应力-应变曲线。试验结果具有离散性，有限元和理论值结果曲线介于三根样管试验曲线之间，原因是由于在有限元和理论计算中，每一片玻璃纤维带状缠绕结构的简

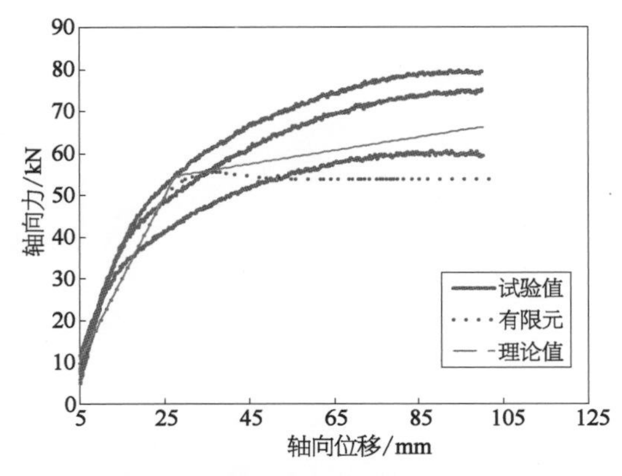

图 19.13　有限元、理论和试验轴向力-轴向位移曲线对比

化过程都是用等效的八根玻璃纤维绳状结构代替的，这样会使得数值模拟的 HDPE 面积小于真实管道中的 HDPE 面积。而且在选取 HDPE 材料模型时，不论是有限元求解还是理论求解都做了简化，不能够完全反映试验过程中 HDPE 的力学行为。

由图 19.13 可知，在轴向拉伸荷载作用下，不同材料的工作过程主要描述如下：在拉伸初期，玻璃纤维绳结构处于螺旋状态，随着轴向荷载的逐渐增大，由于泊松比 HDPE 体积不断被挤压的原因，管道的横截面面积不断减小；在拉伸中期，玻璃纤维绳慢慢展开，分担的轴向拉力逐渐增加；在拉伸末期，玻璃纤维结构加强层基体 HDPE 不能再被压缩，玻璃纤维绳之间开始相互挤压。

19.4.2　截面变形

从图 19.14 可以看出，拉伸过后的有限元管道有明显的颈缩现象。忽略边界效应，取中间均匀段进行截面变形分析，可以作出径向位移变化曲线如图 19.15 所示。

从图 19.15 可以看出，有限元仿真计算和理论计算结果，每一层的半径都随着轴向位移的增加而减小。当轴向位移较小时，理论值与有限元值重合度较高，但当轴向位移为 88 mm 左右时，有限元值骤降，与理论值分离。分析造成两者偏差的原因如下：

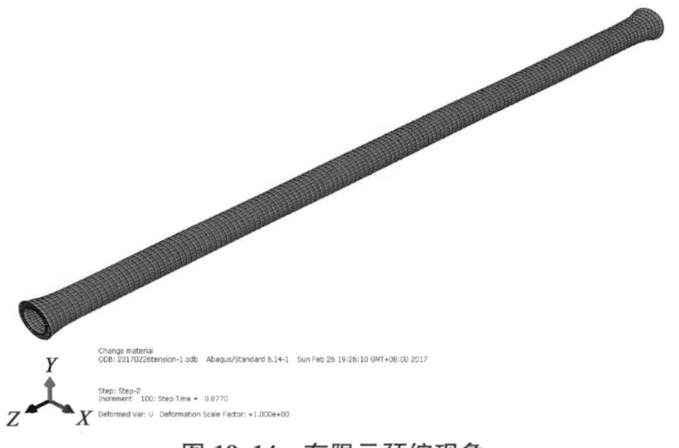

图 19.14　有限元颈缩现象

在理论分析中，将玻纤结构加强层中的玻璃纤维和 HDPE 基底看作是间隔缠绕的绳结构；而在有限元分析中，在 Assembly 时每根玻璃纤维绳是以管轴为中心均匀分布在加强层中的。当拉伸位移较小时，截面变形主要是由于 HDPE 面积减小造成的，所以前期有限元结果与理论结果吻合度较高。随着轴向拉伸位移逐渐增大，HDPE 的面积减小到一定程度，玻璃纤维绳结构分担的轴向拉力逐渐增大，由于有限元和理论模型中玻璃纤维绳结构分布方式不同，所以后期曲线出现差异。另外，在有限元模型选点时，手动选点导致半径位置不精确，也会稍稍影响有限元计算精度。

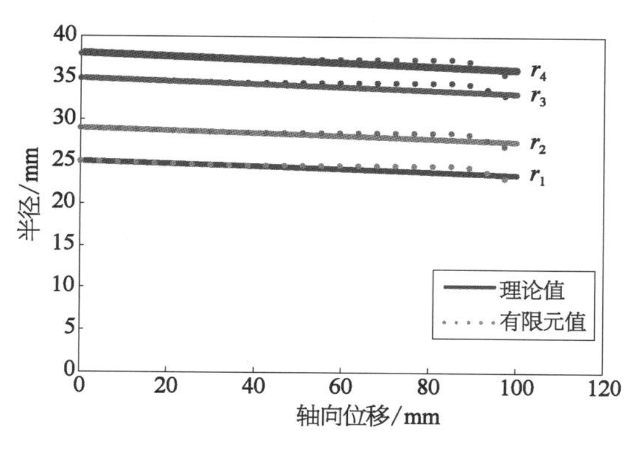

图 19.15　有限元、理论半径-轴向位移曲线对比

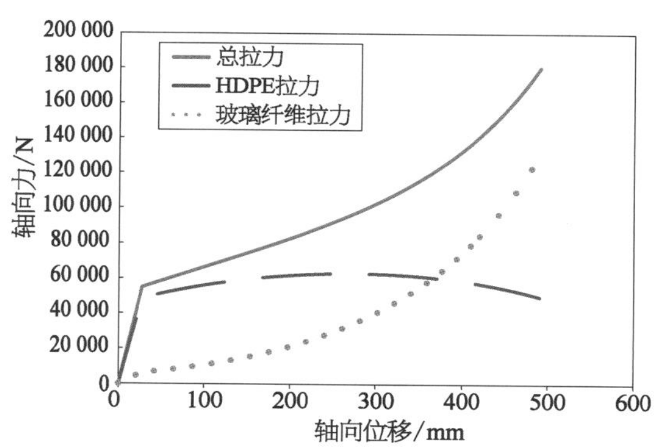

图 19.16　不同材料的轴向力-轴向位移曲线对比

19.4.3　材料贡献度

为了进一步分析不同材料对总拉伸荷载的贡献度，对 PE 和玻璃纤维的贡献度进行计算。

如图 19.16 所示，在拉伸的早期阶段，PE 对总拉伸荷载的贡献可达 90%以上。当 PE 开始进入塑性阶段，即轴向位移为 30 mm，与总体荷载拉伸曲线屈服位移相等，PE 的贡献度开始下降而玻璃纤维的贡献度开始增加。但当位移大于 271 mm 时，HDPE 的拉力开始下降，但玻璃纤维的拉力始终保持上升。当位移为 366 mm 时，玻璃纤维的拉力值等于 HDPE 的拉力值，即两种材料的贡献度各占 50%。在工程实际应用中(即玻纤增强柔性管轴向伸长率小于 10%)，此阶段 HDPE 作为主要承受拉伸荷载的材料，而玻璃纤维的贡献度此时较小。当轴向拉伸应变大于 10%时，随着轴向拉伸位移的增加，玻璃纤维的贡献度也逐渐增加，最终超过 HDPE 的贡献度。

19.4.4　玻璃纤维应力

由于经典层合板理论的部分局限性，本节基于 Knapp 光缆拉扭模型对单独分析玻璃纤维的应力进行理论计算。玻璃纤维结构加强层自内而外编号，每一层玻璃纤维应力相差无几，在忽略边界效应的情况下，随机调取玻纤增强柔性管有限元模型中间应力变化曲线，如图 19.17 所示。

从图 19.17 中可以看出，每层玻璃纤维应力变化趋势一致，且在轴向位移接近 31 mm 时玻璃纤维应力暂时进入一段平台期。总的来看，玻璃纤维应力由内而外逐层增加。相邻两层的玻璃纤维缠绕角度相反但应力接近，且相邻奇数层与偶数层玻璃纤维应力大小之间并没有规律，如第二层玻璃纤维应力略大于第一层玻璃纤维应力，但第五层玻璃纤维应力要略大于第六层玻璃纤维应力。

随机调取结构加强层中的一根玻璃纤维上的多个节点的应力曲线，图 19.18 为选取第六层中一根玻璃纤维上的七个节点的应力曲线。从图 19.18 可以看出，各节点玻璃纤维应力在轴向位移较小时吻合度较高，在加载后期变化趋势各异，没有明显规律，有些位置的玻璃纤维有压应力存在。

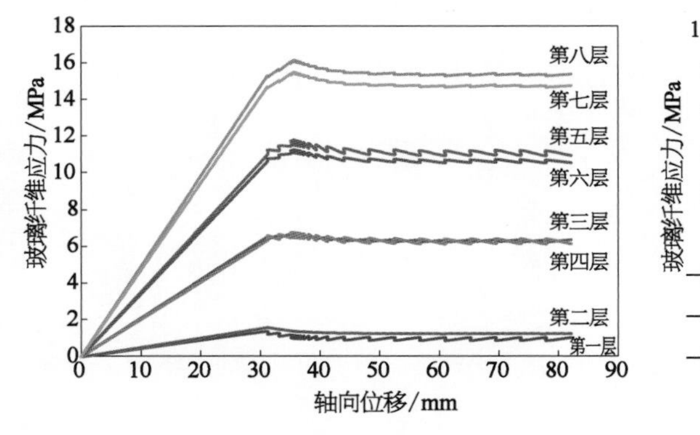

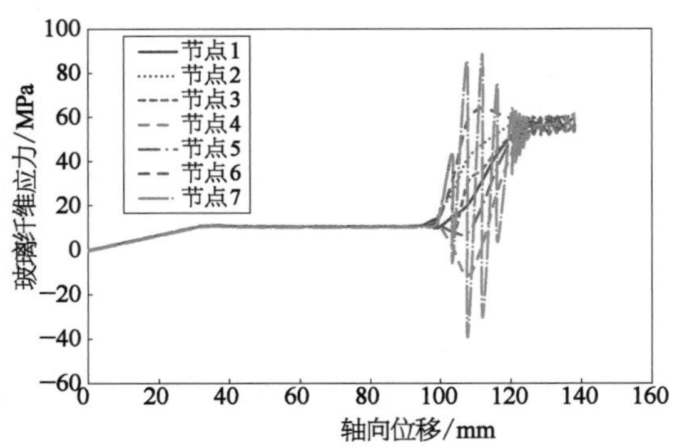

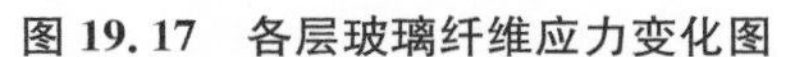
图 19.17　各层玻璃纤维应力变化图

图 19.18　多个节点玻璃纤维应力变化曲线

19.5　参数分析

由于影响玻纤增强柔性管管道力学性能的参数有很多，某个或某几个敏感性较强的因素对管道力学性能影响很大，分析每个参数对管道力学性能的影响对工程实践意义重大。参数分析不仅可以观察各个参数变化对玻纤增强柔性管管道力学性能的影响，还可以应用参数分析的结果综合考虑成本、使用寿命等因素，从而实现对玻纤增强柔性管管道的优化设计。

综上所述，在具有工程应用价值的范围内(即轴向应变在10%以内)，改变玻纤增强柔性管纤维缠绕角度、径厚比、纤维数量等参数，并分析其对玻纤增强柔性管力学性能的影响。

19.5.1　纤维缠绕角度

如图 19.19 所示，当玻璃纤维缠绕角度从 45°增加到 55°时，总体荷载-轴向位移曲线走势相近，且玻纤增强柔性管的总体拉伸刚度随着玻璃纤维缠绕角度的增加而减小，且随着玻璃纤维缠绕角度的增加 HDPE 的贡献度逐渐增大，相比于玻璃纤维对总拉伸荷载的贡献度变化较大，PE 受玻璃纤维缠绕角度的变化影响并不大。

如图 19.20 所示，玻璃纤维对总拉伸荷载的贡献度随着缠绕角度的增加而降低。当玻璃纤维缠绕角度为 45°时，玻璃纤维的贡献度相当大。加载初期玻璃纤维就承担了50%以上的拉伸荷载，随着轴向拉伸位移的增加，玻璃纤维的贡献度最高可以达到97.03%。

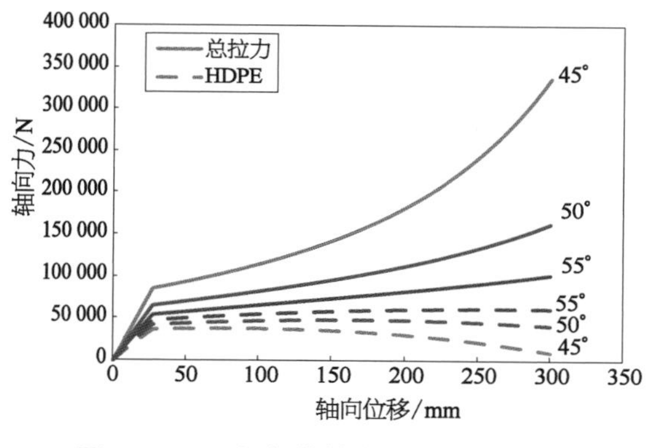

图 19.19　不同纤维缠绕角度下的材料轴向力-轴向位移曲线

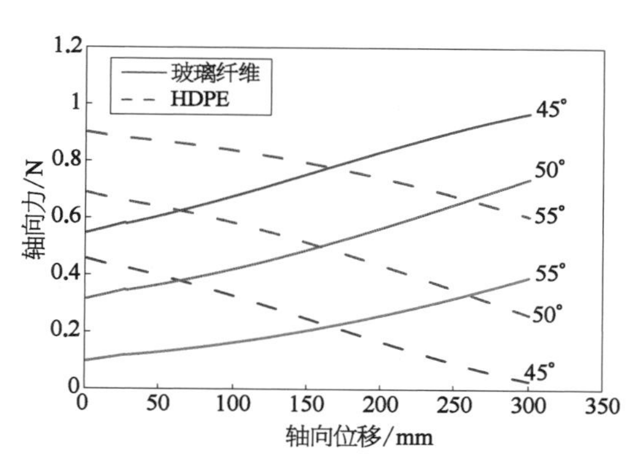

图 19.20　不同纤维缠绕角度下的材料贡献度

19.5.2　纤维数量

如图 19.21 所示，增多或者减少纤维数量并没有明显影响轴向拉伸荷载-轴向位移曲线。随着纤维数量的增多，HDPE 的贡献度有所下降，玻璃纤维的贡献度逐渐增加，但数值都非常小。虽然玻纤增强柔性管的拉伸性能不会随着纤维数量的增多而发生明显变化，但每一根纤维的应力会随纤维数量的增多而降低。

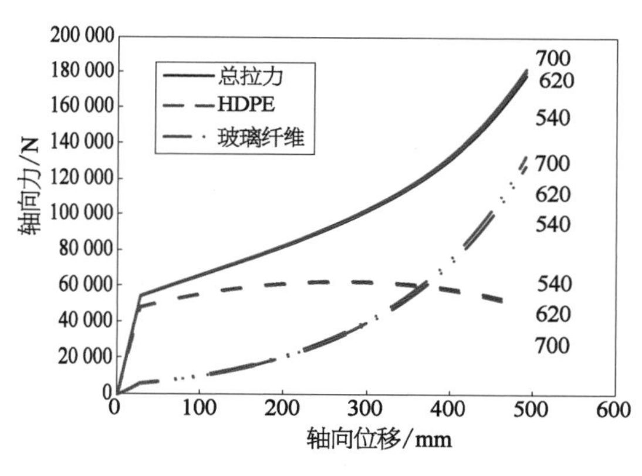

图 19.21　不同纤维数量下的轴向力-轴向位移曲线

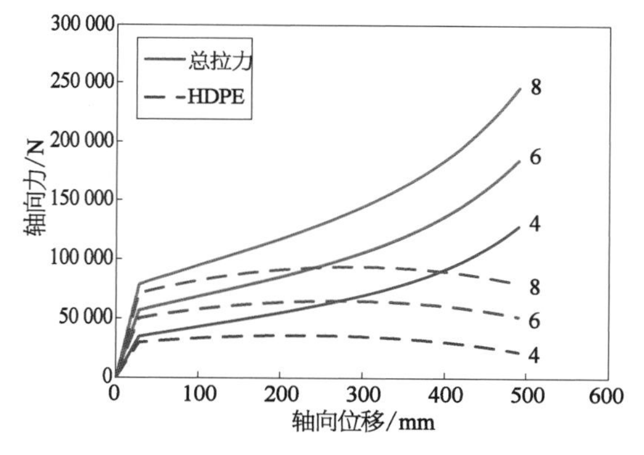

图 19.22　不同径厚比下的轴向力-轴向位移曲线

19.5.3　径厚比

对于海洋输油柔性管，圆形管道的径厚比是工程设计中的一个重要参数。径厚比即为管道的直径与壁厚的比值。本次试验管道外径为 76 mm，壁厚为 13 mm，径厚比为 5.8。保持管道的壁厚不变，改变管道半径，可以得到不同径厚比下的管道轴向荷载-轴向位移曲线，如图 19.22 所示。不同径厚比半径参数见表 19.4 所示。

表 19.4　不同径厚比下的半径参数

径厚比	r_1/mm	r_2/mm	r_3/mm	r_4/mm	R_1/mm	R_2/mm
4	13	17	23	26	18.5	21.5
6	26	30	36	39	31.5	34.5
8	39	43	49	52	44.5	47.5

从图 19.22 可以看出，随着径厚比的增加，不论是弹性阶段还是塑性阶段，玻纤增强柔性管的拉伸刚度不断增加，但屈服位移并无太大变化。其中 HDPE 材料的轴向拉伸力-轴向位移曲线变化与总体轴向拉伸力-轴向位移曲线相近，再次证明了当轴向位移较小时，HDPE 为主要承受拉力构件。

19.5.4　内衬层和外保护层厚度

改变理论模型中内衬层厚度，将内衬层厚度由 4 mm 增加到 8 mm，作出轴向力-轴向位移曲线如图 19.23 所示。从图 19.23 可以看出，随着内衬层厚度的增加，玻纤增强柔性管的屈服位移并无太大变化，但轴向刚度不断增加。其中 HDPE 材料的轴向力也随着内衬层厚度的增加而不断增大。改变理论模型中外保护层厚度，将外保护层厚度由 3 mm 增加到 9 mm。从图 19.24 可以得出类似于图 19.23 的结论：随着外保护层厚度的增加，玻纤增强柔性管的屈服位移并无太大变化，但轴向刚度不断增加。其中 HDPE 材料的轴向力也随着内衬层厚度的增加而不断增大。

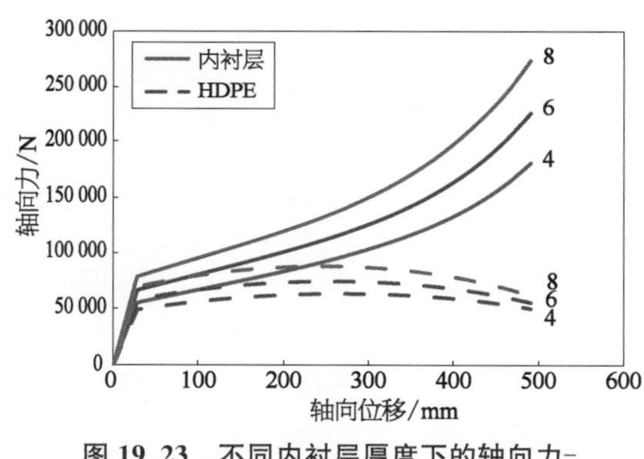

图 19.23　不同内衬层厚度下的轴向力-轴向位移曲线

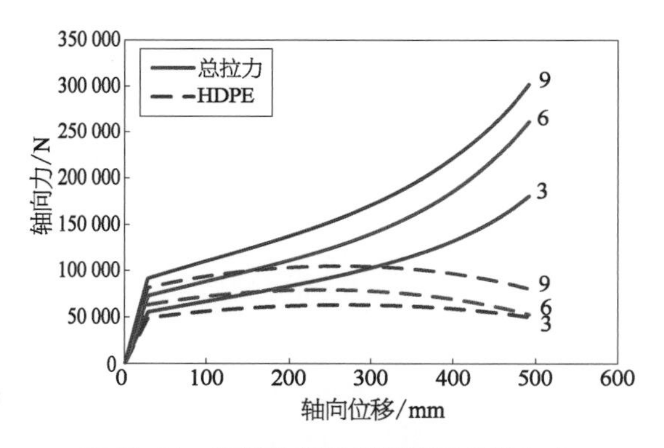

图 19.24　不同外保护层厚度下的轴向力-轴向位移曲线

以上结果表明，适当增大内衬层或外保护层厚度可以提高玻纤增强柔性管的轴向拉伸性能，但考虑到增加截面面积会增加工程造价，所以在实际设计中截面面积不可能无限增大。

19.6 本 章 小 结

首先，本章基于光缆拉扭理论模型，根据玻纤增强柔性管的几何特性，综合考虑了截面变形、绳变形和平衡方程，通过编程计算得到了理论值；其次，对三根样管采用位移加载方式，得到了试验的轴向荷载-轴向位移曲线；第三，将玻璃纤维绳“嵌入”结构加强层实体中，基于有限元分析方法，着重对玻璃纤维应力变化进行分析研究；最后，对比理论解、有限元解和试验结果，进行误差来源及参数分析，得到不同参数条件下玻纤增强柔性管的力学性能。具体结论如下：

(1) 玻纤增强柔性管拉伸试验的轴向荷载-轴向位移曲线接近于真实的 HDPE 拉伸曲线。由于理论模型和有限元模型中的材料模型均为双折线模型，所以两者的结果均接近于 HDPE 的双折线简化模型，有限元和理论值结果曲线介于三根样管试验曲线之间。

(2) 拉伸作用下的玻纤增强柔性管有明显的颈缩现象；有限元解和理论解之间存在微小差异是由于两个模型之间玻璃纤维绳结构与 HDPE 基底之间的关系考虑方式不同。

(3) 当轴向位移较小时，HDPE 作为主要的承拉构件，玻璃纤维结构此时的贡献度较小；随着轴向位移的增加，玻璃纤维结构的贡献度不断上升并超过 HDPE 的贡献度。

(4) 每层玻璃纤维应力变化趋势一致，且由内而外逐层增加。除此之外，相邻两层的玻璃纤维缠绕角度相反但应力接近，且相邻奇数层与偶数层玻璃纤维应力大小之间并没有规律。各节点玻璃纤维应力在轴向位移较小时吻合度较高，在加载后期变化趋势各异，有些位置的玻璃纤维有压应力存在。

(5) 玻纤增强柔性管的拉伸刚度随着玻璃纤维缠绕角度的增加而增加。相比于玻璃纤维对总拉伸荷载的贡献度变化较大，HDPE 受玻璃纤维缠绕角度的变化影响并不大。

(6) 玻纤增强柔性管的拉伸性能不会随着纤维数量的增多而发生明显变化，但每一根纤维的应力会随纤维数量的增多而降低。

(7) 随着径厚比的增加，不论是弹性阶段还是塑性阶段，玻纤增强柔性管的拉伸刚度不断增加，但屈服位移并无太大变化。其中 HDPE 材料的拉伸荷载-位移曲线变化与总体拉伸荷载-位移曲线相近。

(8) 随着内衬层或外保护层厚度的增加，玻纤增强柔性管的屈服位移并无太大变化，但轴向刚度不断增加。其中 HDPE 材料的轴向力也随着内衬层厚度的增加而不断增大。

参考文献

[1]　徐业峻，郭学龙，徐慧，等. 海上漂浮输油软管拉伸特性的理论与试验分析[J]. 油气储运，2013，

32(2)：131－134.

[2] Rosenow M W K. Wind angle effects in glass fibre-reinforced polyester filament wound pipes [J]. Composites, 1984, 15(2): 144－152.

[3] Xia M, Takayanagi H, Kemmochi K. Analysis of multi-layered filament-wound composite pipes under internal pressure[J]. Composite Structures, 2001, 53(4): 483－491.

[4] Xia M, Takayanagi H, Kemmochi K. Bending behavior of filament-wound fibre-reinforced sandwich conditions[J]. Composite Structures, 2002, 56(2): 201－210.

[5] Knapp R H. Nonlinear analysis of a helically armored cable with nonuniform mechanical properties in tension and torsion[C]//OCEAN 75 Conference. IEEE, 1975: 155－164.

[6] Knapp R H. Derivation of a new stiffness matrix for helically armoured cables considering tension and torsion[J]. International Journal for Numerical Methods in Engineering, 1979, 14(4): 515－529.

[7] 张尹. 纤维缠绕增强复合管在轴对称荷载下的力学行为研究[D]. 杭州：浙江大学,2015.

[8] 全国塑料制品标准化技术委员会. 热塑性塑料管材 拉伸性能测定：GB/T 8804—2003[S]. 北京：中国标准出版社,2003.

[9] Bai Y, Wang Y, Cheng P. Analysis of reinforced thermoplastic pipe (RTP) under axial loads [C]//ICPTT 2012: Better Pipeline Infrastructure for a Better Life. 2013: 708－724.

第 20 章　玻纤增强柔性管抗外压强度

外压载荷是柔性管在服役期内承受的主要载荷之一。柔性管在外压载荷下容易产生屈曲失稳现象。当柔性管所受外压载荷达到屈曲极限承载力时，管道发生屈曲，且屈曲还可能会沿着管道进行传播，从而会进一步导致更长的管道发生屈曲失效。玻纤增强柔性管作为一种新型柔性管，对其在外压载荷下的屈曲失稳研究是十分必要的。

综上所述，本章基于非线性屈曲理论和虚功原理，建立外压载荷下玻纤增强柔性管的平衡方程，通过 Newton-Raphson 法进行数值求解。根据玻纤增强柔性管的真实结构建立有限元实体模型并进行仿真分析，对样管进行短期静水外压试验。对比分析理论分析结果、有限元模拟结果和试验结果，从初始几何缺陷、几何结构和材料特性三方面阐述玻纤增强柔性管的屈曲失稳机理。

20.1 数值理论

20.1.1 基本假设

玻纤增强柔性管作为粘结管，为无缝隙连续体，其复合层具有一定微观特性。本章在进行理论求解时，根据上述特性，做出如下必要假设：

(1) 玻纤增强柔性管由内层、加强层和外层三部分构成，其中加强层由玻纤和基体 HDPE 构成。

(2) 玻纤增强柔性管的组成材料都是均匀连续，无孔隙和裂纹。

(3) 作为粘结柔性管，加强层玻纤与基底是粘结的，在变形过程中没有相对滑移；层与层之间紧密粘结，无相对滑移；层与层间的接触点连续，也不改变形状。

(4) 玻纤增强柔性管横截面在变形过程中始终保持与中轴垂直。

(5) 在复合加工过程中，材料性质保持不变，且不随时间、温度变化。

20.1.2 材料简化模型

根据基本假设，本节在做材料简化模型时，不考虑材料和时间的相关性。

1) 内层和外层简化模型

根据 J2 塑性流动等向强化理论，不考虑内层和外层的径向应力 $\dot{\sigma}_r$、剪切应力 $\dot{\tau}_{\theta z}$ 和 $\dot{\tau}_{rz}$，内层和外层 HDPE 的本构方程均可用式(20.1)表示：

$$\begin{Bmatrix} \dot{\sigma}_z \\ \dot{\sigma}_\theta \\ \dot{\tau}_{\theta r} \end{Bmatrix} = \begin{bmatrix} D_{11} & D_{12} & D_{13} \\ D_{21} & D_{22} & D_{23} \\ D_{31} & D_{32} & D_{33} \end{bmatrix} \begin{Bmatrix} \dot{\varepsilon}_z \\ \dot{\varepsilon}_\theta \\ \dot{\gamma}_{\theta r} \end{Bmatrix} \tag{20.1}$$

其中，$D_{ij}=\varphi(\sigma_{ij}, Q, \upsilon)$，$i, j=1, 2, 3$；$Q=\begin{cases}0, & \sigma_e<\sigma_{e,\max} \\ \dfrac{1}{4\sigma_e^2}\left(\dfrac{E}{E_t}-1\right), & \sigma_e\geqslant\sigma_{e,\max}\end{cases}$。

式中 υ——泊松比；

E——弹性模量；

E_t——切线模量；

σ_e——Mises 等效应力；

$\sigma_{e,\max}$——最大等效应力。

2）加强层简化模型

将玻纤增强柔性管加强层中的 HDPE 基体和玻璃纤维视为交错布置的螺旋缠绕带结构。复合材料是宏观均匀的，因此研究其力学性能时，只需取其一代表性体积单元即可代表总体进行研究。本节针对玻璃纤维材料各向异性，通过 Halpin-Tsai 方程求出该层的五个有效模量。

每层玻璃纤维等间距排列，选出一个代表性体积，取该单元长度为相邻玻璃纤维的垂向距离 L，宽度为玻璃纤维直径 D，如图 20.1 所示。为了建立管道外压理论模型，首先需要确定加强层的材料弹性摩尔常数。

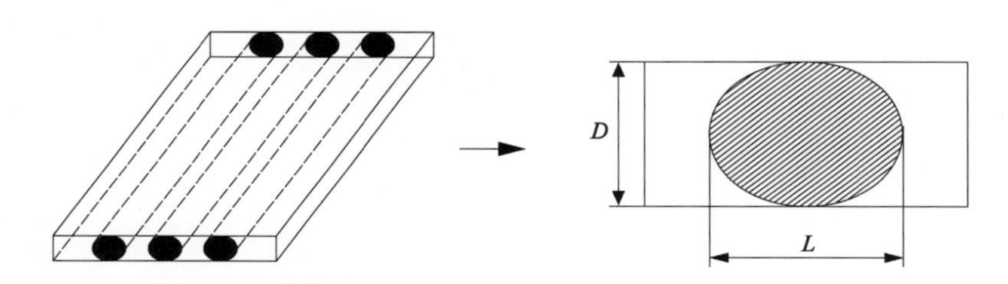

图 20.1　加强层体积单元代表

五个有效模量可以表示材料的本构关系。对于 E_L、μ_{L2} 等较为成熟的弹性常数计算公式，Halpin-Tsai 模型表示如下

$$E_L=E_{PE}V_{PE}+E_{fg}(1-V_{PE}) \tag{20.2}$$

$$\mu_{L2}=\mu_{PE}V_{PE}+\mu_{fg}(1-V_{PE}) \tag{20.3}$$

式中 E_L、μ_{L2}——局部坐标系下沿玻璃纤维缠绕方向的弹性模量和泊松比；

V_{PE}——PE 所占的体积分数。

对垂直于玻璃纤维缠绕方向的弹性常数（E_2、μ_{2L}、G_{L2}）计算公式，Halpin-Tsai 模型表示如下：

$$\frac{M}{M_m}=\frac{1+\zeta\eta V_{fg}}{1-\eta V_{fg}} \tag{20.4}$$

$$\eta = \left(\frac{M_{fg}}{M_m} - 1\right) \Big/ \left(\frac{M_{fg}}{M_m} + \xi\right) \tag{20.5}$$

$$\xi_E = 2,\ \xi_G = 1 \tag{20.6}$$

20.1.3　运动方程

如图 20.2 所示，根据平截面假定，截面上任意一点的轴向应变可以表示为

$$\varepsilon_x = \varepsilon_x^0 + \zeta\kappa \tag{20.7}$$

式中　ε_x^0 ——弯曲中性面处的轴向应变；

ζ ——变形后截面上任意点到弯曲中性面的距离，可由式(20.8)计算得到：

$$\zeta = (R + w)\cos\theta - v\sin\theta + z\cos\theta \tag{20.8}$$

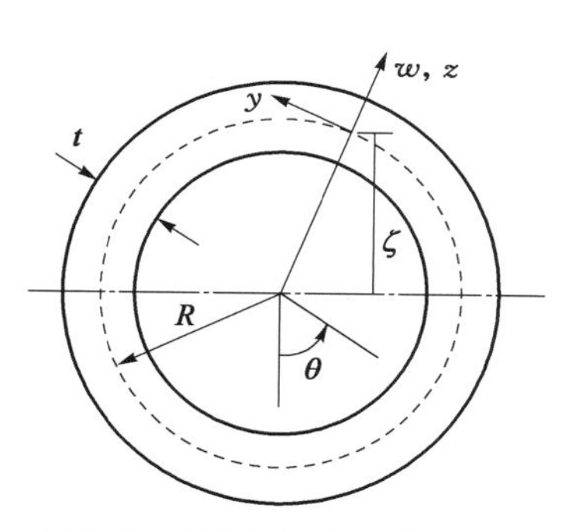

图 20.2　玻纤增强柔性管示意图

环向应变可以表示为

$$\varepsilon_\theta = \left(\frac{v' + w}{R}\right) + \frac{1}{2}\left(\frac{v' + w}{R}\right)^2 + \frac{1}{2}\left(\frac{v - w'}{R}\right) + z\left(\kappa_\theta + \frac{\gamma'_\theta}{R}\right) \tag{20.9}$$

$$\kappa_\theta = \left(\frac{v' - w''}{R^2}\right) \Big/ \sqrt{1 - \left(\frac{v - w'}{R}\right)^2} \tag{20.10}$$

假设沿壁厚方向的剪应变为一阶线性，可以表示为

$$\gamma_{\theta r} = \gamma_\theta \tag{20.11}$$

20.1.4　虚功方程

为了得到外压载荷作用下玻纤增强柔性管的屈曲特性，基于非线性屈曲理论和虚功原理建立平衡状态方程[式(20.12)]，式(20.9)作为方程组的附加方程。联立可以得到各个给定体积值下管道的外压值，以及相应状态时截面各点的位移、应力和应变：

$$\int_0^{2\pi}\left[\sum_{i=1}^{N_l}\int_{t_1(i)}^{t_2(i)}(\hat{\sigma}_x\delta\dot{\varepsilon}_x + \hat{\sigma}_\theta\delta\dot{\varepsilon}_\theta + \hat{\tau}_{\theta r}\delta\dot{\gamma}_{\theta r})(R + z)\mathrm{d}z\right]\mathrm{d}\theta = \delta\dot{W}_e \tag{20.12}$$

$$\delta\dot{W}_e = \hat{P}\delta\dot{V} = \hat{P}R\int_0^{2\pi}\left[\delta\dot{w} + \frac{1}{2R}(2\hat{w}\delta\dot{w} + 2\hat{v}\delta\dot{v} + \hat{w}\delta\dot{v}' + \hat{v}'\delta\dot{w} - \hat{v}\delta\dot{w}' - \hat{w}'\delta\dot{v})\right]\mathrm{d}\theta \tag{20.13}$$

$$\hat{V} = \pi R^2 + R\int_0^{2\pi}\left[\hat{w} + \frac{1}{2R}(\hat{v}^2 - \hat{v}\hat{w}' + \hat{v}'\hat{w} + \hat{w}^2)\right]\mathrm{d}\theta \tag{20.14}$$

20.1.5 数值计算

基于非线性屈曲理论和虚功方程，推导外压载荷下玻纤增强柔性管运动方程的求解办法。利用 Newton-Raphson 迭代求解。整个过程在 Matlab 中编程求解，求解思路可以用图 20.3 表示。

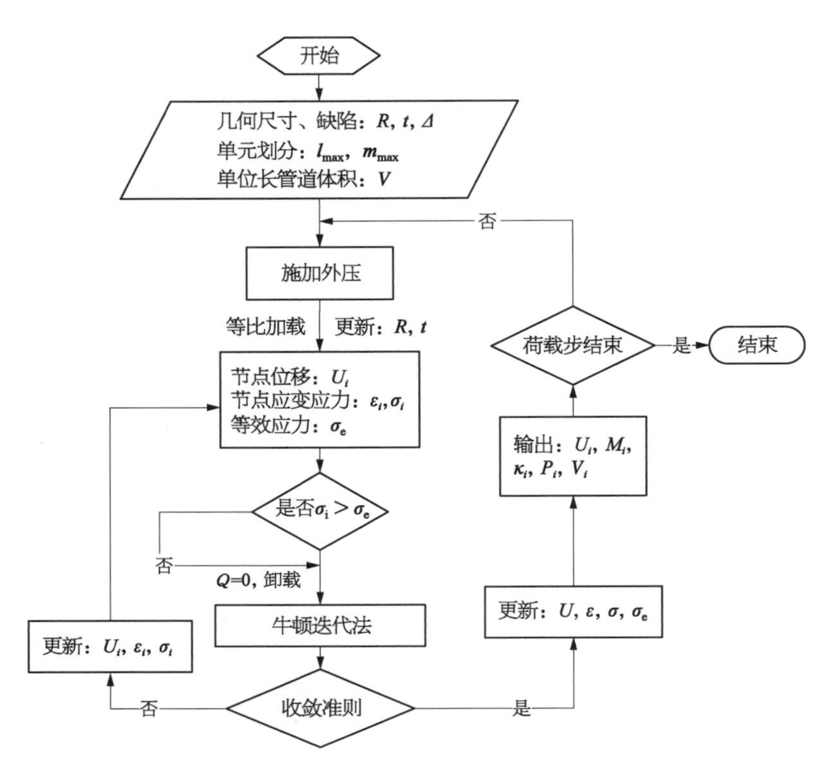

图 20.3 求解思路流程图

理论分析中采用的玻纤增强柔性管的材料和几何参数见表 20.1 和表 20.2。

表 20.1 玻纤增强柔性管几何参数

结 构	材 质	内径/mm	厚度/mm	外径/mm
内衬层	UHMWPE	50	4	58
结构层	序 号	角度/°	理论根数	外径/mm
	1	55	18	59.5
	2	55	18	61.0
	3	55	19	62.5
	4	55	19	64.0
	5	55	20	65.5

(续表)

结　构	材　质	内径/mm	厚度/mm	外径/mm
	序　号	角度/°	理论根数	外径/mm
结构层	6	55	20	67.0
	7	55	20	68.5
	8	55	21	70.0
外保护层	HDPE	70	3	76

表 20.2　玻纤增强柔性管材料参数

材　料	位　置	弹性模量/MPa	屈服强度/MPa
UHMWPE	内衬层	570	21
HDPE	外保护层	850	23
玻璃纤维	结构加强层	33 000	

图 20.4 为通过理论分析得到的外压作用下玻纤增强柔性管的椭圆度-外压关系曲线。在玻纤增强柔性管发生失稳前，其外压承载能力随着椭圆度呈线性增加。当玻纤增强柔性管发生屈曲后，随着椭圆度的快速增加，其外压承载能力逐渐下降。当超过 16 MPa 时，玻纤增强柔性管进入塑性阶段，其能承受的最大外压载荷为 17.58 MPa。玻纤增强柔性管椭圆度和外压的关系变化是由材料和几何非线性导致的。

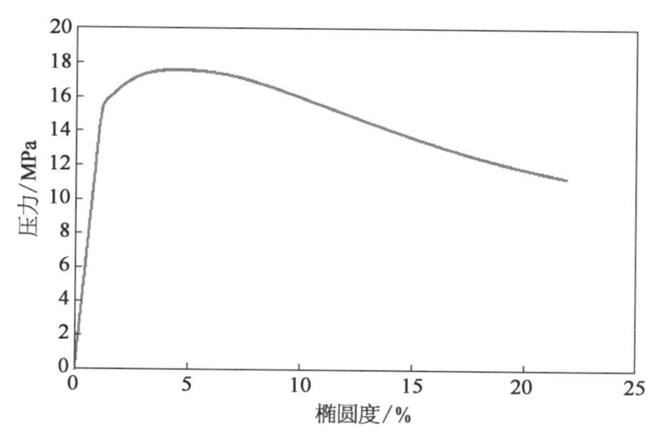

图 20.4　外压作用下玻纤增强柔性管的椭圆度-外压关系曲线

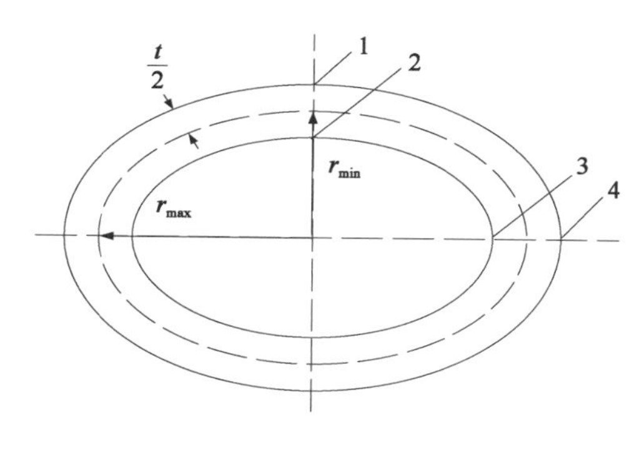

图 20.5　输出应变的位置点

根据美国石油协会标准 API 17J，荷载作用下柔性管截面的应变不应超过 7.7%。图 20.5 的四个点为玻纤增强柔性管截面最大环向应变可能出现的区域。图 20.6 为通过理论分析方法得到的上述四点的环向应变随椭圆度变化的关系曲线。由图可以看出，在加载的最初阶段截面上的环向应变都是负值，说明整个截面以压应变为主。随椭圆度增加，截面上的点 2 和点 3 处环向应变逐渐变为正值，说明该位置由受压状态变为受拉状态。

管道的最大环向应变发生在管道长对称轴的内侧，即点 3。

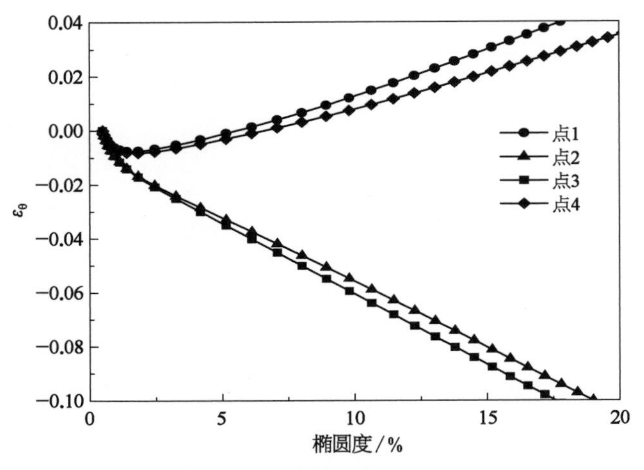

图 20.6　椭圆度-环向应变关系曲线

20.2　有限元分析

本节将利用有限元软件 ABAQUS 根据玻纤增强柔性管的真实结构建立三维有限元模型并进行模拟分析。在工程应用中，玻纤增强柔性管的实际长度与管道外径的比值往往较大，因此可将玻纤增强柔性管作为无限长管进行研究。在有限元仿真中，从建模可行性考虑，可取管道一小段进行研究。

20.2.1　几何参数和材料性能

有限元分析中的玻纤增强柔性管的截面参数和各层材料性能分别见表 20.1 和表 20.2。

20.2.2　有限元模型

如图 20.7 所示，建立一个 20 mm 长的有限元模型。在建模过程中，利用 Python 语言，在 ABAQUS 的 Kernel Command Line Interface 界面中导入脚本文件，方便建模过程的参数设定。假设每一层之间相互紧密连接，利用 Extrusion 命令建成模型，然后用 Partition 命令分割各层，并将材料属性赋予各层，将内外层和基体都设置成固体单元，玻纤设置成梁单元，在实际建模过程中，基体与内外层设置成一个部分，各层的玻纤设置成单独的部分，并对每一层的玻纤进行阵列。外压计算分为两步：第一步进行模态分析，分析步选择 Perturbation-buckle 类型，并将得到的模态位移乘以一个较小的因子作为初始缺陷添加到完美管道上；第二步进行静力分析，得到管道在外压下的屈曲特性。有限元计算为了得到荷载-变形关系的下降段，需在第二步的分析中选择弧长控制的静态 Static-riks 分析步。玻纤增强柔性管的边界条件如图 20.7 所示。

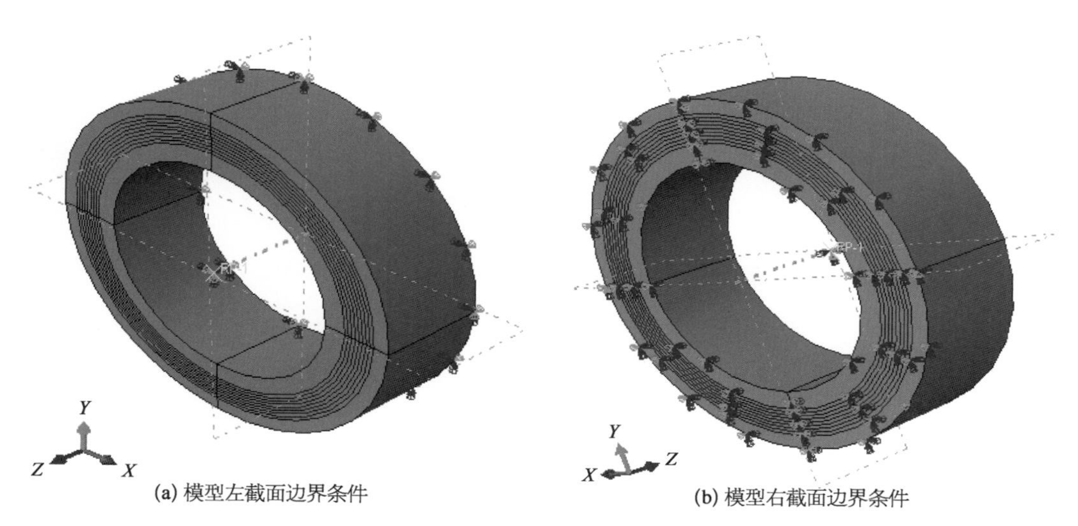

(a) 模型左截面边界条件　　(b) 模型右截面边界条件

图 20.7　玻纤增强柔性管有限元模型

20.2.3　计算结果

玻纤增强柔性管椭圆度-外压关系曲线如图 20.8 所示。有限元计算得到的椭圆度-外压关系曲线与理论结果趋势相同，即外压随椭圆度先上升、后下降，在椭圆度为 4.60%时外压达到最大值 16.49 MPa，与理论结果较为接近，相对误差约为 6.15%。有限元计算得到的椭圆度-环向应变关系曲线如图 20.9 所示。有限元计算得到的截面环向应变与理论计算结果趋势一致。

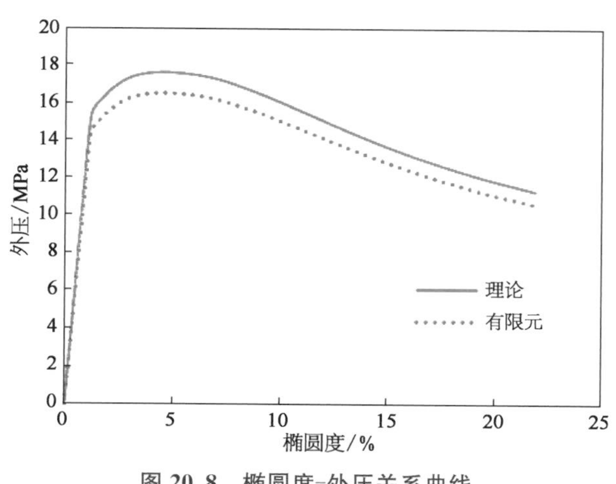

图 20.8　椭圆度-外压关系曲线

图 20.10～图 20.12 表示玻纤增强柔性管在外压载荷下最终破坏时刻内层 UHMWPE 应力分布、玻璃纤维应力分布和外层 HDPE 应力分布。

通过以上对比可以发现，理论和有限元的计算结果具有很高的吻合程度。在最大外压承载力的预测上，两者的差别小于 7%；在应变的计算上，理论分析采用了与有限元不同的平截面假定导致了两者的相对误差。

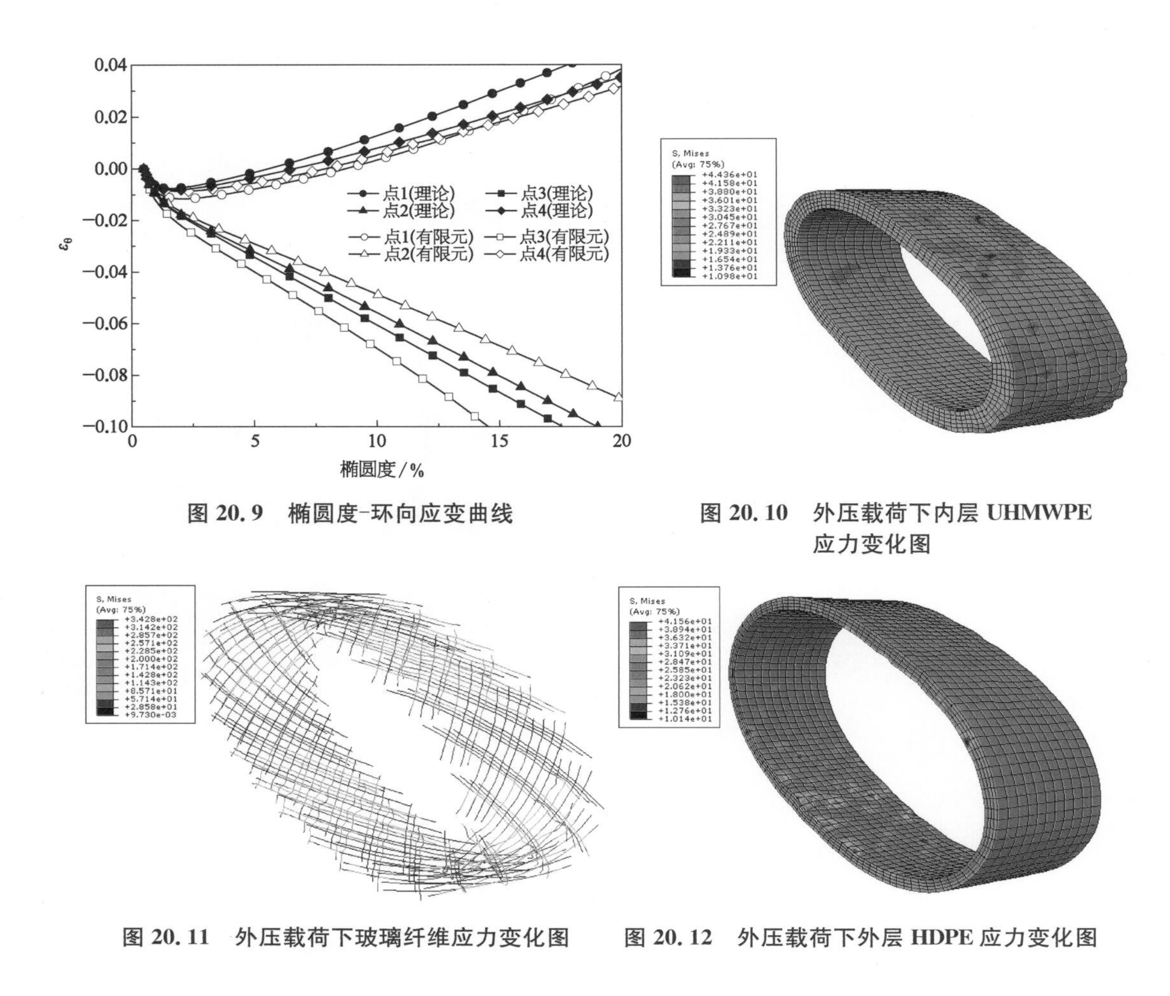

图 20.9　椭圆度-环向应变曲线

图 20.10　外压载荷下内层 UHMWPE 应力变化图

图 20.11　外压载荷下玻璃纤维应力变化图

图 20.12　外压载荷下外层 HDPE 应力变化图

20.3　外压试验

为更深入地探讨屈曲破坏机理，完善理论计算方法，为玻纤增强柔性管的设计和应用提供可靠依据，本节将首先对组成玻纤增强柔性管的各材料进行材料试验，然后对玻纤增强柔性管样管进行外压试验。

20.3.1　材料试验

1) 外层 HDPE

根据《塑料拉伸性能的测定》(GB/T 1040—2006)，分别对六根 HDPE 样条进行拉伸试验，获得其材料性能。试验的拉伸速度为 1 mm/min。材料试验结果见表 20.3。

表 20.3　HDPE 材料试验结果

样　条	厚度/mm	宽度/mm	弹性模量/MPa	屈服应力σ/MPa	屈服应变ε/%
样条 1	3.89	9.83	879	23.27	10.25
样条 2	3.77	9.85	882	22.89	9.76
样条 3	3.80	9.81	851	23.22	10.21
样条 4	3.88	9.86	876	23.09	10.17
样条 5	3.72	9.82	858	22.85	10.23
样条 6	3.88	9.79	867	22.93	10.20

2）内层 UHMWPE

依据各检测方法，对内层 UHMWPE 进行材料试验，得到试验结果见表 20.4。图 20.13 为四根 UHMWPE 材料样条的应力-应变关系曲线。

表 20.4　UHMWPE 材料试验结果

检　验　项　目	检 测 方 法	单　位	实测值
黏均分子重量（$\times10^4$）	GB/T 1632.3—2010		200～500
熔体流动速率（220℃/21.6 kg）	GB/T 3682—2000	g/10 min	0.021～0.04
维卡软化温度	GB/T 1633—2000	℃	120
拉伸强度	GB/T 1040—2006	MPa	26～30
拉伸屈服应力	GB/T 1040—2006	MPa	17～21
拉伸断裂伸长率	GB/T 1040—2006	%	>350
弹性模量	GB/T 1040—2006	MPa	570
泥浆磨损指数	ISO 15527：2018		150～180
摩擦系数			0.07～0.15

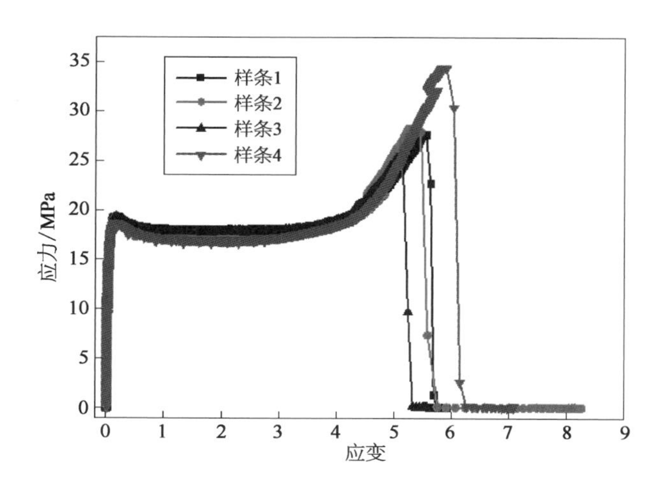

图 20.13　UHMWPE 内层超高分子应力-应变曲线

3）玻璃纤维

依据各检测方法，对加强层进行材料试验，得到试验结果见表 20.5。

表 20.5　玻璃纤维材料试验结果

检验项目	单　位	检 测 方 法	测试条件	实测值
密度（A 法）	g/cm^3	ISO 1183－1：2019	23℃	1.648
灰分（A 法）	%	ISO 3451－1：2008	750℃	66.6
片材厚度	mm		23℃	0.21
拉伸强度	MPa	ISO 527－5：2009	5 mm/min	798
弯曲强度	MPa	ISO 14125：1998	2 mm/min	420
弯曲模量	GPa	ISO 14125：1998	2 mm/min	27.4

20.3.2　试验过程

1）样管

本节中的试验样管由上海某石油装备技术有限公司提供，样管结构如图 20.14 所示。实际测量样管长度见表 20.6，三根样管的截面尺寸分别见表 20.7～表 20.9。

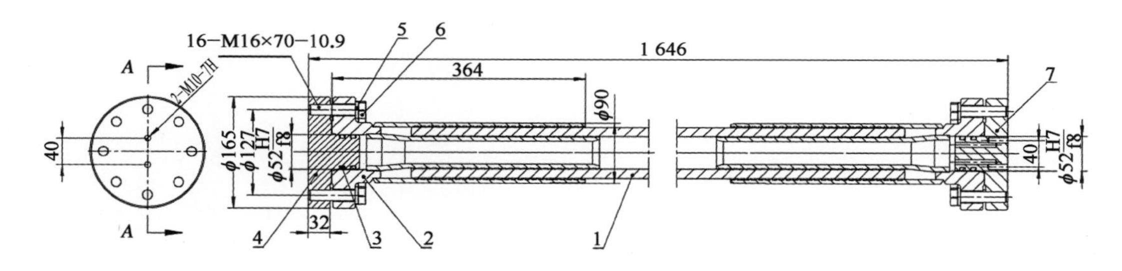

图 20.14　玻纤增强柔性管样管

表 20.6　样管长度　　单位：mm

测 量 次 数	样　　管		
	样管 1	样管 2	样管 3
1	883	1 001	1 001
2	885	998	1 003
3	888	1 000	1 005
4	885	1 001	1 004
平均值	885.25	1 000	1 003.25

表 20.7　样管 1 截面尺寸

部　位	直径/mm							
	1	2	3	4	5	6	7	8
距离左端 100 mm 处	75.50	75.40	75.20	75.20	75.60	75.60	75.70	75.70
中部	75.40	75.20	75.40	75.80	76.04	76.24	76.28	76.24
距离右端 100 mm 处	74.66	75.40	75.80	75.80	75.80	75.90	74.00	74.96

表 20.8　样管 2 截面尺寸

部　位	直径/mm							
	1	2	3	4	5	6	7	8
距离左端 100 mm 处	76.50	76.60	76.00	76.10	75.80	75.90	76.10	76.00
中部	76.40	76.20	76.10	76.14	76.20	76.30	76.66	76.70
距离右端 100 mm 处	76.20	76.30	76.34	76.00	76.60	76.50	76.60	76.50

表 20.9　样管 3 截面尺寸

部　位	直径/mm							
	1	2	3	4	5	6	7	8
距离左端 100 mm 处	76.40	76.40	76.38	76.38	76.50	76.64	76.44	76.52
中部	76.30	76.54	76.52	76.50	76.50	75.90	76.40	76.44
距离右端 100 mm 处	76.38	76.46	76.60	75.90	76.00	76.24	76.00	76.30

2）试验装置

本试验中采用的外压试验系统压力缸内部最大可承受 30 MPa 的压力。外压试验系统如图 20.15 所示。

(a) 外压压力缸

(b) 内部出水记录电子秤

图 20.15　外压试验系统

3）试验步骤

如图 20.16 所示，通过静水外压试验对玻纤增强柔性管的屈曲失稳进行研究更为真实有效，具体试验步骤如下：

图 20.16　外压试验示意图

（1）将样管一端刚性接头连接法兰，通过法兰上的注水孔注满水，使得样管内空气从法兰上的排气孔排出。

（2）将样管置于外压压力缸内，并将样管和压力缸的平盖相连，然后用吊车将压力缸的平盖吊起，安放在压力缸上。

（3）将压力变送器与排水管接在压力缸平盖预留的接头上，用手动加压泵向压力缸内注水至缸内空气完全排出后，关闭排水口阀门，对压力缸预加压，若电子压力表的示数保持稳定，则表明试验装置的密闭性达到要求。

（4）将测量样管排水量的容器放置在电子秤上，倒入适量水后将示数清零，然后将引水管从压力缸平盖的接头上引到容器内，再将该容器密封，防止水溅出造成试验误差。

（5）使用手动加压泵进行加压，加压速率控制在 1 MPa/min，同时记录下压力表与电子秤的示数变化。当样管发生局部失稳时，电子压力表的示数会迅速下降。试验过程中发现漏水应立即停止加压，完全卸压后，再将漏水处密封好。

（6）缓慢打开排水口阀门，待压力缸的压力卸去后，将平盖上连接的仪器取下，使用扭矩扳手拆除螺栓，用吊车吊起压力缸平盖，取出样管。卸压时，应缓慢打开排水阀门，待压力完全卸载后再进行后续操作。

4）试验结果

本节的外压承载力测量是将玻纤增强柔性管密封后置入压力容器内，通过水为介质施加压力，通过压力的突降及样管体积突变作为玻纤增强柔性管的失效标志。

图 20.17 为失效后的玻纤增强柔性管样管，样管出现明显屈曲现象。表 20.10 为样管失效时刻的屈曲值。

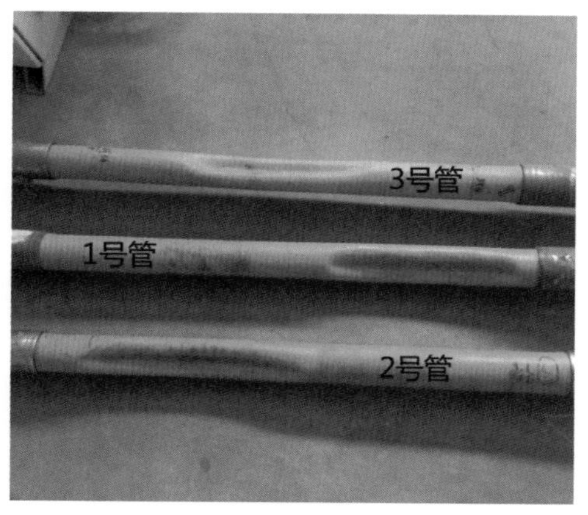

图 20.17 屈曲后玻纤增强柔性管样管

表 20.10 外压试验屈曲值

编 号	压强/MPa	排水体积/L
样管 1	18	0.51
样管 2	20	0.56
样管 3	17	0.46
平均值	18.33	0.51

20.4 结 果 讨 论

通过短期外压载荷试验，得到最大外压承载力平均值为 18.33 MPa。理论分析方法得到的外压承载力为 17.58 MPa，与试验结果的相对误差为 4.09%。有限元计算结果为 16.49 MPa，试验结果的相对误差为 10.04%。理论分析方法在设计过程中偏于安全。

分析造成三种方法的误差的主要原因如下：

（1）理论和有限元计算没有考虑试验的端部效应，即接头处管道保持为圆形且承受静水外压产生的轴向压力。

（2）理论分析方法中对玻纤增强柔性管的结构和外压载荷下的屈曲过程做了假设。

（3）实际生产的样管参数与样管的详细设计有误差。

20.5 参 数 分 析

初始缺陷、几何构型和材料均是与玻纤增强柔性管抗外压能力密切相关的重要参数。

玻纤增强柔性管的材料和几何参数见表 20.11 和表 20.12。

表 20.11　玻纤增强柔性管几何参数

外径/mm	内径/mm	内层壁厚/mm	外层壁厚/mm	加强层总厚度/mm	加强层层数	单层加强层厚度/mm	缠绕角度/°
205	152	11	9	6.5	26	0.25	55

表 20.12　玻纤增强柔性管材料参数

层　别	弹 性 模 量	泊　松　比	
内　层	1 100 MPa	0.4	
加强层	$E_{11}=32.8$ GPa	12	0.30
		13	0.30
	$E_{22}=E_{33}=2.5$ GPa	23	0.58
外　层	1 100 MPa	0.4	

注：11 为玻纤轴向，22 为玻纤环向。

20.5.1　初始缺陷

初始缺陷在玻纤增强柔性管生产过程中是不可避免的，初始缺陷包括初始椭圆度和外层 PE 壁厚偏心。

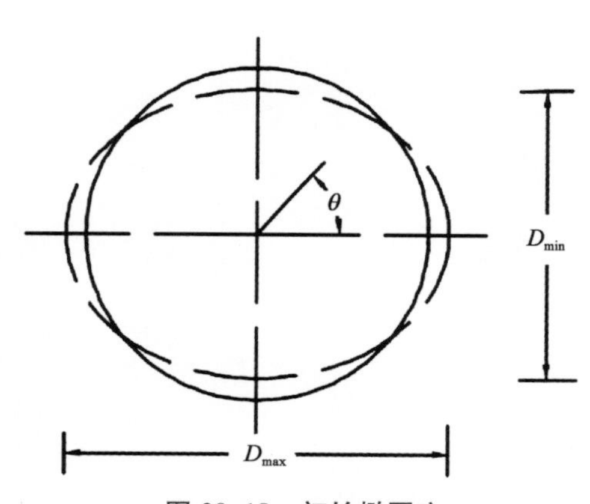

图 20.18　初始椭圆度

1）初始椭圆度

初始椭圆度如图 20.18 所示，对玻纤增强柔性管承受外压的能力有很大影响。在生产过程中，要控制最大初始椭圆度。管的初始椭圆度一般定义为

$$\Delta_0=\frac{D_{max}-D_{min}}{D_{max}+D_{min}} \tag{20.15}$$

式中　D_{max}——管的最大直径；

D_{min}——管的最小直径。

不同初始椭圆度下玻纤增强柔性管的外压-椭圆度关系曲线如图 20.19 所示。玻纤增强柔性管的初始椭圆度分别为 0.25%、0.52%、0.70%、1.0% 和 1.25%。当玻纤增强柔性管的初始椭圆度从 0.25% 升到 1.25%时，玻纤增强柔性管的屈曲载荷从 6.79 MPa 降为 6.03 MPa。在实际生产中，玻纤增强柔性管存在的初始椭圆度较小，较小的初始椭圆度对管道的屈曲载荷影响不大。

2）初始壁厚偏心

外层 PE 的初始壁厚偏心是管道初始缺陷的一种（图 20.20）。外层 PE 的初始壁厚偏

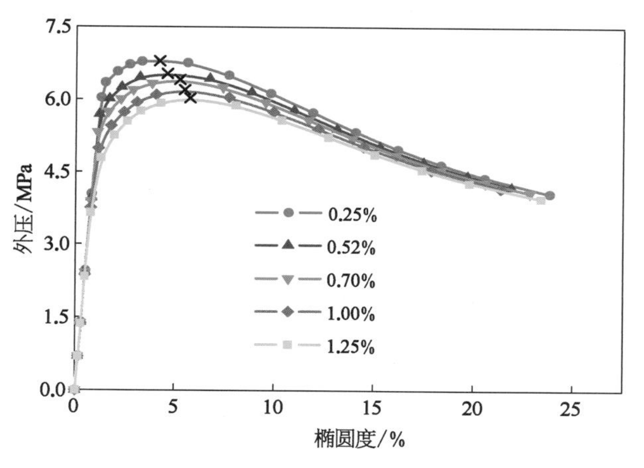

图 20.19　不同初始椭圆度下玻纤增强柔性管外压-椭圆度关系曲线

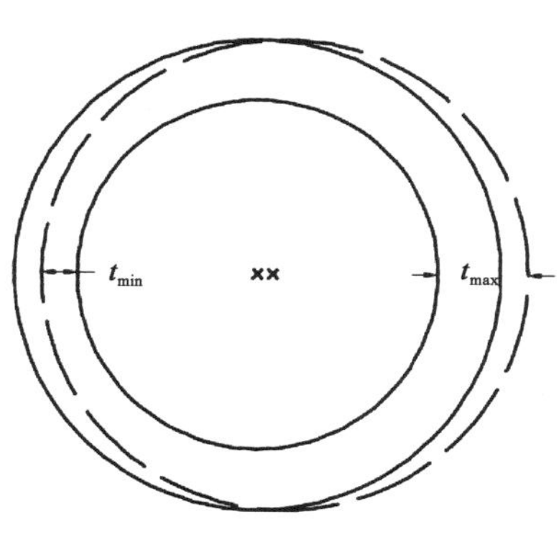

图 20.20　初始壁厚偏心

心可定义为

$$\Xi_0 = \frac{t_{max} - t_{min}}{t_{max} + t_{min}} \tag{20.16}$$

式中　t_{max}——PE 层的最大厚度；

　　　t_{min}——PE 层的最小厚度。

图 20.21～图 20.23 为不同壁厚偏心的玻纤增强柔性管在外压载荷下的屈曲变形情况。

图 20.21　玻纤增强柔性管在初始壁厚偏心为 0.0%时的变形

不同壁厚偏心下，玻纤增强柔性管连续均匀时，在外压载荷下的变形与初始椭圆度有关。当存在初始壁厚偏心时，管道从最薄弱点开始失效。由图 20.24 可知，当玻纤增强柔性管的壁厚偏心从 0.0%增长到 20%时，管道的屈曲载荷从 6.54 MPa 降为 5.28 MPa。当玻纤增强柔性管的壁厚偏心超过 10%时，管道的屈曲载荷开始缓慢下降。综上所述，在制造和安装过程中，应尽量避免壁厚偏心的出现。

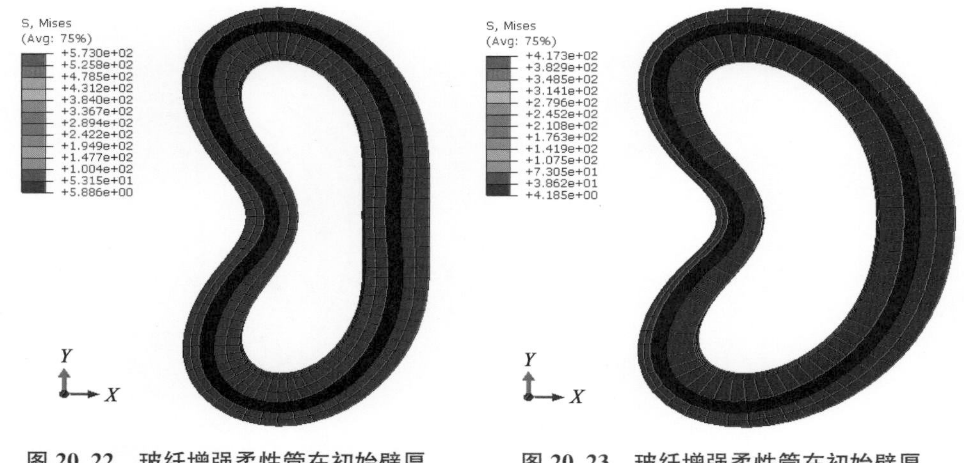

图 20.22　玻纤增强柔性管在初始壁厚偏心为 10.0%时的变形

图 20.23　玻纤增强柔性管在初始壁厚偏心为 20.0%时的变形

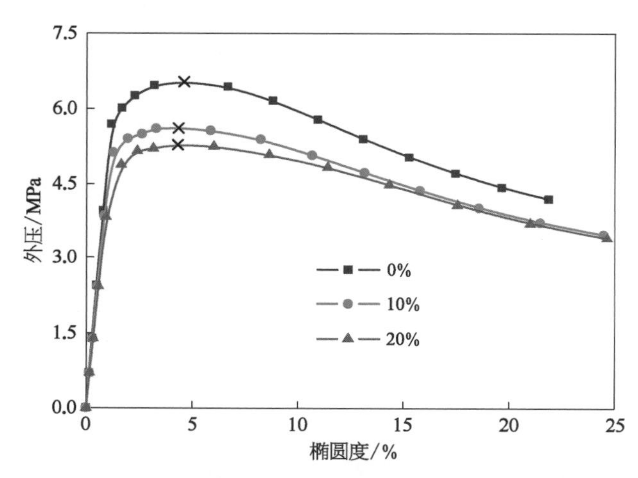

图 20.24　不同初始壁厚偏心下玻纤增强柔性管外压-椭圆度关系曲线

20.5.2　几何构型

几何构型主要包括内外层 PE 的径厚比和加强层层数。

1) 外层 PE 径厚比

图 20.25 为外层 PE 径厚比 D_1/t_1 对玻纤增强柔性管屈曲荷载的影响。玻纤增强柔性管的外径分别为 200 mm、205 mm 和 210 mm，对应的径厚比 D_1/t_1 分别为 50.0、22.8 和 15.0。如图 20.25 所示，当外层 PE 径厚比从 50.0 减小到 15.0 时，屈曲荷载则从 5.59 MPa 增长到 7.66 MPa，增长了 37.0%。这个结果显示，对于玻纤增强柔性管来说，外层 PE 的径厚比 D_1/t_1 对屈曲荷载有很大影响。随着径厚比 D_1/t_1 减小，玻纤增强柔性管的失稳临界压力增长。在设计玻纤增强柔性管时，应适当减小外层 PE 径厚比。

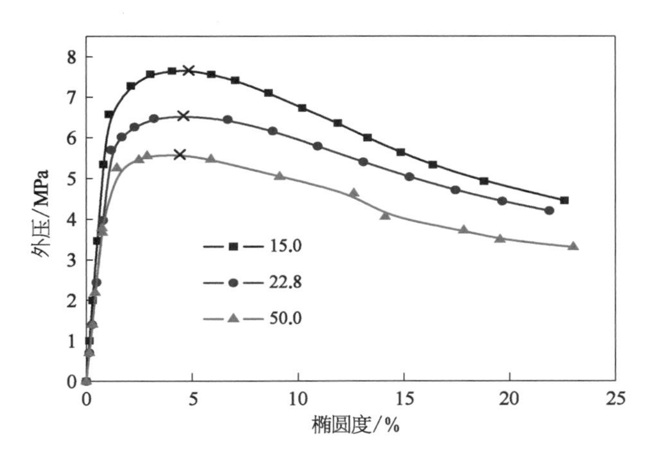

图 20.25　不同外层 PE 径厚比 D_1/t_1 下玻纤增强柔性管外压-椭圆度关系曲线

2）加强层层数

分析 8 层和 26 层玻纤增强柔性管在静水外压下的屈曲特性。如图 20.26 所示，8 层玻纤增强柔性管的屈曲载荷为 3.68 MPa，26 层玻纤增强柔性管的屈曲载荷为 6.54 MPa，增幅为 77.7%，相应的椭圆度由 4.6%减小到 3.5%。随着加强层层数的增加，玻纤增强柔性管抵抗静水外的能力越来越强，且增幅十分明显。

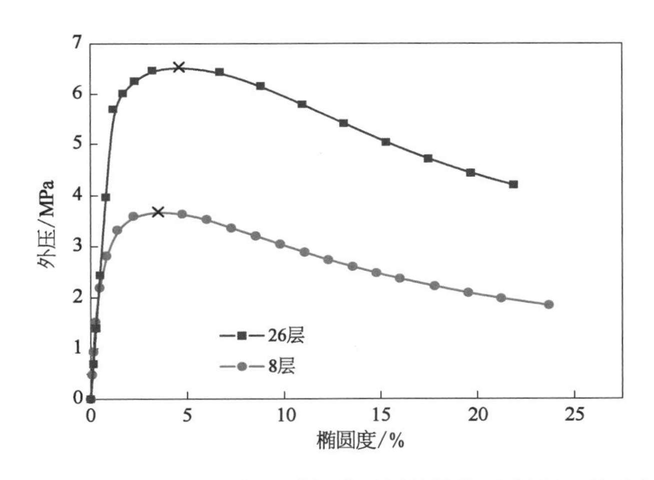

图 20.26　不同加强层层数下玻纤增强柔性管外压-椭圆度关系曲线

3）内层 PE 径厚比

图 20.27 为不同内层径厚比下压力-椭圆度曲线。当玻纤增强柔性管内径分别为 147 mm、152 mm 和 157 mm 时，内层径厚比 D_2/t_2 分别为 10.2、14.8 和 27.2。当内层 PE 径厚比从 10.2 增长到 27.2 时，玻纤增强柔性管的屈曲载荷从 7.0 MPa 降为 4.3 MPa，减小了 39.0%，相应的椭圆度从 5%降为 2.9%。分析结果显示，内层 PE 径厚比对玻纤增强柔性管抵抗屈曲的能力影响很大，随着内层径厚比的增加，玻纤增强柔性管

的屈曲载荷下降。

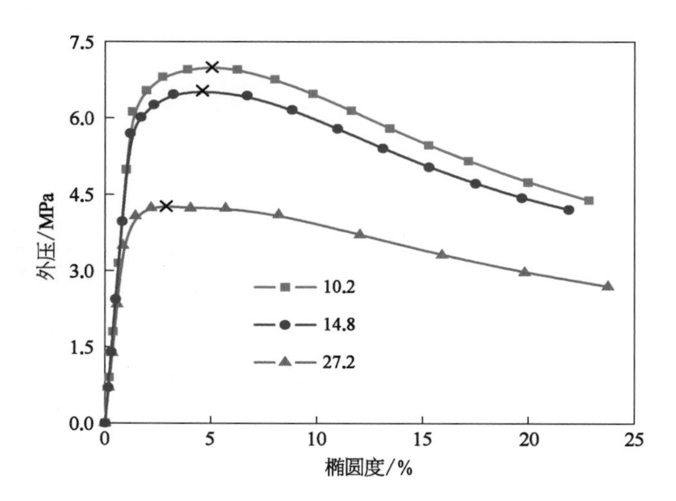

图 20.27　不同内层 PE 径厚比 D_2/t_2 下玻纤增强柔性管外压-椭圆度关系曲线

20.5.3　材料性能

为了研究材料性能对玻纤增强柔性管屈曲载荷的影响，在同样的截面尺寸下，将玻纤增强柔性管内外层分别换为 PP 和 PA，表 20.13 为内外层材料性能参数。如图 20.28 所示，当玻纤增强柔性管的内外层为 PE 时，屈曲载荷为 6.54 MPa；内外层为 PP 时，屈曲载荷为 8.04 MPa；内外层为 PA 时，屈曲载荷为 8.53 MPa。PA 的弹性模型大于 PP，大于 PE。随着材料弹性模型量的增长，玻纤增强柔性管抵抗屈曲的能力增强。当管道为纯 PE，没有玻纤加强层时，管道的屈曲载荷为 4.64 MPa。由此可知，没有玻纤加强层，管道承受外压载荷的能力将大幅下降。

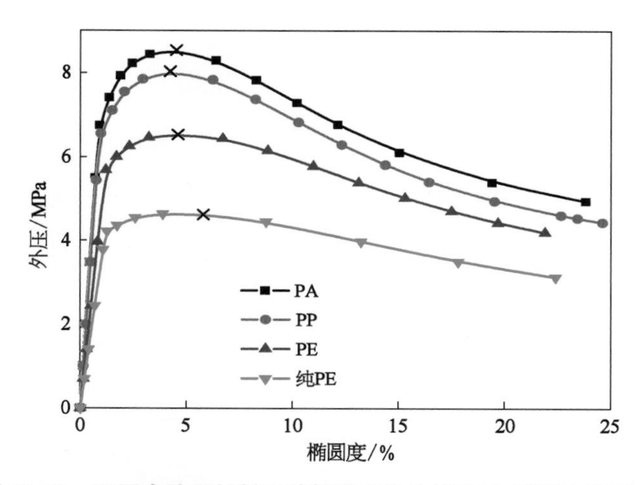

图 20.28　不同内外层材料下玻纤增强柔性管外压-椭圆度关系曲线

表 20.13　内外层材料物理性能

材　料	弹性模量/MPa	泊松比
PP	1 570	0.4
PA	1 575	0.4
PE	1 100	0.4

20.6　本 章 小 结

本章研究了外压载荷下玻纤增强柔性管屈曲失稳问题。通过理论求解、有限元模拟和外压试验三种方法对玻纤增强柔性管进行研究。具体结论如下：

（1）理论计算得到的外压承载力试验结果的相对误差为 4.09%。有限元计算结果与试验结果的相对误差为 10.04%。结果证明了理论方法和有限元模拟的正确性。

（2）利用有限元模拟方法对影响玻纤增强柔性管承载能力的参数进行分析。初始缺陷方面，初始椭圆度对玻纤增强柔性管屈曲影响不大，而外层 PE 初始壁厚偏心对屈曲载荷影响很大，所以在设计制造玻纤增强柔性管时，应该避免初始壁厚偏心。几何构型方面，加强层层数和内外层径厚比对玻纤增强柔性管的屈曲载荷有很大影响。随着径厚比的减小，玻纤增强柔性管屈曲载荷增大。在设计玻纤增强柔性管时，外层 PE 径厚比应适当减小。加强层层数的增加会加强抵抗屈曲的能力，且变化十分明显。随着内层 PE 径厚比的增加，玻纤增强柔性管的屈曲载荷减小。在设计玻纤增强柔性管时，增加加强层层数和减小内层 PE 径厚比会增加玻纤增强柔性管抵抗屈曲的能力。材料方面，玻纤增强柔性管抵抗屈曲的能力要优于纯 PE 管。玻纤增强柔性管内外层可用高弹性模量的复合材料来抵抗外压。

参考文献

[1] Yeh M K, Kyriakides S. On the collapse of inelastic thick-walled tubes under external pressure [J]. Journal of Energy Resources Technology, 1986, 108(1): 35 - 47.

[2] Yang C, Pang S S, Zhao Y. Buckling analysis of thick-walled composite pipe under external pressure[J]. Journal of Composite Materials, 1997, 31(4): 409 - 426.

[3] Vasilikis D, Karamanos S A. Stability of confined thin-walled steel cylinders under external pressure[J]. International Journal of Mechanical Sciences, 2009, 51(1): 21 - 32.

[4] Vasilikis D, Karamanos S A. Buckling design of confined steel cylinders under external pressure [J]. Journal of Pressure Vessel Technology, 2011, 133(1): 011205.

[5] Vasilikis D, Karamanos S A. Mechanics of confined thin-walled cylinders subjected to external pressure[J]. Applied Mechanics Reviews, 2014, 66(1): 010801.

[6] Neto A G, Martins C D A. A comparative wet collapse buckling study for the carcass layer of flexible pipes[J]. Journal of Offshore Mechanics and Arctic Engineering, 2012, 134(3): 031701.1-031701.9.

[7] Neto A G, Martins C D A, Malta E R, et al. Wet and dry collapse of straight and curved flexible pipes: a 3D FEM modeling[C]//The Twenty-second International Offshore and Polar Engineering Conference. International Society of Offshore and Polar Engineers, 2012.

[8] Neto A G, Martins C D A. Flexible pipes: influence of the pressure armor in the wet collapse resistance[J]. Journal of Offshore Mechanics and Arctic Engineering, 2014, 136(3): 77-86.

[9] 李伟民. 海洋非粘结柔性管压溃理论分析及数值模拟研究[D]. 青岛：中国海洋大学，2015.

[10] Brazier L G. On the flexure of thin cylindrical shells and other "thin" sections[J]. Proceedings of the Royal Society of London, 1927, 116(773): 104-114.

[11] Reissner E, Weinitschke H J. Finite pure bending of circular cylindrical tubes[J]. Quarterly of Applied Mathematics, 1963, 20(4): 305-319.

[12] Cheng S, Ugural A C. Buckling of composite cylindrical shells under pure bending[J]. AIAA Journal, 1968, 6(2): 349-354.

[13] Gellin S. The plastic buckling of long cylinder shells under pure bending[J]. International Journal of Solid and Structures, 1980, 16(5): 397-407.

[14] Corona E, Kyriakides S. On the collapse of inelastic tubes under combined bending and pressure [J]. International Journal of Solids and Structures, 1988, 24(5): 505-535.

[15] Ju G T, Kyriakides S. Bifurcation and loacalization instabilities in cylindrical shells under bending—Ⅱ. predictions[J]. International Journal of Solids and Structures, 1992, 29(9): 1143-1171.

[16] Kyriakides S, Ju G T. Bifurcation and localization instabilities in cylindrical shells under bending—Ⅰ. experiments[J]. International Journal of Solids and Structures, 1992, 29(9): 1117-1142.

[17] Yuan F G. Bending of filament wound composite laminated cylindrical shells[J]. Composites Engineering, 1993, 3(9): 835-849.

[18] Corona E, Rodrigues A. Bending of long cross-ply composite circular cylinders[J]. Composites Engineering, 1995, 5(2): 163-182.

[19] Karamanos S A. Bending instabilities of elastic tubes[J]. International Journal of Solids and Structures, 2002, 39(8): 2059-2085.

[20] Corona E, Lee L H, Kyriakides S. Yield anisotropy effects on buckling of circular tubes under bending[J]. International Journal of Solids and Structures, 2006, 43(22): 7099-7118.

[21] Houliara S, Karamanos S A. Buckling of thin-walled long steel cylinders subjected to bending [J]. Journal of Pressure Vessel Technology, 2011, 133(1): 011201.

第 21 章　玻纤增强柔性管抗扭转能力

作为玻纤增强柔性管服役期内的基本荷载工况之一，扭转荷载下管道的力学性能研究是十分必要的。Chouchaoui 等[1]应用非线性理论研究了多层管在拉伸、扭转、弯曲、内压、外压作用下的受力性能。Ren 等[2]提出了理论分析方法和有限元模型预测非粘结柔性立管在扭转下的力学性能，这种立管由金属层和聚合层组成，金属层包括骨架、压力锚固层和受拉锚固层，聚合层由抗摩擦带和保护层组成。Li 等[3]研究了热塑性管在几种荷载作用下临界应力的值，并通过试验和有限元进行分析。孙伟等[4]分析了纤维增强复合材料薄壁圆管扭转失效模式，通过对多种复合材料薄壁圆管的扭转失效试验，确定了扭转圆管的三种失效模式，并且运用有限元进行了失效模拟。

21.1 试验研究

本试验目的是测试玻纤增强柔性管的扭转能力，获得扭转刚度。扭转刚度与扭矩和扭转角有关，因此本试验应该得出扭矩和扭转角之间的关系。试验样管的规格参数见表 21.1。

表 21.1 试验样管规格

外径/mm	长度/mm	数　量	边界是否固定
76	1 000	3	固定

本试验的试验步骤如下：

(1) 测试试验样本的长度并记录数据。

(2) 使试验样本在室温下不小于 2 h。

(3) 在第二组、第三组试验样本上标注直线，轴线分别在 0°、90°、180°、270°部分，记录试验结束后管道的变形情况。

(4) 把样本放入扭转试验机并嵌入到固定接头中。

(5) 用螺栓均匀稳定地卡住玻纤增强柔性管，防止试验中样本与试验机之间的相互滑移，把试验机表盘调整至 0。

(6) 将试验机的加载速度设置为 0.18°/min，启动试验机。测试样本扭矩和扭转角，直至样本失效。

(7) 记录扭矩和扭转角之间的关系，得到样本的失效角。

试验过程中，试验样管一端完全固定，一端施加扭矩，当扭矩施加于管端时，可以看到样管随着固定端一起扭动，表面渐渐形成轻微的凸起，不断发出玻纤被拉断的声音，最外层的PE出现往径向鼓出的现象，一小块区域出现麻花状。但是三组试验管出现的部位各不相同，具有一定的随机性，第一组试验扭转区域位于距离管端的1/4处，第二组试验扭转区域位于距离管端的2/5处，第三组试验扭转区域位于距离管端的1/5处。凸起的麻花状与管轴线成55°。三根样管在扭转机上加载变形情况如图21.1～图21.3所示。

图21.1　样管1扭转试验

图21.2　样管2扭转试验

图21.3　样管3扭转试验

如图21.4、图21.5所示，为了判断玻纤增强柔性管扭转破坏的原因，在管道的扭转凸起处沿环向切下一段，以便于看清管道内部的变形情况，通过剥离最外层的PE层，可以看到最外层加强层的变形。如图所示，可以看到样管2的加强层之间出现了在径向相互分离的现象，并且最内层的PE也出现了弧状的变形。对于样管3，有两处加强层出现了层间在径向相互分离的现象，相互分离的位置具有随机性，最内层PE出现弧状变形。样管1破坏形式与样管2相似。通过剥开样管1的最外层PE可以发现，加强层的最外层玻纤与基体出现了轻微拉裂的裂纹，并且裂纹分布随机。

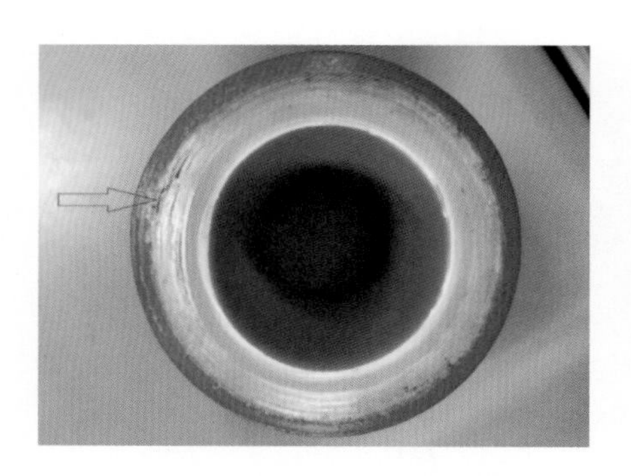

图21.4　样管2凸起处截面

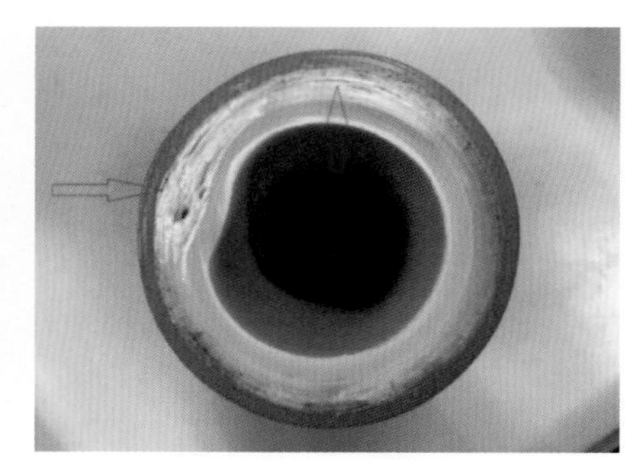

图21.5　样管3凸起处截面

图21.6为三组试验的扭矩-扭转角关系曲线对比。在第一组试验中，当扭转角为0～0.335 rad时，扭矩随着扭转角的增大而增大；在0～0.046 rad时，曲线为一水平段；在0.042 0～0.335 rad时，曲线斜率保持稳定不变；当扭转角达到0.335 rad时，扭矩达到最大值2 342.899 N·m。在第二组试验中，当扭转角为0～0.323 rad时，扭矩同样随着扭转角增大而增大，斜率保持稳定不变；当扭转角达到0.323 rad时，扭矩达到最大值2 649.672 N·m；此后曲线扭矩快速下降。在第三组试验中，当扭转角为0～0.352 rad时，扭矩随着扭转角增大而增大，斜率保持稳定不变；当扭转角达到0.352 rad时，扭矩达

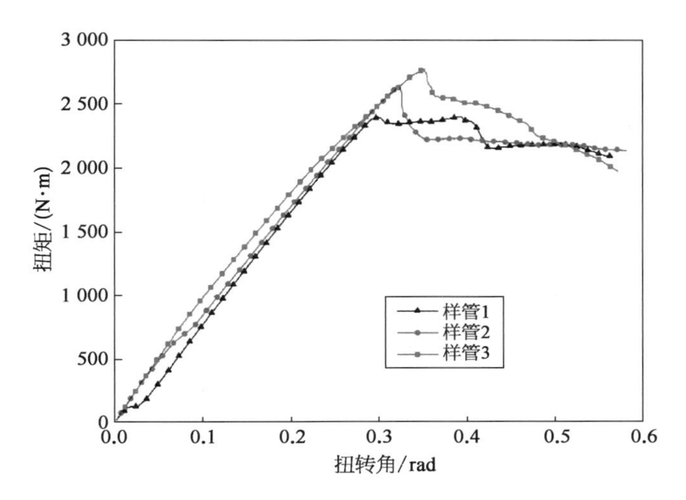

图 21.6　三组试验扭矩-扭转角关系对比

到最大值 2 777.439 N·m。三组试验的扭转角平均值为 0.337 rad，扭矩平均值为 2 590.003 N·m。最大扭矩与最小扭矩相差 15.65%，最大扭转角与最小扭转角相差 8.24%。三组试验最大扭矩不同的原因为扭转方向与最外层玻纤缠绕方向不一致，玻纤增强柔性管制作过程中每一层的玻纤根数存在差异，玻纤间距不同。三组试验的最大扭矩及最大扭矩对应的扭转角见表 21.2。

表 21.2　三组试验对应的极限扭矩、极限扭转角

样　管	极限扭矩/(N·m)	极限扭转角/rad
样管 1	2 342.899	0.335
样管 2	2 649.672	0.323
样管 3	2 777.439	0.352
平均值	2 590.003	0.337

21.2　数 值 理 论

21.2.1　基本假设

玻纤增强柔性管作为粘结管，为无缝隙连续体，其复合层具有一定微观特性，本章在进行理论求解时，根据上述特性，做出如下必要假设：

(1) 玻纤增强柔性管内外层是均匀连续和各向同性材料。

(2) 玻纤增强柔性管加强层为均匀、连续、横向各向同性材料。

(3) 玻纤增强柔性管所有层在接触面的应变是连续的,并且在分析过程中一直保持互相接触。

(4) 玻纤增强柔性管截面总是与中性轴保持垂直。轴向变形假设是均匀的。

(5) HDPE、超高分子材料为线弹性材料。

(6) 加强层产生平面应力。

(7) 只有缠绕方向与扭矩方向一致的加强层会承受扭矩。

21.2.2 理论模型

玻纤增强柔性管由纤维内层、加强层和纤维外层组成,加强层包括基体和玻纤,整个复合管使用热成型工艺将玻纤插入基体中,各层之间紧密连接。在此基础上,建立加强层的基体和玻纤的带状模型。

21.2.3 坐标系

图 21.7 为进行分析时所应用的柱坐标系,坐标系中的轴 r、θ、Z 分别表示径向、环向和轴向。

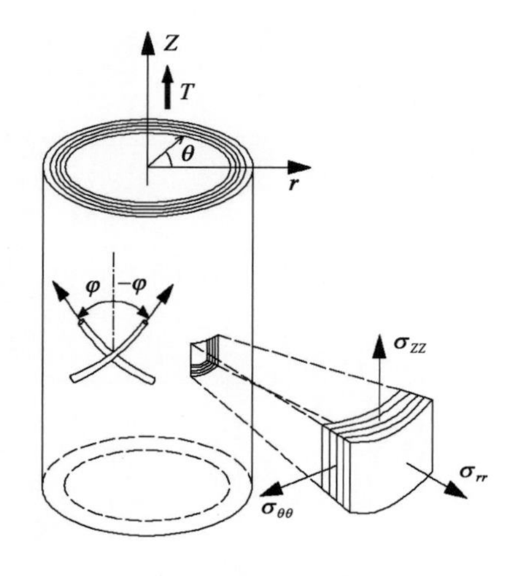

图 21.7 柱坐标系

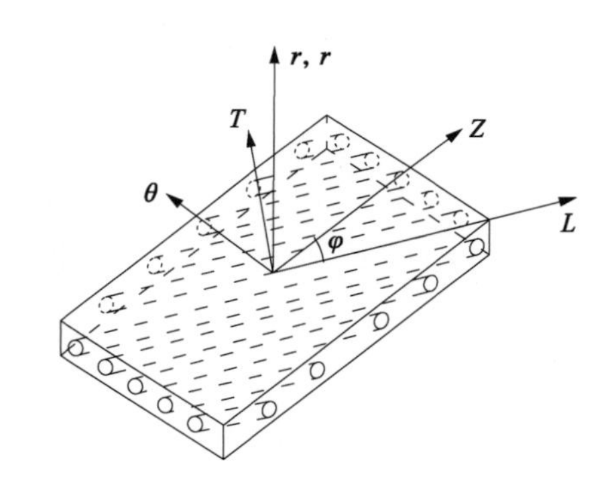

图 21.8 柱坐标系与局部坐标系的转换关系

局部坐标系如图 21.8 所示,加强层的局部坐标系的坐标轴分别为 L、T、r,L 为玻纤的缠绕方向,T 为平面上垂直于玻纤的方向,r 的方向与柱坐标系中 r 的方向相同。

加载的内压载荷为对称载荷,根据坐标系定义,管道在对称载荷作用下,应力与应变、应力与应变仅依赖于 r、Z。且径向位移与轴向 Z 无关。则管道变形可用下式表达:

$$u_r = u_r(r),\ u_\theta = u_\theta(r,\ z),\ u_z = u_z(z) \tag{21.1}$$

式中　u_r、u_θ、u_z ——径向、环向和轴向位移。

应变为

$$\left.\begin{aligned}&\varepsilon_r^{(k)}=\frac{\partial u_r^{(k)}}{\partial r},\ \varepsilon_\theta^{(k)}=\frac{1}{r}\frac{\partial u_\theta^{(k)}}{\partial \theta}+\frac{u_r^{(k)}}{r},\ \varepsilon_z^{(k)}=\frac{\partial u_z^{(k)}}{\partial z}\\&\gamma_{z\theta}^{(k)}=\frac{1}{r}\frac{\partial u_z^{(k)}}{\partial \theta}+\frac{\partial u_\theta^{(k)}}{\partial z},\ \gamma_{zr}^{(k)}=\frac{\partial u_z^{(k)}}{\partial r}+\frac{\partial u_r^{(k)}}{\partial z}\\&\gamma_{\theta r}^{(k)}=\frac{1}{r}\frac{\partial u_r^{(k)}}{\partial \theta}+r\frac{\partial}{\partial r}\left(\frac{u_\theta^{(k)}}{r}\right)\end{aligned}\right\} \tag{21.2}$$

不考虑体积力的情况下，柱坐标系下的玻纤增强柔性管平衡方程为

$$\left.\begin{aligned}&\frac{\partial \sigma_r^{(k)}}{\partial r}+\frac{1}{r}\frac{\partial \tau_{\theta r}^{(k)}}{\partial \theta}+\frac{\partial \tau_{zr}^{(k)}}{\partial z}+\frac{\sigma_r^{(k)}-\sigma_\theta^{(k)}}{r}=0\\&\frac{\partial \tau_{\theta r}^{(k)}}{\partial r}+\frac{1}{r}\frac{\partial \sigma_\theta^{(k)}}{\partial \theta}+\frac{\partial \tau_{z\theta}^{(k)}}{\partial z}+\frac{2\tau_{\theta r}^{(k)}}{r}=0\\&\frac{\partial \tau_{zr}^{(k)}}{\partial r}+\frac{1}{r}\frac{\partial \tau_{z\theta}^{(k)}}{\partial \theta}+\frac{\partial \sigma_z^{(k)}}{\partial z}+\frac{\tau_{zr}^{(k)}}{r}=0\end{aligned}\right\} \tag{21.3}$$

则玻纤增强柔性管内层和外层的应力-应变关系为

$$\begin{Bmatrix}\sigma_z\\\sigma_\theta\\\sigma_r\\\tau_{\theta r}\\\tau_{zr}\\\tau_{z\theta}\end{Bmatrix}^{(k)}=\begin{bmatrix}C_{11}&C_{12}&C_{12}&0&0&0\\C_{12}&C_{11}&C_{12}&0&0&0\\C_{12}&C_{12}&C_{11}&0&0&0\\0&0&0&\frac{C_{11}-C_{12}}{2}&0&0\\0&0&0&0&\frac{C_{11}-C_{12}}{2}&0\\0&0&0&0&0&\frac{C_{11}-C_{12}}{2}\end{bmatrix}\begin{Bmatrix}\varepsilon_z\\\varepsilon_\theta\\\varepsilon_r\\\gamma_{\theta r}\\\gamma_{zr}\\\gamma_{z\theta}\end{Bmatrix} \tag{21.4}$$

其中，$C_{11}^{(k)}=\dfrac{E^{(k)}(1-v^{(k)})}{(1+v^{(k)})(1-2v^{(k)})}$，$C_{12}^{(k)}=\dfrac{E^{(k)}v^{(k)}}{(1+v^{(k)})(1-2v^{(k)})}$。

式中　k——玻纤增强柔性管的层数。

根据式(21.1)～式(21.4)，可求解得到位移、应变、应力。加强层是单向加强螺旋缠绕带，位移和应变位移关系也可用上面的方法进行分析。

对于各向异性材料，局部坐标系下的玻璃纤维的应力-应变关系如下：

$$\begin{Bmatrix}\sigma_L\\\sigma_T\\\tau_{LT}\end{Bmatrix}^{(k)}=\begin{bmatrix}\overline{Q_{11}}&\overline{Q_{12}}&0\\\overline{Q_{12}}&\overline{Q_{22}}&0\\0&0&\overline{Q_{33}}\end{bmatrix}^{(k)}\begin{Bmatrix}\varepsilon_L\\\varepsilon_T\\\gamma_{LT}\end{Bmatrix}^{(k)} \tag{21.5}$$

其中，$\overline{Q_{11}^{(k)}}=\dfrac{E_L^{(k)}}{1-v_{LT}^{(k)}v_{TL}^{(k)}}$，$\overline{Q_{22}^{(k)}}=\dfrac{E_T^{(k)}}{1-v_{LT}^{(k)}v_{TL}^{(k)}}$，$\overline{Q_{12}^{(k)}}=\dfrac{E_L^{(k)}v_{TL}^{(k)}}{1-v_{LT}^{(k)}v_{TL}^{(k)}}$，$\overline{Q_{33}^{(k)}}=G_{LT}^{(k)}$，$v_{TL}^{(k)}=-\dfrac{\varepsilon_L^{(k)}}{\varepsilon_T^{(k)}}$。

式中　k——加强层的层数。

整体坐标系的应变 $\{\varepsilon\}^{(k)}$ 和局部坐标系的应变 $\{\bar{\varepsilon}\}^{(k)}$ 的关系如下：

$$\{\varepsilon\}^{(k)}=T_\varepsilon^{(k)}\{\bar{\varepsilon}\}^{(k)} \tag{21.6}$$

其中，$T_\varepsilon^{(k)}=\begin{bmatrix} m^2 & n^2 & -mn \\ n^2 & m^2 & mn \\ 2mn & -2mn & m^2-n^2 \end{bmatrix}^{(k)}$，$m^{(k)}=\cos\varphi^{(k)}$，$n^{(k)}=\sin\varphi^{(k)}$。

整体坐标系的应力 $\{\sigma\}^{(k)}$ 和局部坐标系的应力 $\{\bar{\sigma}\}^{(k)}$ 的关系如下：

$$\{\sigma\}^{(k)}=T_\sigma^{(k)}\{\bar{\sigma}\}^{(k)} \tag{21.7}$$

其中，$T_\sigma^{(k)}=\begin{bmatrix} m^2 & n^2 & -2mn \\ n^2 & m^2 & 2mn \\ mn & -mn & m^2-n^2 \end{bmatrix}^{(k)}$，$m^{(k)}=\cos\varphi^{(k)}$，$n^{(k)}=\sin\varphi^{(k)}$。

整体坐标系应力-应变关系如下：

$$\{\sigma\}^{(k)}=T_\sigma^{(k)}\bar{Q}^{(k)}T_\varepsilon^{(k)-1}\{\varepsilon\}^{(k)} \tag{21.8}$$

各向异性材料为平面应力问题，σ_r、$\tau_{\theta r}$ 和 τ_{zr} 为 0。则应力-应变关系可以重写如下：

$$\begin{Bmatrix} \sigma_z \\ \sigma_\theta \\ \tau_{z\theta} \end{Bmatrix}^{(k)}=\begin{bmatrix} Q_{11} & Q_{12} & Q_{13} \\ Q_{21} & Q_{22} & Q_{23} \\ Q_{31} & Q_{32} & Q_{33} \end{bmatrix}^{(k)}\begin{Bmatrix} \varepsilon_z \\ \varepsilon_\theta \\ \gamma_{z\theta} \end{Bmatrix}^{(k)} \tag{21.9}$$

21.2.4 边界条件

根据界面之间位移与应力的连续状况，设定边界条件为

$$\begin{aligned} u_r^{(k)}(r_k)&=u_r^{(k+1)}(r_k) \\ u_\theta^{(k)}(r_k)&=u_\theta^{(k+1)}(r_k) \\ \sigma_r^{(k)}(r_k)&=\sigma_r^{(k+1)}(r_k) \end{aligned} \tag{21.10}$$

其中，$k=1, 2, \cdots, n-1$。

玻纤增强柔性管受到纯扭荷载，内外表面的压力为 0 MPa，所以内外表面的轴向压力为 0 MPa，则

$$\left.\begin{aligned} \sigma_r^{(1)}(r_0)&=0 \\ \sigma_r^{(n)}(r_n)&=0 \end{aligned}\right\} \tag{21.11}$$

四层的轴向应变是相同的，则可得到如下关系式：

$$\varepsilon_z^{(k)} = \varepsilon_z^{(k+1)} \tag{21.12}$$

其中，$k = 1, 2, \cdots, n-1$。

玻纤增强柔性管施加的纯扭荷载积分表达式为

$$2\pi \sum_{k=1}^{n} \int_{r_{k-1}}^{r_k} \tau_{z\theta}^{(k)}(r) r^2 \mathrm{d}r = T \tag{21.13}$$

则可得出封闭端的圆管轴向等效积分式为

$$2\pi \sum_{k=1}^{n} \int_{r_{k-1}}^{r_k} \sigma_z^{(k)}(r) r \mathrm{d}r = 0 \tag{21.14}$$

21.2.5　几何非线性

由于扭矩施加在玻纤增强柔性管上会导致管道整体变形，从而引起内部玻纤角度方向的变化，则不能忽略截面和玻纤角度的改变。在分析中，应该考虑由此引起的材料几何非线性。根据 Kruijer 提出的理论，加强层玻纤角度的变化为

$$\alpha^{(k)} = \alpha_0^{(k)} + (-\varepsilon_z + \varepsilon_\theta)\sin\alpha_0^{(k)}\cos\alpha_0^{(k)} + \gamma_{z\theta}\cos^2\alpha_0^{(k)} \tag{21.15}$$

式中　$\alpha_0^{(k)}$——第 k 层的加强层的初始缠绕角。

缠绕角的改变导致柱坐标系中加强层的刚度矩阵非线性化。

21.3　有限元研究

21.3.1　几何参数和材料性能

考虑到实际工程应用针对内外层不同功用，内衬层热塑性材料采用抗流体压力及腐蚀性能较好的 UHMWPE(SR－02)，外保护层热塑性材料采用抗老化及耐久性能较好的 HDPE(XRT70)。玻璃纤维结构则假设为线弹性材料。材料参数见表 21.3。

表 21.3　有限元材料参数设置

材　料	位　置	弹性模量/MPa	屈服强度/MPa
UHMWPE	内衬层	570	21
HDPE	外保护层	850	23
玻璃纤维	结构加强层	33 000	

21.3.2 有限元模型

如图 21.9、图 21.10 所示，利用 ABAQUS 建立一个 1 000 mm 长的有限元模型。在本模型建模过程中，玻纤为 6 mm×0.75 mm 的矩形梁单元，利用文本编辑器 UItraEdit 将脚本文件写出，在 ABAQUS 的 Kernel Command Line Interface 界面中导入脚本文件。这样利用 UItraEdit 可以直接修改模型的各个参数，方便建模过程的参数设定。定义一个整体的矩形坐标系 XYZ，分别代表三个方向。定义一个柱坐标系，r、θ 和 Z 分别表示径向、环向和轴向。玻纤增强柔性管包括 10 层，内外层 PE 和 8 个加强层，一共有九部分，各层玻纤设置成单独的部分，PE 整体设置成一个部分，包括内外层 PE 和加强层的基体。第一层玻纤和 PE 的部分如图 21.9、图 21.10 所示。

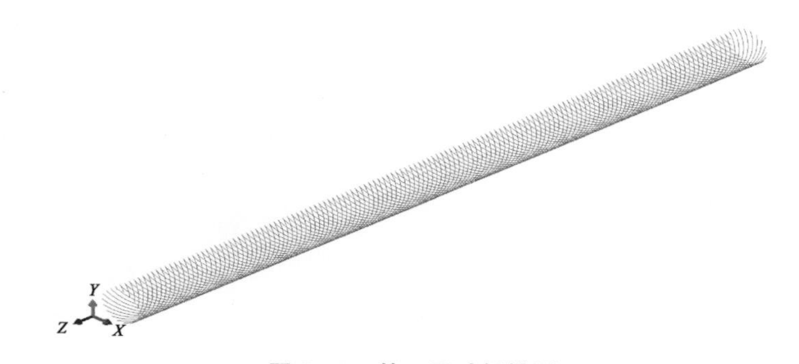

图 21.9　第一层玻纤模型

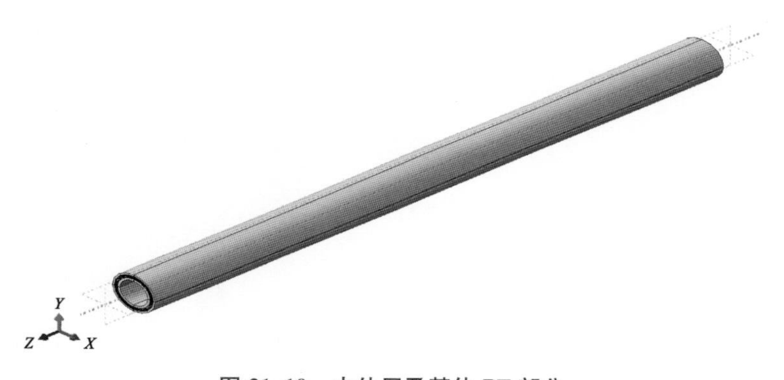

图 21.10　内外层及基体 PE 部分

假设每一层之间相互紧密连接，利用 Extrusion 命令建成模型，然后用 Partition 命令分割各层，并将材料属性赋予各层。内层 PE 的材料属性如下：弹性模量为 570 MPa，泊松比为 0.4，屈服应力为 19 N/mm^2。加强层由基体和玻纤共同组成，基体的材料属性如下：弹性模量为 850 MPa，泊松比为 0.4，屈服应力为 23 N/mm^2。所有的 PE 层和基体都设置成固体单元，玻纤设置成梁单元，梁单元不仅能受到拉力与压力作用，还将受到弯矩作用，因此梁单元更能反映出玻纤增强柔性管在受扭过程的实际受力情况。建模过程中还将建立一个桁架单元与梁单元进行对比，比较两种不同单元对玻纤增强柔性管受力的不同影响。玻纤的材料属性如下：弹性模量为 33 000 MPa，泊松比为 0.3。在实际建模过程中，基体与内外层设置成一个部分，各层的玻纤设置成单独的部分，并对每一层的玻纤进行阵列，试验样管的每一层玻纤数量并不相同，因此在模型中每层基体里设置与试验样管相同的玻纤数量，见表 21.4。

表 21.4　各层基体对应的玻纤根数

基体层数	玻纤根数	基体层数	玻纤根数
1	18	5	20
2	18	6	20
3	19	7	20
4	19	8	21

建模过程中，在 Interaction 模块的 Constraint 下，将玻纤嵌入基体中。由于在试验中玻纤增强柔性管两端都固定在试验机的机座上，只有一端的扭转方向没有受到限制，所以在实际模型中边界条件为一端全部固定，另一端在 UR_3（环向）方向上可以自由转动，并在不完全固定的一端设置耦合点，在耦合点上施加扭矩，与试验施加在扭转面上的扭矩等效。玻纤嵌入基体与耦合点的设置如图 21.11 所示。

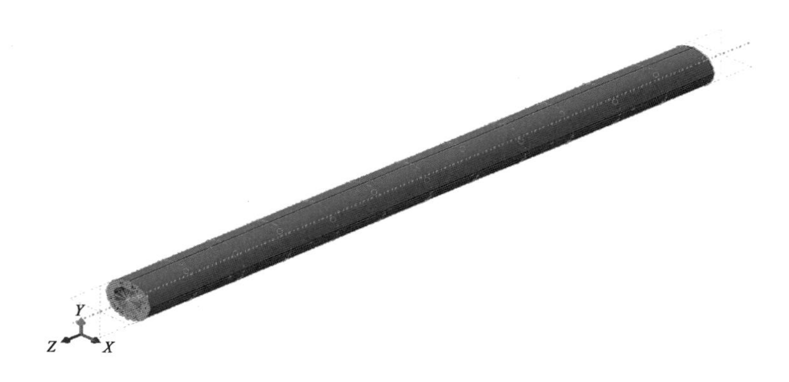

图 21.11　耦合点与耦合面

模型边界条件设置如图 21.12 所示。

玻纤部分分布种子大小为 3，其他部分分布种子大小为 7。创建工作进行分析，在后处理中输出扭矩随时间的变化曲线、扭转角随时间的变化曲线，使用 Operate on XY Data 命令下的 Combine 命令将两条曲线合并成一条曲线，比对扭转角-扭矩关系与试验结果的差异。

如图 21.13 所示，扭转角小于 0.335 rad 时，扭矩随着扭转角的增加而线性增加，在破坏前材料为弹性结构；当扭转角达到 0.335 rad 时，扭矩达到最大值 3 011.65 N·m。荷载均匀施加于扭转面上，曲线的斜率为 8 990。

图 21.12 模型边界条件设置

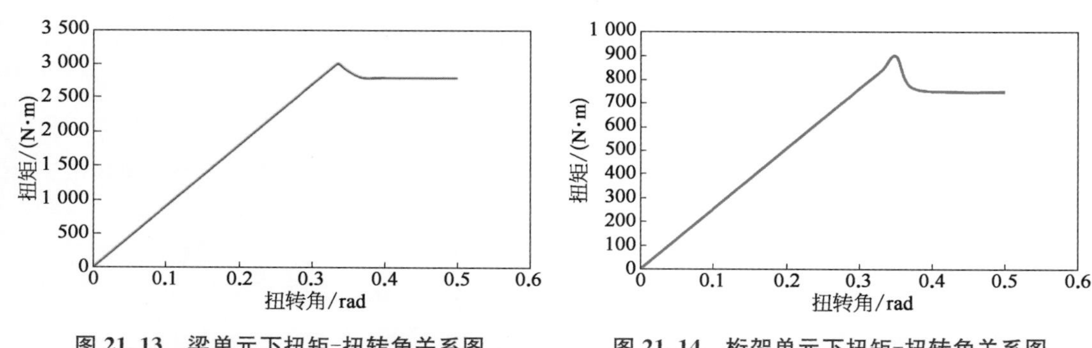

图 21.13 梁单元下扭矩-扭转角关系图

图 21.14 桁架单元下扭矩-扭转角关系图

在 ABAQUS 的 Property 选项下的截面管理界面，建立桁架截面，并将截面分配到每一层的玻纤上，在划分网格时，元素类型选择桁架单元，即可计算得到扭矩-扭转角的关系图。从图 20.14 中可以看出，当扭转角小于 0.35 rad 时，扭矩随着扭转角线性增加，通过计算可以得到直线斜率为 2 543.078；当扭转角达到 0.35 rad 时，扭矩达到最大值 900.581 N・m。

比较梁单元与桁架单元建模得到的结果，可以发现梁单元在达到极限扭转角时所能承受的扭矩值更大。在本模型中，梁单元承受的最大扭矩为 3 011.65 N・m，桁架单元承受的最大扭矩为 900.58 N・m。与试验结果对比可以发现，梁单元建模与试验值更为接近，这是因为梁单元在模型中不仅会承受拉力、压力(解释压力)，还会承受扭转带来的剪切力，与实际更为接近，所以使用梁单元建模比用桁架单元建模更为合理。

21.4 结果讨论

图 21.15 为理论求解、有限元模型、样管试验得到的扭转角-扭矩曲线。从图中可以

看出，三种方法得到的扭矩-扭转角曲线吻合较为一致。试验的扭矩-扭转角曲线上，当扭转角平均值小于 0.337 rad 时，玻纤增强柔性管一直保持弹性变形；扭转角达到 0.337 rad 时，扭矩达到最大值 2 590.003 N・m，此时玻纤增强柔性管已达到破坏。理论方法的扭矩-扭转角曲线上，当扭转角小于 0.339 6 rad 时，玻纤增强柔性管同样保持弹性变形；扭转角达到 0.340 rad 时，扭矩达到最大值 2 400 N・m，此时玻纤增强柔性管已达到破坏。理论最大扭矩值与试验最大扭矩值相差 7.34%，存在一定差别的可能原因是理论方法使用的是简化的带状模型，加强层整体假设为各向异性的材料，并且理论方法假设缠绕方向与扭矩方向相反的玻纤在受扭时是不发挥抗扭特性的，因此与试验结果存在一定偏差。在 ABAQUS 建立的有限元模型的扭矩-扭转角曲线上，当扭转角小于 0.335 rad 时，玻纤增强柔性管一直保持弹性变形；扭转角达到 0.335 rad 时，扭矩达到最大值 3 011.65 N・m，此时玻纤增强柔性管已达到破坏。有限元模型最大扭矩值与试验最大扭矩值相差 14%。三种方法的极限扭转角和极限扭矩见表 21.5。

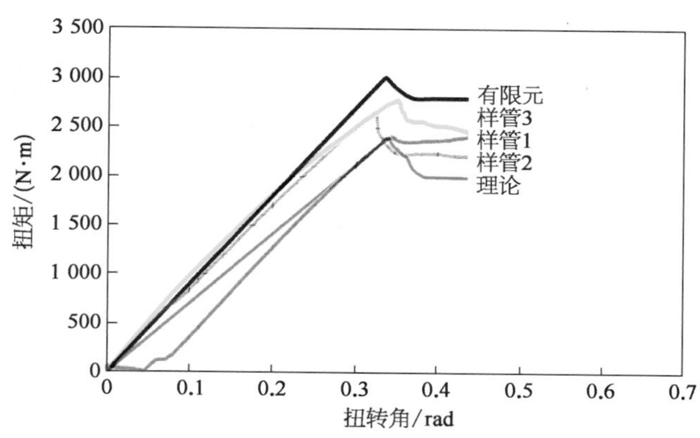

图 21.15　三种方法的扭矩-扭转角关系图

表 21.5　三种方法对应的极限扭矩和极限扭转角

参　　数	试验方法	理论方法	有限元方法
极限扭转角/rad	0.337	0.339 6	0.335
极限扭矩/(N・m)	2 590.00	2 400	3 011.65

21.5　参 数 分 析

21.5.1　缠绕角度

为了得到玻纤缠绕角对玻纤增强柔性管承受扭矩作用能力的影响，加快计算效率与速度，本节在 Matlab 程序中修改玻纤增强柔性管的缠绕角度，得出在扭矩作用下的扭矩-扭转角关系图。

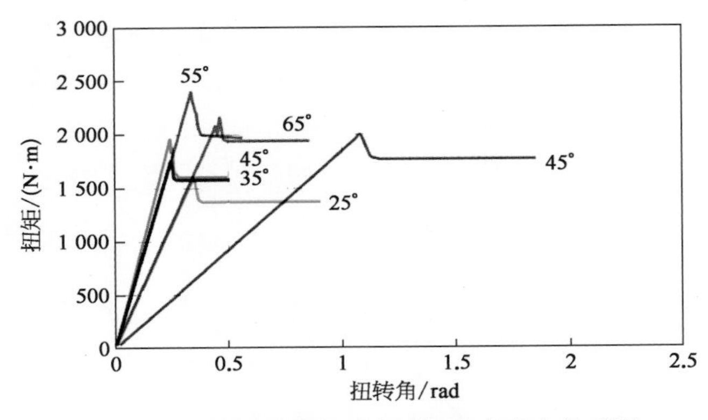

图 21.16 不同缠绕角对应的扭矩-扭转角关系图

从图 21.16 和表 21.6 可以看出，当缠绕角等于 55°时，玻纤增强柔性管的抗扭能力达到最强，此时玻纤增强柔性管承受的扭矩值为 2 400 N・m，扭转角为 0.340 rad。当缠绕角为其他数值时，玻纤增强柔性管承受的最大扭矩均小于 2 400 N・m，且当缠绕角小于 55°时，玻纤增强柔性管达到最大扭矩时对应的扭转角小于 0.340 rad。当玻纤缠绕角大于 55°时，玻纤增强柔性管达到最大扭矩时对应的扭转角大于 0.340 rad。玻纤缠绕角从 25°增加到 65°的过程中，曲线图前部分的斜率逐渐减小，即玻纤增强柔性管的扭转刚度随着缠绕角的增大而减小。且在不同缠绕角的作用下，扭矩-扭转角的变形曲线都是先线性增大，当扭转角达到一定值时，扭矩达到最大，在此之后扭矩随着扭转角的增大而减小，最后维持一条水平直线，这与之前 55°缠绕角的理论结果相一致。由此证明，在设计制造玻纤增强柔性管时，玻纤缠绕角使用 55°对于玻纤增强柔性管承受扭矩效果最为显著。

表 21.6 不同缠绕角对应的极限扭矩和扭转角

缠绕角度/°	破坏扭转角/rad	破坏扭矩/(N・m)
25	0.352	1 600
35	0.250	1 760
45	0.244	1 960
55	0.340	2 400
65	0.467	2 160

21.5.2 径厚比

在 Matlab 中修改管道的径厚比，比较三种径厚比对扭转角-扭矩关系的影响。修改管道内径，分别为 50 mm、40 mm、60 mm，则管道的径厚比分别为 76/13、66/13、86/13。计算结果如图 21.17 所示。

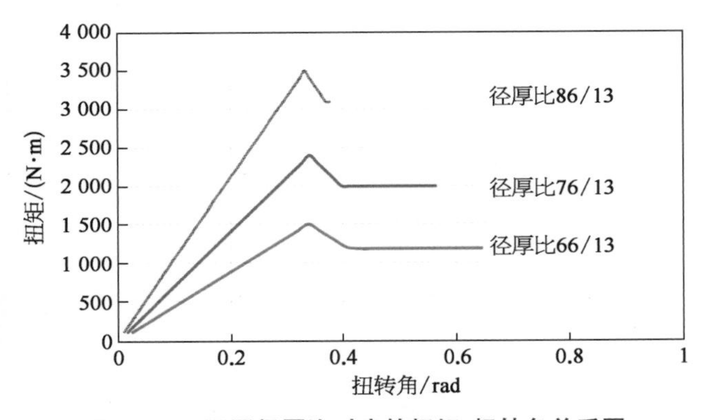

图 21.17 不同径厚比对应的扭矩-扭转角关系图

由图 21.17 和表 21.7 可知，当管道的径厚比越大时，扭转刚度也越大，在相同扭转角作用下达到的扭矩也越大。对于径厚比为 86/13 的样本，最大扭矩为 3 500 N・m，对应的扭转角为 0.332 rad。对于径厚比为 66/13 的样本，最大扭矩为 1 500 N・m，对应的扭转角为 0.337 rad，并且扭转刚度为三组样本中最小值。由此可见，当增加内管直径时，玻纤增强柔性管整体的扭转刚度得到增大，并且可以达到更大的扭矩。所以在实际工程中，适当增大玻纤增强柔性管的内径有助于提高管道的抗扭能力。

表 21.7　不同径厚比对应的极限扭矩和扭转角

参　　数	径厚比 76/13	径厚比 66/13	径厚比 86/13
破坏扭转角/rad	0.340	0.337	0.332
破坏扭矩/(N・m)	2 400	1 500	3 500

21.5.3　加强层厚度

加强层单层厚度分别取 0.5 mm、0.75 mm 和 1 mm，则加强层总厚度分别为 4 mm、6 mm 和 8 mm。最终得到的关系曲线如图 21.18 所示。

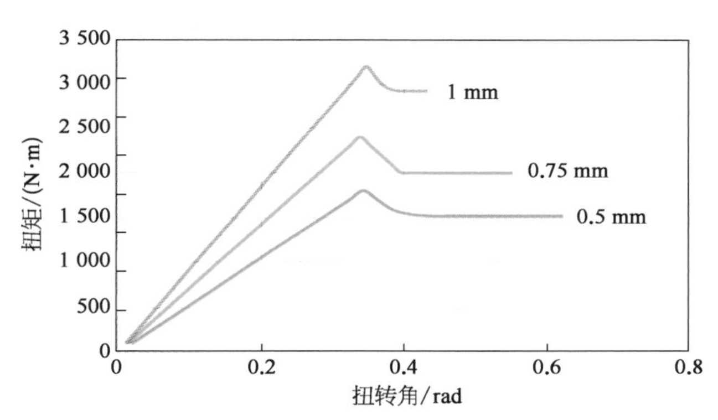

图 21.18　不同加强层厚度对应的扭矩-扭转角关系图

由图 21.18 和表 21.8 可知，加强层单层厚度在 1 mm 时，玻纤增强柔性管所能达到的最大扭矩值为 3 200 N・m，对应的扭转角为 0.347 rad。当加强层单层厚度在 0.5 mm 时，玻纤增强柔性管所能达到的最大扭矩值为 1 800 N・m，对应的扭转角为 0.344 rad。加强层的厚度越大，扭矩-扭转角前段直线的斜率越大，玻纤增强柔性管的扭转刚度也越大。1 mm 加强层对应的最大扭矩比 0.5 mm 加强层对应的最大扭矩大 43.75%，由此可见加强层的厚度对于玻纤增强柔性管的抗扭刚度具有非常显著的影响。在玻纤增强柔性管的设计制作过程中，如果想增大抗扭刚度可以考虑加大管道的加强层厚度。

表 21.8　不同加强层厚度对应的极限扭矩和扭转角

加强层厚度/mm	破坏扭转角/rad	破坏扭矩/(N・m)
0.5	0.344	1 800
0.75	0.340	2 400
1	0.347	3 200

21.6 本章小结

在本章中，通过理论求解、有限元模拟、样管试验三种方法得出了玻纤增强柔性管的扭转力学性能，并对结果进行对比分析。得出如下结论：

(1) 本章中理论分析部分，将加强层简化成带状模型，不考虑与扭矩相反方向缠绕的玻纤的抗扭能力，根据蔡-吴理论推出的强度破坏准则确定玻纤增强柔性管在扭转作用下的极限扭矩。结果与试验和有限元结果吻合较好，证明理论求解方法可行。

(2) 在玻纤增强柔性管达到极限扭矩时，各层的剪切应变、轴向应变、剪切应力和轴向应力都没有达到材料的极限强度。

(3) 在有限元建模过程中，玻纤使用梁单元比使用桁架单元与试验结果更为接近。

(4) 缠绕角随着扭矩的变化影响非常小，在实际计算过程中可以忽略材料的几何非线性。

(5) 当缠绕角在 25°～65°变化时，扭转刚度随着玻纤缠绕角的增大而减小，并且在 55°时极限扭矩达到最大值。

(6) 管道的径厚比越大，扭转刚度也越大，在相同扭转角的作用下达到的扭矩也越大。

(7) 加强层厚度对玻纤增强柔性管的受扭承载力具有较大影响，随着加强层厚度的增加，极限扭矩也在增加。

参考文献

[1] 朱彦聪. 钢丝缠绕增强塑料复合管外压失稳研究[D]. 杭州：浙江大学，2007.

[2] Li X, Zheng J, Shi F, et al. Buckling analysis of plastic pipe reinforced by cross-winding steel wire under bending[C]//ASME 2009 Pressure Vessels and Piping Conference. American Society of Mechanical Engineers, 2009: 259 - 268.

[3] Ren S, Xue H, Tang W. Analytical and numerical models to predict the behavior of unbonded flexible risers under torsion[J]. China Ocean Engineering, 2016, 30(2): 243 - 256.

[4] 卢玉斌. 钢丝缠绕增强塑料复合管力学性能研究[D]. 杭州：浙江大学，2006.

第 22 章　玻纤增强柔性管最小弯曲半径

弯曲载荷是玻纤增强柔性管在盘卷和铺设过程中承受的主要载荷之一，弯曲载荷下的管道屈曲通常可分为极值型屈曲和分枝型屈曲两种屈曲形式。极值型屈曲，即在弯曲载荷作用下，管道截面发生椭圆化，其弯曲刚度随之下降，直至出现极值屈曲点；而对于径厚比大的管道，在达到极值型屈曲前还会发生分枝型屈曲，即管道的受压侧发生波纹褶皱的一种壳状屈曲形态[1]。玻纤增强柔性管的加强层层数多且通常直径不大，其径厚比 D/t 不超过26，基于 Kyriakides 提出的管道径厚比判断管道在弯曲载荷作用下失效模式准则，可认为弯曲载荷下玻纤增强柔性管的屈曲形式为极值型屈曲，本章将对此种屈曲形式进行深入研究。

综上所述，本章提出基于非线性环理论和虚功原理的分析方法，将无限长玻纤增强柔性管简化为二维平面模型，引入椭圆度作为玻纤增强柔性管的初始缺陷，综合考虑材料的弹塑性和截面变形，利用数值求解方法求解弯曲载荷下任意加载时刻的平衡方程，得到理论解；建立管道的实体模型进行有限元分析，并将玻璃纤维绳“嵌入”结构加强层实体中，着重分析研究玻璃纤维弯矩和曲率变化；通过对试验样管施加弯矩，得到了三根样管的曲率-弯矩曲线。将理论解、有限元解和试验结果进行对比，分析误差来源，进行参数分析，得到不同参数条件下玻纤增强柔性管的力学性能。

22.1 弯曲试验

管道的弯曲试验通常采用三点弯曲或者四点弯曲方法。Kagoura 等[2]采用三点弯曲试验方法测得金属柔性管(flexible pipe)的弯曲刚度；Troina 等[3]对悬臂梁端点施加位移测得金属柔性管在不同内压下的弯曲刚度，指出端点施加位移应缓慢并保持恒定的速度；郑杰馨[4]利用三点弯曲方法测定金属柔性管的弯曲刚度。由于三点弯曲试验没有纯弯曲段，中间施加力部分可能会出现应力集中等问题，本节采用四点弯曲试验方法获得玻纤增强柔性管的弯矩-曲率关系。试验结果主要用于与理论和有限元结果进行对比，并衡量分析方法的正确性(图 22.1)。

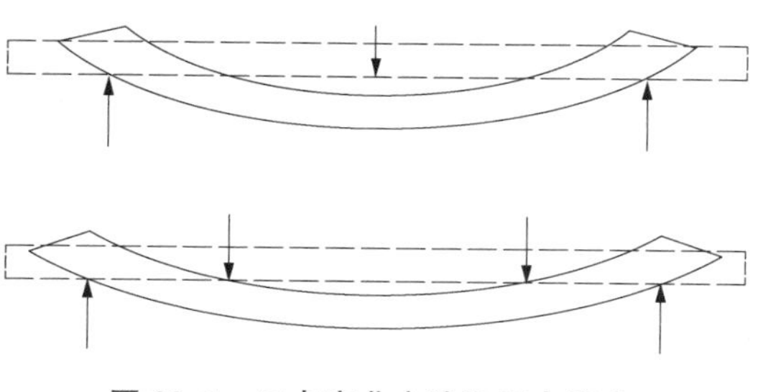

图 22.1　三点弯曲方法和四点弯曲方法对比示意图

22.1.1　试验装置

为了消除管道自重的影响，四点弯曲试验在水平面内进行，试验机示意图与实物图如图 22.2、图 22.3 所示，试验机尺寸见表 22.1。通过与加载梁相连的千斤顶施加位移，并用位移计记录位移值，与千斤顶相连的传感器测出力的大小。因滚轮支座与加载点之间部分为刚性段，故管道测试段为纯弯受力状况，根据加载梁的行程、施加的力值，可以计算出管道纯弯段的弯矩-曲率值。由于 HDPE 材料的性能会受到加载速率的影响，需注意尽量保持加载速度的缓慢、平稳，试验速度应小于 0.4 mm/s。

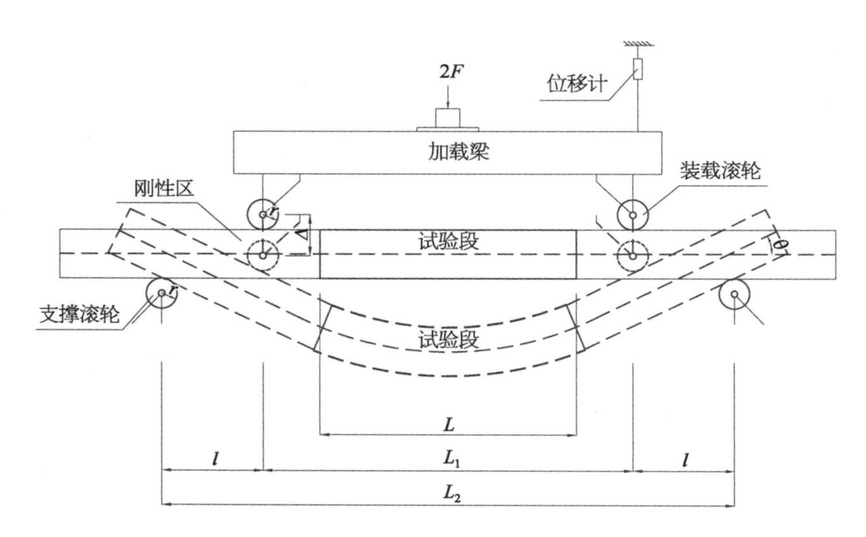

图 22.2　四点弯曲试验机示意图

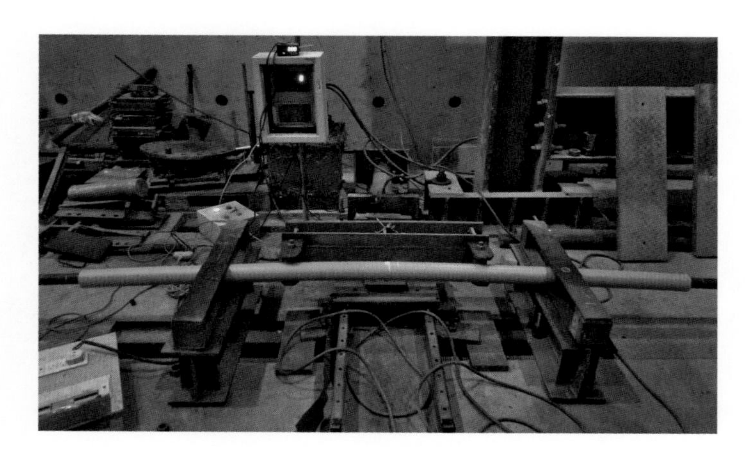

图 22.3　四点弯曲试验机实物图

表 22.1　四点弯曲试验机尺寸

符　号	值/mm	说　明
L	600	管道测试段
L_1	800	加载点间距
L_2	1 400	支座间距
l	300	加载点与支座间水平距离

22.1.2 材料属性及几何参数

试验所用玻纤增强柔性管是由内层的超高分子聚乙烯(UHMWPE)、外层的高密度聚乙烯(HDPE)及八层玻璃纤维增强层复合而成,其中每层玻纤增强层是由丝状的玻璃纤维和 HDPE 基体复合而成玻璃纤维增强带(以下简称玻纤带)。在增强层中,奇数层的玻纤带按+54.7°角度缠绕,偶数层的玻纤带按−54.7°角度缠绕。玻纤增强柔性管材料属性及几何参数见表 22.2 和表 22.3。

表 22.2 玻纤增强柔性管材料属性

材 料	割线模量 E/MPa	泊松比 μ
玻璃纤维	72 607	0.3
HDPE	850	0.4
UHMWPE	570	0.4

表 22.3 玻纤增强柔性管几何参数

参 数	数 值	参 数	数 值
内半径/mm	25	增强层层数	8
外半径/mm	38	玻纤带缠绕角度/°	±55
内层 PE 厚度/mm	4	增强层厚度/mm	6
外层 PE 厚度/mm	3		

22.1.3 试验过程

在试验过程中,千斤顶对加载梁施加大小为 $2F$ 的推力,使其沿着滑轨以恒定速度滑动。加载梁的位移 Δ 由位移计测出,在加载梁向前移动的同时,试验管在由四个滚轮支座产生的弯矩下弯曲。通过在试验管中插入圆柱形刚性杆,在加载轮和支撑轮之间形成一个刚性段。根据以上所形成的加载条件,测试段可以近似认为是纯弯段。为确保试验管所受的是静荷载,加载梁的移动速率必须控制在 0.2~0.4 mm/s。试验之后,加载梁的位移 Δ 和加载力 $2F$ 可以通过以下公式转化为曲率 κ 和弯矩 M:

$$\Delta-\left[l\tan\theta+(2r+D_0)-\frac{2r+D_0}{\cos\theta}\right]=0 \tag{22.1}$$

$$\kappa=\frac{2\theta}{L} \tag{22.2}$$

$$M=\frac{F}{\cos\theta}\left[\frac{l}{\cos\theta}-(2r+D_0)\tan\theta\right] \tag{22.3}$$

式中 θ ——刚性段相对于水平线的倾角;

r ——加载轮和支撑轮的半径;

D_0——刚性段的外直径；

F——千斤顶推力的一半。

22.1.4 试验结果

如图 22.4 所示，样管在极限弯矩作用下发生明显弯曲。试验管上没有出现凹坑，这符合圆柱壳局部稳定理论。如图 22.4 所示，随着样管曲率增加，样管的弯矩也逐步增加，且三根样管的试验曲线非常接近。虽然试验曲线出现了一些波动，但是总体保持平稳上升。这说明试验结果是可信的。具体试验数据见表 22.4。

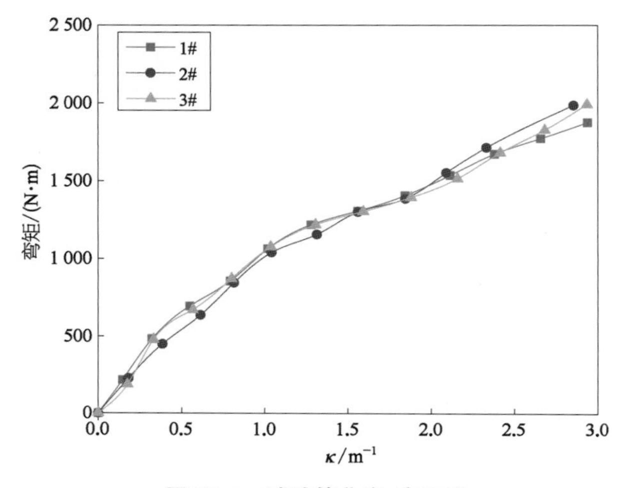

图 22.4 试验管曲率-弯矩图

表 22.4 试验管加载行程

试验管	加载梁位移/mm	试验管曲率/m^{-1}	试验管弯矩/(N·m)
1	263	2.94	1 879
2	253	2.85	1 988
3	262	2.93	1 993

22.2 非线性屈曲理论

22.2.1 基本假设

本节在进行理论求解时，基于玻纤增强柔性管的实际受力特点，做出如下假定：

(1) 玻纤增强柔性管由内层、加强层和外层三部分构成,其中加强层由玻纤和基质 HDPE 构成。

(2) 玻纤增强柔性管的组成材料都是均匀连续,无孔隙和裂纹。

(3) 作为粘结柔性管,加强层玻纤与基底是粘结的,在变形过程中没有相对滑移;层与层之间紧密粘结,无相对滑移;层与层间的接触点连续,也不改变形状。

(4) 玻纤增强柔性管横截面在变形过程中始终保持与中轴垂直。

(5) 在复合加工过程中,材料性质保持不变,且不随时间、温度变化。

22.2.2　运动方程

如图 22.5 和图 22.6 所示,一个近似圆弧形的长管,半径为 R,壁厚为 t,受到弯矩 M 时产生曲率为 κ 的变形。根据平截面假定,截面上任意一点的轴向应变可以表示为[5]

$$\varepsilon_x = \varepsilon_x^0 + \zeta\kappa \tag{22.4}$$

式中　ε_x^0 ——弯曲中性面处的轴向应变;

ζ ——变形后截面上任意点到弯曲中性面的距离,可由式(22.5)计算得到:

$$\zeta = (R + w)\cos\theta - v\sin\theta + z\cos\theta \tag{22.5}$$

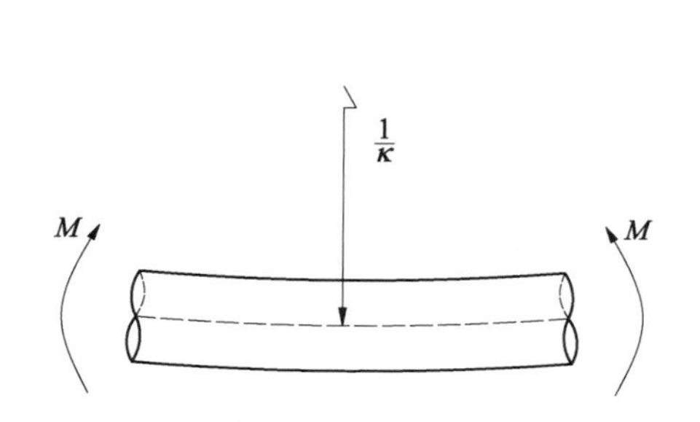

图 22.5　无限长玻纤增强柔性管纯弯示意图

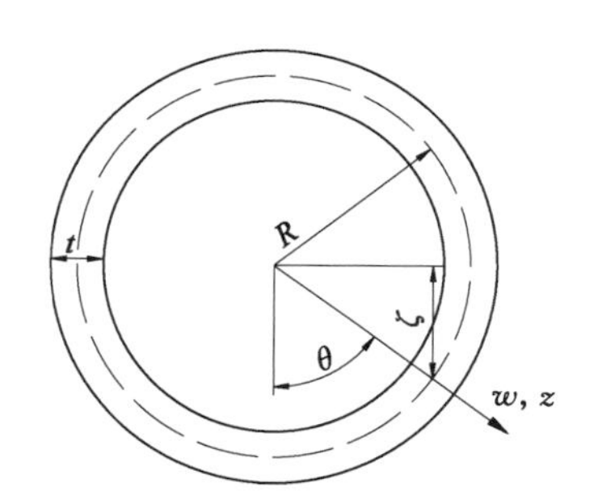

图 22.6　玻纤增强柔性管横截面变形图

环向应变可以表示为

$$\varepsilon_\theta = \left(\frac{v' + w}{R}\right) + \frac{1}{2}\left(\frac{v' + w}{R}\right)^2 + \frac{1}{2}\left(\frac{v - w'}{R}\right) + z\left(\kappa_\theta + \frac{\gamma'_\theta}{R}\right) \tag{22.6}$$

$$\kappa_\theta = \left(\frac{v' - w''}{R^2}\right) \Bigg/ \sqrt{1 - \left(\frac{v - w'}{R}\right)^2} \tag{22.7}$$

假设沿壁厚方向的剪应变为一阶线性,可以表示为

$$\gamma_{\theta r} = \gamma_\theta \tag{22.8}$$

22.2.3 材料简化模型

根据 J2 塑性流动等向强化理论，不考虑内层和外层的径向应力、剪切应力和，内层和外层 HDPE 的本构方程均可用式(22.9)表示[1]：

$$\begin{Bmatrix}\sigma_z\\ \sigma_\theta\\ \tau_{\theta r}\end{Bmatrix}=\begin{bmatrix}D_{11} & D_{12} & D_{13}\\ D_{21} & D_{22} & D_{23}\\ D_{31} & D_{32} & D_{33}\end{bmatrix}\begin{Bmatrix}\varepsilon_z\\ \varepsilon_\theta\\ \gamma_{\theta r}\end{Bmatrix} \tag{22.9}$$

其中，$D_{ij}=\varphi(\sigma_{ij}, Q, \upsilon)$，$i, j=1, 2, 3$；$Q=\begin{cases}0, & \sigma_e<\sigma_{e,\max}\\ \dfrac{1}{4\sigma_e^2}\left(\dfrac{E}{E_t}-1\right), & \sigma_e\geqslant\sigma_{e,\max}\end{cases}$。

式中 υ——泊松比；

E——弹性模量；

E_t——切线模量；

σ_e——Mises 等效应力；

$\sigma_{e,\max}$——最大等效应力。

将玻纤增强柔性管加强层中的 HDPE 基体和玻璃纤维视为交错布置的螺旋缠绕带结构。复合材料是宏观均匀的，因此研究其力学性能时，只需取其一代表性体积单元即可代表总体进行研究。本节针对玻璃纤维材料各向异性，通过 Halpin-Tsai 方程求出该层的五个有效模量。

每层玻璃纤维等间距排列，选出一个代表性体积，取该单元长度为相邻玻璃纤维的垂向距离 L，宽度为玻璃纤维直径 D，如图 22.7 所示。为了建立管道外压理论模型，首先需要确定加强层的材料弹性摩尔常数。

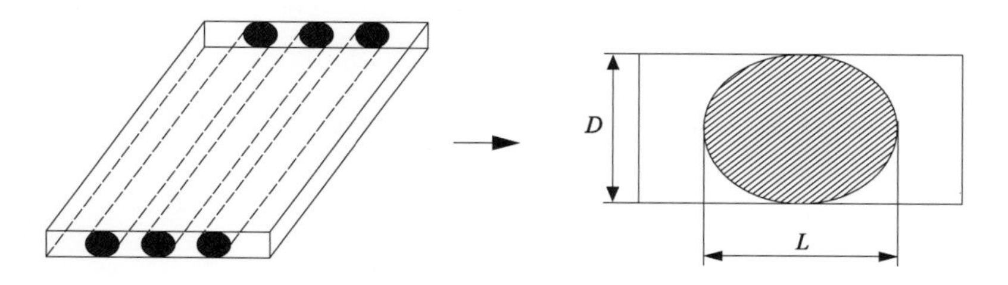

图 22.7 加强层体积单元代表

五个有效模量可以表示材料的本构关系。对于 E_L、μ_{L2} 等较为成熟的弹性常数计算公式，Halpin-Tsai 模型表示如下：

$$E_L=E_{PE}V_{PE}+E_{fg}(1-V_{PE}) \tag{22.10}$$

$$\mu_{L2}=\mu_{PE}V_{PE}+\mu_{fg}(1-V_{PE}) \tag{22.11}$$

式中　E_L、μ_{L2}——局部坐标系下沿玻璃纤维缠绕方向的弹性模量和泊松比；

V_{PE}——PE所占的体积分数。

对垂直于玻璃纤维缠绕方向的弹性常数(E_2、μ_{2L}、G_{L2})计算公式，Halpin-Tsai模型给出如下公式：

$$\frac{M}{M_m}=\frac{1+\zeta\eta V_{fg}}{1-\eta V_{fg}} \tag{22.12}$$

$$\eta=\left(\frac{M_{fg}}{M_m}-1\right)\bigg/\left(\frac{M_{fg}}{M_m}+\xi\right) \tag{22.13}$$

$$\xi_E=2,\ \xi_G=1 \tag{22.14}$$

式中　M——E_2、μ_{2L}、G_{L2}中的任何一个；

M_{fg}、M_m——玻璃纤维和基体HDPE相对应的量；

ξ——经验系数，是对玻璃纤维增强作用的度量，可以从0变化到∞，其大小取决于玻璃纤维的几何尺寸、排列方式和加载方式，对圆截面玻璃纤维，方形排列时，弹性模量、泊松比的经验系数ξ_E、$\xi\mu$为2，剪切模量的经验系数ξ_G为1。

22.2.4　虚功方程

根据虚功原理，管道在加载任意时刻都满足的平衡状态方程可表示为

$$\int_V \sigma_{ij}\delta\varepsilon_{ij}\,\mathrm{d}V=\delta W_e \tag{22.15}$$

其中，等式右边代表外力所做的虚功，等式左边代表内力所做的虚功。

仅考虑轴向应力、环向应力和沿壁厚的剪切应力，式(22.15)可表示为如下增量形式：

$$\sum_f\int_0^{2\pi}\int_{t_1^k}^{t_2^k}(\hat{\sigma}_x\delta\varepsilon_x+\hat{\sigma}_\theta\delta\varepsilon_\theta+\hat{\tau}_{\theta r}\delta\gamma_{\theta r})(R+z)\,\mathrm{d}z\,\mathrm{d}\theta=\delta\dot{W}_e \tag{22.16}$$

其中，$(\hat{\bullet})\equiv(\bullet)+(\bullet)$，如$\hat{\sigma}_x=\sigma_x+\sigma_x$；

式中　k——玻纤增强柔性管管道壁厚第k层，$k=1\sim10$；

t_1^k、t_2^k——第k层径向坐标值，其中$t_1^k<t_2^k$。

当仅有纯弯荷载作用时，曲率在加载过程中是预先定义的，因此外力所做的虚功$\delta W_e=0$；当仅有轴向拉力作用时，外力做的虚功增量为

$$\delta W_e=\hat{T}\delta\varepsilon_x \tag{22.17}$$

为准确描述管道截面的位移变化，采用三角级数来近似表示，假定管道的环向、径向位移和沿壁厚的剪应变均为θ的函数，用以下级数展开式表示：

$$w \approx Ra_0 + R\sum_{n=1}^{N}[a_n\cos(n\theta) + b_n\sin(n\theta)] \tag{22.18}$$

$$v \approx R\sum_{n=2}^{N}[c_n\cos(n\theta) + d_n\sin(n\theta)] \tag{22.19}$$

$$\gamma_\theta \approx R\sum_{n=1}^{N}[e_n\cos(n\theta) + f_n\sin(n\theta)] \tag{22.20}$$

当玻纤增强柔性管受弯时,截面一侧受拉、一侧受压,认为纤维只能受拉而不能受压,故可以认为缠绕纤维对弯曲刚度的贡献很小。

22.2.5 理论解法

将位移函数代入应变表达式并根据材料本构关系,可以得出应变增量、应力增量,并代入增量形式的平衡方程,得到任意荷载步下 6N 个关于 $\{\varepsilon_x^0, a_n, b_n, c_n, d_n, e_n, f_n\}$ 在纯弯曲时的非线性代数方程,本节采用 Newton-Raphson 方法求解,具体过程如下:

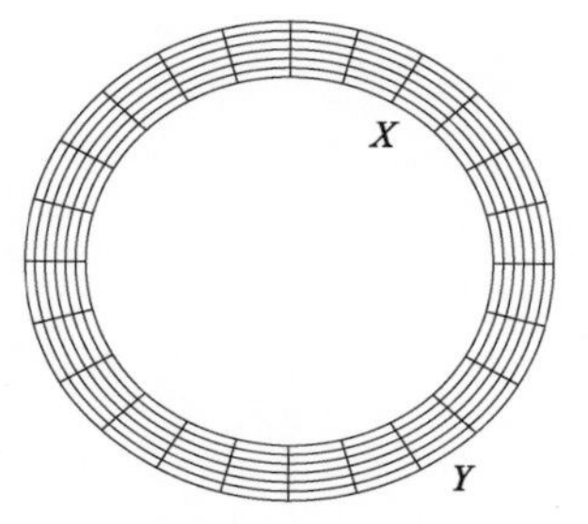

图 22.8 玻纤增强柔性管截面单元划分

(1) 确定管道的几何尺寸(包括初始几何缺陷)、材料参数、截面单元划分、荷载步与荷载步增量、位移函数展开项数 N;在计算中,采用高斯积分的数值方法,因此需要对管道截面进行单元划分,如图 22.8 所示,将截面沿环向和径向分布划分为 X 和 Y 个积分点;根据本章玻纤增强柔性管的几何参数,沿壁厚方向将截面划分为 13 个单元,其中内层 3 个单元、加强层 6 个单元、外层 4 个单元,沿环向将截面划分为 30 个单元。

(2) 估计位移函数中 6N 个未知量的初值,对于第一次计算过程各数值不做改变,之后的荷载步采用上一次荷载步的数值作为计算的初值。

(3) 根据由式(22.4)～式(22.8)计算出各积分点应变增量 $\{\dot{\varepsilon}\}$。

(4) 根据各层材料的本构关系,求得各积分点的应力增量 $\{\dot{\sigma}\}$。

(5) 求解虚功方程。当获得各积分点的应力后,全截面的积分即可通过数值方法求得,由式(22.15)可以得出 6N 个非线性方程,采用 Newton-Raphson 方法迭代求解出 $\{\varepsilon_x^0, a_n, b_n, c_n, d_n, e_n, f_n\}$ 等未知量,求解过程中需要大量迭代过程,通过收敛测试判断当前荷载步是否达到收敛。

一旦满足收敛条件,判断当前荷载步计算完成,并更新各参数值,同时求得当前荷载步所对应的弯矩:

$$M = \sum_f \int_0^{2\pi}\int_{t_1^f}^{t_2^f} \hat{\sigma}_x \zeta(R+z)\,\mathrm{d}z\,\mathrm{d}\theta \tag{22.21}$$

当 $\sigma_e \geqslant \sigma_{emax}$ 时,加载;当 $\sigma_e < \sigma_{emax}$,卸载。图 22.9 为数值计算过程的详细步骤。

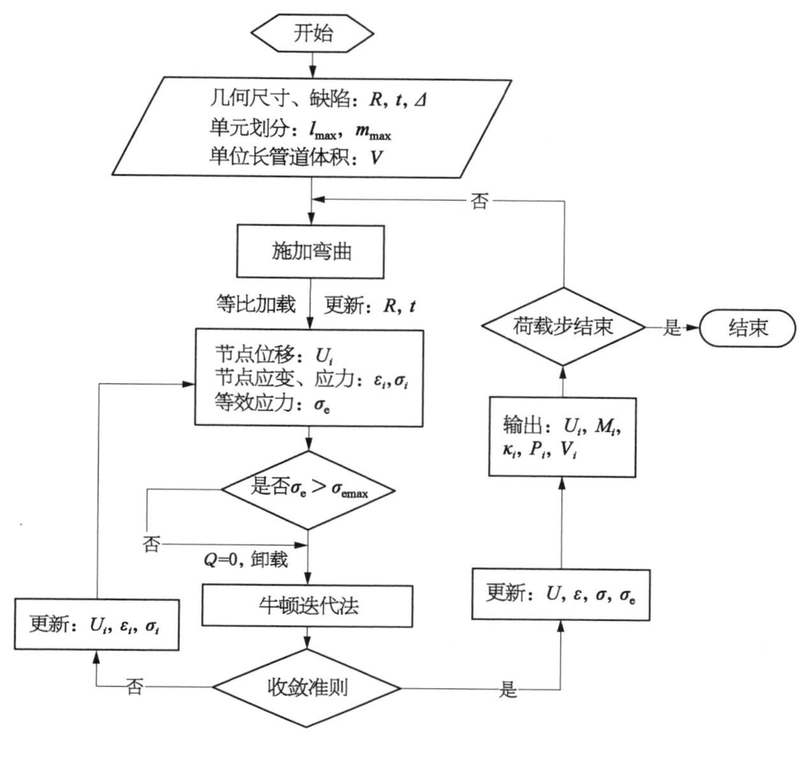

图 22.9　求解思路流程

22.3　有限元研究

22.3.1　有限元模型

根据玻纤增强柔性管的受力特点，本节采用加强层嵌入玻璃纤维的方式来模拟管道的真实受力方式。由于玻纤增强柔性管加强层层数多、玻璃纤维带数多，为了简化计算，利用 Python 语言编写程序，写入商业有限元软件 ABAQUS 中。

管道内层 UHMWPE、外层 HDPE 及加强层基质均采用 C3D8R 实体单元提高运算速度，玻璃纤维采用 Truss 桁架单元模拟玻纤增强柔性管真实结构。由于玻纤增强柔性管是粘结管，所以玻璃纤维螺旋缠绕结构和结构加强层基底之间采用“嵌入”的接触方式。如图 22.10 所示，八层加强层缠绕角度相同，缠绕方向相反，由内而外交替缠绕形成网状结构。

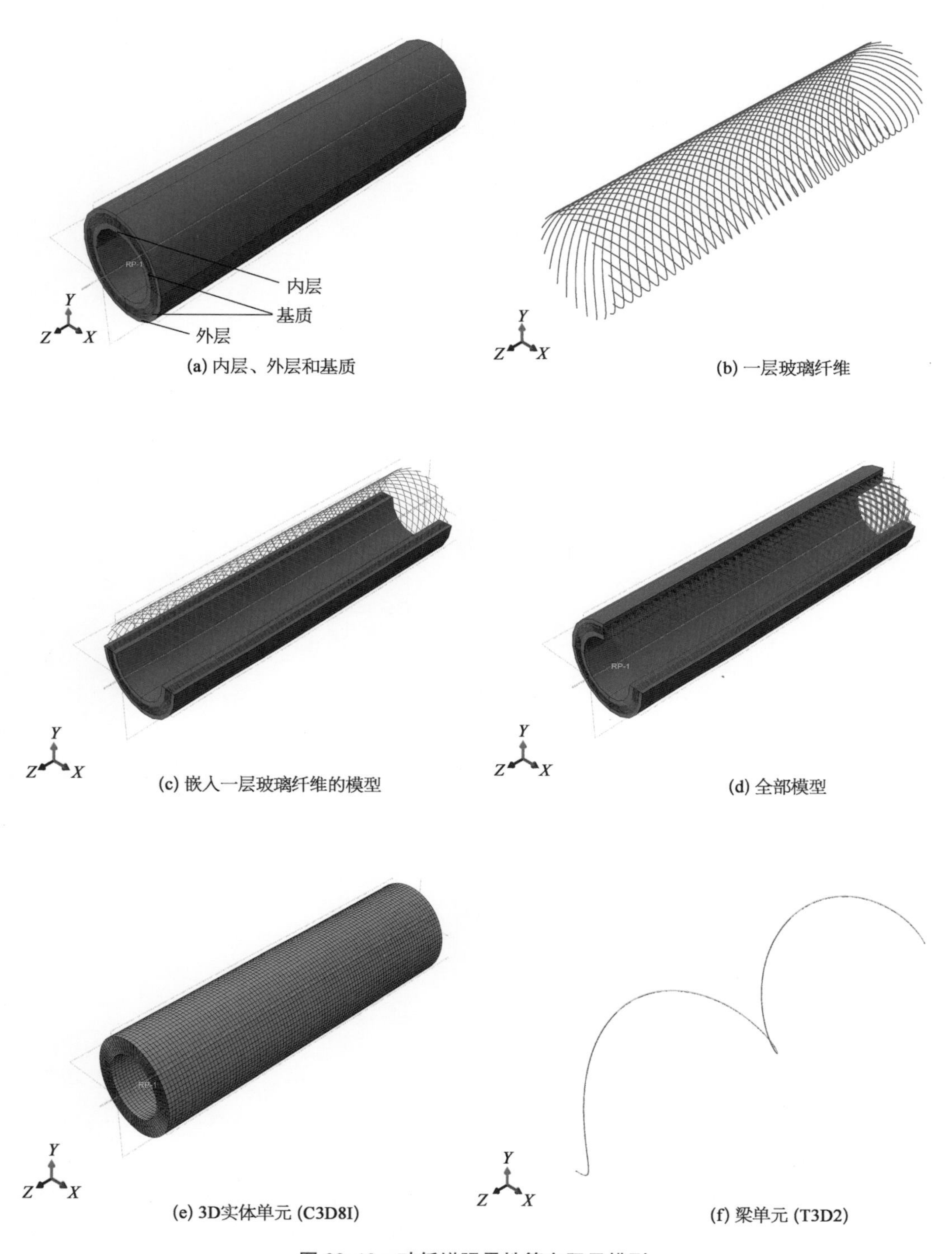

图 22.10　玻纤增强柔性管有限元模型

根据在 22.2.1 节中提出的基本假设，如图 22.11 所示，在模型的右端面($U_3=0$)设置一个关于 Z 轴的对称约束，模型左端($U_3=300$)施加一个耦合约束(coupling)。

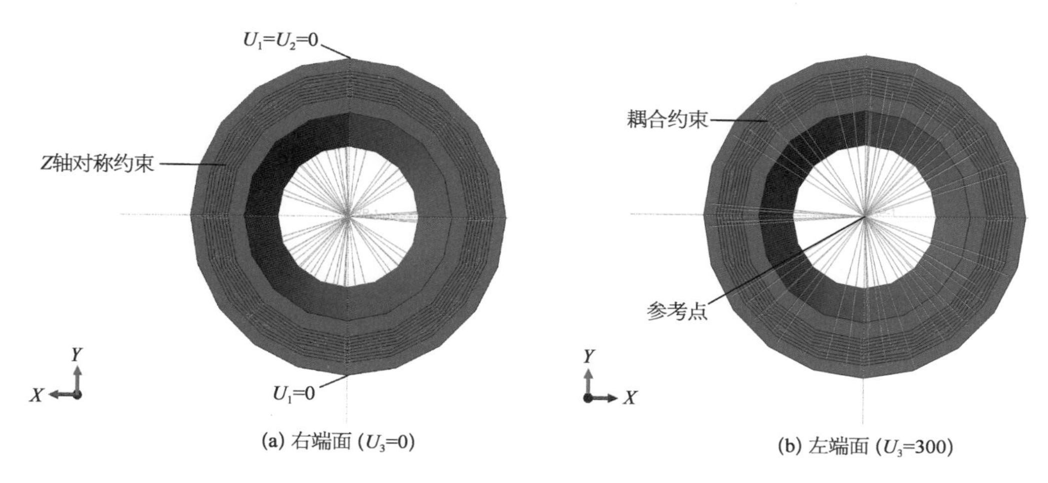

(a) 右端面 (U_3=0)　　(b) 左端面 (U_3=300)

图 22.11　有限元模型边界条件

22.3.2　计算结果

图 22.12 分别为玻纤增强柔性管内层 UHMWPE 在不同曲率下应力分布情况和玻纤增强柔性管加强层内层玻璃纤维在不同曲率下应力分布情况。如图 22.12 所示，管道的应力分布沿轴向是十分均匀的，变形也基本保持椭圆化，而纤维的受力一直十分小，最大的受力纤维基本在两侧靠近中和轴处而并非上下截面，可见玻璃纤维的作用在于约束管截面变形。

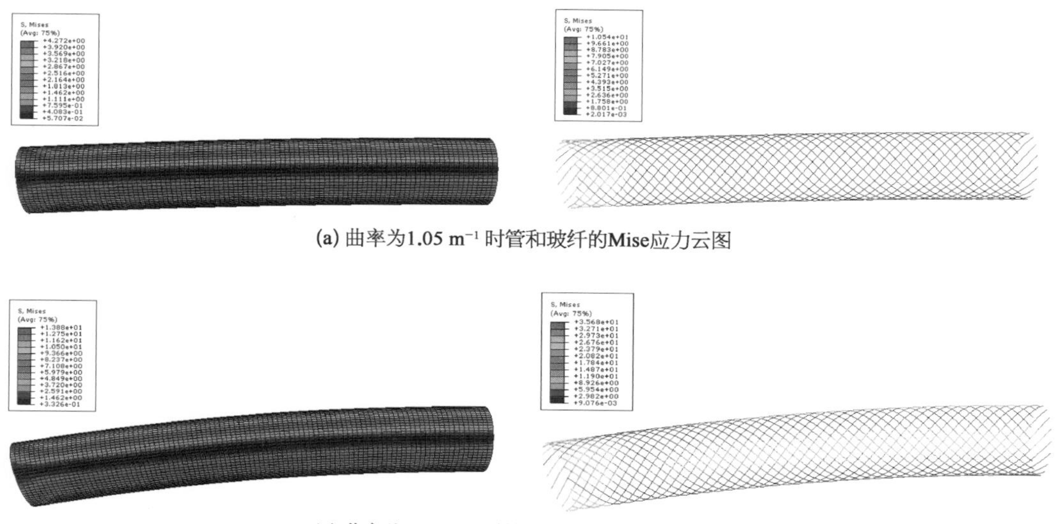

(a) 曲率为1.05 m^{-1} 时管和玻纤的Mise应力云图

(b) 曲率为2.41 m^{-1} 时管和玻纤的Mise应力云图

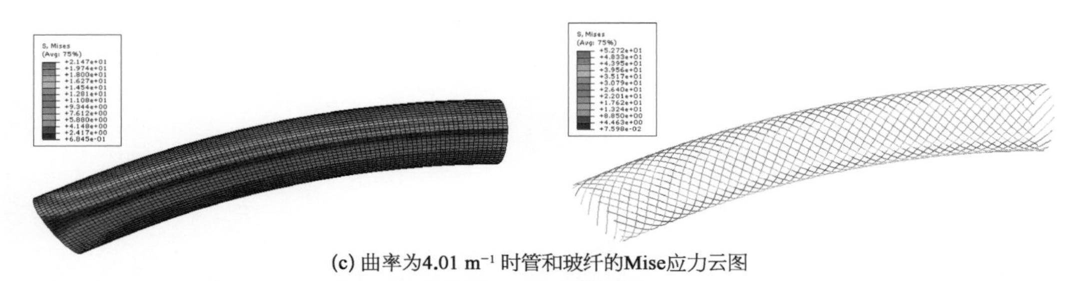

(c) 曲率为4.01 m^{-1} 时管和玻纤的Mise应力云图

图 22.12　不同曲率下内层 UHMWPE 和内层玻璃纤维 Mise 应力分布云图

22.4　结 果 讨 论

将试验、理论和有限元方法得到的曲率-弯矩关系进行对比，如图 22.13 所示。由图可知，在弯矩-曲率上升段，三者均能较好地吻合，试验结果因受到加载速率、不对称等因素影响，曲线有小幅波动。当曲率小于 1 m^{-1} 时，试验值均与理论和有限元计算结果非常接近；在达到极限弯矩以前，理论与有限元弯矩-曲率曲线基本是重合的，之后两者之间的差距逐渐变大。椭圆度-曲率关系的变化也类似，曲率在 2 m^{-1} 之前时，两者差距较小，之后差距越来越大。理论与有限元结果的差别主要是由以下原因造成的：

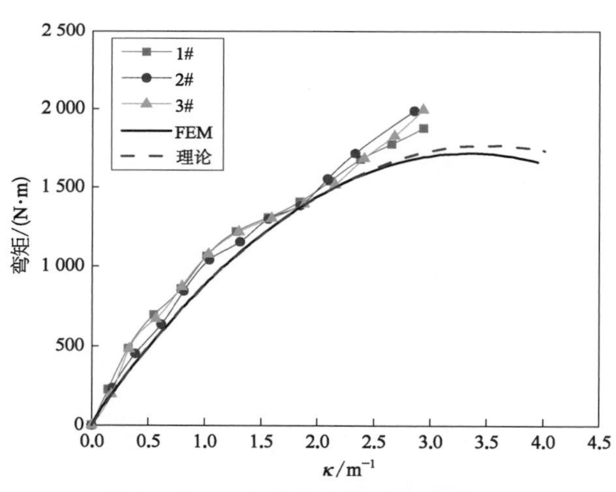

图 22.13　三种方法曲率-弯矩曲线对比

理论计算中，基于非线性环理论将三维问题简化为二维平面问题，同时仅考虑三个应力分量（σ_x、σ_θ、$\tau_{\theta r}$），忽略了径向等其他应力的影响，这是造成理论与有限元计算结果差别的主要原因。

此外，在理论中近似地认为环向与径向的剪切应变为一阶线性的，这种假定对于壁厚较小的情况是十分精确的，但当壁厚较大时，环向与径向的剪切应变沿壁厚并非一阶线性分布的，这种线性的假定会造成理论与有限元的误差。

由试验、理论和有限元结果的对比可证明，在极值屈曲前纤维的作用可以忽略不计；理论与有限元的结果也可以较好地吻合，验证了本章非线性屈曲理论分析的正确性。

22.5 参数分析

本节对影响玻纤增强柔性管在弯曲载荷下力学性能的三个参数进行参数分析，并通过参数分析对玻纤增强柔性管进行优化设计。

22.5.1 椭圆度

椭圆度是玻纤增强柔性管最主要的初始几何缺陷之一，当管道存在椭圆度时，管道横截面的长轴方向与施加弯矩方向相同为最危险工况，本节针对该种情况进行研究。图 22.14 为椭圆度和极限弯矩的对应曲线，从图中可以看出，随着椭圆度的增加，玻纤增强柔性管的极限弯矩成线性下降。图 22.15 为椭圆度和最小弯曲半径的对应曲线，由图中可知，随着椭圆度的增加，最小弯曲半径成线性下降。综上所述，在管道实际生产过程中产生的椭圆度对玻纤增强柔性管的柔度影响不大。

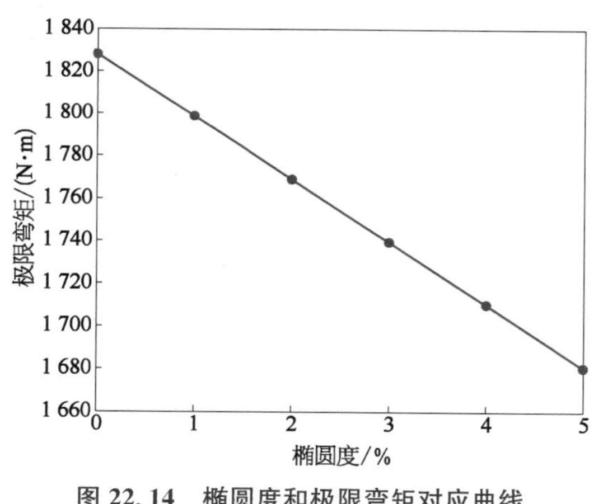

图 22.14　椭圆度和极限弯矩对应曲线

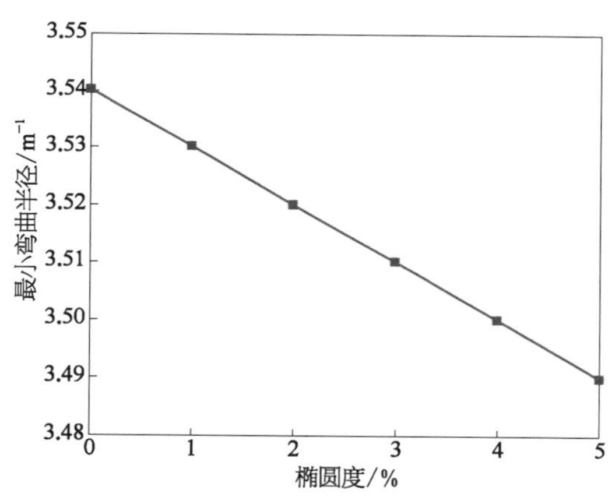

图 22.15　椭圆度和最小弯曲半径对应曲线

22.5.2 径厚比

径厚比是玻纤增强柔性管截面设计时的重要参数之一。图 22.16 为玻纤增强柔性管极限弯矩和管道径厚比的对应曲线。由图 22.16 可知，随着径厚比的逐渐增大，极限弯矩逐渐减小。图 22.17 为玻纤增强柔性管最小弯曲半径和管道径厚比的对应曲线。从图 22.17 可以看出，随着径厚比逐渐增大，最小弯曲半径逐渐减小。综上所述，玻纤增强柔性管的径厚比对管道的柔度影响很大，因此在管道截面设计中，适当减小径厚比可以增加玻纤增强柔性管的柔度。

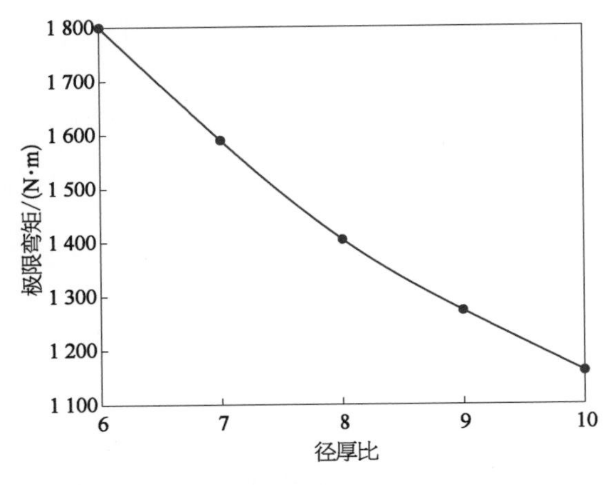

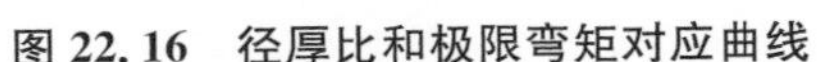
图 22.16　径厚比和极限弯矩对应曲线

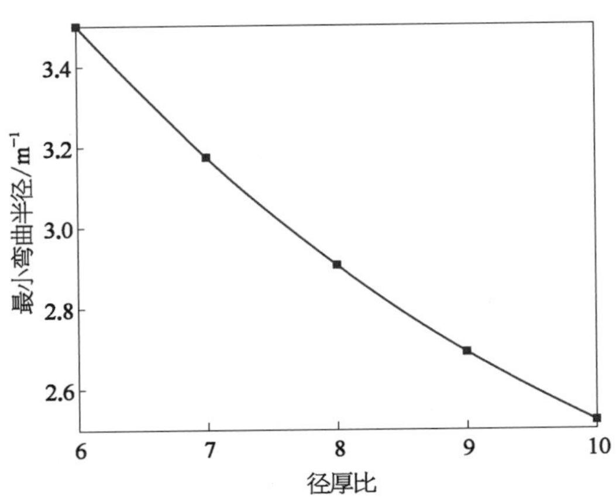

图 22.17　径厚比和最小弯曲半径对应曲线

22.6　本章小结

本章研究了弯曲载荷下玻纤增强柔性管的极值型屈曲问题。通过理论求解、有限元模拟和弯曲试验三种方法对玻纤增强柔性管进行研究。具体结论如下：

(1) 通过理论求解、有限元模拟和弯曲试验三种方法的对比结果可知，理论求解方法是可以应用在工程实践中的。

(2) 玻纤增强柔性管的径厚比对管道的柔度影响很大，因此在管道截面设计中，适当减小径厚比可以增加玻纤增强柔性管的柔度。

(3) 在管道实际生产过程中产生的椭圆度对玻纤增强柔性管的柔度影响不大。

参考文献

[1] 余彬彬. 纤维缠绕增强复合管铺设中的非线性屈曲分析与研究[D]. 杭州：浙江大学，2013.

[2] Machida S, Durelli A J. Response of a strand to axial and torsional displacements[J]. Journal of Mechanical Engineering Science, 1973, 15(4): 241 - 251.

[3] McConnell K G, Zemke W P. A model to predict the coupled axial torsion properties of ACSR electrical conductors[J]. Experimental Mechanics, 1982, 22(7): 237 - 244.

[4] Bahtui A, Bahai H, Alfano G. A finite element analysis for unbonded flexible risers under torsion [J]. Journal of Offshore Mechanics and Arctic Engineering, 2008, 130(4): 34-37.
[5] 林珊颖,白勇,马刚,等. 钢带软管内压和弯曲研究(英文)[J]. 船舶力学,2016,20(12): 1595-1603.

第 23 章　玻纤增强柔性管截面设计

与传统管道相比，玻纤增强柔性管具有重量轻、耐腐蚀、使用寿命长等优点，得到了广泛的应用。因此有必要提出一种系统的复合管截面设计方法。

为了满足外压要求，工程中常用厚壁圆柱壳作为复合管。本章主要以厚度和直径比大于 0.1 的玻纤增强柔性管为基础进行设计。

23.1 相关术语

为便于理解本章公式，将相关术语列于表 23.1。

表 23.1 相关术语

符号	含义	符号	含义
d	玻璃纤维直径	E_θ	周向弹性模量
N	玻璃纤维总数	P_{cr}	外压失稳压力
$\bar{Q}_i$	管道内径	r	玻璃纤维半径
r_o	管道外径	d	玻璃纤维直径
α	缠绕方向与轴向的夹角	R_j	玻璃纤维黏合树脂层半径
K	系数，$K=\dfrac{r_o}{r_i}$	L_1	绕制方向的纤维长度，轴向长度为 L_1
		L_2	绕制方向的导线长度，轴向长度为 L_2
σ_{bg}	玻璃纤维极限强度	β	常系数
σ_{bp}	高密度聚乙烯应力	r_0	玻璃纤维极限强度
p_B	爆破压力	L_{pl}	高密度聚乙烯应力
n	折减系数	$G_{LT}^{(k)}$	剪切模量($k=2, 3$)
p_{design}	设计压力	$v_{TL}^{(k)}$	泊松比($k=2, 3$)
p_{LTHS}	长期静水压力	$\overline{Q_{ij}^{(k)}}$	局部坐标系中的刚度系数($k=2, 3$)
k_1	设计系数	$Q_{ij}^{(k)}$	整个坐标系的刚度系数($k=2, 3$)
k_3	设计系数	k	层号
$E^{(k)}$	弹性模量($k=1, 4$)	r_i	每层半径($i=0, 1, 2, 3, 4$)
$v^{(k)}$	泊松比($k=1, 4$)	T_1	由最内层和最外层提供的拉伸能力
$E_L^{(k)}$	局部坐标系中的纵向弹性模量($k=2, 3$)	T_2	加强层提供的抗拉强度
		T_{design}	设计拉力
$E_T^{(k)}$	局部坐标系横向弹性模量($k=2, 3$)	T	屈服张力
k_2	设计系数	k_5	设计系数
D_o	外径	t	整管壁厚

（续表）

符　号	含　义	符　号	含　义
D_m	管子平均直径	k_4	设计系数
μ_{zr}	$Z-R$ 平面上的泊松比	$\overline{\tau}$	通过试验测定的胶黏剂树脂所能达到的最大抗脱黏剪切应力
R_o	管道外径		
t_1	内壁厚度	ε	管道中部纤维的拉伸应变
R_{design}	设计最小弯曲半径	A_f	纤维横截面积
$R_{crit,b}$	最小弯曲半径	E_f	纤维弹性模量
$\mu_{\theta z}$	$\theta-Z$ 平面上的泊松比	e	试验测量中远离基体的纤维的应变
$\mu_{z\theta}$	$Z-\theta$ 平面上的泊松比	G_m	粘结树脂剪切模量
P_{design}	设计外压失稳压力	R_0	结合层等效圆半径

23.2　管道基本结构

23.2.1　总体结构

管道由介质层、内衬层、加强层和外保护层组成。增强层通过黏合剂与内外层黏合，结构如图 23.1 所示。

23.2.2　材料性能

1）介质层

介质层可采用聚偏氟乙烯（PVDF）制成，在 0～130℃的温度范围内具有良好的耐化学性和温度耐受性。

图 23.1　管道结构示意图

2）内衬层

内衬层采用熔体质量流量不大于 0.1 g/10 min（190℃，21.6 kg）的超高分子量聚乙烯（UHMWPE）。在超高分子量聚乙烯（UHMWPE）中可加入抗氧化剂、抗紫外线剂、着色剂等必要的添加剂，所有添加剂应分散均匀。

3）增强层

增强层由玻璃纤维制成，同批玻璃纤维的拉伸强度在 5%以内，应使用适当的黏合剂包覆。

4）外保护层

外保护层采用不低于 PE100 级的高密度聚乙烯（HDPE），高密度聚乙烯中可加入必要的添加剂如抗氧剂、抗紫外线剂和着色剂等，所有添加剂应均匀分散。

23.3　强度失效设计标准

23.3.1　爆破压力

玻纤增强柔性管的轴向爆破压力为

$$p_{\mathrm{B}}^{z}=\frac{Nd^{2}(\sigma_{\mathrm{bg}}\cos^{2}\alpha-\sigma_{\mathrm{bp}})}{4r_{i}^{2}\cos\alpha}+\sigma_{\mathrm{bp}}(K^{2}-1) \tag{23.1}$$

玻纤增强柔性管的周向爆破压力为

$$p_{\mathrm{B}}^{\theta}=\frac{Nd^{2}(\sigma_{\mathrm{bg}}\sin^{2}\alpha-\sigma_{\mathrm{bp}})}{4r_{i}(r_{i}+r_{\mathrm{o}})\cos\alpha}+\sigma_{\mathrm{bp}}(K-1) \tag{23.2}$$

短期爆破压力是周向爆破压力和轴向爆破压力的最小值：

$$p_{\mathrm{B}}=\min(p_{\mathrm{B}}^{z},\ p_{\mathrm{B}}^{\theta}) \tag{23.3}$$

通过玻璃纤维和高密度聚乙烯试样的拉伸试验，得到玻璃纤维的极限强度 σ_{bg} 和聚乙烯的计算强度 σ_{bp}。

温度折减系数：

$$\begin{cases} y=1, & 0\leqslant T\leqslant 20℃ \\ y=-0.005T+1.1, & 20\leqslant T\leqslant 60℃ \end{cases} \tag{23.4}$$

长期静水压力折减系数：

表 23.2　不同温度下复合管的长期静水压力折减系数

温度/℃	折 减 系 数
20	0.59
40	0.62
60	0.64

$$p_{\mathrm{LTHS}}=p_{\mathrm{B}}n \tag{23.5}$$

长期静水压力设计标准：

$$P_{\text{design}} \leqslant \frac{P_{\text{LTHS}}}{k_1} \tag{23.6}$$

不同温度下复合管的长期静水压力折减系数见表 23.2。

23.3.2 内压弯矩下的爆破压力

玻纤增强柔性管的轴向爆破压力为

$$p_{\text{B}}^{z} = \frac{Nd^2[(\sigma_{\text{bg}} - 0.1\sigma_{\text{st}})\cos^2\alpha - \sigma_{\text{bp}} + 0.1\sigma_{z1}]}{4r_i^2\cos\alpha} + (\sigma_{\text{bp}} - 0.1\sigma_{z1})(K^2 - 1) \tag{23.7}$$

玻纤增强柔性管的周向爆破压力为

$$p_{\text{B}}^{\theta} = \frac{Nd^2[(\sigma_{\text{bg}} - 0.1\sigma_{\text{st}})\sin^2\alpha - \sigma_{\text{bp}}]}{4r_i(r_i + r_{\text{o}})\cos\alpha} + \sigma_{\text{bp}}(K - 1) \tag{23.8}$$

短期爆破压力是周向爆破压力和轴向爆破压力的最小值：

$$p_{\text{B}} = \min(p_{\text{B}}^{z},\ p_{\text{B}}^{\theta}) \tag{23.9}$$

通过玻璃纤维和高密度聚乙烯试样的拉伸试验，得到了玻璃纤维的极限强度 σ_{bg} 和聚乙烯的计算强度 σ_{bp}。

内压与弯矩联合作用下的爆破压力设计准则：

$$P_{\text{design}} \leqslant \frac{P_{\text{B}}}{k_3} \tag{23.10}$$

23.3.3 屈服拉力

在玻纤增强柔性管铺设过程中，对玻纤增强柔性管所能承受的最大拉力有一定的要求，因此有必要对玻纤增强柔性管的屈服拉力进行检查。

当加强层为两层时，拉伸载荷为

$$T = T_1 + T_2 \tag{23.11}$$

$$T_1 = \pi X_4(r_4^2 - r_3^2 + r_1^2 - r_0^2)\varepsilon_z \tag{23.12}$$

$$T_2 = 2\pi\left[\frac{8X_1(2r_2^3 - r_1^3 - r_3^3)^2(X_2X_3 - X_1)(1 + X_2)}{9X_4(r_4^2 - r_3^2 + r_1^2 - r_0^2) + 2X_5(1 + X_2)(r_3^4 - r_1^4)} + \frac{1}{2}(X_6 - X_2X_7)(r_3^2 - r_1^2)\right]\varepsilon_z \tag{23.13}$$

$$X_1 = m^3n\bar{Q}_{11} + (mn^3 - m^3n)\bar{Q}_{12} - mn^3\bar{Q}_{22} - 2mn(m^2 - n^2)\bar{Q}_{33} \tag{23.14}$$

$$X_2 = \nu^{(1)} \tag{23.15}$$

$$X_4 = E^{(1)} \tag{23.16}$$

$$X_3 = mn^3\bar{Q}_{11} + (m^3n - mn^3)\bar{Q}_{12} - mn^3\bar{Q}_{22} + 2mn(m^2 - n^2)\bar{Q}_{33} \tag{23.17}$$

$$X_5 = m^2n^2\bar{Q}_{11} - 2m^2n^2\bar{Q}_{12} + m^2n^2\bar{Q}_{22} + (m^2 - n^2)\bar{Q}_{33} \tag{23.18}$$

$$X_6 = m^4\bar{Q}_{11} + 2m^2n^2\bar{Q}_{12} + n^4\bar{Q}_{22} + 4m^2n^2\bar{Q}_{33} \tag{23.19}$$

$$X_7 = m^2n^2\bar{Q}_{11} + (m^4 + n^4)\bar{Q}_{12} + m^2n^2\bar{Q}_{22} - 4m^2n^2\bar{Q}_{33} \tag{23.20}$$

$$m = \cos\varphi,\ n = \sin\varphi \tag{23.21}$$

$$\bar{Q}_{11} = \frac{E_L}{1 - \nu_{LT}\nu_{TL}},\ \bar{Q}_{22} = \frac{E_T}{1 - \nu_{LT}\nu_{TL}} \tag{23.22}$$

$$\bar{Q}_{12} = \frac{E_L\nu_{TL}}{1 - \nu_{LT}\nu_{TL}},\ \bar{Q}_{33} = G_{LT} \tag{23.23}$$

当加固层为四层时，拉伸荷载为

$$T = T_1 + 2T_2 \tag{23.24}$$

屈服拉伸设计标准：

$$T_{\text{design}} \leqslant \frac{T}{k_5} \tag{23.25}$$

23.4　失稳设计的失效准则

23.4.1　最小弯曲半径

由于管道在运输和铺设过程中弯曲程度不同，应检查玻纤增强柔性管的最小弯曲半径。

最小弯曲半径为

$$R_{\text{crit, b}} = \frac{R_{\text{o}}D_{\text{m}}\mu_{zr}}{0.28t} \cdot \frac{1}{\varepsilon} \tag{23.26}$$

$$\varepsilon = -0.000\,612N + 0.001\,09\alpha + 0.012\,06d + 0.038\,6t_1 + 1.335 \tag{23.27}$$

最小弯曲半径设计准则：

$$R_{\text{design}} \leqslant \frac{R_{\text{crit, b}}}{k_2} \tag{23.28}$$

23.4.2 外压失稳压力

外压失稳压力为

$$P_{\text{cr}} = \frac{2E_\theta}{1-\mu_{\theta z}\mu_{z\theta}}\left(\frac{t}{D_{\text{o}}}\right)^3 \tag{23.29}$$

外压失稳压力设计准则：

$$P_{\text{design}} \leqslant \frac{P_{\text{cr}}}{k_4} \tag{23.30}$$

23.5 泄漏失效设计准则

泄漏失效设计准则为

$$L_{\text{pl}} = \frac{ld}{2\pi R_j} = \frac{rd}{4\pi R_j \bar{\tau}} \times \frac{\operatorname{csch}\beta l_2(\sigma_{\text{fmax}} - \sigma_0) + \sigma_0 \coth\beta l_2}{\coth\beta l_1 + \coth\beta l_2} \tag{23.31}$$

其中，$l_1 = 2\pi R_j \dfrac{L_1}{d}$，$l_2 = 2\pi R_j \dfrac{L_2}{d}$，$\sigma_0 = E_{\text{f}} A_{\text{f}} e$，$\sigma_{\text{fmax}} = E_{\text{f}} \varepsilon_T$

$$\beta = \sqrt{\frac{H}{E_{\text{f}} A_{\text{f}}}} = \sqrt{\frac{G_{\text{m}}}{E_{\text{f}}} \frac{2\pi}{A_{\text{f}} \ln \dfrac{R_0}{r_0}}}$$

23.6 本章小结

本章首先介绍了玻纤增强柔性管的总体结构和材料性能，然后分别给出了玻纤增强柔性管的爆破压力、内压弯矩下的爆破压力、屈服拉力、最小弯曲半径和泄漏失效设计准则等计算公式，旨在为工程师在设计玻纤增强柔性管截面时提供有价值的参考。

参考文献

[1] Naqvi S, Mahmoud K, El-Salakawy E. Effect of axial load and steel fibers on the seismic behavior of lap-spliced glass fiber reinforced polymer-reinforced concrete rectangular columns [J]. Engineering Structures, 2017, 134(3): 376-389.

[2] Thummakul T, Gidaspow D, Piumsomboon P, et al. CFD simulation of CO_2 sorption on K_2CO_3 solid sorbent in novel high flux circulating-turbulent fluidized bed riser: parametric statistical experimental design study[J]. Applied Energy, 2017, 190: 122-134.

[3] Do K D. Boundary control design for extensible marine risers in three dimensional space[J]. Journal of Sound and Vibration, 2016, 388: 184-197.

[4] Wang X Y, Zhu Y, Zhu M Z, et al. Thermal analysis and optimization of an ice and snow melting system using geothermy by super-long flexible heat pipes[J]. Applied Thermal Engineering, 2017, 112: 1353-1363.

[5] Zhen L, Qiao P Z, Zhong J B, et al. Design of steel pipe-jacking based on buckling analysis by finite strip method[J]. Engineering Structures, 2017, 132: 139-151.

[6] Qu J, Li X J, Cui Y Y, et al. Design and experimental study on a hybrid flexible oscillating heat pipe[J]. International Journal of Heat and Mass Transfer, 2017, 107: 640-645.

[7] Taylor S H, Garimella S V. Design of electrode arrays for 3D capacitance tomography in a planar domain[J]. International Journal of Heat and Mass Transfer, 2017, 106: 1251-1260.